현장실무를 위한 신 접합공학 (증보판)

저자 소개

유택인
공학박사, 비파괴검사기술사, 용접기술사
한국산업기술대학교 기계공학과 교수

신영식
공학박사
서경브레이징 대표

최혁순
엔비피코리아 대표
한국산업기술대학교 겸임교수

현장실무를 위한 신 접합공학 (증보판)

초판 인쇄 2014년 1월 2일
증보판 발행 2016년 6월 20일

지은이 유택인, 신영식, 최혁순
펴낸이 최국주
펴낸곳 동명사
출판등록 1950년 11월 1일(제1-76호)
주소 (우 10881) 경기도 파주시 회동길 50(문발동)
전화 031-955-7200(대표)~2, 7203(편집부), 7204(물류)
팩스 031-955-7205
전자우편 webmaster@dmsbook.com
홈페이지 www.dmsbook.com

ISBN 978-89-411-8162-0 93550
값 32,000원

머리말

우리나라 산업화의 기원을 1960년대 초로 본다면 이제 50여년이 지나 중 · 장년기를 맞이하고 있다. 그 당시 경공업에서부터 시작하여 산업화의 역동 속에서 기계 및 중화학공업은 그의 중심에서 국가경제발전을 이룩하는데 주도적인 역할을 해왔다. 또한 90년대 말 국가가 경제적 위기에 처했을 때에도 자동차, 조선, 플랜트 산업은 지속적인 성장으로 국난을 극복하는 데 큰 몫을 다해 왔다. 이들 산업분야에서 접합기술은 핵심기술로서 근래 많은 발전을 해왔으나, 대표적인 3D업종으로 분류되어 젊은이들이 접근하기조차 꺼려하고 있는 설정이다.

용접 · 접합분야는 대형건물, 교량, 가스관의 용접접합에서부터 각종 열교환기를 비롯하여 수없이 많은 브레이징으로 접합되는 일상용품까지 그 만큼 우리 생활 속에 깊이 파고 있다. 접합기술은 시공과정에서 다양한 파라메터들이 개재되어 단시간에 제품의 품질을 결정하며 제품수명과 기능에 직접 관련된다. 한편, 오늘날의 기계제품은 고강도, 고기능, 내구성이 요구됨에 따라 소재기술이 발전하였고, 그로 인한 접합기술은 한층 고도의 기술이 필요하게 되었다.

본 교재는 접합기술에서 기본적으로 알아야 할 전반적인 이론을 다루었으며, 실제 현장에서 응용할 수 있는 내용으로 구성하여 독자 여러분이 알기 쉽도록 정리하였다. 이 분야의 기술을 터득하고자 하는 분에게 작은 보탬이 되었으면 매우 만족하겠다. 아직은 다소 여러 면에서 미흡하나 점차 보강을 통하여 알찬 내용이 되도록 꾸며갈 것을 약속드리는 바이다.

끝으로 본 교재가 출간될 수 있도록 협조해 주신 도서출판 동명사의 직원 여러분과 최국주 사장님께 감사 드린다.

2014년 1월
저자 씀

개정증보판 발간에 즈음하여

최근 자동차, 항공기, 고속철도 등의 수송기계에서 많은 전장부품의 사용과 더불어 구조부재에 있어서도 연비 절감, 기능성 및 효율성 측면에서 비철재료, 접합된 이종소재, 복합재의 사용이 증가되고 있다. 이들의 구조부재의 이음은 용융용접과 더불어 솔더링 및 브레이징 접합이음이 많이 이용된다. 이러한 환경변화와 그동안 독자로부터 "솔더링 및 브레이징 기술"분야의 개재 요청이 있어, 금번 개정증보판을 발간하게 되었다.

그동안 꾸준히 사랑은 받아온 "접합기술"의 저자로써 여러분께 진심으로 감사드리며, 향후 이 분야를 배우고자 하는 학생, 엔지니어에게 조금이나마 도움 되기를 진심으로 바란다.

본 교재는 접합기술에서 기본적으로 알아야 할 전반적인 이론을 다루었으며, 실제 현장에서 응용할 수 있는 내용으로 구성하여 독자 여러분이 알기 쉽도록 정리하였다. 아직은 다소 여러 면에서 미흡하나 기술환경의 변화에 따라 점차 보강을 통하여 알찬 내용이 되도록 꾸며갈 것을 약속드리는 바이다.

2016년 6월

저자 씀

CONTENTS

| 제6장 | 용접 · 접합시공 • 150

| 제7장 | 철강의 용접 · 접합 • 181

| 제16장 | 재료 및 용접 · 접합부 시험 • 411

제 1 장 접합 기초

1.1 일반사항

(1) 개요

국가의 주요 산업분야인 중공업, 자동차, 전기전자 분야에서 많은 비중을 차지하고 있는 용접 · 접합공정은 다른 가공 및 조립공정과 비교하여 재료절감, 이음효율의 우수성, 이음형상의 다양성, 생산성의 향상에 이점을 갖는다. 그러나 품질검사의 기술적인 문제, 열에 대한 재료의 변형, 잔류응력으로 제한을 받고 있다.

여러 분야의 산업에서 구조용 및 기능성 재료가 한층 고성능화, 고기능화, 다양화 되면서 철강 및 비철금속의 금속재료와 세라믹, 무기재료, 플라스틱의 고분자 재료의 이종재료의 접합이 합리적으로 활용되고 있다. 이들은 복합화와 접합공정 기술로서 이용은 반도체 집적회로 및 전자부품에서 재료의 집적, 시스템화 기술로서 용접 · 접합법이 시도되고 있다. 재료의 다양화로 용접 · 접합법에서 보면 접합 메카니즘에서 용접공정만으로 대응할 수 없고, 고상 · 고상접합, 고상 · 액상반응 접합, 기상 · 고상 접합기구 등에서 메카니즘이 다양하게 응용되고 있다. 용접 · 접합법의 분류는 에너지의 종류, 열원의 에너지,

접합기구에 의해 분류된다.

(2) 원자구조

물질을 구성하는 원자는 중심에 양자(proton)와 중성자(neutron)로 구성된 원자핵이 있고, 그 주위를 고속으로 회전하는 전자(electron)가 있다. 양자는 1.60×10^{-19}쿨롱의 양전기를 띠고 그 질량은 1.673×10^{-24}g이다. 중성자는 전기적으로 중성이고 그의 질량은 1.673×10^{-24}g이다. 전자는 1.60×10^{-19}쿨롱의 음전기이며, 그의 질량은 9.109×10^{-28}g로서 양자의 질량은 전자질량의 1,840배가 된다.

원자를 원자번호의 순서대로 나열하면 하전자의 수가 동일한 원자는 화학적 성질이 유사하고 주기적으로 나타난다. 그림 1.1과 같이 원자핵에 가까운 순서대로 K, L, M, N각의 순서대로 원자가 배분되며, 주기율표에서 각 원자의 이온화 에너지나 전기음성도가 존재한다.

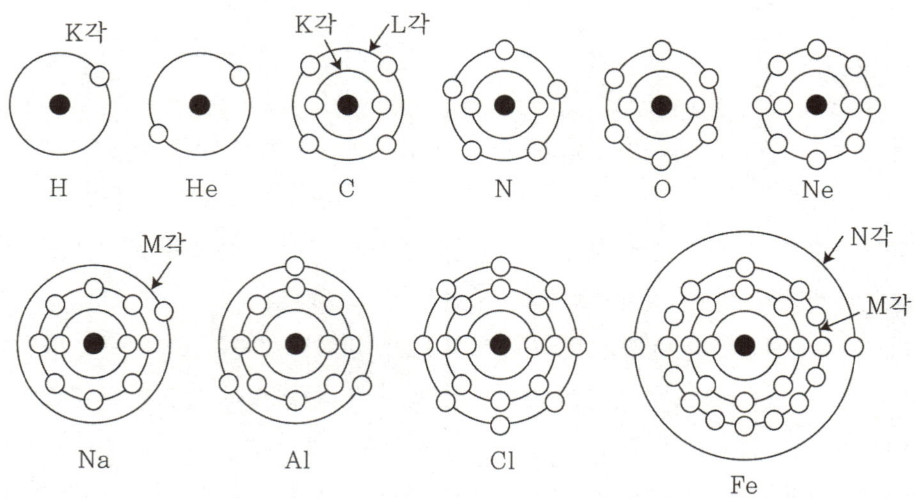

그림 1.1 원자의 구조에 있어 전자배분의 예

(3) 화학결합 형태

원자결합은 전자의 거동에 의해 변화하며, 화학결합의 종류를 표 1-1에 나타냈다. 결합력은 공유결합 > 이온결합 > 금속결합 > 수소결합 > 반델발스결합의 순서를 갖는다. 공유결합과 금속결합의 크기가 다른 것은 전도대와 하전자대와의 사이에 에너지밴드 차에 있다.

표 1-1 화학결합의 종류

화학결합	특 성	예	결정 구조	결합에너지 $kJ \cdot mol^{-1}$ (eV/분자)	접합에 이용
공유결합	전자를 대등하게 공유하도록 분자궤도가 생기는 결합이 이상적인 공유결합이나 전기음성도가 다른 원소간의 결합인 경우, 가전자의 분포에 편위가 생김	Si InSb	다이아몬드형 섬아광형	357(3.7) 328(3.4)	세라믹, 유리, 금속접합, 유리+금속, 세라믹+금속
이온결합	양전하이온과 음전하이온 사이의 정전력에 의해 끌어당김	KCl BaF_2	입방정 입방정	704(7.3) 1669(17.3)	세라믹+금속
금속결합	원자의 최외전자각은 일부 중합하고 가전자를 공유하여 결합. 가전자는 중합된 전자각을 전달하여 자유로 이동할 수 있는 자유전자이므로 금속결정을 구성하는 모든 원자에 공유됨	Na Ag Ni	BCC FCC FCC	106(1.1) 289(3.0) 423(4.4)	금속간 접합
반델발스결합	중성원자 또는 분자의 순간 또는 구조적인 전하의 편위에 의한 정전기적인 결합	Ar H	FCC HCP	9.6(0.1) 0.96(0.01)	접착

원소는 주기율표에서 전원소의 80%를 차지하며, 많은 원자가 금속결합으로 원자배열의 규칙성이 높은 결정구조를 갖는다. 비금속에 가까운 In, Sn, Bi 등은 공유결합성이 강하여 결정구조에 방향성이 생긴다. 유리나 세라믹은 전기음성도의 차의 크기에 따라 원소간 결합으로 이온성이 강한 화학결합을 한다.

(4) 재료의 결정구조

표 1-2는 재료의 결정구조 단위를 나타내고 있고, ◎표시는 요소에 대해 10^{-9}m부터 10^{-2}m 범위에서 조직을 제어함으로서 재료구조에 대응하여 성질을 변화시킬 수 있다. 금속결합은 방향성을 갖지 않으므로 대부분은 단순한 결정구조를 갖는다.

표 1-2 재료의 구조단위의 대표적인 길이

구조 단위	대표적인 길이(m)
원자핵	10^{-14}
원자	10^{-10}
◎ 결정구조 · 고용체 · 화합물	10^{-9}
◎ 결정입계	10^{-8}
◎ 결정입도와 상의 크기	10^{-7}~10^{-3}
◎ : 성질변화 가능	

① 체심입방격자(BCC, Body Centered Cubic) : Co, Cr, Fe, K, Mn, Na, W, V

② 면심입방격자(FCC, Face Centered Cubic) : Ag, Al, Au, Cu, Co, Cr, Pb

③ 조밀육방격자(HCP, Hexagonal Closed Packed) : Be, Ca, Cd, Li, Mg, Zn

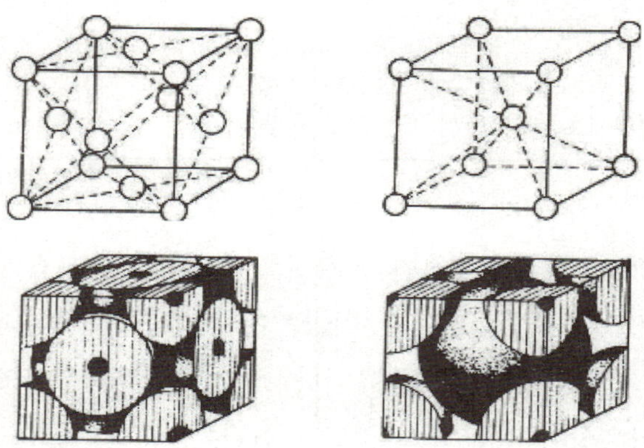

(a) 면심입방격자 (b) 체심입방격자

그림 1.2 재료의 결정구조

금속원자는 하나의 단위체적인 단위 셀(unit cell)가 면심입방이나 조밀육방에는 구형의 금속원자가 점유하는 비율인 원자 충진률이 74%이며, 체심입방은 대략 68%로 공간이 다소 크다. 결정특유의 원자배열이나 규칙성을 갖지 않은 아몰폴스(amorphous)는 기상급랭이나 액상급랭에 의해 형성된다.

금속은 대부분 다른 원자를 포함한 합금상태로서 사용되며, 합금원소는 모상금속(母狀金屬) 중에 어느 정도 용해하여 고용체(solid solution)을 형성한다. 고용하는 원자가 모상원자와 동일한 크기인 경우에는 치환형(substitution)이 되고, 고용하는 원자가 H, B, C, N과 같이 모상원자에 비하여 작을 경우 침입형(interstitial)이 된다.

결정은 단위격자(unit cell)를 3차원적으로 무한히 반복되는 구조이며, 실제 결정에는 격자결함(lattice defect)이 존재한다. 특히, 원자공공(vacancy), 격자간 원자(interstitial atom)와 같은 점 결함 또는 체적결함, 전위(dislocation)와 같은 선결함 및 적층결함과 같은 면결함 등이 있으며, 재료의 물리적 성질이나 강도에 큰 영향을 준다.

1.2 용접 · 접합의 분류

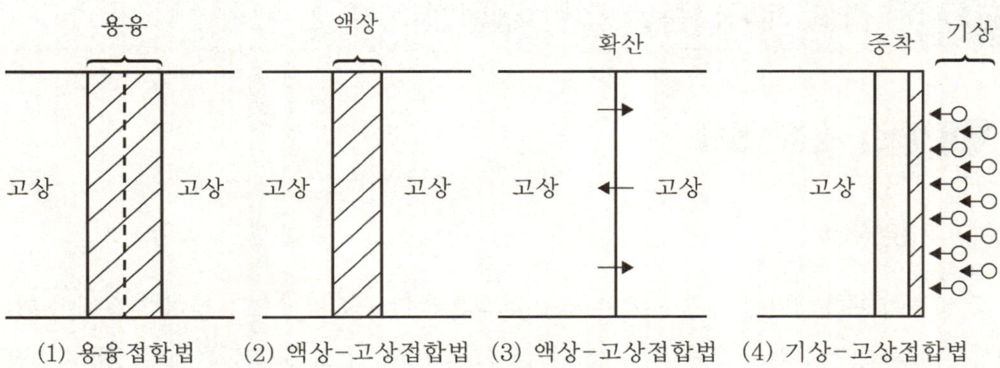

그림 1.3 용접 · 접합법의 원리

표 1-3 열원에 의한 에너지 종류

에너지	전기적 에너지	아크
		플라즈마
		글로우
		저항
		고주파
		전자빔
		이온빔
	화학적 에너지	가스
		테르밋
		폭발
	기계적 에너지	마찰
		압접
		충돌
	초음파 에너지	초음파
	광 에너지	광
		레이저

표 1-4 각종 열원 에너지의 밀도

열원의 종류		에너지밀도 (kW/cm^2)
가스	산소-아세틸렌염 산소-수소염	≈1 ≈3
광빔	태양광선 태양 집광 빔 (1~100kW) 아크 집광 빔 (크세논램프, ~10kW)	$(1.6 \sim 3.6) \times 10^{-4}$ 1~2 1~5
아크	개방아크 (아르곤아크, 200A) 플라즈마아크	≈5 50~100
전자빔	펄스 연속	10,000이상 1,000이상
레이저빔	펄스 연속	10,000이상 100이상

1.3 접합 메카니즘에 의한 접합법

1.3.1 용융 접합

(1) 기본원리

두 종류의 모재계면에 대열량을 주어 용융 혼합하는 접합방법으로 널리 사용되어 왔다. 액상끼리 혼합으로 접합성능이 우수하나 금속간 화합물인 모재의 적용에 한정된다. 최근에는 고밀도 에너지빔 접합이 크게 발전을 하였으며, 초음파 용착법은 플라스틱의 고분자

재료에 사용되며 액상을 형성한다. 용접 접합법은 접합 메카니즘으로 보면 원자의 화학결합과 기계적 이음으로 분류된다.

(2) 용접 특성

이음효율이 좋고 이음형상을 자유롭게 선택할 수 있는 특징이 있다. 그러나 단시간에 급속한 열을 받아 취성이 생겨, 열 영향에 의한 변형, 수축으로 인한 내부응력 발생으로 균열의 위험이 있다. 또한 균열발생시 균열전파로 인하여 구조물 전체가 파손될 우려가 있으며, 용접부는 응력집중에 민감하고 구조용 강재에서는 저온 취성파괴의 위험성이 있다. 열에너지를 발생시켜 재료를 용융상태로 하여 접합하는 아크용접은 아크방전에 의한 발생 열을 이용하고 접합부를 가열 · 용융시킨다.

전자빔 용접이나 레이저(LASER, Light Amplification by Stimulated Emission of Radiation) 용접에는 전자선이나 레이저빔의 고 에너지빔을 국소적으로 집중시켜 접합부에 전달되는 총 열 에너지 량을 작게 할 수가 있어 열영향부를 좁게 할 수 있다. 그림 1.4에 차세대의 항공우주 재료로 사용되는 있는 Ti6A14V기 SiC장섬유강화 복합재료(FRM, Fiber Reinforced Metal)의 레이저 용접 열을 나타냈다.

저항용접은 용융현상을 따르는 압접법의 일종으로서 온도상승, 용융을 위하여 저항발열을 이용한다. 최초의 적용은 1858년에 주울(Joule, 영국)에 의해 이루어졌다. 접합면에 전극에 의한 가압함으로써 두 금속경계가 고온에서 용융부를 형성하는 접합조건을 선정한다. 일렉트로슬랙 용접은 접합부 상 방향으로 형성된 슬랙에 잠겨 고온으로 형성됨으로서 전기전도성이 양호함을 응용하는 것이고, 이 용융슬랙 중에 흐르는 전류에 의해 저항발열, 열전류에 의해서 전극과 모재를 접합하는 방법이다.

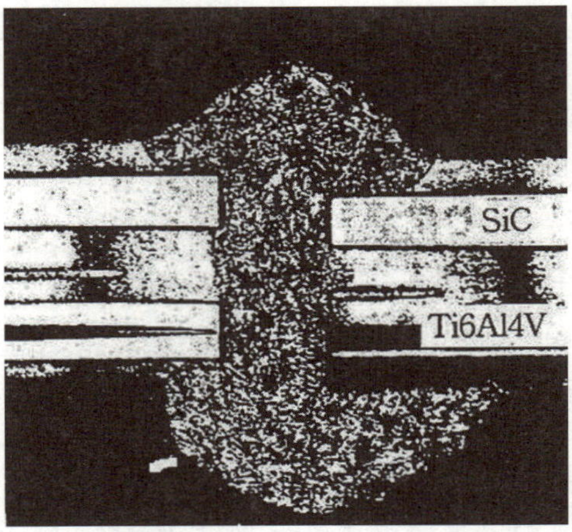

그림 1.4 Ti기 SiC장섬유 강화복합재료의 레이저 용접

1.3.2 액상－고상 접합

모재용융이 아닌 저융점의 중간상을 채용하는 방법으로 납접이 대표적이다. 접합대상의 재료로부터 융점이 낮은 금속을 용융하고, 그것을 접합부의 좁은 간극사이에서 응고시켜 접합하는 방법으로 모재를 용융시키지 않고 접합시킨다. 납재로서는 모재에 젖기 쉽고, 접합 작업에 적합한 용융온도 범위에서 이음간극에 모세관 력에 의해 침투시켜 이음에 필요한 기계적, 전기적, 화학적 성질을 얻을 수 있다.

액상확산 접합법(TLP법, Transient Liquid Phase Bonding)은 두께 0.1mm이하의 모재에서 융점이 낮은 인서트금속(filler metal)을 접합계면에 삽입하여 접합온도에서 인서트금속을 용해시켜 접합계면을 얇은 액상으로 채운다. 이 온도에서 유지되는 동안 액체의 인서트금속과 모재 간에 상호확산을 일으키고, 접합부는 성분변화를 일으켜서 접합된다.

반응접합은 인서트 대신에 금속분말의 혼합물이나 금속박(金屬泊)을 끼워 가열하며, 이때 다른 원소 간에 혼합열에 의해 결합력이 크게 된다. 즉, 반응이 발응열으로서 이종원소끼리 화합물을 만드는 힘이 크게 된다. 이 자기반응소결(SHS, Self Propagating High Temperature Synthesis)을 이용하여 접합한다. 그림 1.5에 AlTi 금속간 화합물의 Al과 Ti 분말혼합물에 의한 자기연소 소결반응의 접합 예를 나타낸다.

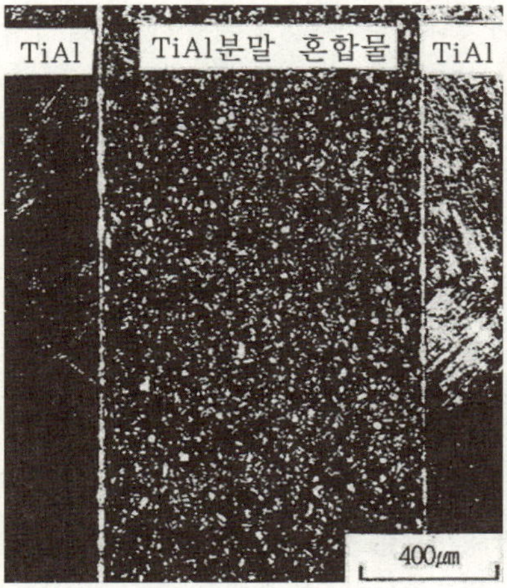

그림 1.5 AlTi금속간화합물의 동일한 Al과 Ti분말 혼합물에 의한 자기연소반응결합

1.3.3 고상-고상접합

① 냉간변형 접합법 - 고상-고상 접합법으로 재료에 변형응력을 주어 계면에 소성 슬라이딩을 발생시키고, 재료표면의 산화물 층을 파괴하여 제거함으로서 새로운 신생면끼리 접합하는 방법이다. 많은 열을 가하지 않고 상온에서 접합 될 수 있어 재료의 거시적인 변형발생을 피할 수 있다.

② 열간변형 접합법 - 냉간변형 접합법과 같은 접합 메카니즘에 기초를 두나 재료의 소성변형을 용이하게 할 목적으로 가열을 병용한다.

고상계면끼리 상호확산과 소성유동 현상으로 구분되나, 상호현상이 복합적으로 작용한다. 극 미소영역 또는 극단시간에 발생하는 현상으로 용융을 동반하는 경우도 있다. 접합부를 고상 그대로 접합하는 방법으로 소성유동과 원자확산을 촉진하기 위해 가열하고 접합계면의 요철을 압착시키며, 접합계면을 확장을 위해 가압한다. 확산접합은 접합대상 금속의 접합계면 끼리를 고상상태에서 크게 변형시키지 않고 가압 가열하여 접합면의 횡 방향으로 접합계면의 원자를 확산시켜 금속학적으로 완전한 접합부를 얻는다.

표면의 요철과 산화막이나 오염 층은 접합의 저해요인이 되므로 가압에 의한 소성 변형량, 가열에 의한 확산속도 및 표면처리를 관리해야 한다. 접합에 있어 접합온도인 가열온도나 접합시간인 가열시간의 조건을 조절하여 접합재료 사이의 상호확산을 이루어 융접에서 볼 수 없는 정밀한 접합이 가능하다.

마찰압접은 접합부를 맞대어 가압하면서 회전마찰을 함으로서 증발된 마찰열을 이용하여 압접하는 방법이다. 즉, 금속재료를 원자의 차원까지 접근시켜 접합하기 위해서는 큰 힘이 필요하여 재료의 변형저항을 저하시킨다. 마찰열에 의한 재료의 변형저항을 저하시켜 접합하는 방법이다. 냉간압접은 가열하지 않고 상온에서 금속을 가압하고 소성 변형시켜 접합하는 방법이다. 열 영향이 없어 가압 경화재에 적절하게 해 두고, 금속간 화합물의 반응을 거의 형성하지 않으므로 이종금속의 접합에 이용된다.

폭발압접은 화약의 폭발 시에 생기는 고에너지를 금속간 접합에 이용하는 방법으로서 접합대상 재료끼리 적당한 간격을 유지시켜 설치한다. 맞닿는 소재의 폭발로부터 맞닿는 재료는 매초에 수백 m의 고속으로 충돌한다. 충돌 점에서는 큰 변형속도와 수 십만 기압의 고압이 생겨 금속은 큰 유동이 생기며, 금속표면의 산화피막이 제거되어 청정 면끼리 고압으로 밀착됨으로써 모재와 접합재의 접합이 가능하다.

실온에서 고속 접합하는 과정으로 재료는 가열의 영향을 받지 않아 티탄강, 알루미늄강 등의 접합이 가능하다. 접합계면의 부근에는 가압 경화층이 있고, 파상접합(波狀接合)에 의한 접합면적의 증가로 접합강도가 강하다.

초음파 접합은 금속끼리의 접합과 플라스틱의 접합으로 분류된다. 금속접합은 접합면에 수직으로 정하중을 가하고 초음파진동이 접합면에 평행으로 주어진다. 금속접합면이 서로 맞 스치므로 산화피막이나 부착물이 제거 되어 깨끗한 표면이어야 한다. 반도체용의 와이어접합이나 자동차 전장부품의 접합에도 이용된다. 플라스틱은 초음파진동으로부터 접합면의 마찰이나 교반 응력에 의해 증발되어 용융 접합된다.

1. 3. 4 기상-고상 접합법

기상-고상 접합 메카니즘은 기상중의 분자, 원자, 이온 등은 고체 벽에 응결 부착되어 막이 되어 고체 벽에 접한다. 이는 진공증착의 PVD나 화학반응을 수반하는 CVD로서 기상성장의 메카니즘이다. 이러한 막 형성과정의 메카니즘은 제1단계 기상에서 고체표면에 핵생성, 제2단계인 핵의 응집과 도상구조의 형성, 제3단계 도상구조의 성장, 제4단계 연속 막의 형성과 성장과정을 거친다.

막 형성 과정에서 퇴적물질을 기상으로 흡수하며, 기상은 증기, 이온, 플라즈마 상태로서 넓은 의미에서 비행하는 운동에너지를 갖는다. 증착은 기상물질이 진공 또는 제어된 분위기에서 모재 상에 충돌 응결하여 밀착성을 확보한다. 도금은 전기 분해액을 매체로 하여 도금이온이 모재에 운반되어 석출 · 퇴적하는 현상이다. 재료표면에 이종재의 피막을 형성시켜 표면개질의 방법으로 도금(plating), 용사(thermal spraying), 레이저나 전자빔에 의한 클래딩(cladding)이나 합금화(alloying) 등이 있다.

PVD(물리증착, Physical Vapor Deposit)에는 진공증착(vacuum deposition), 이온플렛팅(ion plating), 스퍼터링(sputtering)이 있고 증발된 원자를 기판위에 퇴적시키는 막 형성속도나 밀착강도, 형성막 층의 구조를 제한하는 것이 중요하다. 화학증착(CVD, Chemical Vapor Deposit)은 반응로 내에서 원료가스를 이용하여 열분해, 환원 또는 화합 등의 화학반응을 일으켜 기판 상에 고체를 석출시켜 여기(勵起)수단에 의하여 열화학증착, 플라즈마화학증착 및 광화학증착으로 분류된다.

1. 3. 5 접착법

재료와 화학적 결합성이 높은 유기 고분자계 화합물 접착제를 용융상태에서 접합계면에 공급하고, 고화시켜 접합하는 방법이다. 접착은 상온에서 이루어지는 면 접합으로 사용최고온도는 약 300℃ 정도이다. 용접 본드는 접착과 스폿용접 등을 병용한 접합방법이다. 용착은 열가소성의 플라스틱을 녹여 플라스틱류끼리 또는 다른 재료와 접착하는 방법이다.

1.4 접합 전처리

(1) 재질표면의 상태

공기와 접촉한 금속표면은 산화되어 그 표면층에는 화학적으로 흡착한 물질이 존재하고 −OH기가 있어 분자상 수소결합을 하며, 다분자 층의 수분이 물리흡착에 의해 존재한다. 금속산화물 표면에는 CO_2, H_2, N_2, O_2나 유분이 흡착되어 있다. 고분자 재료는 금속보다 표면에너지가 낮아 표면에 OH기 이외에는 수분흡착은 작고, 성형중에 포함된 이형제, 수지중의 활성제, 대전(帶電)방지제 등의 첨가제가 있는 경우가 있다.

표면 오염물은 접착에 있어 약한 경계층(WBL, Weak Boundary Layer)이 되어 접착강도를 증가의 위해서는 기계적 연마, 화학적 표면처리가 요구된다. 표면처리를 통하여 피착재료의 표면에너지 증대, 피착재와 접착제간의 계면에너지 저하, 피착재료와 접착제간의 화합결합 증가, 피착재와 접착제 고분자 성분의 전기적 흡인력 증가로 피착재와 접착재간의 결합력이 증가시킨다.

(2) 계면의 결합

① 화학결합 − 액체가 고체표면에 젖어 넓어지고 액체분자와 고체분자가 접근하면 양 분자 간에 결합력이 생긴다. 결합종류와 강도는 표 1−5에 나타내며, 수지에 의한 접착인 경우에는 공유결합, 수소결합, 반델발스력에 의한 결합이 생긴다.

② 공유결합 − 공유결합에 의한 접착력이 가장 크고 이상적이나 공유결합으로 접착하는 경우는 적다. 유리, 세라믹, 무기재료의 접착성 향상을 위해 사용하는 실링커플링재는 실란화합물 중 두 가지 이상의 화합물기로서 한 쪽은 고체와 다른 쪽은 접착제와 반응한다.

③ 수소결합 − 수소결합은 비공유전자대를 가진 전기적으로 음성인 N, O, F와 같은 원자에 결합하는 수소원자가 원자에 접근할 때 생기는 결합이다. 에너지는 공유결합의 1/10~1/100정도이다. 한편, 반데발스력은 분자간에 일어나는 힘으로 쌍극자

사이의 힘, 쌍극자와 유기쌍극자 사이의 힘, 분산력의 세 가지 힘이 있다. 반델발스력의 결합에너지는 수소결합의 1/10~1/100정도 이다. 수지에 의한 접착은 대부분 반데발스력에 의한 결합이다.

④ 확산 – 열가소성수지끼리 열이나 용제에 의한 용융접착이나 고무끼리 자기접착의 경우에 계면을 넘어 두 분자간의 확산에 의해 고분자 고리가 결합하는 경우이다. 확산이 발생하려면 접착재와 피착재료, 피착재와 피착재끼리 부분적으로 서로 혼합할 수 있는 계(system)에 한정하며, 열역학적 조건이 만족되어야 한다.

⑤ 단순 역학적 결합 – 접착재가 피착재 표면 凹부에 흘러들어 고화되어 빠지지 않는 경우, 접착재의 凸부가 접착재의 凹부에 들어가 탄성적으로 조여지는 경우, 접착재가 피착재의 일부를 감싸는 경우도 접착력으로 작용한다.

표 1-5 결합의 종류와 강도

결합 종류	결합 형태	에너지(kcal/mol)
화학결합 (1차결합)	공유결합 이온결합 금속결합 배위결합	75~350 50~200 – –
수소결합	O–H……O C–H……O O–H……N N–H……O N–H……N N–H……F F–H……F	6 2~3 4~7 2~3 ~6 ~5 ~7
반데발스력 (2차결합)	영구극성 유기극성 분산력	0.01~1

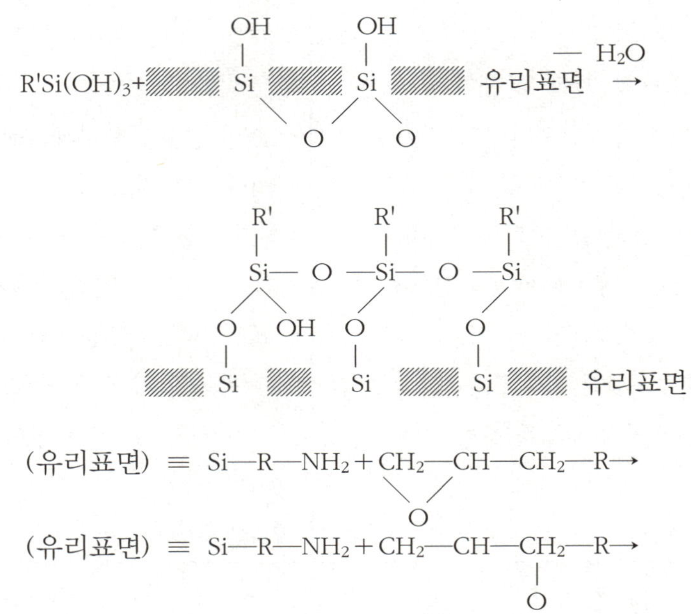

그림 1.6 실린커플링제의 유리 및 에폭시수지와의 반응

1.5 화학결합과 접합

(1) 개요

재료의 접합은 화학적 접합에 의한 원자간 인력, 즉, 공유결합, 이온결합, 금속결합 등의 강한 결합력이 기본 메카니즘으로 되어 있다. 접합에는 용융접합, 액상－고상접합, 고상－고상접합, 기상－고상접합의 "용접 · 접합"과 반델발스(Van der Waals)접합이나 수소결함과 같은 약한 결합력이 기본이 되는 "접착"으로 구분된다.

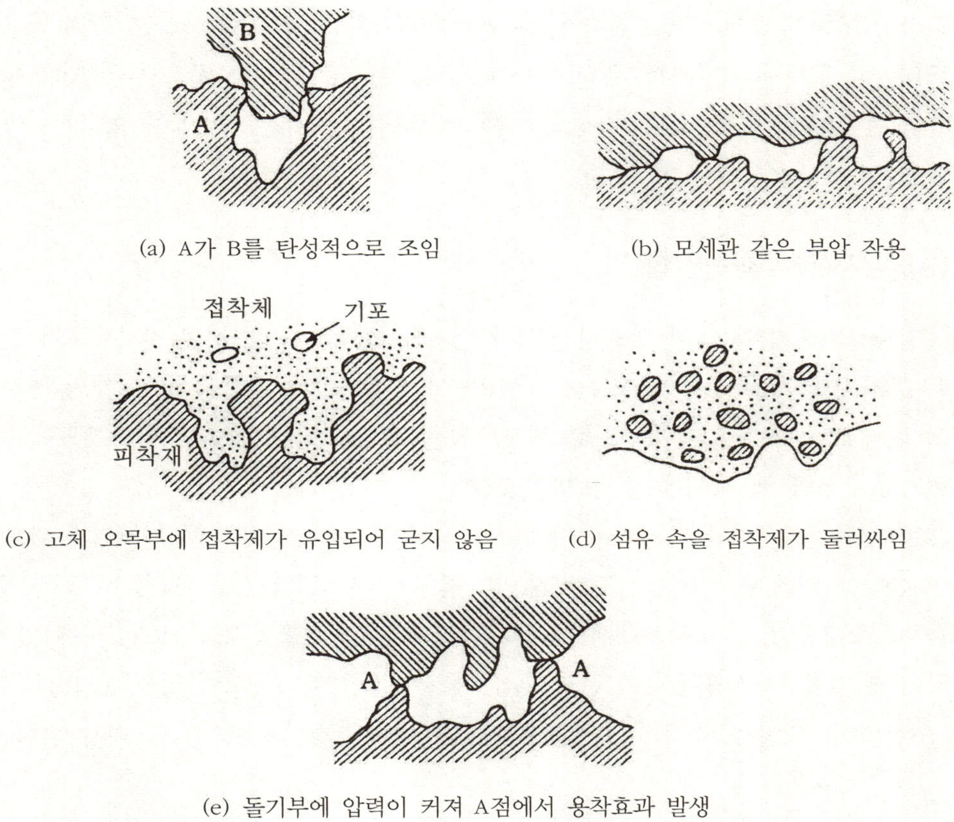

그림 1.7 단순 역학적 결합

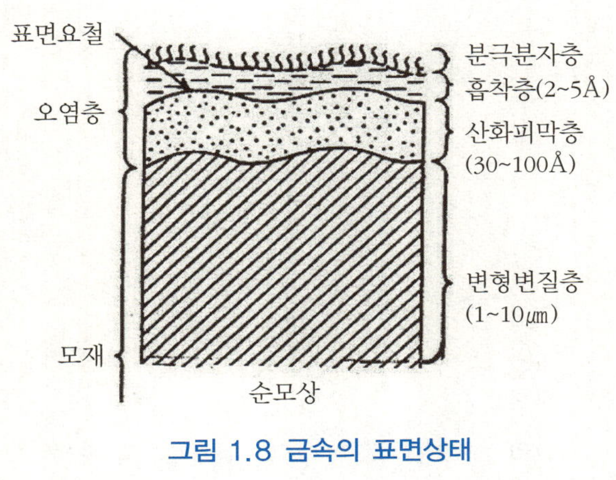

그림 1.8 금속의 표면상태

분자 궤도론적 측면으로 보면 명확한 구분이 없으나 공유결합과 금속결합의 큰 차이는 전도대와 가전자대와의 밴드 갭의 유무에 있다. 주기율표 Ⅰ족 및 Ⅱ족과 Ⅵ족과 Ⅶ족 간에 강한 결합이 되며, 유리 및 산화물 세라믹의 접합은 이온성이 강한 화학결합에 의해 접합된다.

(2) 양자론적 화학결합

동일재료의 접합에 있어 상호원자 간에 전자의 공유화, 즉, 2개의 원자궤도가 겹쳐 새로운 분자궤도(molecular orbital)를 만들고, 이들 궤도중에 결합궤도에 2개의 전자가 스핀을 반대로 들어가면 자동적으로 원자배열을 조정하여 접합한다. 분자궤도에 전자가 들어가면 2개의 핵 사이에는 인력이 생긴다.

그림 1.9는 원자핵간 거리와 위치에너지 곡선이며, 2개의 원자핵간 거리가 짧으면 핵 사이 반발에 의해 에너지가 높지만 궤도가 겹쳐지거나 평행이 될 때 극소로되고 겹침이 작을 때 증가한다. 고립원자에서 에너지가 크게 되는 반결합궤도라도 전자에 있어서는 제약이 생긴다. A－A형 결합은 전자가 각운동량이 0이며, 1s궤도에 있을 때 2개의 1s궤도가 조합되어, 그림 1.10과 같고 결합궤도(σ) 1개와 반결합궤도(σ^*) 1개가 된다.

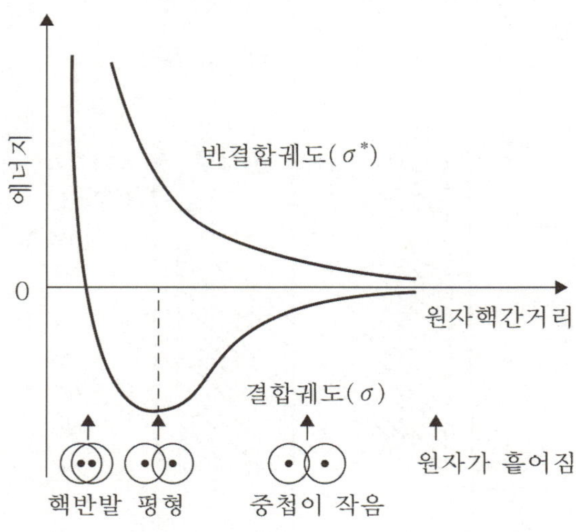

그림 1.9 원자핵간 거리와 위치에너지 곡선

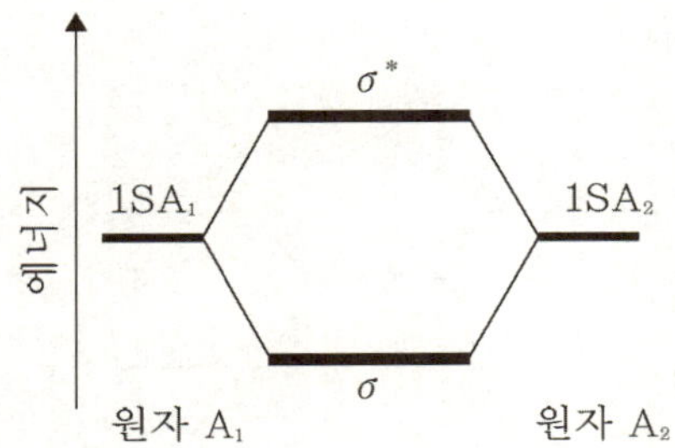

그림 1.10 A－A형결합에 있어서 Is궤도에서 생기는 궤도의 분자궤도 에너지

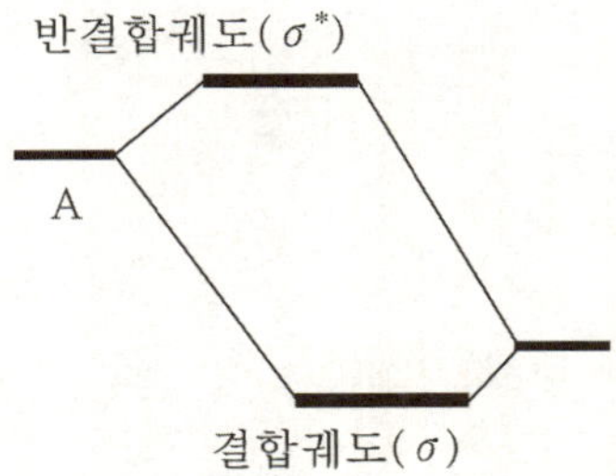

그림 1.11 A－B형 2원자결합에 있어서 분자궤도 에너지

이종원소간의 접합에 있어서도 전자가 이종원소간의 원자사이에 결합성궤도를 형성할 때는 접합된다. A－B형의 이핵(異核) 2원자결합에 있어서 분자궤도의 에너지를 그림 1.11에 모식적으로 나타냈다. 그림 1.10에는 원자의 에너지준위는 양쪽 원자에서 동일하나 A－B형에서는 원자궤도의 에너지에 차이가 있다. 여기서 A, B 두 원자간의 전자를 끌어당기는 힘의 차(전기음성도)와 결합궤도의 에너지 강하량(반결합궤도의 에너지 상승량)에 밀접하다.

금속결합을 하는 금속구조는 많은 원자가 삼차원적인 규칙적 배열을 하고, 각각의 원자에서 전자가 공급되어 다른 분자궤도를 형성하나 원자수가 많으면 궤도에너지는 서로 매우 근접하게 되어 거의 연속적인 밴드(band)를 이룬다. 밴드 내에는 최저 에너지부분인 결합성 궤도와 최고 에너지부분의 반결합성궤도가 있다. s궤도와 p궤도에서 형성되는 sp^3혼성궤도 사이에서 분자궤도를 형성하고, 이 혼성궤도에서 결합궤도와 반결합궤도가 형성된다. 원자수가 많이 집합되면 이들 궤도는 밴드를 이루어 가전자대와 전도대(傳導帶)가 형성된다. 이들 밴드사이에는 밴드캡이라는 에너지 차가 생긴다. 전도대에 전자가 충만 되어 있지 않는 경우에는 절연체가 되고, 전도대에 전자가 존재하면 금속적이다.

전자밴드를 가장 많이 점유하는 준위를 페르미준위(Fermi level)라고 하고, 금속에는 최고 에너지를 갖는 전자를 여기(勵起)시키는 데 필요한 에너지는 작게 된다. 즉, 전자가 매우 움직이기 쉽다는 것이고, 금속이 전기전도성이 양호하다는 원인이 된다. 그림 1.12에 그림 A－B형 결정 경우의 에너지 상태도이며, s궤도와 p궤도를 혼합되지 않고 s밴드와 p밴드를 만드는 경우라고 생각된다.

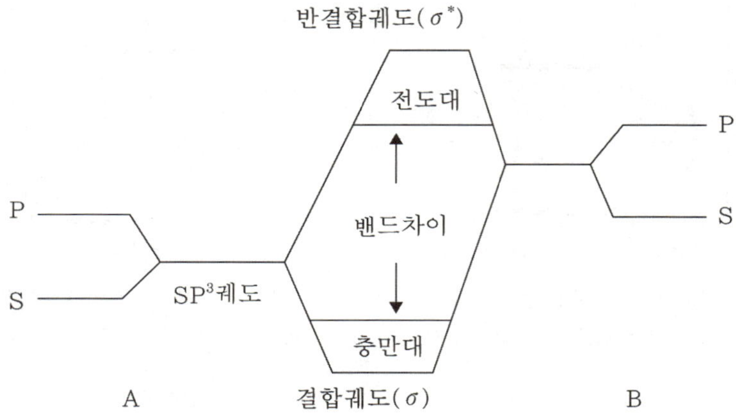

그림 1.12 A－B형 결정에 있어서 에너지 상태

(3) 접합의 열역학

열역학적으로는 2개의 다른 원소의 화합물 생성열 ΔHf(Heat of formation alloy)가 음(－)으로 크게 될 때, 화합물의 생성에 있어 큰 에너지를 방출할 수 있으며, 이는 원자간의 친화력이 크다는 것을 의미한다. 한편, ΔHf가 양(+)일 때는 반발하여 접합되지 않는다. 즉, 원소의 조합에서 반발하여 결합하지 않거나 자동적으로 결합하는 방향으로 진행하는지가 정해져 있다.

표 1－6에 주요한 다른 원소의 화합물 생성열을 나타냈다. Mg는 Mo와 반발력이 매우 강하고 Ti과도 반발하며, Co와는 반발력도 결합력도 아니며, Ni, Cu, Ag와는 결합하고, Au와의 결합력은 크다. Al은 결합력에 차는 있지만 어느 원소와도 결합할 수 있다는 것을 알 수 있다. 공기 중에서 접합할 때 재료 고유성질에 따라 접합거동을 막는 요인이 있다. 금속표면에는 산화막, 가스나 수분이나 유기물 등의 흡착층이 존재한다. 표면원자의 차원에서 요철도 접합효율을 저하시키므로 이들의 저해요인을 제거하여 재료사이의 강한 화학결합을 고효율로 달성할 수 있는 접합법을 연구해야 한다.

표 1-6 두 개의 다른 원소의 화합물 생성열 ΔHf(kJ/mol · atoms)

	Y	Ti	V	Cr	Fe	Co	Ni	Mo	Pd	Cu	Ag	Au
Li	+11	+44	+55	+50	+38	+12	+1	+71	-58	-15	-26	-53
Na	+41	+88	+104	+100	+89	+57	+46	+135	-21	+24	-0	-22
Mg	-12	+13	+31	+32	+23	+1	-8	+50	-63	-13	-19	-49
Zn	-54	-42	-13	-3	-5	-18	-23	+6	-59	-11	-8	-28
Al	-68	-67	-40	-30	-32	-42	-48	-24	-84	-17	-10	-37
Ga	-73	-60	-28	-16	-18	-31	-37	-7	-79	-15	-11	-34
In	-67	-36	+2	+14	+13	-5	-12	+31	-63	-4	-4	-21
Tl	-65	-26	+16	+30	+30	+11	+4	+50	-47	+4	+3	-8
Sn	-91	-62	-19	-3	-2	-16	-22	+10	-69	-8	-6	-21
Pb	-86	-44	+4	+22	+25	+8	+2	+41	-46	+4	+4	-3
Sb	-116	-83	-31	-9	-4	-16	-20	+3	-53	-8	-6	-13
Bi	-98	-55	+5	+15	+18	+2	-4	+33	-52	+1	+2	-4

1.6 접합 이론

(1) 개요

대기 중에 존재하는 금속표면은 흡착물질 및 변질층이 존재하며, 이러한 변형층은 일반적으로 기계가공에 의해 생성된다. 산화층은 산소와 친화력에 의해 좌우되고 Pt, Au은 산화층이 무시되나 일반 금속표면에는 약간 존재한다. 산화층 상부에는 가스, 유기물, 수분 등의 흡착층이 존재하고 있어 모재의 원자상 사이에 강한 결합력을 형성할 수 없고, 접합면끼리 눌러 주면 파괴되어 양호한 접합면을 이룰 수 있다.

금속은 금속결합에 의해 고체를 형성하며 원자끼리 전자 공유화가 일어날 때 까지 접근이 필요하나 표면은 요철이 존재한다. 보통 실온에서 그의 표면두께가 10~1000 Å 정도이며, 그 위에 기체나 수분의 흡착층과 오염층으로 형성된다.

금속부재의 용접 · 접합에 있어 접합면에 존재하는 공공(空孔)을 압착하여 밀착하거나 산화물 밀착에 방해가 되는 오염층을 분산시켜 제거해야 한다.

① 용융에 의한 표면피막의 제거 – 표면 산화막을 분산, 미세화를 위해 아크를 이용하여 제거시키는 것으로서 알루미늄의 역극성(DCRP)에 의한 클리닝작용이다.

② 용융에 의한 접합부 형성 – 모재의 일부가 용융되고 융합을 방해하는 피막 및 오염층을 제거하기 위해 용융물을 모재의 용융경계에서 응고시켜 모재와 일체화시킨다.

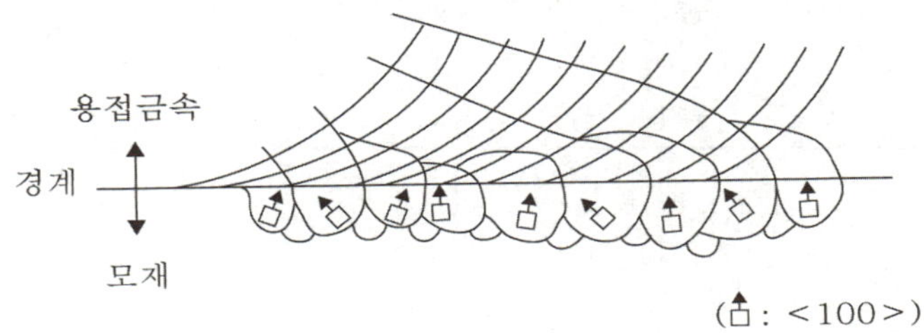

그림 1.13 용접금속에서의 주상결정의 선택성장의 모양

용융금속의 응고성장은 용융되지 않은 모재 결정립 이외의 부분에서 핵이 나타나고 새로운 핵은 발생되지 않는다. 그림 1.13의 입방정금속에서 주상결정은 용융경계에서 성장할 때 열류방향(熱流方向)인 특정의 결정축<100축>우로 성장을 계속한다. 이러한 양상은 이동열원이 아크용접, 정지열원의 아크스폿 용접 및 저항용접에서 나타난다. 이 과정에서 발생되는 용질원소의 편석, 방출에 의한 기공발생, 체적수축에 의한 균열이 발생된다.

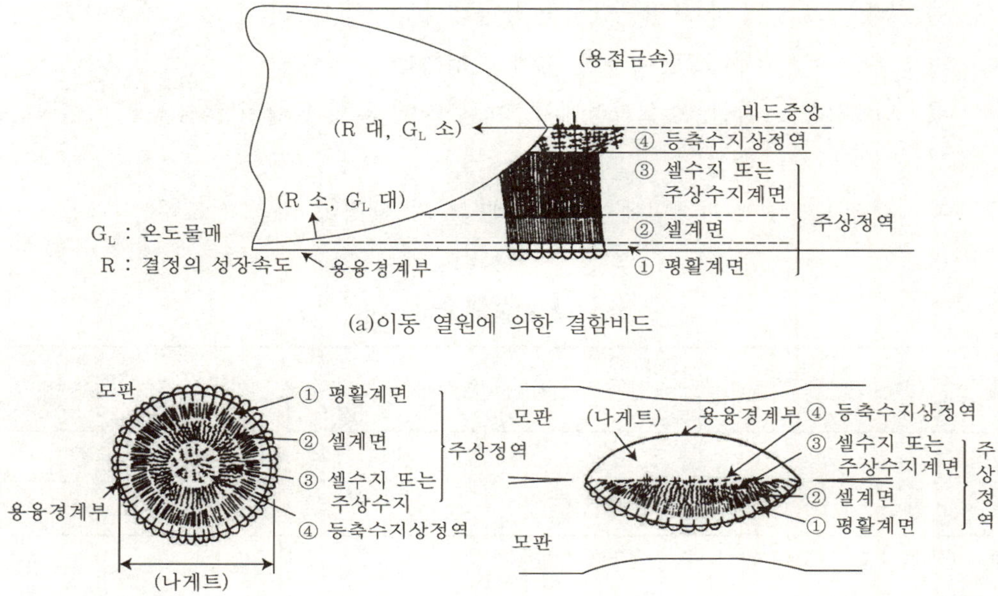

(a)이동 열원에 의한 결함비드

(b) 아크 스폿　　　(c) 저항 스폿

그림 1.14 용접금속에서 응고형태 변화의 도해

(2) 액상-고상반응 접합이론

(가) 접합 과정

접합계면을 액화시킬 때 접합과정은 용융접합과 동일하나 액화에 의해 모재보다 저용점 합금을 이용하여 모재를 용융시키지 않고 접합하는 것이다. 미시적으로 보면 접합 계면부근 모재에서 다소 차이는 있으나 용융을 동반한다. 또한 접합계면에 인서트재를 삽입하고 모재와 인서트재의 두 융점이하의 온도를 유지해도 부분적으로 접촉면에서 반응하여 상호확산이 일어나 액상이 생기기도 한다. 이러한 액상-고상의 반응접합 과정을 단계적으로 나타내면 다음과 같다.

① 제1단계 : 납 용융 또는 반응확산에서 생긴 액상이 접합계면 간극을 채워가는 과정

② 제2단계 : 모상 표면근방의 용융용해과정에서 반응확산으로 액상이 될 경우 제1, 2단계가 동시에 진행하는 과정

③ 제3단계 : 확산, 소실과정에서 확산현상에 의해 모상이 액상쪽으로 성장하는 과정

④ 제4단계 : 접합계면에 잔류한 액상부가 냉각에 따라 응고하는 과정

표 1-7 접합과정의 차이

접합과정 / 접합법	제1단계	제2단계	제3단계	제4단계
납접합	◎	△	△	◎
액상확산접합	○	◎	◎	○,△,×

◎ : 현저함, ○ : 자주 발생, △ : 간혹 발생, × : 무시

(나) 젖음과 흐름

접합에 있어 중요한 메카니즘인 "젖음"과 "흐름"은 납이나 인서트재가 용융하여 접합 대상재료의 접합표면을 젖어가는 "젖음"과 "흐름"은 고액계면에 있어 어떤 화학결합이 생겨 젖기 전보다 그 계에서 화학포텐셜 에너지를 저하시키는 원인이 된다. 그림 1.15에서 용융납이 AB로 젖고 있을 때, 표면에너지 γ_{Ldml}의 용융 납이 단독으로 구형을 형성할 때의 반경 r, AB의 젖은 면적 S, 고체의 표면에너지 γ_S의 젖음을 형성할 때의 계면에너지 γ_{LS}로 하면, 다음 식이 성립된다.

$$\gamma_S \cdot S + 4\pi \ \pi r^2 \gamma_L > \gamma_{LS} \cdot S + S_0 \cdot \gamma_L \tag{1.1}$$

S_0는 공간을 접한 부분의 표면적이다. 그림 DA와 BC역이 젖을 가능성의 여부이며, DA, BC에도 젖음이 생겨 용융납과 고체표면 사이에서 화학결합이 생길 가능성이 있을 경우, AB 위에서 용융납을 공급하면 A는 D로 B는 C로 이동하고 젖음 영역이 증가한다. 납재의 공급을 중단하고 평행에 도달하면 다음 식이 성립한다.

$$\gamma_S = \gamma_{LS} + \gamma_L \cdot \cos\theta \tag{1.2}$$

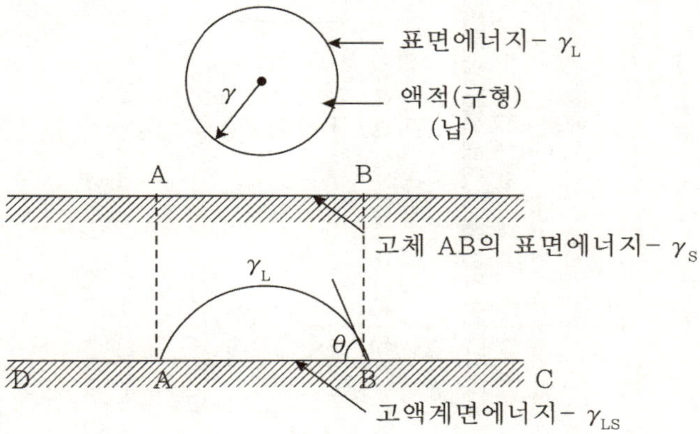

그림 1.15 액적의 젖음 현상

단, 납과 고체사이에 원자의 이동이 없고 젖기만 한다. 확산에 의해 원자이동이 생기면 γ_{LS}가 변하기 때문에 θ 값이 시간과 함께 변화한다. 만일 중력을 고려하고 위치에너지가 최소가 되는 θ 를 수치적으로 구하면 (1.2)식이 된다. 흐름은 납의 점성과 침투작용에 의해 좌우되며, 침투작용은 젖은 선단부에서 원자의 화학 포텐셜 에너지 구배가 되고, 고체와 액체가 화학결합을 진전시켜 모세관현상의 구동력과 일치하게 된다.

(다) 모상표면의 용해 메카니즘

납이나 인서트재가 용융되어 모재접합 표면이 젖으면 모상(母狀)이 액상부에 용해하고 납과 모재의 접촉계면은 포화용액으로 덮힌다. 따라서 모상체의 용해가 진행을 계속하기 위해서는 포화용액중의 용질이 액상부를 향해 이동해야 한다.

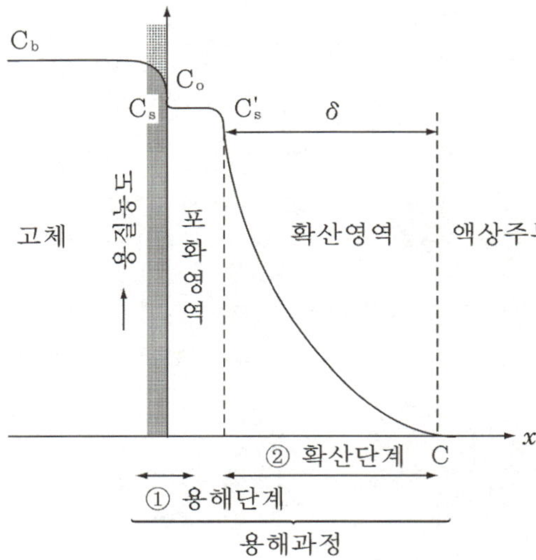

그림 1.16 고체의 용해과정

그림 1.16는 그 상태의 표현으로 ①은 용해단계, ②는 확산단계이다. δ 는 확산막의 폭이며, C_0, C_s, C_s' 및 C는 용질각부의 농도이다.

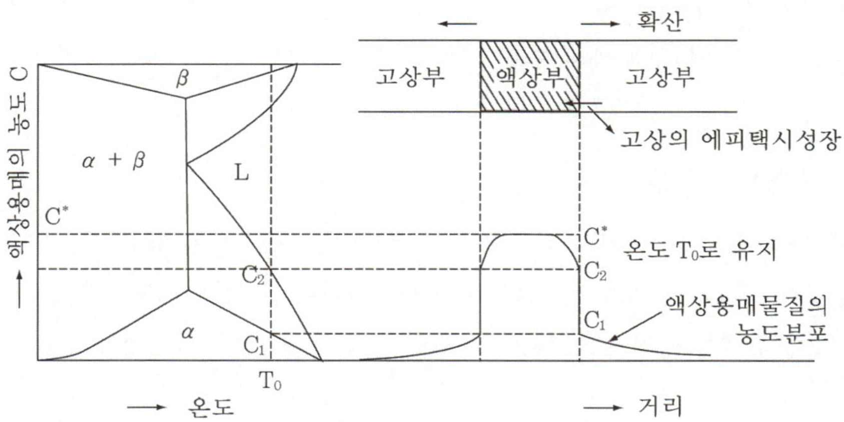

그림 1.17 액상의 확산소실 메카니즘

(라) 액상의 확산소실(등온응고) 메카니즘

용매로서 용융납, 땜납, 인서트재를 갖는 액상부중 모재원소인 용질이 포화되면 용해속도를 크게 저하시켜 용매인 액주부가 모형체에 확산, 소실하게 된다. 그림 1.17의 경우의 2원합금계에서 용매농도에 분포이다. T_0는 유지온도, C^*는 시간이 경과함에 따라 모재의 용해에 의해 C_2에 접근한다. 액상부의 확산소실현상은 액상농도가 C_2가되기 전에 개시하고 개시시점은 2원계의 경우 반응확산이론에 의해 구하며, 개시시점에서는 $C^* \fallingdotseq C_2$로 간주한다.

(마) 냉각에 따른 응고현상

제3단계의 진행중에 온도 T_0를 강제로 저하시키면 열발산에 의한 응고가 생긴다. 액상부의 계는 대부분의 경우, 그 상태도에서 공정점을 가지므로 공정조직의 일부가 생기나 냉각속도를 빠르게 급랭시키면 응고조직은 비평형을 이루고, 서랭할 경우 모상과 액상부 간에서 반응확산이 생겨 금속간 화합물이 생기는 경우도 있다.

(3) 고상접합 이론

(가) 접합과정

고상접합은 고상상태에서 수행됨을 의미하나 접합법에서 수 원자층의 용융을 수반할 수 도 있어, 결국 용융을 나타내지 않는 접합이다. 단일 압축상태에서 상온압접으로 모재접합의 표면요철을 눌러 표면피막이 파괴 분산되어 정한 모재부끼리 화학결합이 된다.

초음파 접합은 접합계면에서 전단변형과 마찰력에 의해 표면피막이 파쇄되고, 그때 발생되는 마찰열에 의해 접합부의 소성유동성을 높여 청정한 모상사이의 밀착을 이룬다. 소성유동과 원자 확산을 위해 고온으로 수행되는 열간압접이나 확산접합중 압축하중을 가하는 경우와 접합과정이 매우 다르다. 열간압접은 주로 변형에 의해 밀착되나 확산접합은 고온 고진공상태에서 수행 되므로 산화피막이 모상에 분해확산하거나 외계로 비산하여 청정화된다.

(나) 고상접합 메카니즘의 분류

고상접합에서는 "변형"과 "확산"의 메카니즘으로 분류할 수 있고, 이를 통하여 접합과정을 달성한다. 고상상태에서 용착하는 기본 메카니즘은 그림 1.18과 같고, 변형 메카니즘은 전위의 슬라이딩을 필요로 하며, 소성변형과 점소성 변형으로 분류할 수 있다. 소성변형은 상당응력이 항복응력 이상일 경우 영구 변형을 할 수 있으며, 항복응력 미만에서는 시간이 지나면 영구변형을 할 수 있다.

(다) 변형에 의한 응착 메카니즘

① 탄성접촉
② 소성접촉
③ 점소성에 의한 밀착
④ 변형에 의한 표면피막의 파괴와 분산

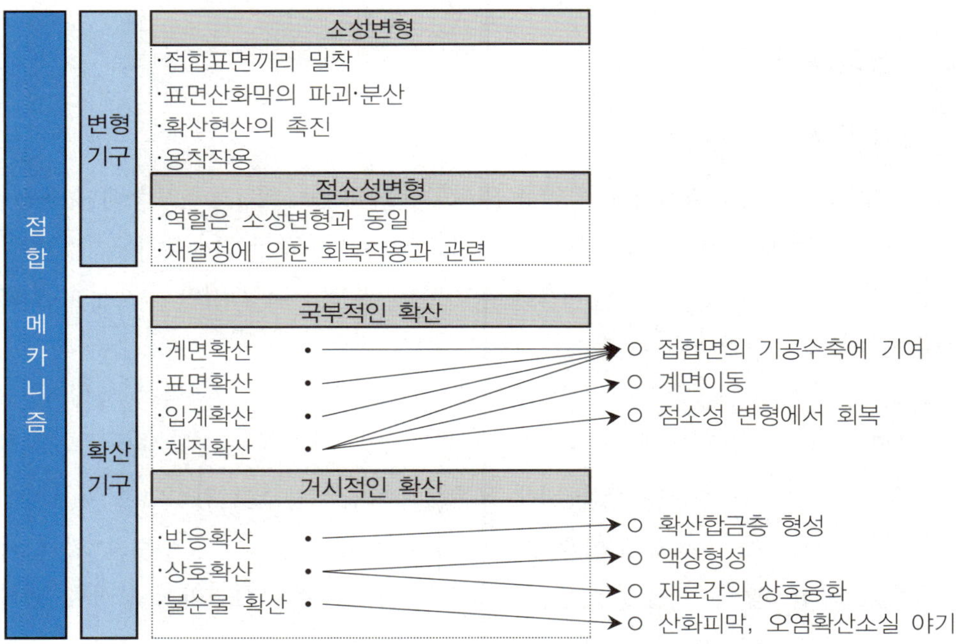

그림 1.18 고상접합 메카니즘의 분류

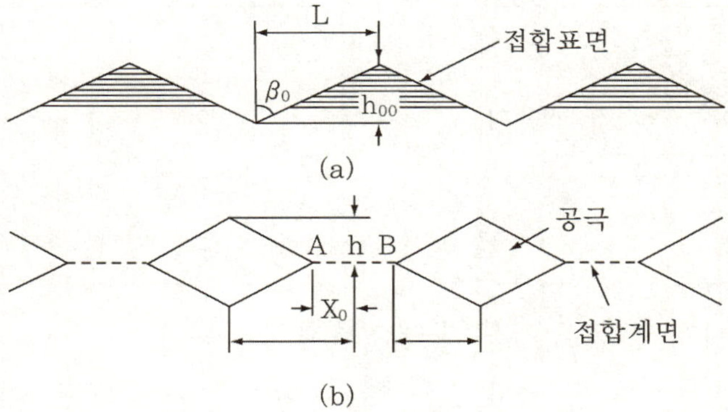

그림 1.19 표면요철과 접합계면의 모델화

탄성접촉은 항복응력이하로 접합표면끼리 눌러지면 탄성변형에 의한 접촉이 생긴다. 하중이 작용되는 동안 원자간 결합이 이루어지나 하중을 제거하면 결합이 단절되어 접합은 이루어지지 않는다. 한편, 소성접촉은 소성변형에 의해 표면접촉이 달성되는 것으로 변형은 영구적이므로 하중제거 후에도 접촉은 유지된다. 완전밀착에는 항복응력의 3배이상 부하응력을 가해야 한다. 따라서 상온에서 소성변형 메카니즘을 이용해 접합하려면 용이하지 않아 소성발열 및 외부가열을 통하여 고온상태로 처리해야 한다.

점소성 변형에 의한 밀착으로 온도상승과 더불어 항복응력이 보통 저하되므로 재결정 등의 열적회복이 생기는 변형응력은 변형속도에 의존하게 되고 항복응력만으로는 소성변형을 할 수 없게 된다. 변형에 의한 표면피막의 파괴와 분산은 접합표면에 요철, 피막 및 부착층이 존재하는 응착을 억제한다. 변형 메카니즘은 이러한 층을 파쇄, 분산에 의해 응착을 달성하며, 금속에서 산화피막의 파쇄 분산과정을 그림 1.20에 나타낸다.

(라) 확산에 의한 응착 메카니즘

① 표면산화 피막의 확산과 소실의 분산작용 – 대기중의 금속표면에는 산화피막이 존재하나 고진공, 고온상태에서 이 피막을 분해하여 모상내로 확산소실하는 경우가 있다.

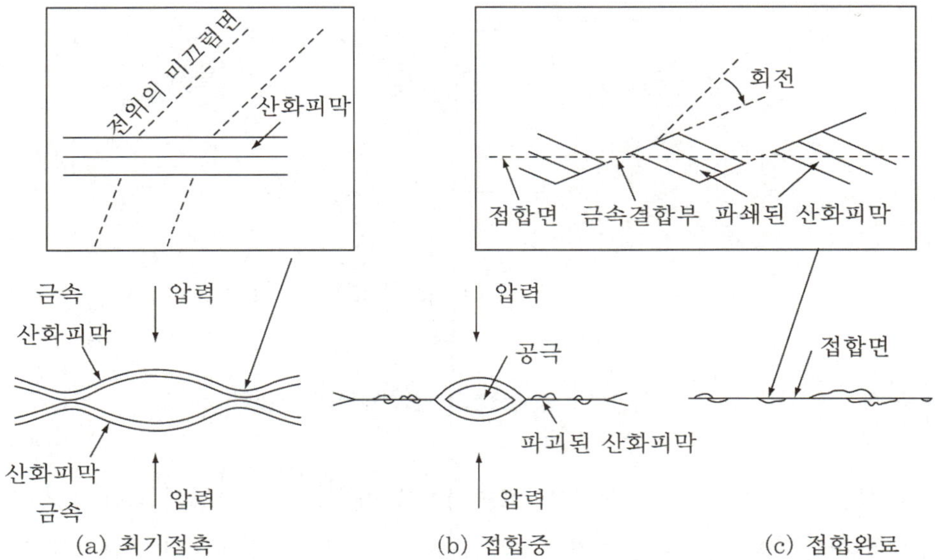

그림 1.20 접합표면상의 산화피막과의 분산과정

② 확산에 의한 밀착 메카니즘 – 접합면을 누르거나 접합계면에 표면요철에 기인하는 공극(空隙)이 잔존한다. 접합부의 확대에는 공극의 수축이 필요하며, 이는 국부적인 확산을 통해 공극수축시에 생기는 원자 확산류의 방향을 나타낸다.

그림 1.21과 같이 확산경로로 체적확산, 표면확산, 계면확산으로 구분하며, 국부적 확산은 접합부 AB와 표면부와의 화학적 포텐셜에너지 차이에서 유기된다. 접합부 AB에는 압력이 부하되면 원자의 화학포텐셜 에너지만 높아져 접합 계면부에서 공극부로 원자가 확산한다. 그 결과 AB부분에서 제거된 원자와 이에 따른 모상의 강성변위에 해당하는 체적만의 공극수축이 생긴다.

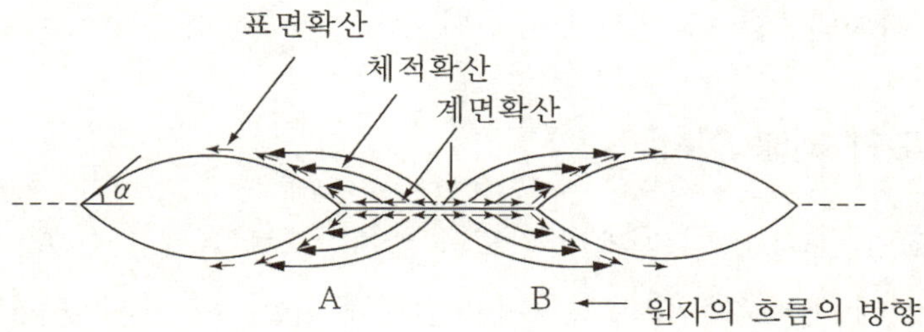

그림 1.21 국부적 확산흐름

1.7 섬유강화 복합재료의 접착

(1) 접착강도에 관한 기본 사항

복합재료의 섬유/기지 수지계면에 있어서 접착은 복합재료의 강도를 지배하는 가장 중요한 요인 중의 하나이며, 이는 계면의 접착이 약하면 복합재료는 쉽게 파괴하기 때문이다. 복합재료의 강도에 대한 계면의 역할에 대하여 유리섬유 복합재료의 강도를 접착강도의 측면에서 알아본다.

(2) 접착과 파괴

보통 접착의 강약은 접착강도(bond strength)에 의해 평가되며, 접착강도는 복합재의 접착된 부분의 파괴에 대한 저항력으로서 나타낸다. 접착강도가 접착력(adhesive force)라고 하며, 따라서 접착강도가 접착제/피착체간의 계면의 결합력만으로 해석되는 경우가 많다. 복합재료에는 섬유/매트릭스간의 계면의 결합력이나 계면의 결합력만을 별도로 측정하는 방법은 개발되어 있지 않고 파괴하여 측정하여 강도로 나타낸다.

시판되는 에폭시수지로써 강판을 접착하면 15~20MPa(150~200kgf/cm^2)라는 큰 전단응력이 얻어지나 박리강도는 대략 20N/25mm폭(2kgf/25mm폭)에 지나지 않는다. 굽히거나 시험기에서 간단히 측정할 수 있으나 계면의 결합력은 설명할 수 없다. 접착과 파괴는 역 공정으로 실제 요구되는 강도를 보면 접착은 복합재를 만들기 위한 전제조건이며 접착강도를 접착과 파괴의 양면을 생각해야 한다.

(3) 접착강도의 지배 인자

접착강도는 표 1-8과 같이 기계적 강도와 환경강도로 크게 나누며, 기계적 강도는 외력에 대한 파괴에 대해 저항력이고, 후자는 환경에 의한 파괴에 대한 저항력이다. 양자는 파괴의 원인, 이유가 전혀 다르므로 구별하여 취급하여야 한다. 기계적 강도가 크게 되면 환경강도도 크다고 한정할 수 없다. 환경강도는 섬유표면, 폴리머, 메트릭스 수지의 물리적 성질, 화학적 성질에 의존하므로 조합에 따라 다양하게 된다.

(4) 접착강도의 상반현상

브통 단일 접착제를 사용하고 규격조건(온도, 파괴강도, 치수)으로 측정하면, 그림 1.22와 같이 전단강도는 박리강도와 반대의 관계가 된다. 그림 1.23에 주요한 접착시험법, 표 1-8에 각종 접합강도와 접착제의 역학적 성질과의 관계를 들 수 있다. 복합재료는 접착체는 섬유, 접착제는 매트릭스 수지로 바꾸어 생각해도 좋다. 보통 접착체의 탄성률 증대와 더불어 전단강도는 증대하면 박리강도는 어느 탄성률 이상에서는 급속히 저하한다.

표 1-8 접착강도를 지배하는 주요 인자

기계적 강도	접착체와 피착체의 역학적 성질	
	파괴의 조건	(a)측정법(접착강도의 종류) (b)온도-속도-치수
	계면의 결합력(접착력)	(a)거시적 앵커효과 (b)미시적(분자레벨)-1차결합(화학반응), 2차결합(분자간력), 접착일(열역학), 상호확산, 정전기, 기타
	WBL(Weak Boundary Layer)	
환경 강도	내수성, 내유성, 내온도(고온, 저온), 내자외선성, 내산성, 내후성, 수명 등	

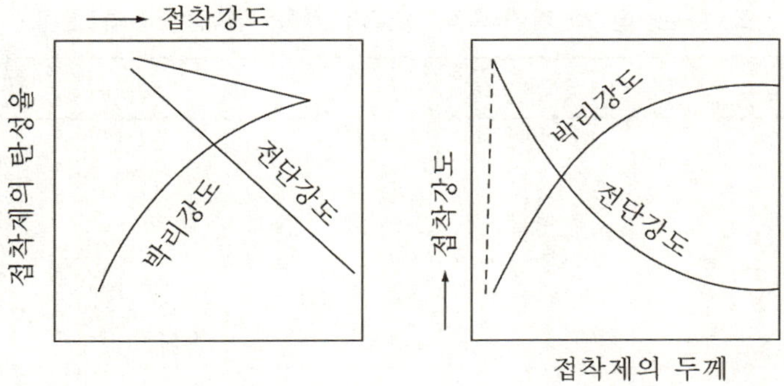

(a) (b)

그림 1.22 접착강도의 반대현상의 예

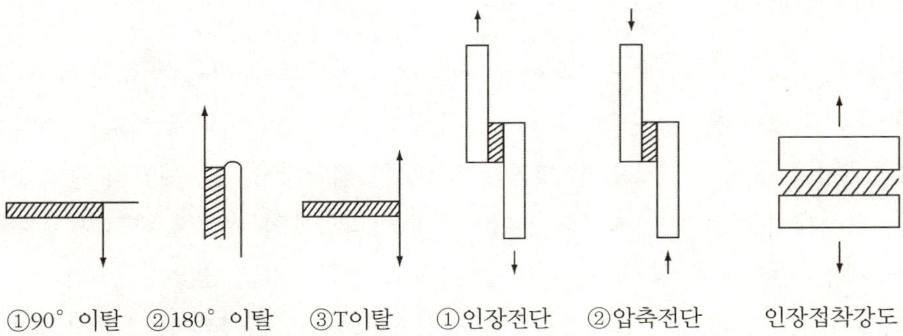

(a) 박리강도 (kg/25mm폭≒10N/25mm)

(b) 전단강도 (kgf/cm^2≒0.1MPa)

(c) 인장접착강도 (kgf/cm^2≒0.1MPa)

그림 1.23 주요 접착

에폭시와 같은 접착체에서 전단강도는 크지만 박리강도는 매우 작다. 고무와 같이 유연한 접착제에는 그의 역으로 되며, 박리, 굽힘, 충격, 피로강도도 작다. 단단한 접착제와 유연한 접착체를 혼합하고 접착공정 중에 두 가지를 반응시키면 양자 모두 큰 강도가 얻어진다.

표 1-9 접착체의 역학적 성질과 각종 접착강도와의 관계

강도의 분류	A	B	C
접착강도	전단 전단복귀 (토크) 크리프	박리 굽힘 균열 충격 피로(위의 반복 및 인장-압축의 반복)	인장
강도를 지배하는 접착제의 역학적 성질	경도	유연, 강진 어느 일정 탄성률에서 강도최대 $\tan\theta$	3축응력 (인장응력과 그와 직각방향의 전단응력)

(5) 접착강도에 대한 측정조건의 효과

접착강도는 측정조건(온도, 속도, 치수)에 따라 크게 변화하며, 각종 재료의 강도측정에 있어 각 국의 규격에서 온도, 속도, 치수가 정해지고 있다. 접착체의 두께도 치수의 일종이지만 규격에서는 정해지지 않으며, 그림 1.23(b)는 접착강도와 두께와의 관계를 나타내고 있다. 접착체의 두께에 대해서도 전단강도와 박리강도와는 역으로 된다. 접착강도는 두께를 변화시킴으로서 양자 모두 10~20배정도 변화시키는 경우가 있다.

계면파괴에서 없는 경우에는 전단강도와 박리강도와의 온도특성은 각각 접착체의 탄성률-온도곡선, 접착제의 $\tan\delta$-온도곡선에 대응한다. 단, 박리강도는 접착체의 두께, 탄성률, 연신 등에 크게 의존한다. 이상과 같이 전단강도와 박리강도와는 전혀 달라 양쪽 모두 접착력이라고 할 수 없다.

(6) 파괴의 장소

파괴는 가장 약한 장소에서 일어나므로 보통 접착제(매트릭스 수지)와 피착체(섬유)의 계면에서 일어나는 것에 한정하지 않는다. 그림 1.24에 주요 파괴장소를 나타내며, 계면의 결합력이 크면 접착강도도 크기에 제한하지 않고, 접착제나 피착제의 쪽이 약하면 접착강도는 그들의 강도에 따라 정해진다(그림 1.23-a, b, c).

실제 계면파괴는 매우 작으며, 계면파괴에 있어 접착강도=계면의 결합력은 아니다. 왜냐하면 접착강도에는 계면의 결합력 이외에 표 1-9와 같이 다수 인자의 효과가 가산되므로 계면의 결합력만을 독립하여 측정할 수 없다.

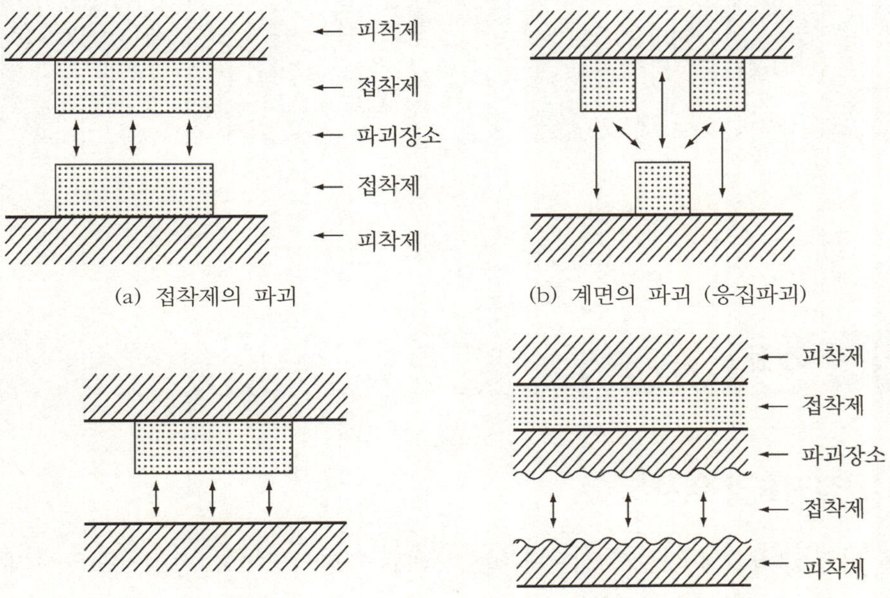

(a) 접착제의 파괴

(b) 계면의 파괴 (응집파괴)

(c) 접착체의 파괴와 계면파괴(혼합파괴)

(d) 피착체의 파괴

그림 1.24 파괴의 장소

제 2 장 용접접합법

2.1 개요

(1) 용접기술의 역사

철을 가열 가압시켜 접합시키는 단조는 오래된 접합기술이며, 용접기술은 19세기 후반 아크용접법 및 저항용접법의 개발로 그의 양상이 변화하였다. 근대 용접기술은 1801년 데비(H. Davy)가 아크방전의 특성을 연구하였고, 패러데이(M. Faraday)는 1831년 전자유도현상 및 글로우 방전을 발견하여 전기공학의 기초를 확립하였다. 주울(J. P. Joule)은 1840년 전류의 발열량을 계측하여 주울의 법칙을 유도하였으며, 1864년 맥스웰(J. C. Maxwell)은 페러데이의 전기자기현상에 관한 전자장의 기초방정식을 유도하여 현대 물리학의 기초를 확립하였다.

금속의 아크방전으로 재료를 용융하여 접합하려는 시도는 19세기 중엽부터 이었으며, 실용적인 측면에서 아크용접법은 1885년 베나도스(N. Benardos)가 개발한 탄소아크 용접장치로서 탄소전극을 양극으로 하여 아크발생을 통하여 철제 파이프 및 용기제작, 증기기관차의 보수에 사용하였다.

그 무렵 톰슨(E. Thomson)은 전류에 의한 주울열을 이용하여 업셋저항 용접법을 개발하였다. 탄소전극을 이용한 아크 용접법은 종래의 접합법 보다 획기적이었으나 탄소전극을 사용함으로써 용착부에 탄소혼입으로 고경도 취성을 갖게 되었다. 1891년 탄소전극 대신에 금속전극을 이용하는 메탈아크 용접법을 슬라비아노프(N.G.Slavianoff)가 개발하였다. 그 당시 용접기술을 향상시킨 것은 1907년 크젤버그(O.Kjellberg)에 의한 피복용접법의 개발이다. 1912년 스트르멩거(Strhmenger)가 아크의 안정성 및 용접금속을 대기로부터 차폐하는 실드성이 뛰어난 피복용접봉을 개발하여 피복아크 용접법의 기초를 확립하였다.

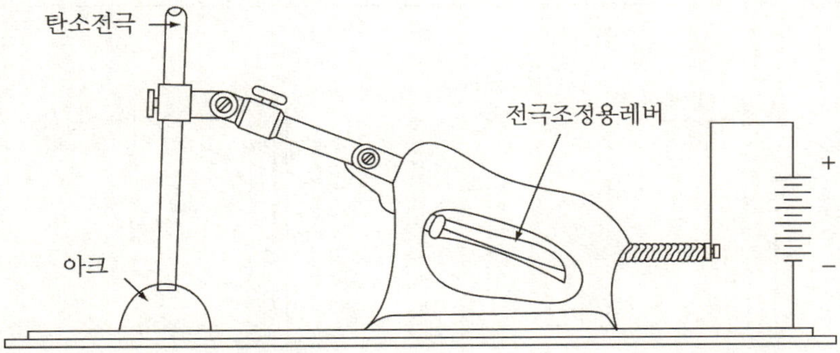

그림 2.1 탄소아크 용접법(N. Benarddos)

표 2-1 용접 · 접합의 개발 역사

연도	개발자	용접 · 접합 관계
1801년	Davy	아크방전의 발견
1835년	Faraday	글로우 방전의 발견
1865년	Wilde	아크용접법의 특허 출원
1885년	Benardos	탄소아크 용접법 개발
1885년	Thomson	저항용접법 개발
1891년	Slavianoff	메탈아크 용접법 개발
1898년	Goldschmidt	테르밋 용접법 개발
1901년	Fouche, Picard	가스용접법 개발
1907년	Kjellberg	피복용접봉 발명
1912년	Strohmenger	피복아크 용접법 개발

1930년	Robinnoff 외	서브머지드아크 용접법 개발
1940년	–	가스텅스텐 용접법 개발
1948년	Behr	초음파 용접법 개발
1948년	Chudikow	마찰용접 개발
1951년	Paton	일렉트로슬레그 용접법 개발
1951년	Steigerwald	전자빔 용접발명
1953년	Lyvabskii	탄소가스아크 용접법 개발
1953년	Kazakov	확산접합장치 개발
1957년	Stohr	전자빔용접법 개발
1958년	–	자동실드아크용접법 개발
1960년	Maiman	레이저빔 용접법 개발

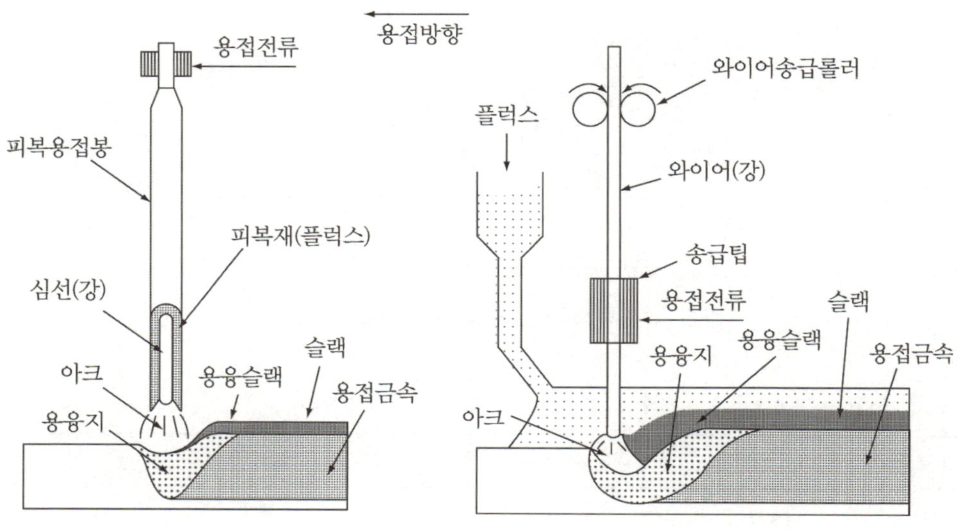

(a) 피복아크 용접법 (b) 서브머지드 아크용접법

그림 2.2 피복아크용접과 서브머지드 아크용접

피복아크 용접법은 아크용접법의 발전을 가져 왔으며, 그림 2.2(a)과 같이 일정길이의 피복용접봉을 이용하여 용접이 단속적 이었다. 이것을 극복할 목적으로 1930년 로빈노프(Robinoff) 등이 개발한 서브머지드 아크용접법이다. 그림 2.2(b)와 같이 서브머지드아크 용접법에는 강재의 와이어나 분말상의 플럭스 내에 연속적으로 송급하고 아크방전에 필요한 전류를 전류장치에서 공급하는 것으로 자동아크용접의 시초가 되었다. 즉, 서브머지드 아크용접법의 개발 당시에는 그의 용접은 용융플럭스 중을 흐르는 전류의 저항 열로 생각하였으나 아크에 의한 용융용접으로 밝혀졌고, 용융플럭스 중을 흐르는 전류의 저항 발열을 이용하는 일렉트로슬랙 용접법이 개발되었다.

1930년대에 텅스텐 전극과 헬륨가스를 조합한 가스텅스텐아크(GTA, Gas Tungsten Arc) 용접법이 연구되었다. 알루미늄합금에 있어서는 산화피막의 존재가 용접을 어렵게 하며, 아크방전의 음극이 산화피막의 제거에 유효하다고 알려진 것은 1945년경이었고 알루미늄합금을 대상으로 한 교류의 GTA용접법, 아르곤가스 중에서 알루미늄 와이어를 전극으로 이용하는 직류의 가스메탈아크(Gas Metal Arc) 용접법, 즉 GMA용접법의 확립은 1940년대의 후반이었다.

(2) 용접열원

용접열원에는 각종 에너지가 이용되며 아크용접법과 저항용접법 개발과 거의 같은 시기에 테르밋용접법과 가스용접법이 개발되었다. 테르밋 용접법은 산화금속과 알루미늄의 화학반응열이 이용되고, 가스용접법에서는 산소－아세틸렌염이 열원으로서 이용된다. 근래에는 전자빔용접법이나 레이저빔 용접법이 개발되었다. 레이저용접은 고체레이저인 루비레이저가 이용되며, 탄산가스 레이저를 용접에 구체화한 것도 근래의 일이다.

2.2 용접 · 접합법의 원리

(1) 접합의 기본형태

용접 · 접합은 두 물체의 계면을 원자수준으로 밀착하여 원자간의 힘을 작용시켜 물체를 결합한다. 상호간에 다른 두 물체를 원자수준으로 밀착시키는 연구가 필요하며, 실제이 현상을 위해 두 물체의 계면을 가압하거나 용융시킨다.

용접 · 접합법의 기본 형태를 나타내면 그림 2.3과 같다. (a)는 용융용접법이고, 접합해야할 두 부재의 일부를 용융 · 혼합하고 이를 응고시켜 두 부재를 접합한다. (c)는 고상접합법이고 고상상태에 있는 부재를 밀착시켜 계면에서 고상입자간 상호확산, 혼합함으로서 두 부재를 접합한다. 이 경우 청정한 계면끼리의 밀착이 중요하고 이를 위하여 접합부를 가압한다. 즉, 가압에 의한 변형이 계면의 산화피막을 파괴하고 청정계면의 형성 · 밀착을 용이하게 한다.

(b)는 액상 · 고상반응 접합법으로 그 접합형태는 (a), (b) 둘 사이의 중간으로서 그림과 같이 피접합부에 저융점의 액체금속을 삽입하고 이를 응고시킴으로서 두 부재를 접합한다. 액상 · 고상반응 접합법에는 삽입한 저융점 재료와 부재간의 결합력의 확보, 즉, 고 · 액상의 반응이 중요하다.

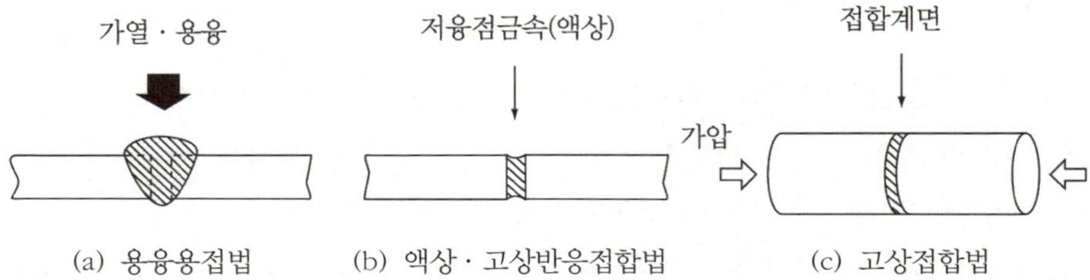

그림 2.3 접합의 기본형태

(2) 접합 요소

표 2-2는 현재 이용되고 있는 주요 용접 · 접합법을 접합형태에 따라 분류한 것으로서 많은 용접 · 접합법이 실용화 되었다.

① 용융이나 가압법에 의한 구체화하기 위한 에너지의 공급원

② 접합계면에서 부착물, 산화물과 같은 장해물 제거의 메카니즘

③ 균열, 기공 등의 결함을 방지하기 위한 용접금속의 제어

용접 · 접합과정에는 일정량의 에너지가 공급되므로 용접 · 접합공정을 재료의 에너지 가공이라고 볼 수 있다. 예를 들면 전자빔용접은 전자의 운동에너지를 이용하는 것이고, 광 에너지에 의한 것은 광을 전자파라고 생각할 수 있어 고주파에 의한 가열과 유사하다. 즉, 가스 압접법에는 접합부를 가스염으로 가열하면서 가압시켜 접합을 완료하고, 고주파

용접법에는 접합부를 고주파 전류에 의한 저항발열로서 가열함으로서 단면을 가압하여 접합한다. 이러한 과정에서는 가열원과 가압원이 필요하고 어느 정도의 에너지가 병용된다.

표 2-2 용접접합법의 분류

용접·접합법	용융용접법	아크용접법	피복아크용접법(shielded metal arc welding) TIG용접법(tungsten inert gas welding) 가스실드아크용접법(metal inert gas welding) 서브머지드아크용접법(submerged arc welding) 스터드용접법(stud welding) 일렉트로가스용접법(electrogas welding)
		고에너지 빔용접법	전자빔용접법(electron beam welding) 레이저용접법(laser beam welding)
		저항용접법(resistance welding)	
		스폿용접법(spot welding)	
		일렉트로슬레그용접법(electron gas welding)	
		가스용접법(gas welding)	
		테르밋용접법(thermit welding)	
	액상 – 고상 반응접합법	납접(soldering, brazing)	
		반응접합(reaction bonding)	
		액상확산용접법(diffusion bonding)	
	고상 – 고상 접합법	확산접합(diffusion bonding) 마찰압접(friction welding) 열간압접(hot pressure welding) 냉간압접(cold pressure welding) 초음파압접법(ultrasonic welding) 폭발압접법(explosive welding)	
	기계적체결	리벳팅, 볼트결합	
	화학적결합 (접착)	접착(adhesion)	
		웰드본드	
		용착법	

표 2-3 용접 · 접합법의 에너지에 의한 분류

에너지	전기적 에너지	아크용접 저항용접 일렉트로슬랙용접 고주파 용접/납접 전자빔용접
	광학적 에너지	가스용접/납접 테르밋용접 폭발용접
	기계적 에너지	마찰용접 냉간용접 초음파용접
	광에너지	레이저용접 광빔용접/납접

2.3 각종 용접 · 접합의 특징

2.3.1 아크용접법

(1) 피복아크 용접법(Shield Metal Arc Welding)

(가) 개요

아크 용접법은 구조용강, 스테인리스강의 용접에 널리 이용되고 있다. 금속 아크 용접법은 홀더로 잡은 용접봉과 모재사이에 교류 또는 직류전원을 걸어 그 사이에서 아크를 발생시킨다. 아크의 강한 열에 의해 모재와 용접봉이 녹아 융합하면서 용접된다. 작업에 있어서는 아크와 그의 용접부는 피복재인 플럭스의 분해로부터 형성되는 가스 및 슬랙이 대기로부터 차폐시킨다. 강의 심선은 아크에서 용융되고 용적되어 모재측에 이행됨으로서 용착금속이 형성된다.

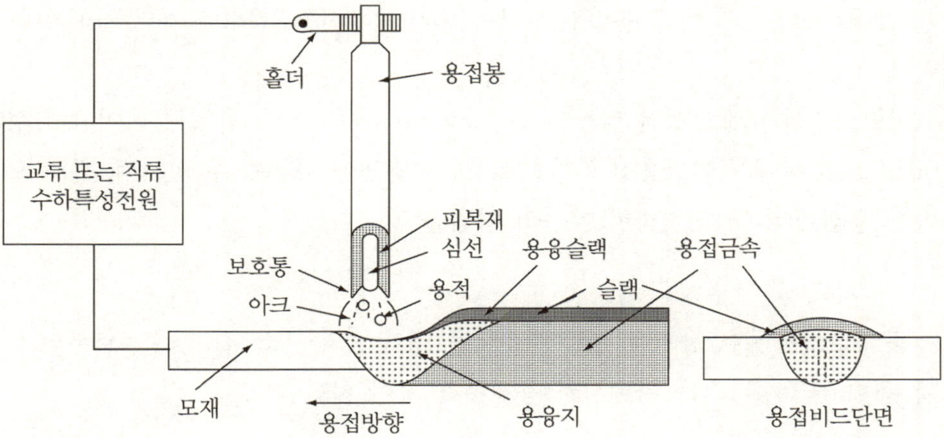

그림 2.4 피복아크 용접법

(나) 피복재

피복재는 탈산칼슘($CaCO_3$), 불화칼슘(CaF_2), 산화티탄(TiO_2), 산화규소(SiO_2), 망간(Mn)분말 등을 조합한 것이다. 피복재의 조성에 의해 아크의 안정성, 작업성, 균열감수성 등의 용접특성이 달라진다. 모재의 재질, 구조물, 용접자세 등을 고려하여 선택 · 사용해야 하며, 피복재의 주요작용은 다음과 같다.

① 아크방전의 발생을 용이하게 하고 아크의 안정성을 향상시킨다.
② 가스의 발생과 슬랙의 형성으로 아크, 용적, 용착금속을 보호한다.
③ 슬랙과 용융금속의 반응에서 금속을 환원 및 탈산시켜 정련한다.
④ 용접금속에 합금원소를 첨가할 수 있다.
⑤ 용접금속 표면에 슬랙이 용접비드의 표면형상을 정리한다.

(2) 가스텅스텐 아크용접법

(가) 개요

가스텅스텐아크(GTAW, Gas Tungsten Arc Welding) 용접법은 아르곤(Ar), 또는 헬륨(He) 등과 같은 불활성가스 중에 텅스텐 전극과 모재 사이에 아크를 발생시켜 용접하는 방법이다. 아르곤과 헬륨은 고온에서도 다른 물질과 반응하지 않는 불활성

가스(inert gas)로서 아크 용접부를 감싸 대기중의 산소, 질소로 부터 차폐하여 용접 한다.

아크발생시 비소모성인 텅스텐 전극(tungsten electrode)을 사용하여 불활성가스 (inert gas) 속에서 아크용접 한다. 모든 금속용접에 사용될 수 있으며, 특히 모재의 박판 용접에 가장 적합하며 다음의 장점을 갖는다.

(a) 차폐가 우수하다.

용접시에 용접부, 용가재, 텅스텐 전극을 대기 중의 산소, 질소, 수소로부터 보호하기 위해 불활성가스를 차폐시켜 용접부를 덮어 차단한다.

(b) 용제, 슬랙 및 스패터의 제거가 쉽다.

투명한 불활성가스 차폐로 용제가 필요하지 않으며, 또한 슬랙이 없어 층간 또는 용접 완료 후 슬랙제거가 필요하지 않고 슬랙혼입으로 인한 결함발생이 적다. 또한 연기나 불꽃이 나타나지 않아 용접부를 관찰할 수 있다.

(c) 용접열의 집중이 양호하다.

GTAW 아크열은 SMAW 아크보다 열 집중이 더 좋고 아크는 아주 좁은 열 영향부 (HAZ)를 형성하므로, 전단변형, 합금변형, 합금편석 및 잔류응력을 적게 갖는다.

(d) 다양한 금속의 용접에 이용된다.

GTAW는 모든 전자세가 가능하고 저탄소 및 저합금강, 알루미늄, 마그네슘, 스테인리스강, 니켈, 구리 등이 있다. 단점은 GTAW 장치가 SMAW보다 복잡하여 고장이 많다. 후판 용접에는 부적당하고 주로 박판 모재에 사용되며, 보호가스에 의해 용접하기 때문에 야외 작업시나 통풍이 잘 되는 장소에서는 사용되기 어렵다.

(나) 가스텅스텐아크 용접기(GTAW machine)

(a) 직류(DC, Direct Current)

직류 정극성(전극 −, 모재 +)은 전극을 용접기의 음극(−)에 연결시키며, 이때 아크열의 약 2/3는 모재에 집중되고 1/3은 전극에 집중된다. 직류정극성에서는 용입은 깊고 폭은 좁은 경향을 나타내며, 직류 역극성으로 하면 용입은 아주 얕고 또한 용접 비드는 아주 넓게 나타난다.

(b) 고주파 교류(ACHF, high-frequency alternating current)

교류는 전류의 흐름방향이 변화되어 각 전류 반전현상이 일어난다. 고주파-교류는 중앙 및 역극상 반사이클 동안 아크를 안정하게 유지시켜 주고, 표면산화, 청정작용, 전류흐름이 용이하도록 차페가스를 이온화 시킨다. 따라서 고주파-교류는 표면이 산화되지 않은 형태로 알루미늄 및 비철금속 용접에 사용된다.

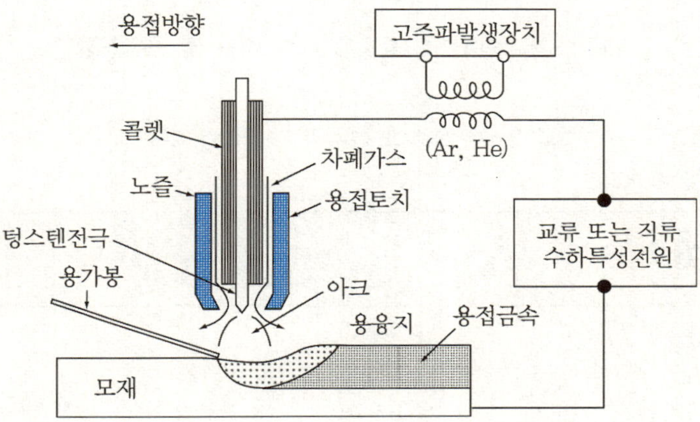

(a) TIG 용접 시스템

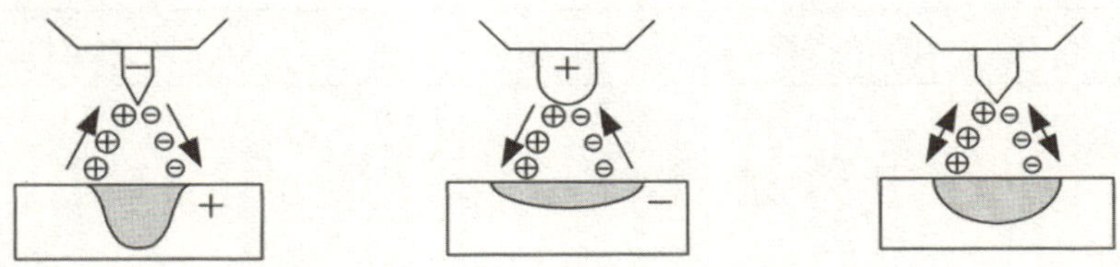

(가) 직류정극성 (나) 직류역극성 (다) 교류

(b) 전극극성에 따른 용융지 형성

그림 2.5 가스텅스텐 아크용접(TIG용접)

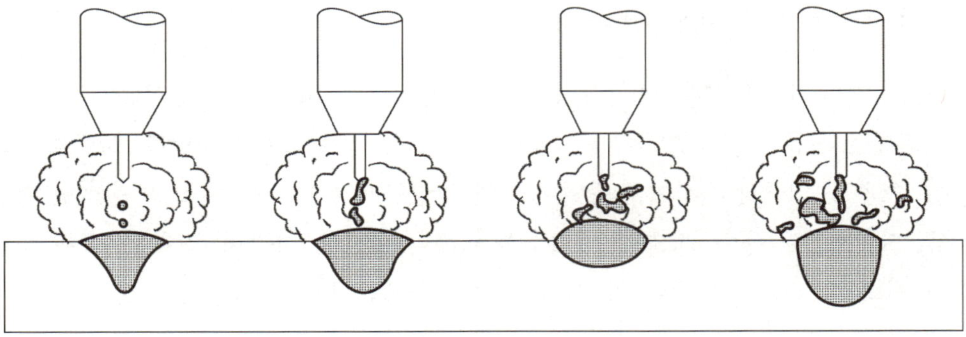

(a) 아르곤　　(b) 아르곤－헬륨　　(c) 헬륨　　(d) 이산화탄소(CO_2)

그림 2.6 차폐가스 종류에 따른 비드 및 용입모양

표 2-4 텅스텐 전극과 사용전류 범위

(a) 텅스텐 전극의 성분

종 류	성 분(%)		
	W	ThO_2	기 타
순 텅스텐 전극	>99.95		<0.05
1%토륨합금 텅스텐 전극	>93.75	0.8~1.2	<0.05
2%토륨합금 텅스텐 전극	>97.75	1.7~2.2	<0.05

(b) 전극 형상의 허용차

직경	직경 허용차	길 이	길이 허용차
1 1.6 2.4	±0.05	75	±1.0
3.2 4 6 0.4	±0.1	150	±1.0

(c) 전극직경과 사용전원

텅스텐 전극봉 직 경 (mm)	용 접 전 원 (A)			
	교류(고주파 겸용)		직류 정극성	직류 역극성
	W	WTh	w(하한)~ WTh(상한)	w(하한)~ WTh(상한)
0.5	5~15	5~20	5~20	–
1.0	10~60	15~80	15~80	–
1.6	50~100	70~150	70~150	10~20
2.4	100~160	140~235	150~250	15~30
3.2	150~210	225~325	250~400	25~40
4.0	200~275	300~425	400~500	40~55
4.8	250~350	400~525	500~800	55~80
6.4	325~472	500~700	800~1001	80~125

(다) 아크 발생법(arc start method)

아크용접에 있어서 아크 발생법은 터치스타트(touch start)방식과 불꽃방전(spark discharge)방식이 있다. 후자는 전극과 모재를 접촉시키지 않고 아크를 발생시키는 경우에 이용된다.

(a) 터치스타트 방식

아크용접에 있어서 보통 이용되는 방법으로 용접봉을 모재에 눌러서 양자를 단락 통전한 상태에서 전극을 끌어올려 아크를 발생시키는 방식이다.

(b) 불꽃방전 방식

GTA용접 및 플라즈마 용접법에서 이용되며, 전극과 모재사이에 높은 전압을 걸어 그 사이에 불꽃방전을 발생시켜 용접부 회로의 아크방전을 유기하는 방식이다. 보통 아크캡 사이에 불꽃방전을 발생시키는 수 kV의 전압을 필요로 하며, 안전성 및 용접기의 장해방지의 관점에서 고주파 발생회로가 사용된다. 그림 2.7은 교류 GTA용접의 경우를 나타낸다.

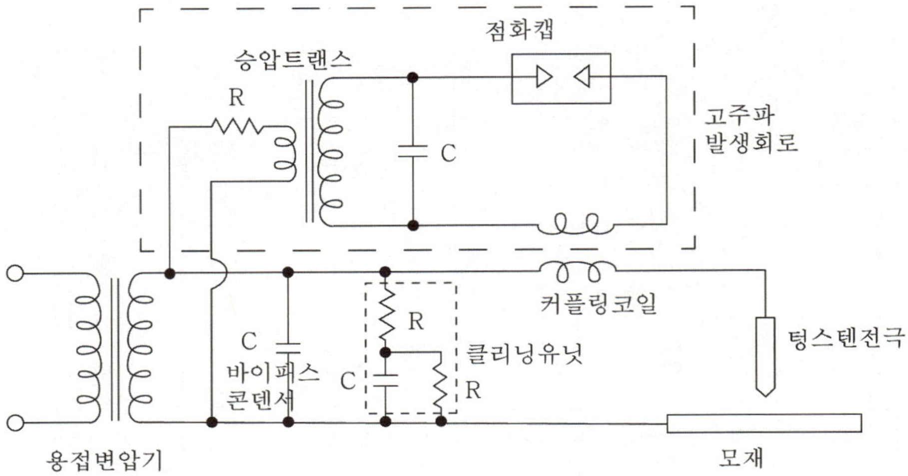

그림 2.7 고주파 발생 회로

(3) 플라즈마 용접법(Plasma Welding)

플라즈마 아크 용접법은 텅스텐 전극과 모재사이에 노즐구멍을 통해 아크를 발생시키고, 이 금속노즐과 그 구멍을 통과하는 가스기류에 의한 열의 핀치효과에 의해 긴축된 초고온 플라즈마를 이용하는 용접법이다. 특징은 그 에너지 밀도가 보통 아크에 비해 10~100배 높은 10^5~10^6w/cm^2 정도로서 초박판의 정밀한 용접에 이용된다. 플라즈마 용접법은 GTA를 기본으로 하고 있으며, 그림 2.8과 같이 가스텅스텐 아크를 노즐에서 구속하며, 보통 텅스텐이 음극이 된다. 즉, 아크방전의 형태는 모재를 음극으로 하는 플라즈마 아크방식(이행식)과 노즐을 음극으로 하는 플라즈마제트방식(비이행식)으로 구별된다.

(가) 소전류 플라즈마 용접법

주 아크가 발생한 후 파이롯트 아크를 점호하면 소전류에도 안정되고 지향성이 높은 플라즈마 아크가 형성된다. 이 특성을 이용하면 보통의 GTA용접에는 아크의 안전유지가 곤란하게 되는 전류값이 1A정도 이하에도 플라즈마 아크용접이 가능하고 입열이 과대하기 쉬운 전자부품의 용접이나 극박판의 용접에 이용된다.

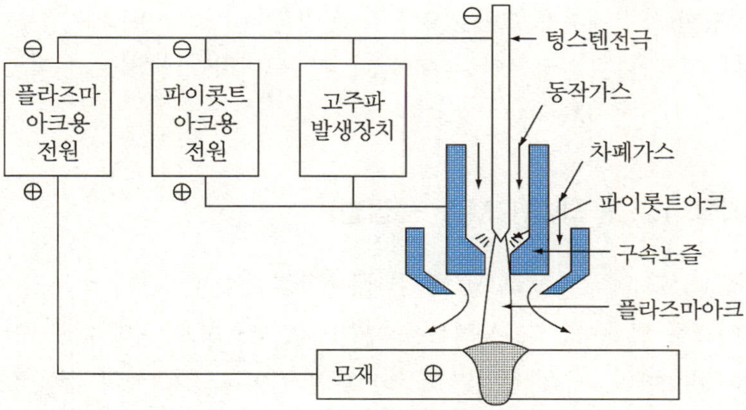

그림 2.8 플라즈마 아크 용접법

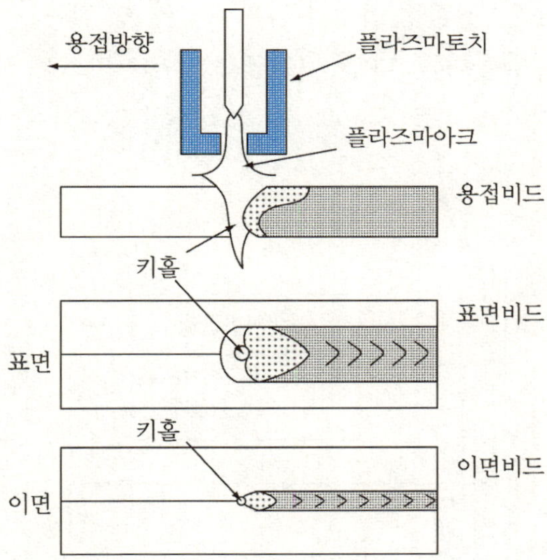

그림 2.9 플라즈마 아크에 의한 키홀 용접

(나) 키홀 용접법

플라즈마 용접에는 노즐에서 아크가 구속되기 때문에 GTA용접의 경우와 비교하여 에너지 밀도가 높고 노즐부에서 방출되는 플라즈마 기류도 강하게 집중하게 된다.

따라서 적당한 조건에서는 그림 2.9와 같이 키홀(keyhole) 용접이 가능하다. 이 방법은 키홀의 존재가 모재이면의 용융확보, 즉, 이면비드의 형성이 용이하므로 두께 6mm정도의 재료를 한쪽에서 용접할 수 있다.

(4) 가스메탈아크 용접법(GMA 용접법)

가스메탈아크(GMA, Gas Metal Arc)용접에는 그림 2.10과 같이 소모성 전극와이어를 송급 하면서 아크를 발생시킨다. 용접부를 대기에서 보호하기 위해 아르곤이나 탄산가스를 보호가스로 이용한다. 직류 정전압특성의 전원이 이용되며, 보통 전극 양극극성이 채용된다. 아르곤 등의 불활성 가스를 이용하는 경우를 미그(MIG, Metal Inert Gas)용접 또는 GMAW(Gas Metal Arc Welding)이라 한다.

플럭스가 없고 용접부를 불활성 가스가 감싸주어 산화, 질화가 없고 미려한 용착부를 얻는다. 산화하기 쉬운 알루미늄, 티탄, 비철금속, 스테인리스강, 저용융강 등 특수강 용접에 널리 이용된다. 용착금속을 필요로 할 경우에는 그림과 같이 용가봉을 이용하여 용융지(molten pool)에 용착금속을 첨가한다.

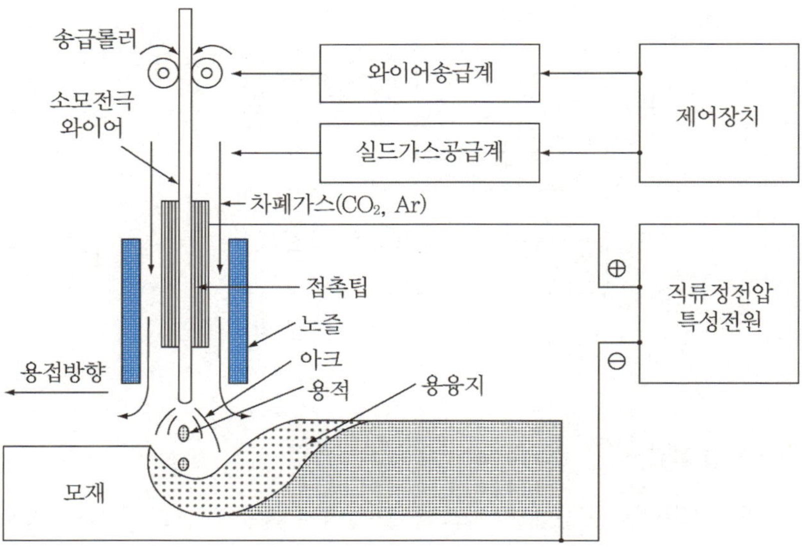

그림 2.10 가스금속 아크용접법

MIG 용접법에는 클리닝 작용이 있어 알루미늄의 고능률적인 용접이 가능하다. 보호가스로서는 탄산가스를 이용하는 경우를 탄산가스아크용접이라고 한다. 또한 탄산가스아크용접과 혼합가스 아크용접을 병용시켜 마그(MAG, Metal Active Gas)용접이라 한다. MAG용접은 구조용강, 저합금강의 용접에 이용되며, 소직경의 와이어에 대전류가 사용되고 빠른 용착속도가 얻어지므로 고능률적인 용접법이다.

(5) 탄산(CO_2)가스 아크용접

MIG용접과 흡사하며 불활성가스 대신 값싼 탄산가스를 이용하고 소모전극방식으로써 연강, 고장력강 등에 사용한다. CO_2가스는 용접부를 대기로 부터 보호하고 아크를 안정시키나 고온에서 CO와 O로 분리되어 용강을 산화시키는 성질이 있어 Si, Mn 등의 적당량의 탈산제를 함유한 심선을 사용하여 환원시켜 주어야 한다. 비드외관을 곱게 하고 아크를 안정시키기 위해 분말 플럭스를 와이어 속에 내장시킨 플러스내장 와이어를 사용하는 FCAW(Flux Cored Arc Welding)방식이 있으며, CO_2가스에 Ar를 혼합하여 박판에서 후판에 이르기까지 고능률 용접법으로 이용된다. 플럭스 내장와이어는 Si, Mn, Al같은 탈산제, 탈질재를 함유하고 있어 아크열로 녹여 슬랙과 가스로 되어 용착금속을 보호한다. 개발초기 와이어직경 3.2mm사용으로 용착속도가 늦고, 용착금속의 기계적 성질도 저하되었으나 근래에는 2.0mm까지 개선되었다. 아래보기, 수직용접, 전자세 용접을 적용할 수 있고, 내로우갭(Narrow Gap) 용접인 와이어법의 슬랙이 거의 없는 후판의 좁은 홈 용접에도 고 능률적으로 이용된다.

(6) 자동실드아크 용접법(Self Shielded Arc Welding)

자동실드아크 용접법은 피복아크 용접법, 서브머지드아크 용접법과 동일하고 플럭스 실드에 의한 아크용접법이다. 플럭스와 와이어를 일체화한 플럭스가 들어간 와이어(Flux Cored Wire)와 모재와의 사이에 아크를 발생시켜 용접한다. 그림 2.11에 플럭스가 들어간 와이어의 단면 예를 나타낸다.

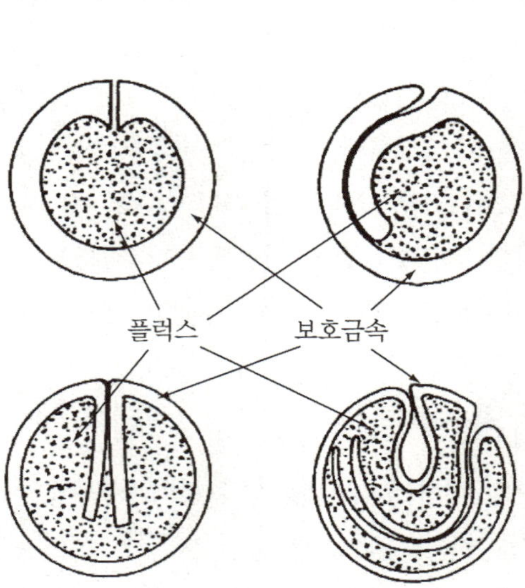

그림 2.11 플럭스 내장와이어의 예

실드가스를 공급하지 않는 점을 제외하면 용접장치의 기본구성은 가스메탈 아크용접의 경우와 동일하다. 자동실드 아크 용접법은 용착속도가 빠르지만 용입이 얇다는 특성이 있다. 또한 용접시공에 있어 발생하는 흄(fume)이 많은 난점이 있다. 피복아크용접과 비교하면 높은 용착속도가 얻어지고 고능률이므로 MAG용접에 비교하면 보호가스를 필요로 하지 않아 간편하다.

(7) 서브머지드아크 용접법(SAW 용접법)

서브머지드아크 용접법(Submerged Arc Welding)은 앞의 그림 2.2(b)와 같이 심선의 송급에 따라 용접진행을 자동화한 자동금속 아크 용접법으로 분말입자의 플럭스(flux)속에 나심선을 공급하여 모재와 아크를 일으킨다. 플럭스는 용융상태에서는 전도성을 띠지만 고체 상태에서는 전기부도체가 되므로 아크발생시 철분이나 강구(steel wool)을 용접와이어와 모재사이에 놓고 통전한다.

아크길이를 일정하게 유지하기 위해 와이어의 송급 속도가 자동조정 되며, 용접전류도 2000~3000A의 대전류를 사용된다. 또한 플럭스가 아크 열을 막아 열손실이 적어 용입이 깊다. 후판 일수록 용접속도가 빠르며 용접조건의 유지가 쉬워 용접부가 균일하고 신뢰도가 높은 고능률인 자동 용접법으로서 조선, 교량, 중공업 분야에서 이용된다.

플럭스는 제조방법에서 용융플럭와 본드플럭스로 분류되며, 플럭스의 주요 기능과 성분은 피복아크 용접법에서 피복제와 유사하다. 플럭스를 공급하기 위해서 용접자세가 하향 또는 횡 방향으로 한정되는 난점이 있으나, 아크가 플럭스에 쌓여 있어 아크광이 차폐되어 용접 흄(fume)이나 스패터의 발생도 작다.

그림 2.12와 같이 다전극 용접법을 채용하면 더욱 효율적인 용접이 가능하게 된다. 그림에서는 2전극용접의 경우로서 선행하는 아크에는 직류전원을 후행하는 아크에는 교류전원을 이용하고 있는 예이다.

다전극 용접에 있어 아크사이의 전자력에 의한 상호간섭이 방지될 수 있어 다전극 용접에는 교류아크를 조합시켜 이용하는 경우가 많다.

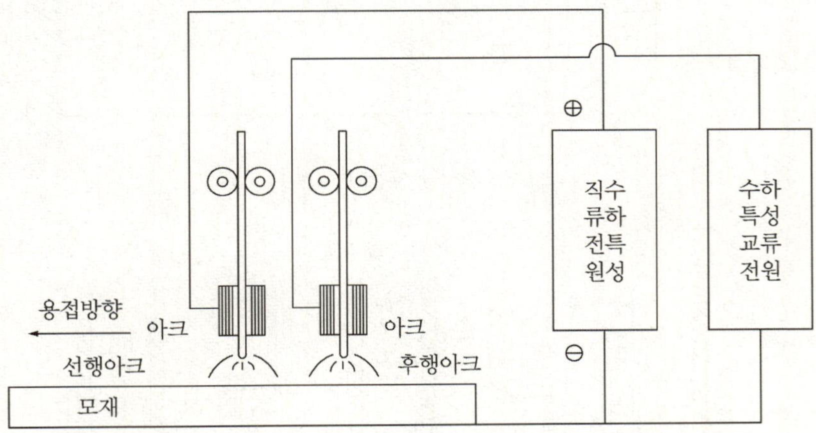

그림 2.12 2전극 서브머지드 용접법

(8) 스터드 용접법(Arc Stud Welding)

스터드 용접법은 강재, 황동, 알루미늄 등의 스터드를 모재에 용착시키는 방법으로 아크용접의 일종이다. 스터드를 모재에 접촉한 후 통전시켜 아크를 발생시키고 모재, 스터드 끝이 녹으면 스터드를 모재에 눌러 붙여 용접하는 것으로 자동장치로 이용된다. 선박의

데크볼트(deck bolt), 보일러 관, 가열관 등의 열효율 향상위한 스터드 용접을 이용한다.

스터드 용접은 보통 두 가지 방법으로 이용되며, 우선 그림 2.13은 세라믹제의 패룰(ferrule)을 이용하는 방식(drawn arc method)으로 먼저 스터드를 모재에 접촉시킨 후 스터드를 당겨 아크를 발생시킨다. 적당한 스터드와 모재를 용융상태에서 스터드를 모재에 눌러 붙여 용접한다. 여기서 패룰은 아크와 용접부를 대기로부터 보호하는 역할을 한다.

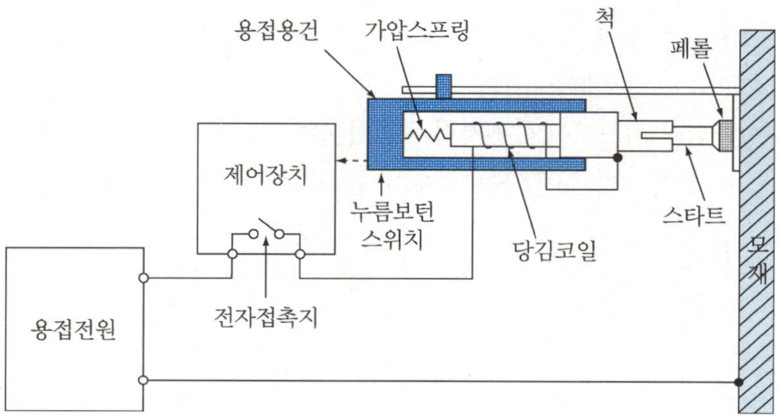

(a) 용접장치

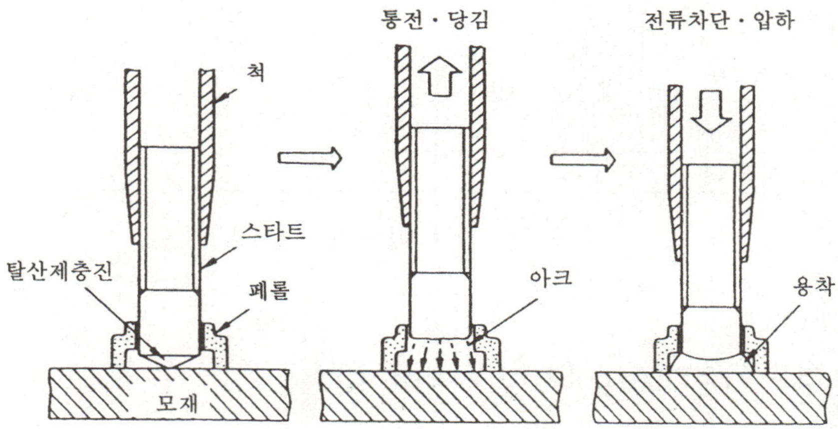

(b) 용접과정

그림 2.13 스터드 용접법

또 다른 방법은 도전성의 카드리지를 이용하며, 이 경우 통전시켜 적열된 카드리지가 아크를 발생시키는 역할을 한다. 실제 용접장치에는 어느 방식에도 스터드의 조작, 아크발생의 시간설정 등이 자동화되고 있다. 보통 수하특성의 직류 또는 교류의 전원이 이용되며, 수 mm에서 25mm 정도 크기의 탄소강, 스테인리스강, 알루미늄합금 등의 용접에 이용된다.

2.3.2 가스용접

아크용접에 비해 열원온도가 훨씬 낮고 열의 집중도가 나빠 비능률적으로 적용범위가 감소하고 있다. 장치가 간편하고 설비비가 싸서 박판이나 비철금속 용접 및 주철의 보수 용접에 이용된다. 산소 아세틸렌 화염이 가장 많이 이용되고 있고 중성염은 혼합비가 1:1이고 1:1보다 산소가 많으면 산화염, 아세틸렌이 많으면 환원염(탄화염)이라 한다. 강의 용접에는 중성염이 이용되고 불꽃으로 모재를 녹여 용융 풀을 형성하고 여기에 용접봉을 넣어 용접한다. 토치는 3mm이하 박판은 전진법, 그 이상은 후진법을 이용하며, 가열범위가 넓고 침탄, 산화를 일으킬 염려가 있다.

2.3.3 고에너지빔 용접법

전자빔이나 레이저빔은 렌즈나 거울을 이용하여 집속시킬 수가 있어 아크 등의 열원에 비교하여 매우 에너지밀도가 높아 열원으로 이용될 수 있다. 용접적용에 있어 이러한 특징이 활용된다.

(1) 전자빔 용접법(EBM, Electron Beam Welding)

전자비임 용접법은 고진공 속에서 텅스텐 필라멘트를 가열하여 열전자를 방출시켜 이를 고전압으로 가속하고 다시 전자렌즈에 의해 조리개 작용으로 용접부에 집속시킨다. 한 점에 집속된 빔은 아크의 수만 배 에너지밀도를 가져 융점이 높은 금속, 후판의 용접을 고속으로 진행할 수 있다. 고진공속에서 용접되므로 고온에서 공기와 반응하기 쉬운 금속의 용접도 가능하다. 자동차, 원자력, 항공기산업 등에서 점차 확대되고 있으며, 진공도 저하, 부분진공 방법이 개발되고 있다.

전자빔 용접법은 진공실내에서 전자를 가속 · 집속하여 모재를 용융 용접하는 방법이다. 그림 2.14와 같이 용접장치는 전자총과 집속렌즈와 용접작업실로 되어 있다. 전자총의 전자발생원에는 가열된 필라멘트에서 방출되는 열전자가 이용된다. 보통 이용되는 가속전압(음극전압)은 100[kV]정도이며, 가속된 전자는 전기코일로부터 집속된다. 집속된 전자를 빔 상으로 유지, 즉, 가스입자에 의한 빔 산란 및 감쇠를 방지하기 위해 용접실은 10^{-2}[Pa] 정도이상의 진공도가 필요하다. 이와 같이 전자빔 용접법에는 10^{10}~10^{12}[W/m] 정도의 에너지 밀도가 확보되어야 한다.

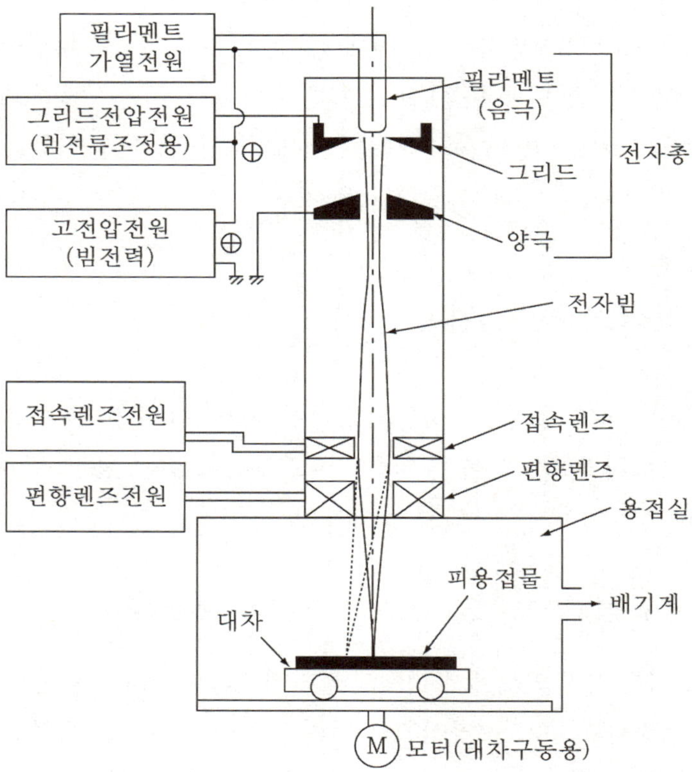

그림 2.14 전자빔 용접장치

전자빔 용접법에는 고에너지 밀도를 활용하면 키홀 용접이 가능하고 용융 폭이 좁고 깊은 용입이 얻을 수 있다. 따라서 용접 입열이 낮게 억제될 수 있어 용접변형이 작은 특징이 있다. 또한 진공 중에서 용접되고 있어 대기오염의 영향을 받지 않아 각종 금속의 정밀용접에 적용된다.

(2) 레이저 용접법(Laser Welding)

레이저 용접법은 그림 2.15와 같이 레이저 광을 렌즈나 거울에서 집속한 빔을 열원으로 사용하는 용접법이다. 용접에는 기체레이저인 CO_2레이저와 고체레이저인 YAG(yttrium aluminium garnet)레이저가 이용된다. 모두 적외선 레이저로서 파장이 1.06[㎛]의 광을 발진한다. CO_2 레이저는 파장이 10.6[㎛]이며, YAG레이저는 파장이 1.06[㎛]의 광을 발진하며, 대출력에는 CO_2레이저가 이용된다.

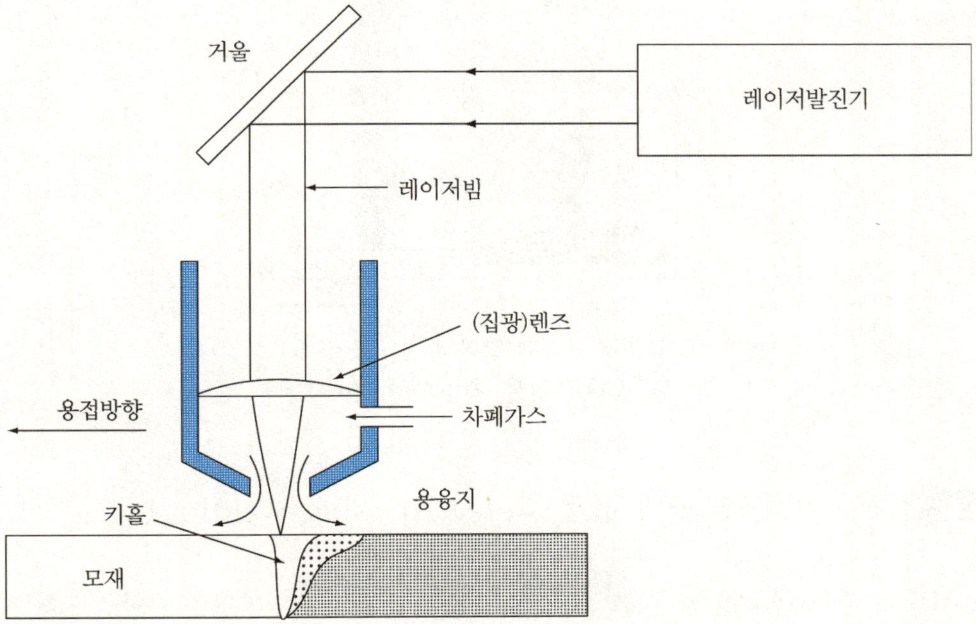

그림 2.15 레이저 빔의 용접법

레이저광은 파장과 위상의 모아진 집속된 광이므로 보통의 태양광이나 전구광에는 집속되지 않는 우수한 특성을 갖는다. 예를 들면 레이저 광은 지향성, 단색성에 매우 우수하므로 렌즈나 거울로 집속되면 매우 고에너지 밀도가 얻어진다. 따라서 전자빔의 경우와 같이 키홀 용접이 가능하다.

그림 2.16은 5kW의 CO_2 레이저에 의한 것으로 두께 6mm 스테인리스강(STS 304) 판상을 속도 2[m/min]로 용융한 경우의 용입단면의 형상이다. 그림에서 폭이 좁고 깊은 용입이 되고 고속으로 열 변형이 작은 용접부가 얻어지며, 전자빔 용접과 비교해서 진공실을 필요로 하지 않는 장점이 있다.

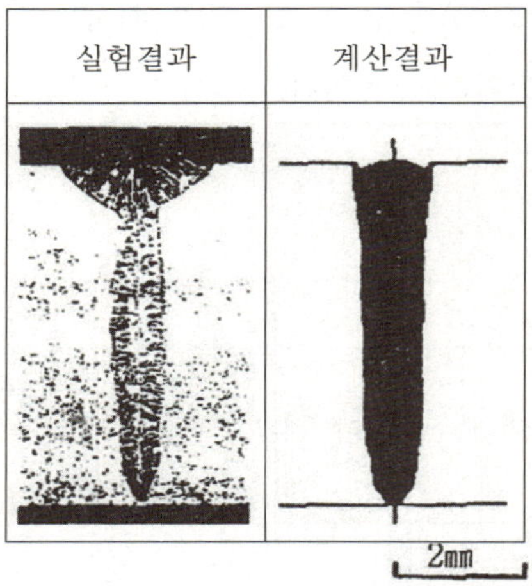

그림 2.16 레이저 용접에 있어서 비드 단면(STS 304)
[5kW, CO_2레이저, 2m/min, Ar 차폐)

2.3.4 일렉트로슬랙 용접법(electro-slag welding)

일렉트로 슬랙용접법은 용융슬러그 중을 흐르는 전류의 저항발열을 열원으로 하는 용융용접법이다. 용접은 서브머지드 아크용접법과 흡사하나 플럭스가 녹은 후 부터 아크용접과 달라 용융슬랙 속의 전기 저항열에 의해 심선과 모재가 녹아 순차적으로 용접된다.

용융슬랙과 용융금속이 밖으로 유출되지 않게 이음의 양면에 수냉식동판을 대고 이를 용접속도와 맞추어 그림 2.17과 같이 입향 상진자세로 용접된다.

완전한 용접을 위해 전류, 전압, 슬랙의 용탕깊이를 일정하게 유지해야 한다. 후판의 용접에 적당하여 속도가 빠르고 뒤틀림이 적다는 장점이 있으나 모재에 대한 큰 열영향, 용착금속의 충격값이 작다는 결점이 있다. 용융슬러그 중에 전극와이어를 송급하고 전도성의 있는 용융슬랙에 전류를 공급하여 발생하는 주울열으로 전극과 모재를 용융한다. 수냉강재에 닿는 수냉동제 덧판으로 용융 풀을 보호하면서 용접하므로 후판에 유효하고 판 두께 10mm이상의 강판을 대상으로 한다.

용접에 있어 모재와 동재 덧판에 둘러싸인 피용접부에 플럭스를 채운다. 여기에 용접와이어와 모재사이에 아크를 발생시켜 플럭스 온도와 함께 높게 조정된다. 따라서 슬랙욕의 확장과 더불어 아크방전은 불안정하게 되고 슬랙 통전 쪽으로 이행된다. 그림 2.17과 같이 두 가지 방식이 있다. (a)에는 동재 덧판은 용접의 진행에 따라 와이어 송급계와 더불어 이동된다. (b)는 소모노즐식으로 용접부에 전류를 공급하는 전용노즐을 고정하고 용접부 전 길이를 둘러싸인 고정 동재 덧판을 이용하는 방식이다.

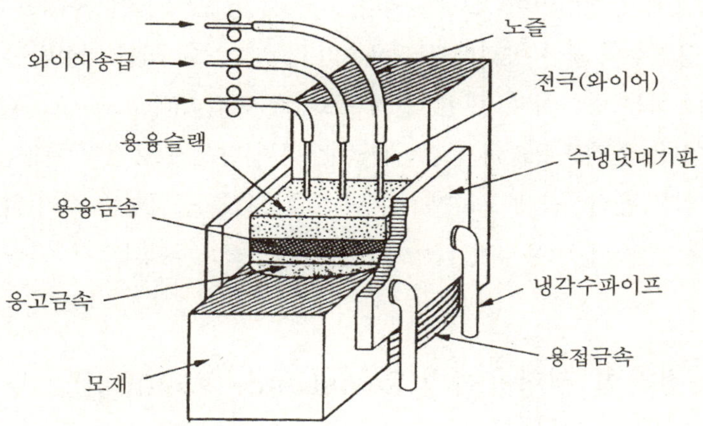

(a) 와이어식 일랙트로슬랙 용접법

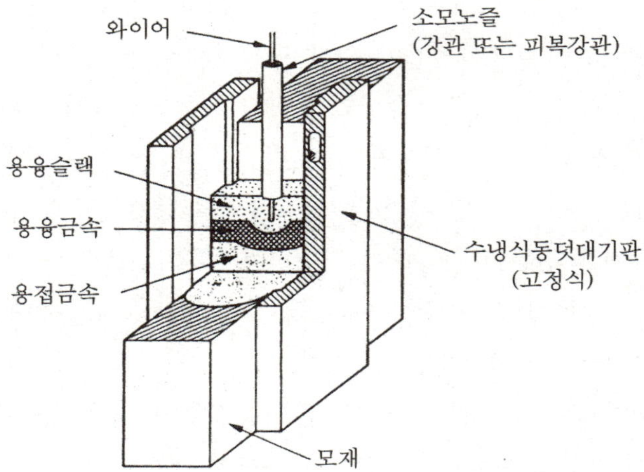

(b) 소모노즐식 일렉트로슬랙 용접법

그림 2.17 소모노즐식 일렉트로슬랙 용접법

일렉트로슬랙 용접법에는 후판이 한 층으로 용접되고 또한 전극수를 증가시키면 용접속도가 판 두께에 의존하지 않는다. 반면에 용접 입열이 크고 용접부의 냉각속도가 늦어 용접금속 및 열영향부에서 결정립이 조대화 된다. 따라서 용접부의 인성이 요구되는 경우에는 문제가 되므로 용접성의 좋은 재료에만 적용된다. 즉, 슬랙에 의한 저항발열 대신에 아크에 의한 발열을 이용하는 방식이다. 한편, 일렉트로가스 용접법(electro－gas welding)은 아크용접법의 일종이다. 일렉트로슬랙 용접법과 똑같이 입향상진 용접의 특징을 갖는다. 용접장치는 아크에 의한 용접부를 보호하기 위하여 보호가스를 공급하는 점이 다르다. 보호가스로서는 주로 탄산가스가 이용되거나 아르곤과 탄산가스 혼합가스가 이용된다.

2.3.5 접착법 저항용접법(Resistance Welding)

(1) 개요

저항용접법은 용접하려는 두 개 이상의 금속을 맞대거나 겹쳐서 통전하고 그때 접촉면에 발생하는 전기 저항열을 이용하며, 압력을 가하여 접합하는 방법이다. 가열에 필요한 전류는 2000A에서 수 만 암페어(A)까지이나 전압은 10V이하인 경우가 많고, 통전시간은 5초에서 40초정도이다. 용접장치는 통전이나 가압을 자동적으로 수행되며, 조작이 간편하고 균일한 용접결과를 얻을 수 있다.

사용목적에 따라 두 장의 금속판을 봉상의 전극으로 한 점씩 용접하는 스폿용접과 원판상의 전극이 회전하면서 용접되는 시임용접 및 용접부분을 맞대고 접촉시킨 후 대전류를 흘려 불꽃을 발생시켜 접촉면의 온도를 상승시킨후 급속히 압력을 가하여 압접하는 플래시용접법이 있다. 플래시용접은 접착면이 큰 물체에 이용되며 접착면이 작은 것은 플래시가 발생하지 않을 정도의 접촉과 통전으로 온도가 상승하면 압접되는 업셋용접이 있다.

(2) 저항스폿용접법, 시임용접법, 프로젝션용접법

저항스폿 용접법, 시임 용접법, 프로젝션 용접법은 판재를 주울열을 이용하여 용융용접하는 것으로 접합의 기본적인 메카니즘은 유사하다. 용접법에는 그림 2.18과 같이 접합해야 할 두 장의 모재를 겹쳐 상하극판에서 가압하면서 통전한다. 주울열에 의한 용융을 효과적으로 하기 위해 대전류(10kA정도)를 단시간에 통전하고 너겟(nugget)을 형성시킨다.

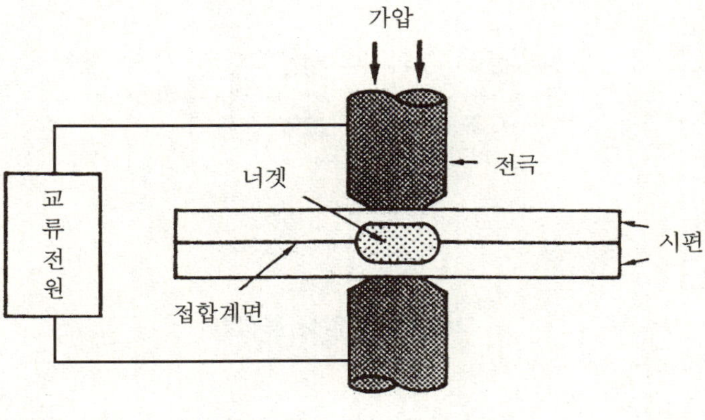

(a) 저항스폿 용접법

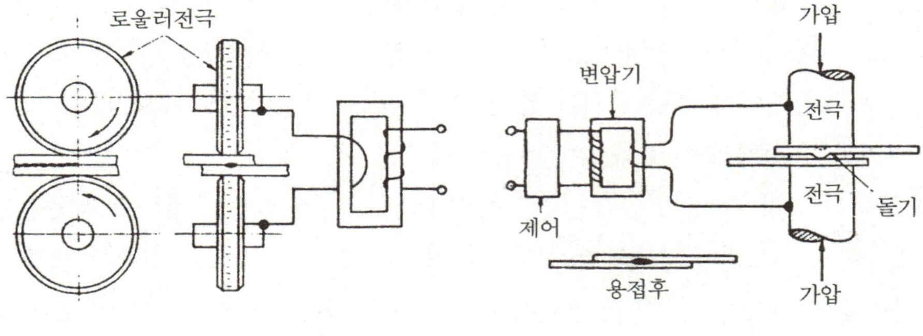

(b) 시임용접법　　(c) 프로젝션 용접법

그림 2.18 저항용접법

(3) 업셋 용접법과 플레시 용접법

업셋 용접법(upset welding)에는 그림 2.19와 같이 봉상(棒狀)의 모재단면을 접촉한 후 통전시키고 단면의 온도를 적정한 값까지 상승시킨 후, 강하게 가압하여 접합한다. 탄소강, 저합금강, 동, 알루미늄합금 등의 접합에 이용되나 단면을 균일하게 가열하는 것이 곤란하므로 직경이 10mm정도 이하의 비교적 작은 단면부재에 적용된다.

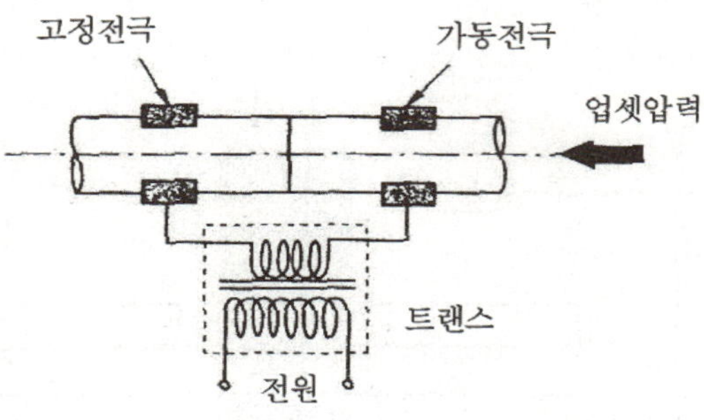

그림 2.19 업셋 용접법

플레시용접법(flash welding)에는 용접장치의 기본구성은 업셋용접의 경우와 유사하나 접합단면에서 단락과 아크를 교번하여 주울 열과 아크열로부터 단면을 가열 · 용융시키는 점이 다르다.

(4) 고주파 용접법(high frequency welding)

고주파 용접법은 그림 2.20과 같이 고주파 전류의 표피효과와 근접효과를 이용하여 고효율로 가열, 가압하면서 접합하는 방법이다. 주로 관을 연속적으로 접합하는 경우에 이용되고 매우 고속으로 용접될 수 있는 특징이 있다.

그림 2.20(a)는 전극인 접촉자를 이용하여 고주파 전류를 접합부에 공급하는 경우이다. 그림 2.20(b)와 같이 유도코일로부터 무전극으로 고주파 전류를 공급하는 방식이다. 전자를 고주파저항 용접법(high frequency resistance welding), 후자를 고주파 유도 용접법(high frequency induction welding)이라 한다.

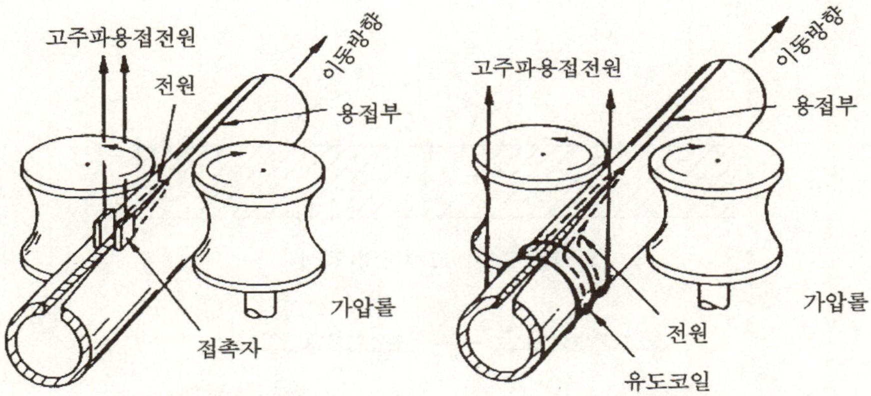

(a) 고주파 저항용접법 (b) 고주파 유도용접법

그림 2.20 고주파 용접법

2.3.6 납접법

납접법에는 모재의 접합간격에 용융한 납을 유입시켜 이를 냉각, 응고시킴으로서 접합한다. 아크용접과 같은 용융용접법과는 다르고 모재를 거의 용융시키지 않고 접합하는 특징이 있고, 용융용접이 어려운 재료의 접합이나 이종금속의 접합, 또는 세라믹의 접합에 적용된다. 납접재는 모재의 융점보다 낮은 금속 또는 합금이 이용되며, 납접의 융점이

450℃ 이상을 브레이징(brazing), 그 이하를 솔더링(solding)이라 한다.

고체상에 물 등의 액적을 놓으면 보통, 그림 2.21과 같은 형상이 된다. 여기서 액체 및 고체의 표면장력을 γ_L, γ_S로 하고 고·액계면의 계면장력을 γ_{SL}로 하면 평형상태에서는 다음 관계식이 성립한다.

$$\gamma_S = \gamma_{SL} + \gamma_L \cos\theta$$

여기서 θ 는 그림 중에 정의한 액적과 고체표면의 접촉각이다. 납접에는 접합부에 공급되는 저용점 재료, 즉 용융납접과 모재와의 "젖음"이 중요하고 접합공정을 지배한다. 그림 2.22는 납접의 세 가지 형태를 나타내고 있다.

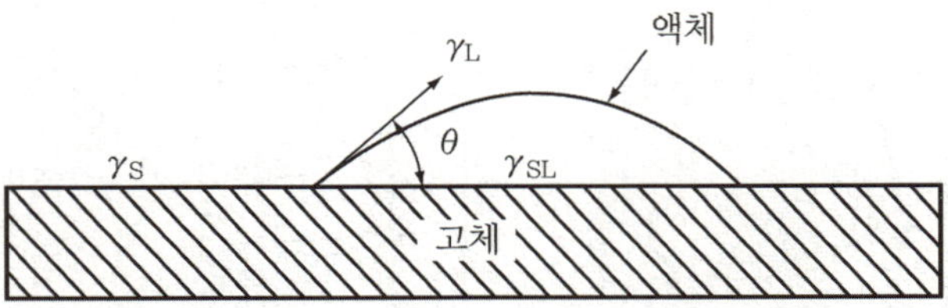

그림 2.21 고체상의 액적

(a) 확장 젖음

(b) 침적 젖음

(c) 부착 젖음

그림 2.22 젖음의 세 가지 형태

청정한 유리면 상에 알콜을 적셔 놓으면 액적은 유리면 상을 얇게 퍼진다. 이러한 액적이 고체표면을 적셔지는 경우를 확장젖음(spreading wetting)라 한다. 또한 액체는 좁은 간극이나 모세관 중을 스며들어 가며, 이렇게 하여 액체가 고체를 적셔가는 경우를 침적젖음(depositional wetting)이라 한다. 이에 대해 그림 2.22와 같이 액체가 고체에 접하고 있는 상태 즉, 액체가 고체를 적시고 있는 상태를 부착젖음(adhesional wetting)이라 한다. 표면 또는 표면장력은 단위면적당 표면 또는 계면에너지와 동일하다. 따라서 확장젖음이 진전하기 위해 확장에 의해서 생기는 에너지의 증가분이 음 또는 영(zero)이어야 하며, 다음 식이 성립된다.

① 확장젖음이 일어나는 조건

$$\gamma_S \geq \gamma_L + \gamma_{SL} \qquad \therefore \theta = 0$$

② 침적젖음이 일어나는 조건

$$\gamma_S \geq \gamma_L \qquad \therefore \theta \leq 90^\circ$$

③ 부착젖음이 일어나는 조건

$$\gamma_S + \gamma_L \geq \gamma_{SL} \qquad \therefore \theta \leq 180^\circ$$

실제 납접에 있어서 젖음이 잘 되도록 하기 위해 적정한 납재를 선정함과 더불어 모재 표면을 청정하게 유지하는 것이 중요하다. 예를 들면 모재표면의 산화물이 많은 경우 납제와 모재의 젖음을 저해한다. 따라서 산화피막의 제거 또는 모재표면을 대기에서 보호하는 목적에서 플럭스를 이용하거나 진공 분위기, 환원성 분위기 등이 필요에 따라서 이용된다. 즉, 납재 및 접합부의 가열방법에 따라 가스염을 이용하는 토치 납접부, 고주파 유도가열을 이용하는 고주파 납접부, 가열로를 이용하는 로내 납접부 등으로 분류된다.

2.3.7 고상접합법

모재를 고상의 그대로 접합하는 것을 고상접합(solid phase welding)이라 한다. 고상접합법은 모재중 원자의 확산현상을 이용하는 확산접합법, 소성변형을 주로 이용하는 각종 압접법으로 나눌 수 있다. 또한 압접법은 가열의 유무, 가열방법에 의한 냉간압접(상온접합), 열간압접, 마찰압접, 초음파압접, 폭발압접, 가스압접 등으로 나눈다.

(1) 확산접합법(diffusion bonding)

확산접합법은 청정한 접합면을 밀착시켜 적당한 가열과 낮은 가압력에 의해 모재를 용융시키지 않고 접촉부에서 모재원자의 확산 이용하고 고상상태 그대로 접합하는 방법이다. 용접부를 청정하게 하여 평활한 접합면끼리 결정의 격자상수 정도까지 접근시키면 각각의 소속하는 금속이온에 대하여 자유전자의 공유화가 시작되어 금속결합이 생긴다. 보통 접합면을 청정하게 유지하기 위해 진공 또는 불활성 분위기가 이용된다.

실제 접합면에는 미세한 요철, 산화피막이 존재하므로 실제 의미에서 밀착시키는 것이 용이하지 않다. 이러한 장애를 극복하는 수단으로 가압에 의한 변형, 가열에 의한 흡착가스 방출, 표면 산화물의 모상으로써 고용변형 등을 고려한다. 이중 가압력이 항복응력을 넘는 상태로 단시간에 가하여 접합에 이르게 하는 변형확산 용접법도 실시하고 있으나, 이는 변형이 지배적 역할을 하고 있어 기본 개념과는 다르다.

낮은 가압력을 이용하여 장시간에 걸쳐 접합단면의 밀착과 원자확산을 일으켜 접합에 이르게 하며, 접합과정은 접합면의 물리적 접촉 → 접합부의 원자확산 → 소성변형 → 접합면적의 확대의 순서를 갖는다. 접합에 따른 변형이 작아 정밀하고 복잡한 부품의 접합에 적당하며, 몇 가지 이용의 예를 그림 2.23에 나타내고 있다. 접합면의 밀착성과 원자의 확산을 촉진시키기 위해 가열·기압 시키며, 가열온도로서는 모재의 재결정 온도 이상, 용융온도 이하의 온도를 선정하여 접합한다. 그의 특징으로서 다음과 같은 사항이 있다.

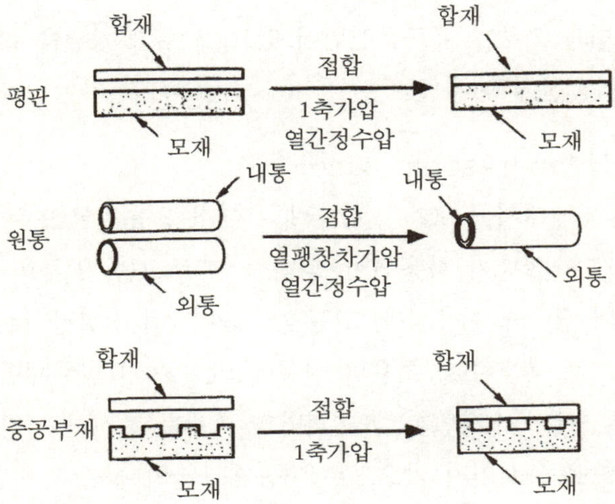

그림 2.23 확산접합의 적용 예

① 동종금속에서 용접부는 모재와 거의 같은 물리적 화학적 성질을 갖는다.

② 응고조직이 없고, 균열, 기공, 취화부 등의 결함이 생기기 어렵다

③ 치수 정밀도가 높고, 용접 후에 열응력, 열 변형이 작다.

④ 면 접합이므로 용접성이 모재의 판 두께에 의존하지 않는다.

⑤ 재결정온도 이하 용접이 가능하며, 열처리의 동시처리가 가능하다.

⑥ 초합금, 고용점금속이 활성금속 복합재료 등의 용접이 가능하다.

⑦ 이종금속과 세라믹의 용접도 가능하다.

(2) 압접법

(가) 가스 압접법(gas welding)

가스화염을 이용하여 접합면을 가열해서 압접하는 것으로 설비가 간단하여 철근 등의 접합에 이용한다.

(나) 고주파 용접법(high frequency welding)

고주파 저항용접법과 고주파 유도용접법이 있고, 고주파 가열을 이용하는 고능률 용접법으로 강관의 시임용접에 이용한다.

(다) 초음파 용접법(ultrasonic welding)

초음파에 의해 진동에너지를 모재 접합부에 주어서 용융없이 또는 용융시켜 접합한다. 4~40kHz, 출력 300W~10kW가 사용되며, 티타늄, 지르코늄, 알루미늄, 니켈, 동, 스테인리스강, 박판, 선재의 접합에 이용된다. 그림 2.24와 같이 접합장치는 자왜현상을 이용한 진동자, 혼, 진동칩으로 구성된다. 초음파 진동에 의해 여기되는 계면간의 마찰로서 국부적인 온도상승이 계면에서 소성변형, 표면피막의 파괴를 촉진하고 청정계면의 밀착을 가능하게 한다. 모재를 용융시키지 않으므로 이종재료간의 접합에 적당하며, 접합에 따른 변형, 온도 상승범위가 작아 정밀부품의 접합에 적당하다.

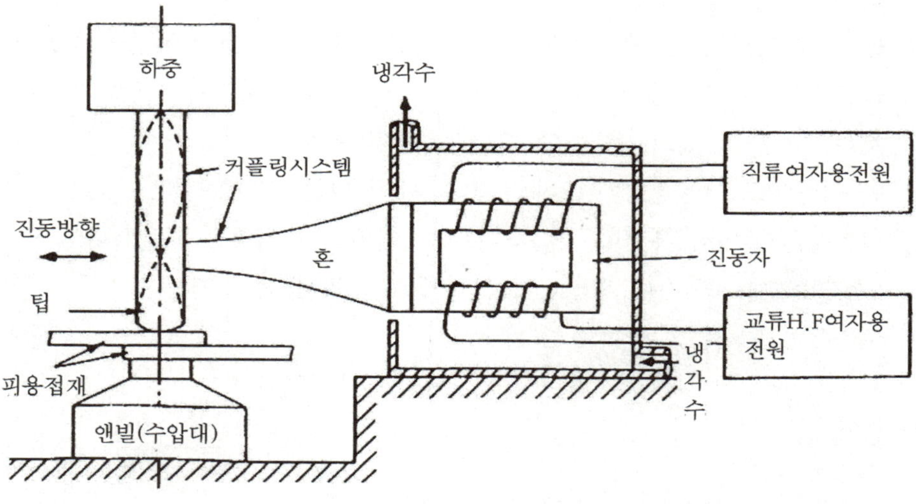

그림 2.24 초음파 압접법

(라) 마찰 용접법(friction welding)

일종의 압접방식이며 한 쪽은 고정하고 한 쪽의 재료를 회전시켜 마찰열을 발생시킨 후 압접한다. 회전가능(원, 환상)해야 하는 제약조건이 있지만 품질이 우수하여 자동차 부품, 공구류의 용접에 이용된다. 압접장치는 브레이크식과 플라이휠식으로 크게 나눈다. 그림 2.25에 브레이크식의 마찰압접 장치를 나타내고 있다.

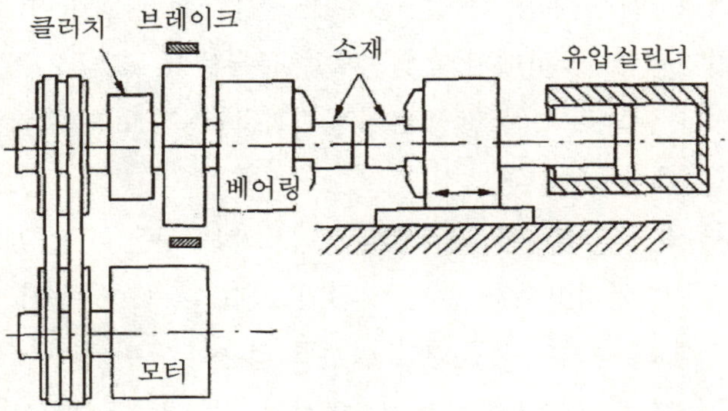

그림 2.25 마찰압접장치(브레이크식)

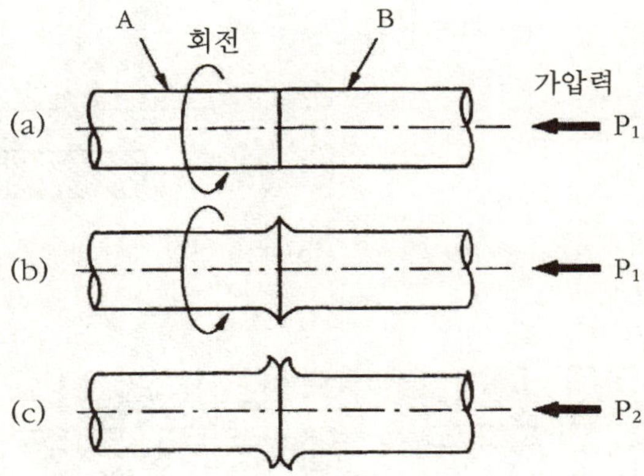

그림 2.26 마찰압접 공정

(마) 폭발 압접법(explosive welding)

화약 폭발시 발생되는 순간적인 압력을 이용해서 금속을 접합하는 방법으로 특별한 설비가 필요 없이 금속용접이 가능하며 맞대기 용접은 어렵고 화약을 사용하므로 위험이 수반된다.

(3) 냉간압접법(cold pressure welding)

냉간압접법은 동종 또는 이종금속을 상온에서 강하게 가압하여 접합하는 방법이다. 냉간압접법은 겹치기용접 및 맞대기 용접법으로 분류된다. 그림 2.27과 같이 겹치기 용접법에는 다이스에서 상하로 가압 압접하는 방법과 편측의 모재를 원활하게 하면서 가압 압접하는 방법이 있다.

보통, 조건하에서 접합을 실현하기 위해서는 큰 소성변형을 가할 필요가 있지만 접합장치가 간단하고 모재의 열영향부가 없는 잇점이 있다. 각종 금속에 대하여 적용되지만 경도, 연성이 작은 재료, 융점이 높은 재료일수록 적용이 곤란하다. 실용적으로 알루미늄 및 동과 접합을 목적으로 하는 경우가 많고 전기부품 및 도선접합에 이용된다.

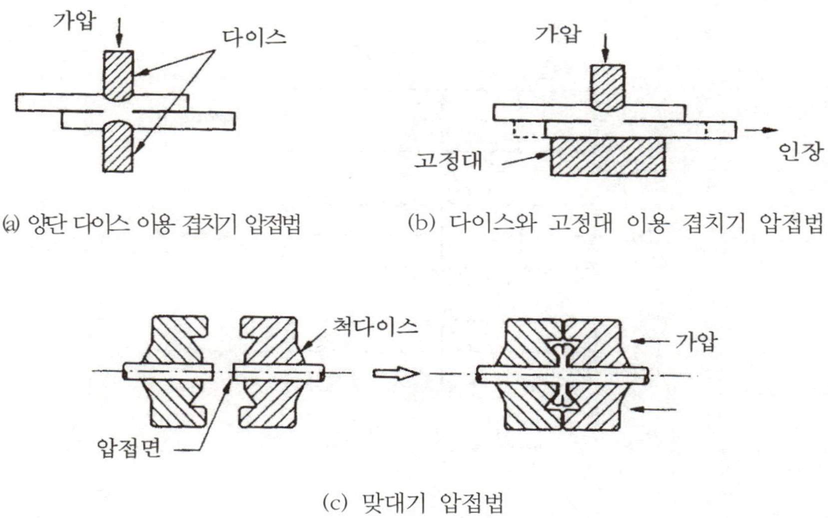

ⓐ 양단 다이스 이용 겹치기 압접법

(b) 다이스와 고정대 이용 겹치기 압접법

(c) 맞대기 압접법

그림 2.27 냉간압접법

제 3 장

용융 접합

3.1 용융 · 접합 이론

3.1.1 접착법용융금속의 물리화학

용접(fusion welding)은 열에너지에 의한 용가제(filler metal) 및 모재(base metal)의 일부를 용융 응고시킨 접합방법이다. 용융 금속은 매우 활성화 되어 있어 용융슬랙(molten slag), 차폐가스(inert gas), 탄산가스 등의 보호 분위기에서 가스의 흡수를 막는다. 피복아크 용접이나 가스실드 아크용접에는 용융금속과 플럭스에서 생성된 용융슬랙, 용융금속과 분위기가스, 분위기가스와 용융슬랙 사이에 화학반응이 일어나 용접부의 화학조성이 변화하고, 응집물이나 기공 등의 응고결함, 균열 및 인성열화에 영향을 준다.

아크용접은 제강반응에 비하여 시간은 짧지만 용접아크의 온도(약 5000K 이상)에서 강의 응고온도(약 1800K)까지 고온역에서 반응이 일어나고, 기타 아크 힘에 의한 용융지를 교반시키기 위하여 반응속도는 평행상태에 접근시킨다.

3.1.2 용융금속과 분위기 가스의 반응

아크 분위기중의 가스는 대부분이 플럭스를 구성하는 유기물, 탄산염, 탄수화물 등에서 발생한 CO, CO_2, H_2, H_2O 등이 있지만, 대기에서 들어온 N_2나 O_2도 일부 존재한다.

(1) 수소가스의 용해

Cu, Ag, Au(Ib속) 및 Fe, Co, Ni, Ru, Rh, Os, Ir, Pt(Ⅷ속) 등은 수소를 흡열적으로 고용한다. 수소는 이들의 금속격자 중에 침입형으로 고용하고 에너지를 흡수함으로서 안정화한다. 따라서 금속중의 수소용해도는 온도상승과 더불어 증가하고 용해상태에는 더욱 크게 된다. Ti, Zr, Hf, Hf, Th(Ⅳa속) 및 Ⅴ, Nb, Ta(Ⅴa속) 등은 수소를 치환형으로 고용한다. 수소 용해도는 온도상승에 따라 감소하고 용융상태에서는 더욱 작게 된다. 이들의 금속은 포화량 이상으로 수소를 고용하면 수소화합물을 만든다. Be, Mg, Zn, Cd, Hg(Ⅱb속) 및 Al, Ga, In(Ⅲb속) 등은 보통 수소를 용해하지 않는다. 단, Al, Mg은 용해상태에 있어서 다소 수소를 용해하며, 분위기 중에서 수소가 단순용해하는 2, 3금속의 수소용해도는 그림 3.1과 같다.

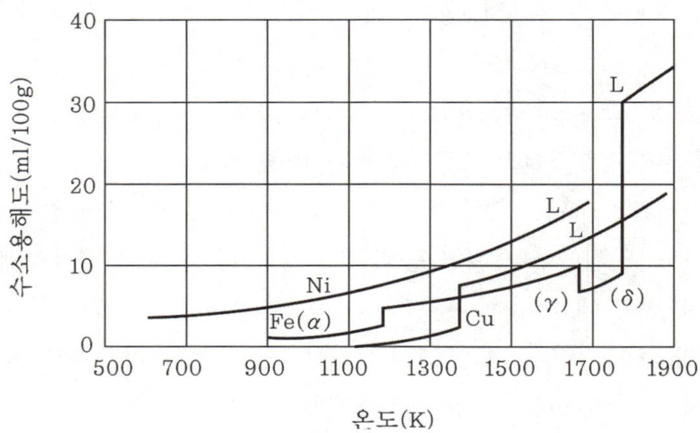

그림 3.1 수소가 단순용해하는 2, 3금속의 수소용해도

(2) 산소의 용해

산소는 대부분 금속에서 약간 고용하고 많은 경우 안정된 산화물을 형성한다. 용해시의 산소원은 대기 중의 산소, 플럭스 중의 산화물, 강판에 부착한 습기나 수분이고 이들이 해리되어 용해한다. 용접 중에 산소는 C와 결합되어 CO 또는 CO_2로 되고 가스방출에 의한 탈산이 일어난다. 또한 산소는 산화철(FeO), 규산염, Al_2O_3 등 다른 원소와 산화물을 형성하고 산화물은 용강에서 부상시켜 제거해야 한다. 강 용접에 있어서 흡입된 산소는 기공이나 비금속 개재물 등의 용접결함의 원인이 된다.

(3) 질소가스의 용해

질소의 용해도는 순철 중에는 작고 1,873K에는 $[N]=0.0400\times\sqrt{PN_2}$ (PN_2는 질소의 분압)이다. 용융한 용강중의 질소량은 기상중의 다른 가스성분의 영향을 받고, 산화성 분위기의 경우 흡수 질소량이 증가한다. 1기압의 질소분위기에서 용융용접 금속의 질소용해도는 Ti, Zr, Nb, Mo, Cr, Mn을 첨가하면 증가하고, O, S, C, Si가 증가하면 감소하며, 이들의 결과는 용해철 합금에서 결과와 정성적으로 일치한다.

3.1.3 용융금속과 슬랙의 반응

(1) 개요

아크용접에 있어 대기로부터 가스침입을 막기 위하여 플럭스(flux)가 이용된다. 플럭스는 용융용접 금속과 반응하여 슬랙을 형성하고 대기를 차단함과 더불어 용융금속을 정련하고 또한 그의 불순물을 부상시켜 제거한다. 슬랙은 염기도(basicity)에 의하여 염기성(basic)과 산성(acidic)으로 분류되어 용해시의 화학반응에 영향을 준다.

$$\text{염기도} = \frac{\sum \text{염기성분}(CaO, MgO, MnO, FeO, Na_2O)\ mass\%}{\sum \text{염기성분}(Si_2O, Ti_2O,\ P_2O_3)\ mass\%} \tag{3.1}$$

SiO_2, Al_2O_3이나 TiO_2가 많으면 금속이온이 산소이온으로 둘러싸여 삼차원적 규칙 배열인 그물구조(network)를 취하여 금속이온과 산소이온의 결합은 이온결합과 공유결합의 혼합으로서 점성이 높게 되지만 CaO나 Na_2O 등의 그물구조를 파괴하는 성분이 많으면 점성은 감소한다.

플럭스 중에는 탈산제(Fe－Mn, Fe－Si, Fe－Ti, Fe－Al 등)나 금속원소(Ni, Cr, Mo 등)이 존재하고 용접공정에서 이들의 원소와 산소가 탈산반응을 한다. 또한 동시에 플럭스를 구성하고 있는 산화물의 일부가 환원되어 용융금속 중에 금속원소가 들어가는 환원반응이 일어난다. 예를 들면 Si의 산화환원반응에 있어서 평행은 다음과 같다.

$$(SiO_2)+2Fe=2(FeO)+[Si] \tag{3.2}$$

$$\log K'_{Si}=\frac{(FeO)^2\cdot[Si]}{(SiO_2)} \tag{3.3}$$

log K'_{Si} 는 염기도가 올라가면 직선적으로 감소하고, 이 평행정수에서 계산한 슬랙 중의 SiO_2의 활량계수 γSiO_2는 염기도의 증가에 따라 작게 된다. 슬랙 중에 FeO가 존재하면 용융 Si에 의하여 환원되어 다음의 반응식이 생긴다.

$$[\ Si\ ]+2FeO\rightarrow(\ SiO_2)+2Fe \tag{3.4}$$

용접공정은 탈산력이 크지만 Al, Ti, Si, Mn, V, Cr, W, Mo, Ni의 순으로 되는 것은 산화물이 안정되는 순서, 즉, 산화물 생성의 표준자유도에너지(standard free energy of formation)·온도도(溫度圖)의 순서와 거의 일치한다.

(2) 용융금속의 유동

열에너지에 의하여 용융하여 접합하는 공정에 있어 용융금속 중의 유동이 비드형성이나 용융형상 등에 영향을 준다. 유동은 전자력, 중력, 대류나 표면장력 등이 작용하여 발생하며, 용융지의 대류형상과 구동력의 관계를 그림 3.2에 나타낸다.

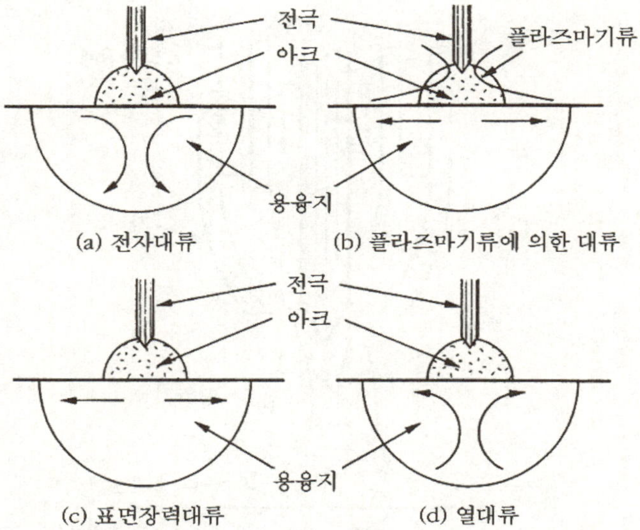

그림 3.2 용융지의 대류패턴과 구동력의 관계

(3) 전자력

용융열원으로서 기체 중의 전극간에는 전압을 가함으로서 발생한 아크방전을 이용하는 아크용접에 있어 대전류를 이용하므로 전자력이 다양한 영향을 준다. 그림 3.3에 아크기둥과 플라즈마 기류모양을 TIG용접의 경우로서 나타낸다. 아크기둥(arc column), 또는 플라즈마 기둥(plasma column)은 양전극 표면의 밝은 양극점(anode spot)에서 나온 양이온과 음이온의 음극점(cathode spot)에서 나온 전자로 구성되어 있고, 약 99.9% 전자류와 약 0.1% 양이온 흐름으로 되어 있다. 아크는 전자흐름이 집속이고 프레밍(Fleming)의 왼손법칙을 자기적 핀치효과(magnetic pinch effect)라고 하며, 로렌쯔(Lorentz)력의 작용에 의해 생긴다. 이 전자압력(아크압력)은 전류와 전류밀도의 곱에 비례한다. 용융지 내를 흐르는 전류에 의한 전자대류가 일어난다.

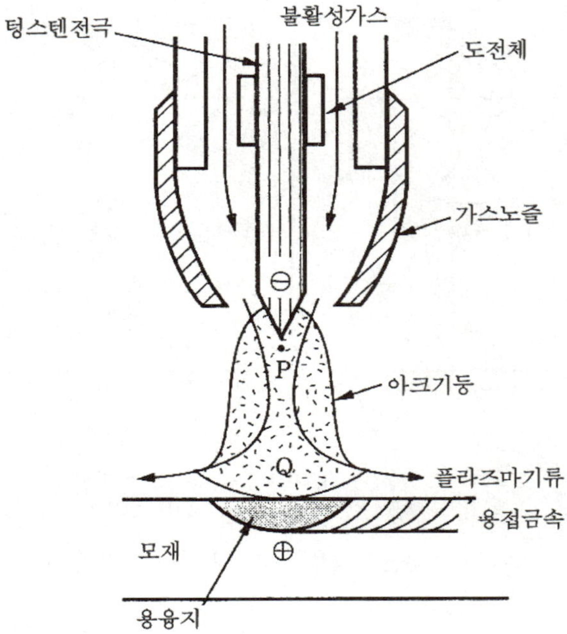

그림 3.3 TIG용접의 경우 아크기둥과 플라즈마 기류의 모양

(4) 플라즈마 기류

TIG아크나 MIG아크의 전극 선단부의 전류밀도는 모재에 비교하여 상당히 높아 그림 3.3의 P에서 Q로 향하는 플라즈마기류(plasma stream)가 발생하고, 그의 속도는 $10 \sim 10^2$m/s 정도가 된다. 이 기류는 용융지 표면을 흐를 때 발생하는 전단력에서 대류를 일으킨다.

(5) 표면장력

액체가 자유표면을 가질 때 표면장력이 작용하며, 표면장력은 온도의 함수이므로 자유표면에 온도가 불균일하다면 그로 인한 표면장력의 차가 발생한다. 그것을 보정하여 흐름을 좋게 함으로써 온도균일성을 좋게 한다.

(6) 밀도

용융지 내의 밀도 차에 의하여 발생하는 열대류이고, 아크용접에서는 전자력이나 플라즈마 기류의 영향이 크지만 레이저 용접에 있어서는 전자력의 영향이 없어 기타 요인에 의한 대류를 무시해도 된다.

3.2 용접금속의 응고현상

응고현상은 평형응고, 일반응고 및 급랭 응고로 분류된다. 평형응고는 열역학적 평형이 전체적으로 성립되는 경우이고, 일반응고는 보통 경험하는 응고로서 고-액 계면에 있어 평형이 성립되는 경우이며, 전체로서는 편석 등의 비평형인 조직이 나타난다. 급랭응고는 고-액 계면의 미소영역에 있어서도 평형이 성립되지 않는 경우이다. 평형이 성립되지 않는 것은 고-액 계면에서의 온도가 평형상태도에 나타난 고-액 계면의 평형온도보다 크게 과랭되어 있다. 즉, 급랭응고는 큰 냉각을 수반하는 응고이다.

3.2.1 응고의 열역학

열역학 법칙은 자유에너지가 높은 상이 낮은 상으로 변화하고 각 상간의 자유에너지 값이 서열(hierarchy)에 따라 계의 자유에너지를 내려가는 방향으로 이행하는 현상을 나타내며 순물질의 각 상의 자유에너지는 그림 3.4와 같이 온도와 더불어 변화한다.

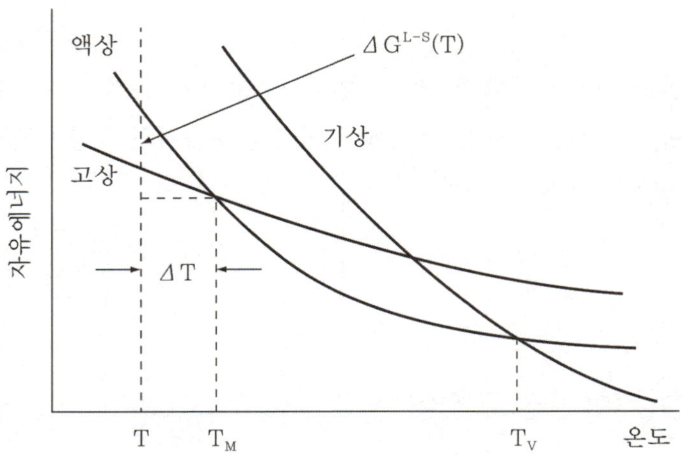

그림 3.4 온도와 순금속 상의 자유에너지 변화

3.2.2 응고의 운동에너지

열역학적으로 상 변태를 진행시키는 구동력은 현상이 변하지 않는다. 반응속도론적인 활성화 장벽(activation barrier)을 넘어야 하며. 액상이 고상으로 상 변태한다. 즉, 응고과정은 핵생성과 결정성장에 의해서 진행된다. 액상 중에서 고상의 핵생성은 액상 중에서 자발적으로 일어나는 균질핵생성과 용융금속 중의 불순물 입자나 주형표면 등의 이물질 표면을 이용하여 일어나는 이질핵생성으로 나눈다.

(1) 균질핵생성

액상 내에서 고상이 생성될 때 생기는 자유에너지변화 ΔG는 반경 r의 구형상의 고상을 가정하면, 고상의 표면자유 에너지항(ΔG_B)과 체적 자유에너지항(ΔG_v)의 합으로 다음과 같이 표시된다.

$$\Delta G = 4\pi r^2 \cdot \gamma_{LN} + (\frac{4}{3})\pi r^3 \cdot \Delta G_V \tag{3.5}$$

여기서, γ_{LN} : 자유 표면에너지, ΔGv : 체적 자유에너지 변화

(2) 이질핵생성

이물질 표면에 반경 r의 구체의 일부가 형(形)으로서 핵 생성한다고 가정한다. 그림 3.5와 같이 접촉각 θ 라고 하면, 이질핵생성의 자유에너지변화 ΔG_h는 다음과 같다.

$$\Delta G_h = \left\{4\pi r^2 \cdot \gamma_{LN} + \left(\frac{4}{3}\right)\pi r^3 \cdot \Delta Gv\right\} \times f(\theta) \qquad (3.6)$$

여기서 θ: 접촉각, $f(\theta)$: 형상계수로서 $f(\theta)=(1-\cos\theta)^2 \cdot (2+\cos\theta)/4$로 된다. 접촉각 θ가 작을 때 핵생성이 용이하게 되고, θ=180도 일 때 즉 $f(\theta)$=1일 때 균질핵생성이 된다.

용접금속의 응고특징의 하나는 용융경계부에는 아크열 등으로 조대화한 모재의 결정립 상에 용융금속이 동일 결정방위로 결정성장하는 것이다. 이때 모재표면의 핵생성은 이질핵생성이 되므로 장애가 되는 에너지는 작게 된다.

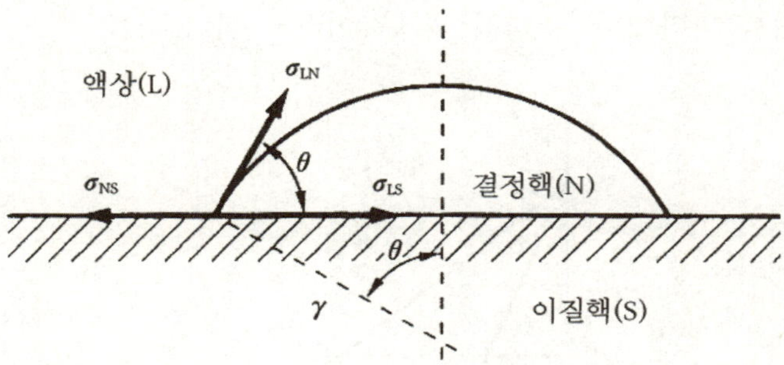

그림 3.5 이물질 상에 형성된 결정핵

3.3 고상-액상 계면의 안정성

그림 3.6과 같은 상태도(phase diagram)에서 합금의 응고를 고려하면, C_0조성의 액상이 그의 조성에서 액상선 온도 T_L 보다 낮은 온도 T까지 냉각했다고 가정하면 그의 온도에서 평형을 유지하여 공존하는 고상과 액상의 농도는 C_s와 C_L이 된다. 이 농도비를 평형분배계수(equilibrium distribution coefficient)라 하고 k_0로 나타낸다.

$$k_0 = \frac{C_s}{C_L} \tag{3.7}$$

액상선과 고상선이 직선으로 될 때는 응고공정 중 k_0는 일정하고, 그림 3.6과 같이 양 선이 우측으로 내려가면 $k_0 < 1$이 된다. 계면에서 용질농도 C_L에 대응한 온도 T_L과 실제온도 T가 생기게 된다. 그림 3.7과 같이 액상 중에 액상선 온도보다 실제의 온도 쪽이 낮은 부분, 즉, 과냉각된 영역이 생긴다. 그림 3.7은 종선(縱線) 부분이 과냉각영역과 과냉도의 크기를 나타내며, 조성적 과냉각이라고 한다.

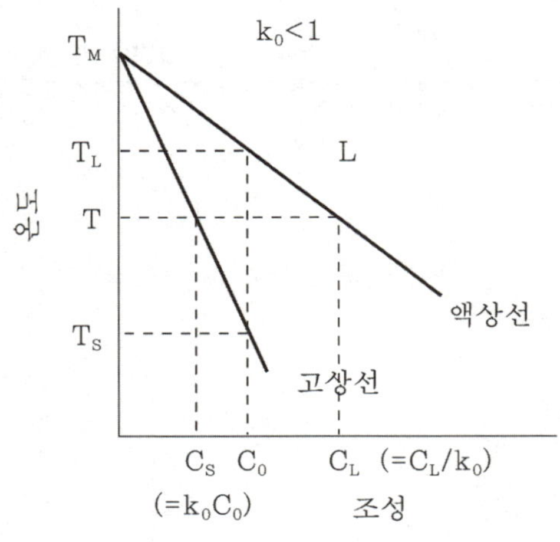

그림 3.6 평형상태도의 일부

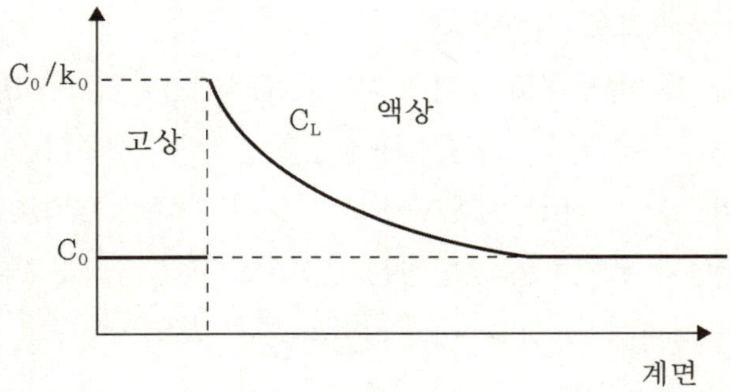

(a) 고액계면 전방 액상중에 용질분포의 정상상태가 생긴다.

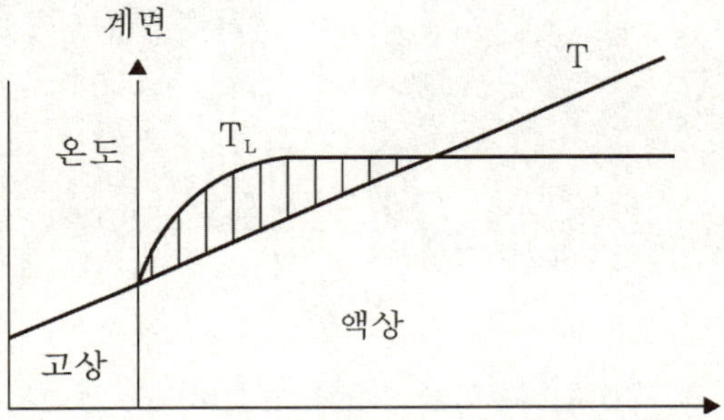

(b) 액상온도 TL이 실제온도 T보다 높은 영역(종선부)에서 조직적과냉각이 생긴다.

그림 3.7 조성적 과냉각영역의 형성(k0<1인 합금이 정속 응고할 경우)

3.4 응고조직

(1) 주상정의 성장

용융금속(weld metal)의 응고공정은 그의 조직, 합금원소의 편석 및 기공, 응고균열 발생, 인성에 크게 영향을 준다. 용융 경계부에는 아크열에 의해 조대화한 용접본드(weld bond)부의 결정립의 일부가 용융하고, 용융금속의 응고시에 그 나머지 입자를 핵으로서 주상정(columnar crystal)으로 성장한다.

열원의 이동과 더불어 비드 내로 성장하지만 온도구배가 가장 큰 방향, 즉, 응고 면에 직각으로 성장함으로 구부러진다. 그림 3.8에 순도 99.96% 알루미늄 박판의 TIG용접비드에 있어 주상정의 성장양식을 저속도와 고속도에 대해 나타냈다. 입방정금속에는 〈100〉방향이 열류방향과 일치하는 주상정은 우선적으로 성장하고, 일치하지 않은 결정은 성장이 억제되는 경합성장(consentive growth)을 일으킨다.

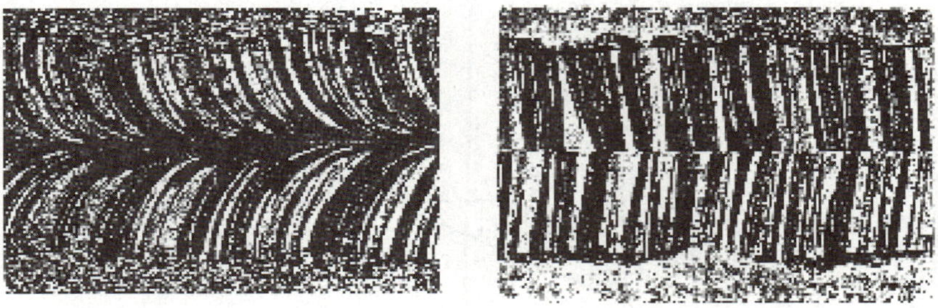

(a)용접속도 : 500mm/min (b)용접속도 : 1000mm/min

그림 3.8 순도 99.96% 알루미늄 박판의 용접비드에 있어서 주상정의 성장양식

응고진행과 더불어 결정성장 전방의 용탕 중에 농화(濃化)되는 용질원소가 야기하는 조성적 과냉각의 크기에 따라 평활, 셀, 수지상의 3개의 형태로 분류된다. 대다수 합금에는 수지상응고로 되고 성장방향에 평행인 1차 수지상팔(primary dendrite arm)과 1차팔에 수직인 2차 수지상팔(secondary dendrite arm)로 형성된다. 그림 3.9에 응고 시의 수지상 결정성장의 예를 나타냈다.

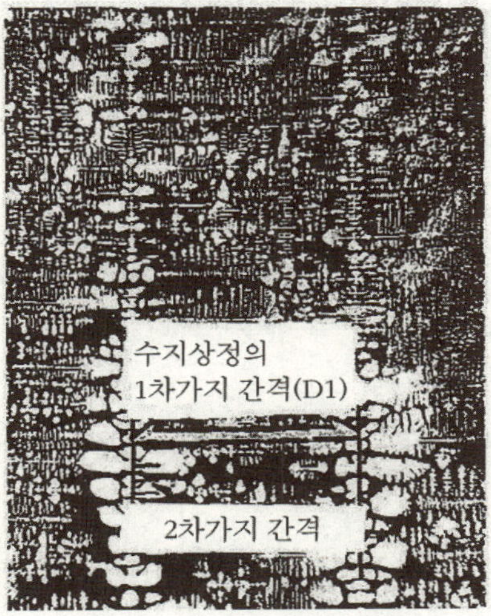

그림 3.9 수지상정의 1차 가지간격(D_1)과 2차 가지간격(D_2)

(2) 등축정의 형성과 제어

응고가 진행됨에 따라 조성적으로 과냉각이 증대하고 주상적으로 더욱 성장해도 새로운 핵생성을 촉진하는 조건이 만족될 때 등축정(equiaxed crystal)이 주상정 전방의 용탕 중에 형성된다. 수지상팔의 용단(溶斷)이나 용탕흐름에 의한 기계적 박리(剝離) 등이 이질핵 생성물질로서 작용하고 등축정을 형성할 수도 있다. 등축정의 형성은 용접금속의 응고조직의 균질화를 가져오고 이방성을 없애며, 응고균열이나 용질편석을 방지한다. 따라서 적극적으로 등축정을 발생시킴으로서 용접금속을 미세화 방법이 채용된다. 용접금속이 응고될 때 이질핵생성의 장으로 되는 미세화원소의 첨가, 예를 들면 알루미늄합금에 있어서는 Ti, B가 유효하고, 탄소강에 있어서는 Ti, Zr, Nb의 첨가가 유효하다. 다른 하나는 자기교반 및 펄스아크를 병용함으로서 용탕에 진동을 주어 핵생성을 촉진한다.

3.5 응고편석

(1) 거시적 편석(macro segregation)

거시적 편석에는 중력편석, 정상편석, 역편석, 대상편석을 들 수 있다.

(가) 중력편석

응고초기에 액상과 고상의 밀도차가 클 때 용탕중에 생긴다. 대류가 없는 경우 침강속도 W는 다음과 같다.

$$W = \frac{2gr^2(\rho - \sigma)}{9\eta} \tag{3.8}$$

여기서 r은 구의 반경, η는 액체점성, ρ는 고체밀도, σ는 액체밀도이며, 중력편석은 급속응고 함으로서 저감된다.

(나) 정상편석

평행분배계수 $k_0 < 1$의 용질농도가 낮은 합금에 있어서 거의 평활한 응고계면 전방 용탕 중에 용질의 농도역이 다음에 형성되는 것이고, 중앙부의 최종응고부에 고농도역이 관찰된다. $k_0 > 1$일 때 중앙부는 저농도화 된다.

(다) 역편석

$k_0 < 1$의 합금에서 용질농도가 높고 수지상으로 성장하는 경우로 보여 진다. 응고의 진행과 더불어 수지상간에 용질농도가 높게 되고 또한 많은 금속에는 액상에서 고상으로 상 변태할 때 체적수축이 일어나므로 성장방향의 역방향으로 용탕유동이 발생한다. 그 결과로서 용질농도가 높은 융액이 수지상간에 닫혀지게 된다. 방지책은 응고속도를 빠르게 함으로서 온도구배를 급하게 하여 응고공존역을 좁게 하거나 등축 미세립조직으로 형성하기 위하여 핵생성 촉매를 첨가할 수 있다.

(라) 대상편석(banded segregation)

응고계면에 평행인 대상조성과 조직으로 나타난다. 용접에 있어 열 공급이 주기적으로 될 때 대상으로 편석이 나타나 서브조직의 무늬모양이나 응고표면의 잔물결 파상의 모양으로서 관찰된다. 그것은 열원의 안정과 용접속도를 일정하게 함으로서 방지된다. 그림 3.10에 응고방향으로 수직인 대상편석(밴드)이 주기적으로 형성된 예를 보여주고 있다.

그림 3.10 응고방향에 수직으로 대상편석(밴드)이 주기적으로 형성된 예

(2) 미시적 편석(micro segregation)

(가) 셀 편석

응고계면이 셀 상으로 전진하여 $k_0 < 1$일 때 용질이 농화하고, $k_0 > 1$일 때 희박화한다. 이러한 셀 편석에서 나타나는 셀 폭은 수십 ㎛이하로서 풀림처리하여 제거할 수 있다.

(나) 수지상간 편석

수지상에 결정이 성장할 때 배출된 용질이 팔 사이에서 농화한다. 냉각속도를 빠르게 함으로서 팔 간격을 작게 하면 편석도 작게 된다.

(다) 수지상내 편석

팔의 심부와 외측과의 성분이 다른 유심(有芯)의 구조로서 나타난다. 이 팔의 성장에 따른 편석은 일방향응고와 근사하여 유도된 각종 식으로 정도가 추정된다.

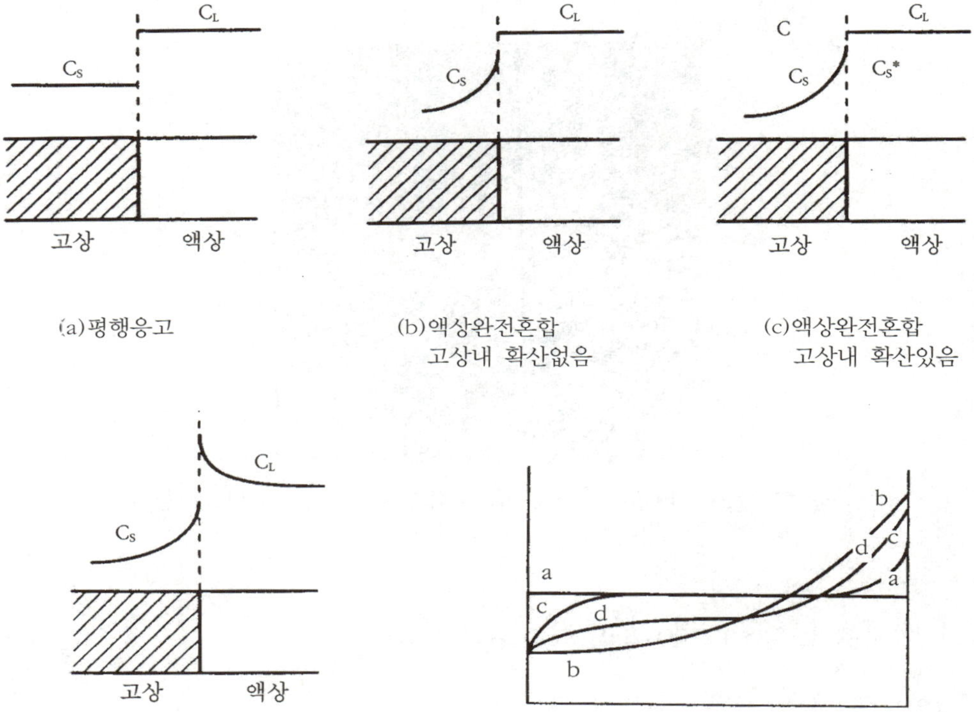

(a)평행응고

(b)액상완전혼합 고상내 확산없음

(c)액상완전혼합 고상내 확산있음

(d)액상부분혼합 고상내 확산있음

(e) 응고후 고상중의 용질농도분포

그림 3.11 일방향 응고후의 고상, 액상중의 용질농도분포

$k_0 < 1$의 합금에는 응고한 결정중의 용질농도 C_L은 액상농도보다 낮고, 용질은 액상 중에 배출된다. 고상, 액상 중의 농도분포는 액상의 혼합이나 고상중의 확산의 유무에 의하여 변화한다. 그림 3.11에 일방향응고시의 고상, 액상중의 농도분포를 응고양식으로 대응시켜 나타냈다.

$$C_L = C_0 \left(1 - f_s \right)^{k_0 - 1} \tag{3.9}$$

용접금속의 응고에 있어서는 그림 3.11의 (b), (c)의 액상중에는 완전혼합하고 있는 경우나 (d)의 부분혼합의 경우가 보고되고 있다.

3.6 고에너지밀도 열원에 의한 용접금속의 응고현상

급랭응고에 의해 출현하는 비평형상으로 레이저나 전자빔 등의 고에너지 열원에 의한 국소적인 급열 · 급랭에 있어서 평행론적 응고현상이라는 것은 다른 비평형상태(non equilibrium state)가 형성됨을 의미한다. 예를 들면 Fe－C계에 있어서 평형상태도에 따르면 공정조성에 있어서 γ 상과 흑연이 응고정출하게 되나 냉각속도를 조금 빠르게 함으로서 준안정상(meta stable phase)의 Fe_3C과 γ 상이 정출한다. 이것은 급랭에 의해 10K 가까이 과냉각되어 핵생성의 역전이 일어났기 때문이다.

용융금속을 급랭응고하면 ①조직의 균질화(결정립의 미세화, 편석제거) ②용질의 고용한도의 확대, ③준안정 결정상의 형성 ④아몰폴스의 형성 등이 일어난다. 이들의 현상에는 ①냉각속도 ②결정핵생성과 성장이 일어나는 반응속도론적인 응고동력학 ③과냉각 응고로부터 가능하게 되는 준안정상 종류, 세 가지 주 인자가 관련되고 있다. 냉각에 의해 액상을 어느 정도 과냉각하면 평행상태도상의 고용한도를 넘어 과포화 고용체를 형성하는 것을 추정하기 위해 과냉각상태에서의 액상, 고용상, 2상분리 상태의 혼합 자유에너지의 상대값이 필요하다.

제 4 장 아크 플라즈마와 용접아크 현상

4.1 아크 플라즈마의 특성

일반 강재의 용접에는 다양한 용접 방법중 아크 용접법이 널리 이용되고 있으며, 이 분야에 많은 연구가 수행되어 왔다. 아크용접은 아크방전에 의해 생성된 플라즈마의 에너지를 열로 이용하여 모재와 용가재를 용융용접한다. 아크나 코로나방전(corona discharge) 등의 기체방전 중에 있어서 기체는 전리(電離)되어 있고 방전공간은 양이온이나 전자와 같은 하전입자(荷電粒子)의 원자나 분자와 같은 중성입자로 구성된다. 전리기체가 일반 기체와 다른 성질을 가지며, 플라즈마는 하전입자를 포함한 전기적으로 거의 중성의 입자 집단을 의미하고, 내부에는 양이온과 전자가 작용하여 동일 밀도로 되어 전기적 중성을 유지하려는 경향이 강하다.

플라즈마 중의 하전입자 상호간에는 쿨롱의 힘이 작용하며, 쿨롱의 힘은 거리의 2승에 반비례하고 비교적 먼 거리까지 도달한다. 플라즈마는 보통 중성입자로서 기체와 다른 성질을 갖는다. 플라즈마는 전자와 양이온이 상호작용하여 전체적으로 전기적으로 중성이다. 어떤 원인에 의해 중성에서 편차가 생기면 이 편차를 없애는 플라즈마가 반응하여 플라즈마 진동(plasma oscillation)이 생기며, 그의 주파수를 플라즈마 주파수라고 한다.

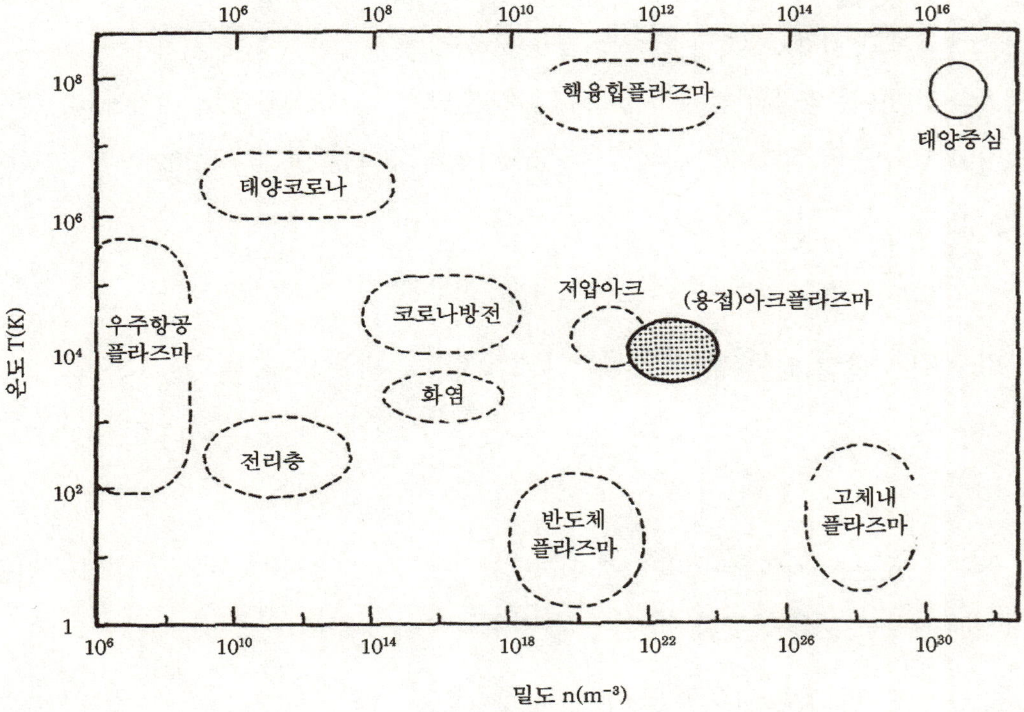

그림 4.1 플라즈마의 예

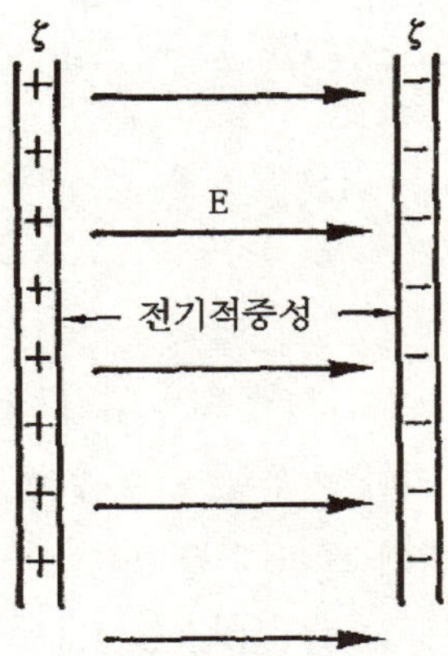

그림 4.2 플라즈마 진동의 모델

그림 4.2와 같이 1차원 플라즈마 모델을 이용하여 그의 주파수가 계산된다. 그림과 같이 이온 및 전자밀도와 더불어 n_e의 평판상의 플라즈마를 상정한다. 이온은 정지하고 있는 것으로서 전자가 x축방으로 ζ만큼 벗어난 경우 전자의 운동을 생각한다. 이 경우 평판의 양면에는 양음의 전하가 생기고 그의 면 밀도는 $|n_e e\zeta|$로 된다. 여기서 e는 전자 전하이고, 진공의 유전율을 ϵ_0이라 하면, x방향의 전계는 다음과 같다.

$$E = \frac{n_e e\zeta}{\epsilon_0} \tag{4.1}$$

입자 간의 충돌이 무시하면 전자의 운동방정식은 다음과 같다.

$$m_e \frac{d^2\zeta}{\epsilon_0} = -eE = -\frac{n_e e^2\zeta}{e_0} \tag{4.2}$$

여기서 m_e는 전자의 질량이며, 전자군이 단진동하는 것을 나타낸다. 위 식에서 진동의 각주파수는 다음과 같다.

$$w_p = \left[\frac{n_2 e^2}{\epsilon_0 m_e}\right]^{1/2} \tag{4.3}$$

여기서 밀도 n_e를 $[m^{-3}]$으로 표현하면 플라즈마 주파수 식은 다음과 같다.

$$f_p = \omega_p/2\pi = 8.98\sqrt{n_e}\ [\mathrm{Hz}] \tag{4.4}$$

플라즈마 진동은 고유진동의 하나이고 예로서 플라즈마 주파수 보다 상당히 높은 주파수의 전자파(광)에 대해서는 플라즈마는 추종될 수 없다. 따라서 높은 주파수의 전자파는 플라즈마 중을 투과할 수 있다. 이에 대하여 플라즈마 주파수보다 낮은 주파수의 전자파에 대해서는 플라즈마에 추종하여 전자파와 상호작용한다. 따라서 플라즈마 주파수보다 낮은 전자파는 플라즈마에서 차폐되어 반사된다.

전리층에 있어 전파가 반사되는 현상은 플라즈마 진동에 의한 것이다. 즉, 금속 중에는 고밀도의 전자가 비교적 자유로이 운동하고 있다. 레이저 용접에서는 레이저광이 금속표면에서 반사되는 현상은 금속 플라즈마의 진동에 의한 것이다. 그림 4.1과 같이 전자밀도 ne가 $10^{23}[m^{-3}]$에 있는 아크 플라즈마에 대한 플라즈마 주파수는 약 3×10^{12}[Hz]로 된다. 이 값은 전자파(광)로 환산하면 약 100[㎛]로 되고, 원적외선에 상당한다. 따라서 예를 들면 파장 10.6[㎛]의 탄산가스 레이저빔은 아크 플라즈마 중을 투과할 수가 있다.

그림 4.3은 대기압에서 가스텅스텐 아크계측의 예로서 아크 플라즈마 밀도와 온도를 나타낸다. 그림은 수냉 동판상의 아르곤 아크에 대한 것으로 아크전류를 100[A], 아크 길이를 5[m]로 한 경우이다. 그림 4.3(a)와 같이 대기압에서 아르곤 아크 플라즈마 밀도($n_e=n_i$)는 높고, 그의 값은 $10^{23}[m^{-3}]$에 달한다. 국소 열 평행을 가정하면 플라즈마 밀도에서 플라즈마의 온도가 추정될 수 있다. 그림 4.3(b)와 같이 하여 추정한 아크 플라즈마의 온도분포이다. 대기압에서 아르곤 아크의 온도는 텅스텐 전극의 바로 아래에서 가장 높게 되고, 양극에 근접 할수록 저하하지만, 아크기둥의 외주부에 있어서도 그 값은 10,000K이상 됨을 알 수 있다.

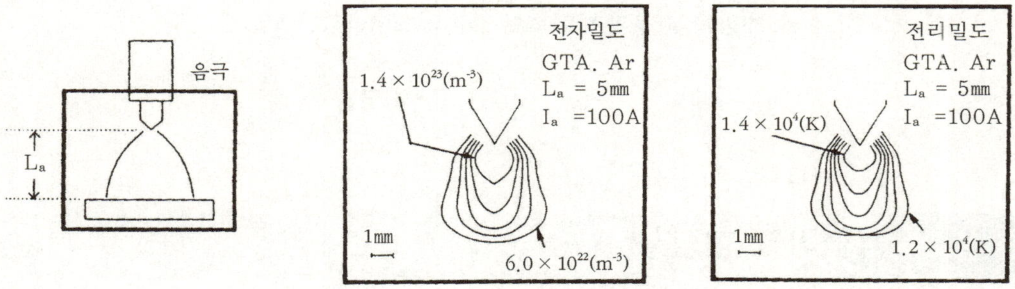

양극(Cu) (a) 밀도 (b) 온도

그림 4.3 아크 플라즈마의 계측 예[GTA, Ar, 100A, La=5mm]

그림 4.4는 아크 플라즈마의 밀도에 미치는 아크전류의 영향으로 대기압 하에서 아르곤 및 헬륨아크의 경우를 비교하고 있다. 그림과 같이 모두 전류의 증가와 더불어 플라즈

마(전자) 밀도는 증대하지만 아르곤 아크에는 전류와 더불어 그 값이 포화하는 경향을 나타낸다. 이에 대하여 헬륨아크는 아르곤의 경우와 비교하면 전리전압이 높은 경우가 있어도 전리도가 낮고 그의 밀도도 10배 이상 낮다.

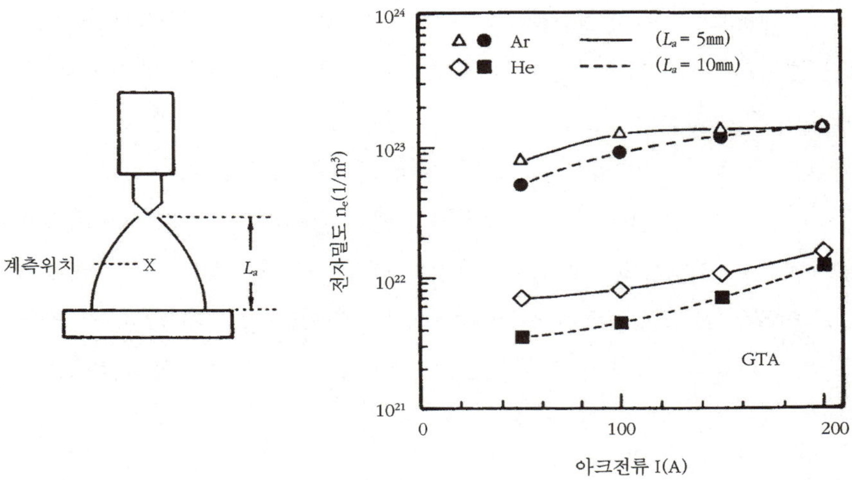

그림 4.4 플라즈마 밀도의 전류 의존성[GTA]

4.2 용접아크 현상

4.2.1 아크방전과 전원특성

(1) 아크방전의 특성

그림 4.5는 기체의 방전특성을 나타내는 것으로 저압하에 있는 기체에 직류전압을 가하면 최초에는 전압에 대응하여 10^{-12}[A]정도 이하의 매우 미약한 전류가 흐른다. 이 전

류를 음류(Dark Current)라 하고, 우주선이나 자외선에 의해 기체전리에 의하여 발생한 전자에 의한 것이다.

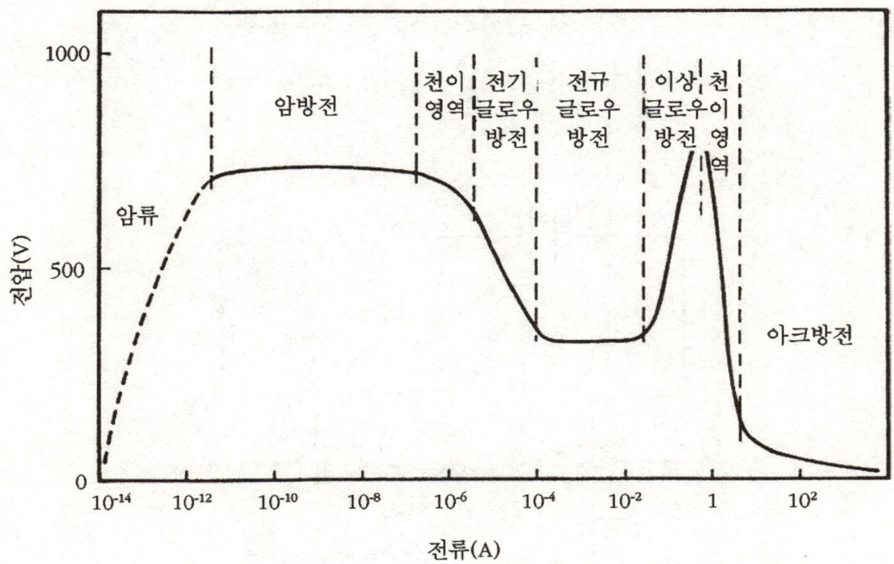

그림 4.5 기체의 방전 특성

더욱 전압을 올리면 가속된 전자에 의한 충돌전리가 활발하게 되고, 기체는 절연파괴하여 결국 저절로 연결되는 자속방전이 형성된다. 자속방전은 세 가지 기본형식이 되는 음방전(dark discharge), 글로우 방전(glow discharge)을 경과하여 아크방전(arc discharge)에 이른다.

아크방전은 방전의 최종형태로서 저전압, 대전류를 갖는 특징을 갖는다. 그림 4.6은 아크방전 회로와 아크의 전위분포이다. 그림 4.6(a)와 같이 전원 +측에 접속된 것을 양극(anode), －측에 접속된 전극을 음극(cathode), 전극간의 거리를 아크길이라고 한다. 그림 4.6(b)는 아크길이에 수직으로 전위분포를 표시한 것으로 아크는 세 부분으로 구성된다. 음극근방의 음극전하(cathode drop)부, 아크기둥(arc column)부와 양극근방의 양극강하(anode drop)부이다. 각 부분에 걸리는 전압을 V_C, V_P, V_A로 하면 전극 간에 걸리는 전압, 즉, 아크전압 Va는 다음과 같다.

$$V_a = V_C + V_P + V_A \quad (4.5)$$

음극을 나온 전자는 음극강하부에서 가속되어, 고온의 플라즈마로 구성되는 아크기둥부에 유입된다. 아크 기둥부에 있어 전자는 이온이나 중성입자 등과 충돌을 반복하면서 V_P의 작용에 의해 음극방향 쪽으로 표류운동을 한다.

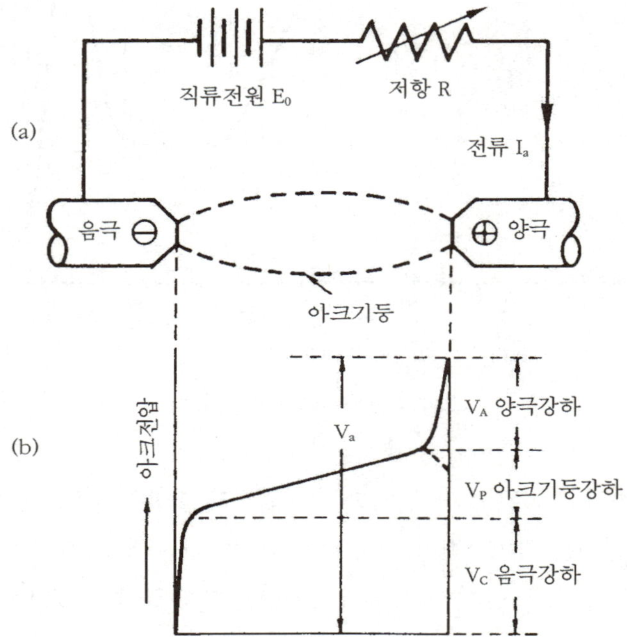

그림 4.6 아크의 전압 분포

아크기둥부에 있어서 전류의 99.9%는 전자에 의해서 운반된다. 양극강하부에는 전자는 V_A보다 가속되어 양극에 유입하고 그의 에너지를 양극에 준다. 즉, 아크방전의 음극 및 양극현상의 해석은 어렵고 해명되지 않는 것이 많다. 대기압 하에서 대전류 아크는 아크 기둥부에 있어서 열 전리(熱電離)가 활발하여 플라즈마(전자)의 밀도가 높게 된다. 따라서 아크기둥 측에서 양극강하부에 유입하는 전자전류가 충분히 크고 양극강하부에는 전자의 흐름을 가속보다도 역으로 감속할 필요가 있다.

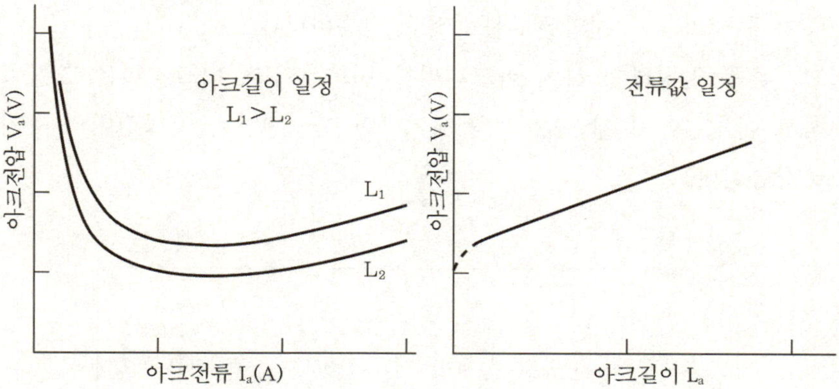

그림 4.7 아크의 전압특성

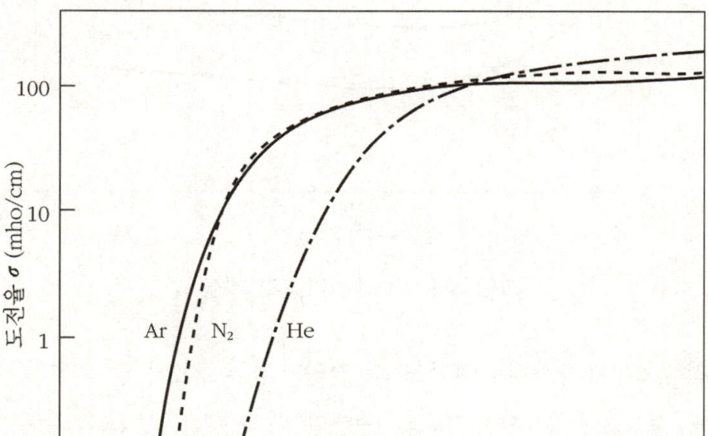

그림 4.8 대기압 플라즈마의 도전율

아크길이를 일정하게 하여 아크전류를 변화시키면 아크전압은 그림 4.7(a)와 같이 변화한다. 소전류역에서는 아크전압은 전류의 증가에 따라서 감소한다. 이것은 전류의 증가에 따라 아크 플라즈마의 온도가 상승하고 그림 4.8과 같이 아크공간의 도전율이 증가한다. 대전류역에는 그림 4.8과 같이 플라즈마의 도전율이 고온역에서 포화하는 경향이 있어 전류증가에 따라 아크전압은 어느 정도 상승한다.

또한 아크전류를 일정하게 하여 아크길이를 변화시키면, 아크전압은 그림 4.7(b)와 같이 변화하고 아크길이의 짧은 영역을 제외하면 아크전압은 아크길이의 증가에 따라 직선적으로 상승한다.

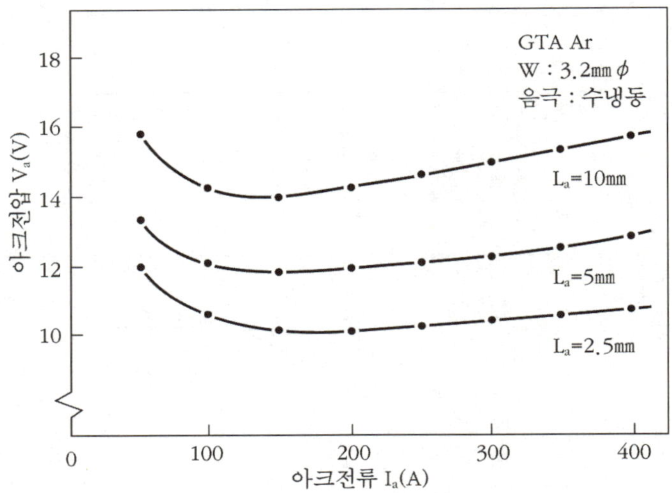

그림 4.9 텅스텐 아크의 특성

그림 4.9에 직류 GTA(가스텅스텐아크)의 전압 · 전류특성의 일례이다. 아크의 특성은 전극재료와 그의 형상 · 치수, 차폐가스의 종류에 따라 다르며, 그림은 수냉되는 동판의 아크에 관한 것으로, 음극에는 순 텅스텐을 이용하고 있다.

(2) 전원특성과 아크의 안정

그림 4.7(a)의 회로에 있어서 전원특성과 아크특성의 관계를 도시하면 그림 4.10이 얻어진다. 그림에서 전원특성과 아크특성은 점 Q와 점 S로 평행으로 되나 Q는 안정된 동작점은 아니다. 예를 들면 점 Q에서 방전이 유지되다가 어떤 원인에 의해 전류가 증가

할 경우를 보면 전원에서 공급되는 전압은 아크전압에 비하여 과대하게 된다. 따라서 전류는 점차 증대하고 점 S에 이르러 안정된다. 즉, S점이 방전동작의 안정점이 된다. 보통 전원의 출력전류와 출력전압의 관계를 전원의 외부특성곡선이라고 한다. 아크 용접용 전원의 외부특성으로서는 용접부에 필요한 입열을 안정적인 확보의 관점에서 다음 두 종류가 있다.

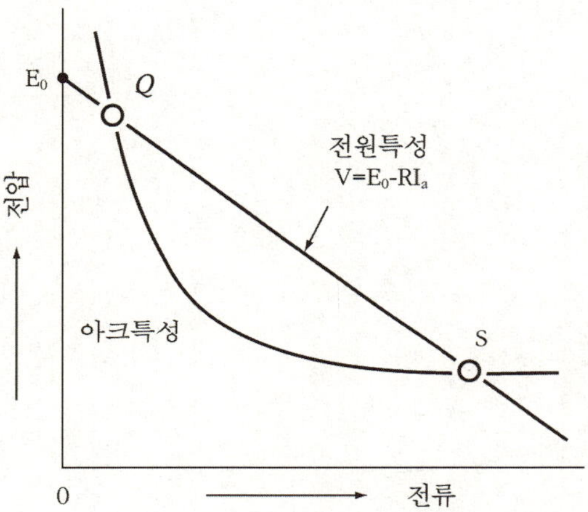

그림 4.10 전원특성과 아크 특성

(가) 수하특성 또는 정전류 특성형 아크용접용 전원

그림 4.11은 수하특성형 또는 정전류 특성형의 전원특성으로 아크용접에 있어 모재 쪽의 입열은 거의 전류에 비례한다. 수하특성 또는 정전류 특성의 전원에는 그림과 같이 아크길이 L_1내서 L_2에 변화한다면, 동작점은 S_1에서 S_2로 변화하게 되지만 이들에 따른 전류의 변동은 작다. 피복아크용접, GTA용접, 플라즈마 아크용접, 서브머지드 아크용접에는 이러한 형식의 전원이 이용된다.

(나) 정전압 특성형 아크용접용 전원

작은 직경의 소모전극을 이용하는 가스메탈 아크용접에는 보통 정전압특성의 전원이 이용된다. 이 경우 전극(와이어)을 일정속도로 송급하고 전원의 자기제어 작용을 이용하여 아크를 안정화시킨다. 즉, 그림 4.11에 있어서 아크길이가 L_1에서 L_2로 길게 된 경우로서 동작점은 S_1에서 S_2로 변화하고 전류가 큰 폭으로 감소한다. 전류의 감소는 와이어의 용융속도를 저하시키므로 와이어의 송급속도가 용융속도를 상회하여 아크길이는 원래길이 L_1로 자동적으로 복귀한다. 이러한 정전압 특성전원에 의한 소모전극 아크용접의 안정화 작용을 전원의 자기제어작용이라고 한다. MAG 용접법, 탄산가스아크 용접법, MIG용접법에는 직류의 정전압 특성형 전원이 이용된다.

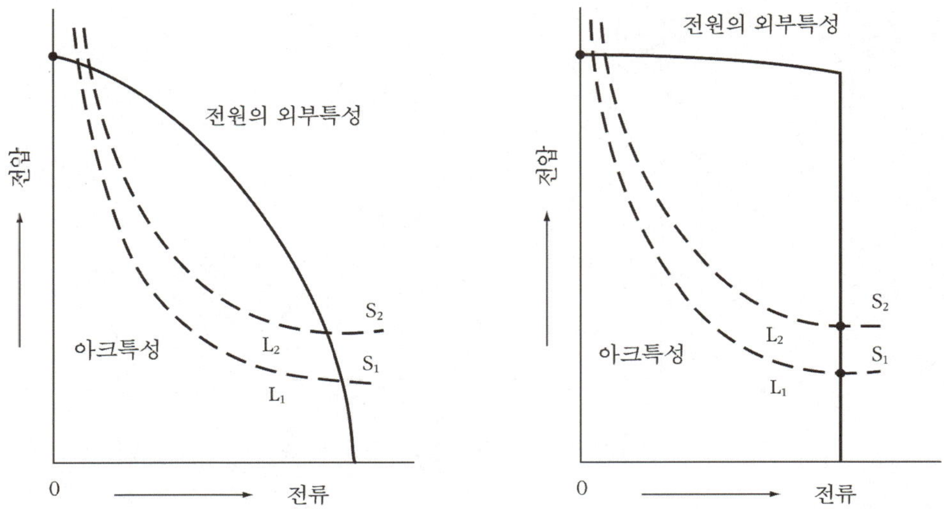

(a) 수하특성형 (b)정전류특성형

그림 4.11 수하특성형 및 정전류 특성형 아크용접용 전원

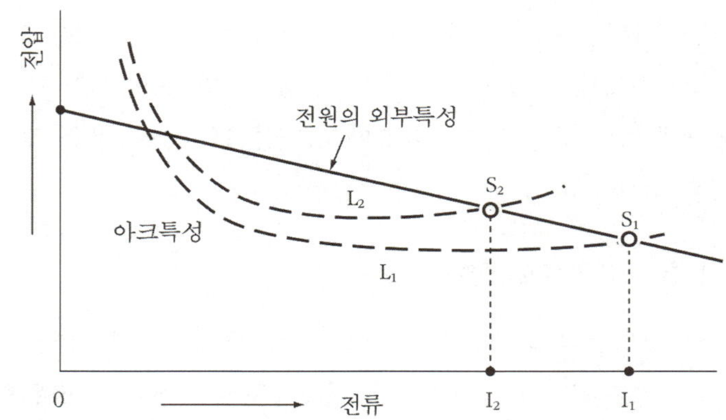

그림 4.12 정전압 특성형 아크 용접용 전원

4.2.2 용접아크의 특성

(1) 양극 및 음극 쪽의 아크 입열

아크용접에 있어서 모재가 아크방전의 음극 또는 양극으로 된다. 따라서 아크에 의한 모재의 용융현상이나 와이어의 용융현상을 이해하는 것은 양극 또는 음극 쪽의 아크에 의해 들어오는 열에너지에 대한 지식이 필요하다. 아크에서 양극 쪽으로 공급되는 에너지로서 고려되고 있는 주요 사항은 다음과 같다.

① 양극 쪽에 유입하는 전자가 가지고 들어오는 에너지 : Pe

② 아크 플라즈마에서의 방사(放射) 에너지 : Pr

③ 아크 플라즈마에서의 전도 및 대류에 의한 에너지 : Pc

이들 중 전자가 갖는 에너지 Pe가 가장 중요하며 양극 쪽의 입열은 다음과 같다.

$$P_A = P_e + P_r + P_c \fallingdotseq P_e = I_a\{V_A + V_w + (5/2)kT_e/e\} \qquad (4.6)$$

P_A : 양극입열, I_A : 아크전류, V_A : 양극강하전압, V_W : 양극재료의 작용함수, T_e : 전자온도, e : 전자전하이다.

P_e에 관한 상기식의 우변 제1항은 전자가 양극강하부에서 가속됨으로서 얻어지는 에너지, 우변 제2항은 기체중의 자유전자가 양극재료(금속) 내에 들어갈 때 방출하는 에너지, 우변 제3항은 전자가스엔탈피이고 플라즈마 중에서 보유한 에너지를 의미한다. 아크에서 음극 쪽의 메카니즘에는 불명확한 점이 많으나 양극의 경우에 비하면 결과는 보다 안정적이다. 음극표면에 있어서 전자전류의 전 전류(아크전류)에 대한 비율을 f라하고, 음극 쪽의 유입하는 에너지를 다음 식과 같다.

$$P_c = I_a[(1-f)(V_c + V_i - V_w) - f\ V_w] \qquad (4.7)$$

P_c : 음극입열, V_c : 음극강하 전압, V_w : 음극재료의 작용함수, V_i : 이온의 전리전압, f : 전 전류(全電流) Ia에 대한 전자전류의 비율이다. 우변 제1항은 이온에 의한 영향, 제2항은 음극에서 비출(飛出)하는 전자가 갖는 에너지를 의미한다.

표 4-1 각종재료 일함수(VW) 및 열전자 방출정수(A_o), 융점 및 비등점에서의 열전자 방출전류

물질	VW [V]	A_0 [A/cm^2K^2]	융점 [K]	비등점 [K]	열전자전류밀도[A/cm^2]	
					융점	비등점
W	4.55	60	3650	5800	425	226000
Mo	4.25	55	2900	5100	19.3	91000
Ta	4.25	34	3263	5773	100	22500
Th	3.44	6	2010	5757	0.058	195000
Al	4.18	60	993	2743	1.4×10^{-15}	9.58
Fe	4.50	26	1809	3160	2.5×10^{-5}	17.5
Cu	4.50	60	1356	2855	2.2×10^{-9}	5.66
Mg	3.66	60	932	1375	8.8×10^{-19}	4.5×10^{-6}
MgO	3.31	60	3103	3873	2460	45000
Al_2C_3	3.90	60	2323	2970	1.1	129

표 4-1은 각종 금속 및 산화물의 작업함수(V_W), 열전자 방출정수(A_0), 각 재료의 융점 및 빙점에 있어 열전자방출에 의한 전류밀도(J_e)이다.

일반적으로 가열하여 얻은 열전자를 이용하는 방식의 음극을 열음극(hot cathode)라고 한다. 텅스텐이나 몰리브덴과 같은 비등점이 높은 재료는 고온하에서의 열전자에 의한 전류밀도가 높고, 아크방전의 열음극으로서도 충분히 이용될 수 있다. 이에 대하여 알루미늄이나 동과 같은 재료에는 열전자에 의한 전류밀도가 낮고, 음극의 전자방출 메카니즘을 열전자 방출로 설명할 수 없다. 따라서 이들의 재료를 음극으로 이용하는 아크를 "비열음극(非熱陰極)아크"라고 한다. 즉 강, 동, 알루미늄 등의 재료에는 비열음극이 된다.

(2) 음극점의 클리닝 작용

불활성가스 중에 있어서 비열음극의 음극점은 음극표면상을 강하게 움직이면서 회전한다. 음극점의 전류밀도, 즉, 에너지밀도는 매우 높기 때문에 결과적으로 전극표면의 산화물이 국부적으로 파괴, 제거되는 음극점의 클리닝작용(cleaning action)이 일어난다. 알루미늄합금의 용접에 있어 이 특성이 적극적으로 이용된다. 보통 알루미늄재의 표면은 산화알루미늄(Al_2O_3)의 피막으로 덮어져 있으며, 산화알루미늄의 융점은 약 2300[K]로서 알루

미늄의 융점 933[K]에 비하여 높다.

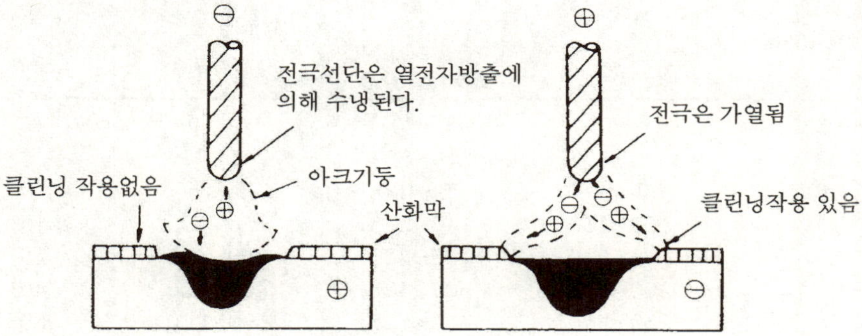

(a) 전극마이너스 반사이클 (b) 전극플러스의 반사이클

그림 4.13 교류 GTA 용접의 특성

알루미늄합금에 있어 양호한 용접부를 얻기 위해서는 그의 산화피막을 제거하는 것이 필요하고, 음극점의 클리닝 작용이 이용된다. 전극플러스의 GTA 용접에는 전극마이너스의 경우에 비하여 전류값을 크게 되지 않도록 하는 난점이 있다. 또한 전극마이너스의 경우에 비하여 전극플러스의 경우에는 음극점이 모재 표면상을 밀려오는 결과 아크에 의한 입열이 분산되어 용입이 얇게 된다. 이러한 난점을 피하여 음극점에 의한 클리닝 작용을 활용하기 위해 교류의 GTA용접이 이용된다. 그림 4.13과 같이 교류아크에는 반사이클 마다 음극이 반전하므로 직류용접에 있어서 전극마이너스와 전극 플러스 일때의 특성을 병용하고 있다.

표 4-2는 교류 및 직류 GTA용접에 있어 텅스텐 전극의 허용전류를 나타낸다. 직류전극 플러스의 전극성에는 허용되는 전류값이 100[A]정도이며, 교류아크는 700[A]까지 허용된다. 즉, 텅스텐에 대해서는 양극입열이 음극입열 보다 크지만 이 특성은 텅스텐의 고유한 특성이다. (4.7)식에서 예측되는 바와 같이 음극입열은 음극의 메카니즘, 구체적으로는 f값, Vc값에 크게 의존한다. 예를 들면 강에는 양극입열에 비해 음극 입열이 크게 된다.

표 4-2 텅스텐 전극과 허용전류

텅스텐 전극직경(mm)	용접전류(A)			
	교류		전극마이너스	전극플러스
	W	ThW	W, ThW	W, ThW
0.5	5~15	5~20	5~20	–
1.0	10~60	15~80	15~80	–
1.6	50~100	70~150	75~150	10~20
2.4	100~160	140~235	150~250	15~30
3.2	150~210	225~325	250~400	25~40
4.0	200~275	300~425	400~500	40~55
4.8	250~350	400~525	500~800	55~80
6.4	325~475	500~700	800~1100	80~125

(3) 재점호 현상과 교류아크의 특성

음극의 메카니즘이 관여하는 복잡한 문제점 중 하나는 "재점호 현상" 이다. 즉, 아크를 일단 소거한 후, 전극 간에 전압을 가하여 아크를 재점호시키는 문제이다. 그림 4.14(a)는 교류피복 아크용접에 있어서 아크전압과 전류의 관계로서 그림 4.14(b)는 교류아크의 동적특성인 종축에 전압, 횡축에 전류로 취급하여 나타낸다.

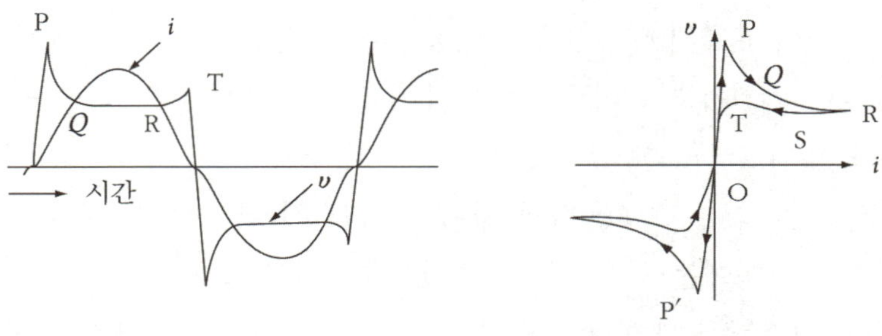

(a) 정극성(DCSP) (b) 역극성(DCRP)

그림 4.14 교류아크의 전압 · 전류특성

교류아크는 아크의 상태, 즉 플라즈마의 온도, 도전율, 음극강하부 상태 등이 시시각각으로 변화하여 순시적인 전압과 전류의 관계는 교류아크에서 특유하다. 극성의 전환에 있어 아크전류는 일단 영(zero)이 되고 거기까지 양극에서 있었던 전극표면에 음극을 형성시켜야 하므로 그림 4.14와 같이 극성전환에 높은 전압이 필요하다.

그림에서 점 P에 상당하는 전압을 재점호 전압이라 한다. 따라서 교류아크에 있어서 원활한 극성전환을 가능하게 하기 위해서는 재점호에 필요한 전압을 극성 전환시에 확보해야 한다. 피복아크용접에 이용되는 교류아크 용접기에는 보통 그림 4.15와 같이 리액터를 이용하여 아크전류의 위상을 전원의 무부하 전압의 위상에 비해 지연시키며, 극성 전환시에 무부하 전압의 순시값이 재점호 전압을 상회하도록 설계되어 있다.

재점호 전압 값은 사용하는 전극재료, 실드가스의 종류에 따라 다르다. 음극형성이 용이한 열음극 아크에는 재점호 전압이 낮고 알루미늄이나 동과 같은 비열음극 아크에는 재점호 전압이 높게 된다. 피복아크 용접봉에 있어서 재점호 전압은 이들 두 가지의 중간적인 값이 된다.

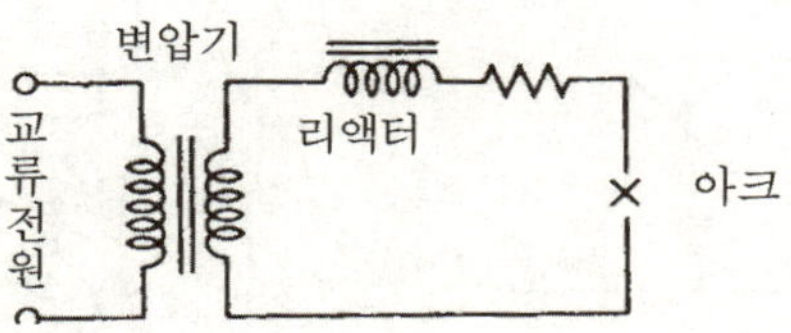

(a) 기본회로

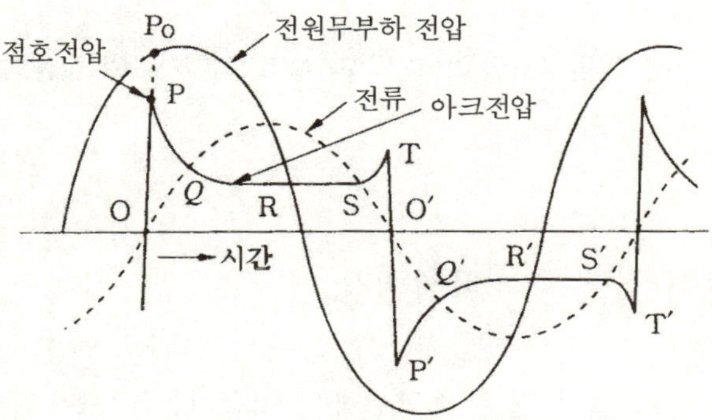

(b) 무부하 전압과 아크전류의 관계

그림 4.15 교류아크용접기의 특성

(4) 아크전압과 플라즈마 기류

용접아크에는 대전류가 이용되므로 아크전류에 따라서 발생하는 전자력이 방전현상에 한정하지 않고 용접현상에 대해서도 크게 영향을 주므로 아크전류에 의해 전자압력(아크압력)과 그에 수반하여 발생하는 플라즈마 기류도 중요하다.

그림 4.16은 아크압력의 발생 메카니즘을 설명한 것으로 아크기둥을 흐르는 전류에는 아크전류에 기인하는 전자력선에 의해 그림 4.16(b)와 같은 전자력(로렌츠힘)이 작용한다. 이 전자력은 아크기둥의 중심축으로 향하여 작용하므로 중심축상의 압력은 주변부에 비하여 높게 되며, 이 압력을 아크압력(arc pressure)라 한다.

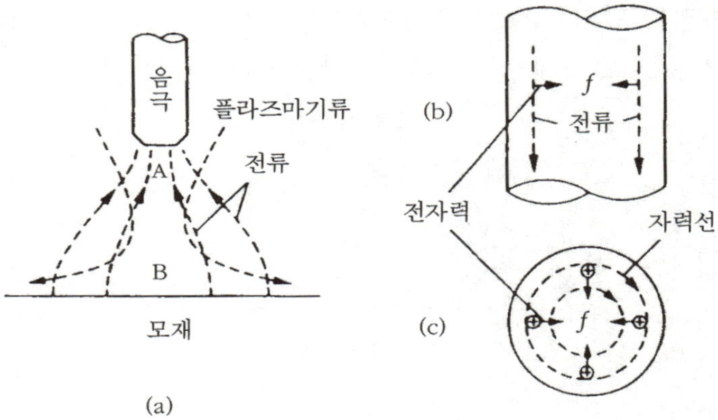

그림 4.16 아크압력과 플라즈마 기류의 발생

4. 2. 3 와이어 용융 · 이행현상

가스메탈아크(GTA)용접과 같은 소모전극을 이용하는 아크용접에는 전극인 와이어를 안정적으로 용융 · 이행시킬 필요가 있다. 즉, 소모전극식 아크용접에 있어서는 와이어의 용융 · 이행현상이 용접의 능률뿐만 아니라 용접 안정성을 지배한다.

(1) 전극 와이어의 용융속도

자동송급되고 있는 전극와이어의 용융속도는 그림 4.17에서 와이어의 용융과정으로 와이어가 일정속도 v로 송급되어 아크에 의한 와이어 용융속도와 평행되게 된다. 즉, 와이어의 용융과정을 1차원의 선형열전도도 문제로 보지 않고 표면에서 열손실 및 와이어의 저항증발이 무시된다면 준안정상태로 가정하여 좌표계를 취하면 이 열전도 문제의 일반해는 다음과 같다.

$$T - T_0 = c + c \exp [-(v / k) \zeta] \tag{4.9}$$

여기서 T : 온도, T_0 : 초기온도, v : 송급속도, k : 열 확산률을 나타낸다.

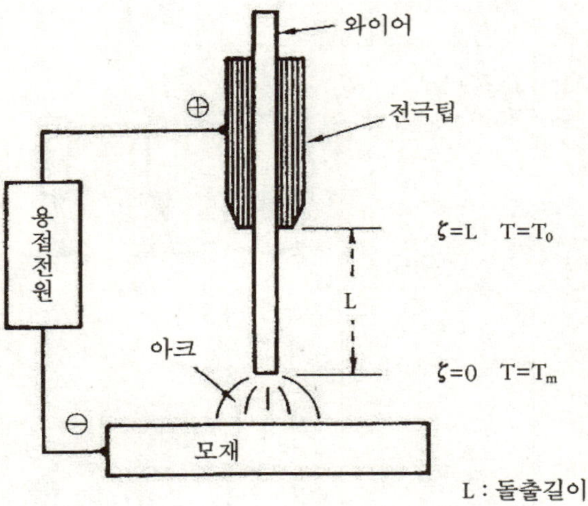

그림 4.17 GMA용접에 있어서 와이어 용융의 1차원 열전도도 모델

(2) 용적의 이행현상

소모전극식 아크용접에 있어 전극을 용융시켜 용접 풀에 공급함으로서 용접부를 형성한다. 따라서 전극에서 용적을 부드럽게 용융지에 이행시켜야 한다. 국제용접학회(IIW, International Institute of Welding)에는 용적이행 형태를 표 4-3과 같이 분류하고 있다.

표 4-3 용적이행 형태의 분류

이행형태		용접법(예)	실 례
자유이행	(1)구상이행 (1.1)단적이행 (1.2)반발이행 (2)용적이행 (2.1)프로젝텍트이행 (2.2)스트리밍이행 (2.3)회전스풀이행 (3)폭발이행	소전류 GMA 탄산가스아크 중전류 GMA 중전류 GMA 대전류 GMA 피복아크	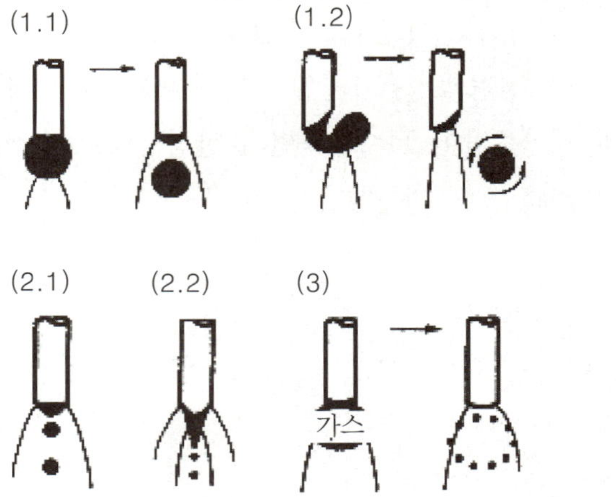
접촉이행	(4)단락이행 (5)교락이행	쇼트 아크 필러 와이어	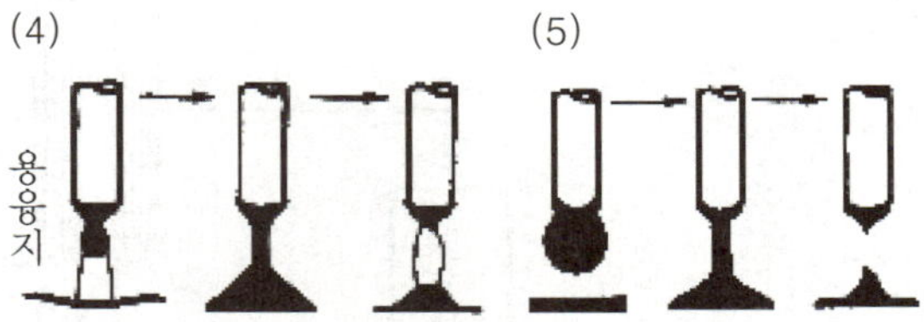
플럭스중의 이행	(6)벽면이행 (서브머지드형) (7)벽면이행 (보호아크형)	서브머지드아크 피복아크기타	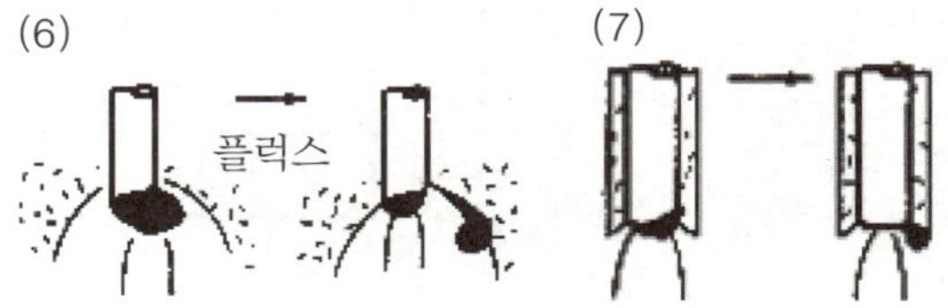

와이어단의 용적에는 전류에 의한 전자력, 표면장력, 중력, 아크압력, 플라즈마 기류등이 작용하여 용적이행 현상을 복잡하다. 용적의 이행현상을 정성적으로 이해하기 위해서는 용적에 작용하는 전자력의 작용을 이해해야 한다. 그림 4.18과 같은 원추상의 액적중을 흐르는 전류 I_a에 의한 전자력을 생각하면, 전자력 f는 그림과 같이 하향성분을 가지

므로 전류가 단면 내를 균일하게 흐른다고 하고 이 힘을 적분하면 다음 식이 얻어진다.

$$F_m = 10^{-7} \times Ia\ \ln[R_b/R_a]\ [N] \qquad (4.10)$$

F_m = 액적(液滴)에 작용하는 하향(下向)의 전자력

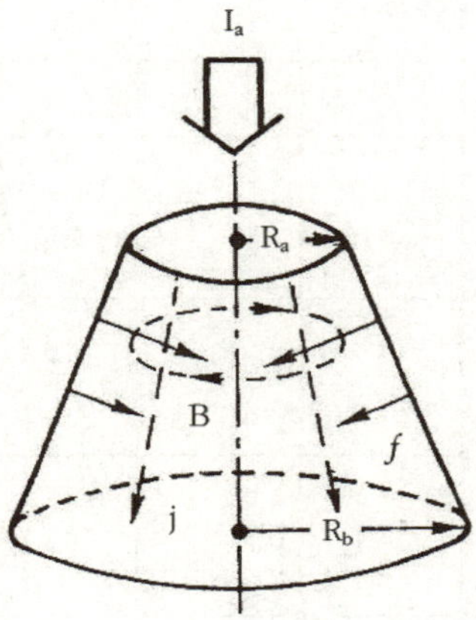

그림 4.18 유체에 작용하는 전자력

이 힘은 플라즈마 기류의 구동력과 동일하고 확산하는 전류장에 의해 발생한다. 위 식에서 액적에 작용하는 힘과 그의 방향은 반경비 $[R_b/R_a]$에 의존함을 알 수 있다.

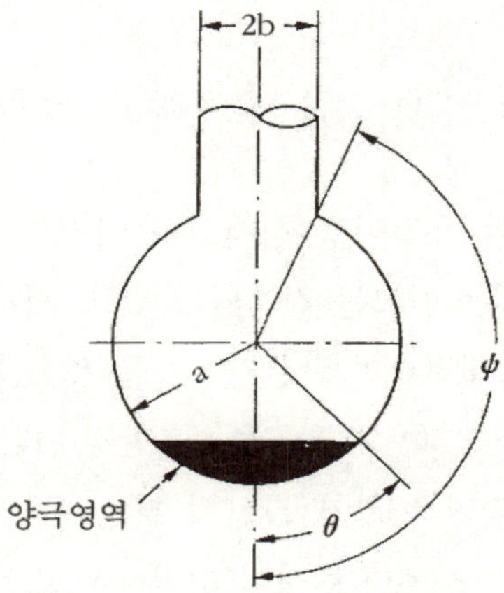

그림 4.19 와이어단의 용적모델[Greene]

Greene는 그림 4.19와 같은 와이어단의 용적모델을 이용하여 용적에 작용하는 전자력을 계산하였다. 표 4-3과 같이 아크 용접시에 용적이행에 있어서 용적사이즈가 와이어 직경보다도 크게 될 경우를 구상이행, 와이어 직경보다 작게 되는 경우를 스프레이 이행이라고 한다.

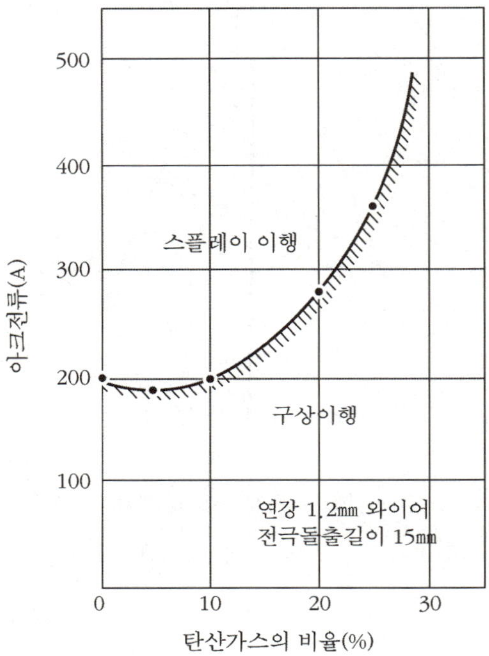

그림 4.20 Ar +CO_2 혼합가스 차폐하에 있어서 용적이행 형태

그림 4.20은 강 와이어의 용적이행 형태로서 아르곤과 탄산가스의 혼합가스이다.

보통 탄산가스 아크용접에는 아크는 긴축되어 있고, 전자력 F_m은 용적이탈을 방해하는 방향으로 작용한다. 따라서 대전류의 탄산가스아크 용접은 와이어단의 용적이 성장하기 쉽고 또한 용적이행이 표 4-3(1.2)와 같이 불안정하다.

용적이행이 불안정하게 되면 아크가 교란될 뿐만 아니라 와이어단 또는 용융지에서 작은 입자의 용적이 비산하는 스패터 현상이 격렬하여 용접시공상 바람직하지 않다. 한편 차폐가스의 주성분을 아르곤으로 GMA용접에는 전자력은 용적을 이탈시키는 방향으로 작용하여 전류값을 높게 하면 스프레이 이행형태가 된다. 즉, 혼합가스 차폐의 GMA용접에는 전류를 적절하게 선택, 제어하면 용적이행 형태를 스프레이화하여 스패터의 발생을 경감시킬 수 있다.

제 5 장 용접 · 접합부 설계 및 준비

5.1 용접 · 접합부 설계

5.1.1 용접설계의 기초

(1) 개요

용접설계(welding design)는 기계부품 및 구조물의 일부 또는 전부를 제작함에 있어 적절한 접합소재와 이음형상을 선정하고, 최적의 용접이음 방법과 용접순서를 결정하며, 접합 후 검사, 사후처리까지를 포함한다. 이를 위해 기계나 구조물의 사용목적과 사용조건을 파악하여 재하되는 하중의 크기와 종류를 고려하여 안전하고 내구성을 갖도록 설계해야 한다.

용접설계가 부적절할 경우 용접시공이 원만하지 못함은 물론 용접변형 및 잔류응력의 발생과 다양한 용접결함이 발생하기 쉽다. 이를 보수 및 제거를 위한 추가적인 작업과 비용이 부담되며 소재는 열응력을 받아 재질변화 및 취화이력을 가져 기계적인 성질의 불균일로 위험상태가 된다. 따라서 설계자는 최적의 용접설계를 위해 용접소재의 특성, 용접시공 특성, 용접변형과 잔류응력 발생, 용접부 검사의 내용을 파악해야 한다.

(2) 용접설계의 기본 원칙

(가) 구조물은 외적부하에 평행하고 안전성이 각부에 균등분포 되는 형상, 강도, 강성이 합리적인 구조일 것

(나) 동일한 용접구조에서는 큰 소재를 사용하며, 다른 기계가공을 병용하여 용접공정을 줄이거나 용착부를 감소시킬 것

(다) 용접 구조물의 특성을 파악하여 장점을 최대로 살리고 용접결점을 최소로 할 것

(3) 용접설계에 있어 고려사항

(가) 용접시공이 안전하고 작업이 용이한 형상의 구조로 한다.

(나) 용접선의 집중을 피하여 잔류응력과 열응력의 집중을 막는다.

(다) 주요부의 용접시공은 아래보기 자세로 한다.

(라) 용접변형에 대한 대책을 사전에 강구한다.

(마) 홈 가공이 쉽고 충분한 용입이 얻어지게 한다.

(바) 용착량을 최소한으로 하고 입열량을 가급적 적게 한다.

(4) 용접설계의 순서

(가) 기본 계획

사용목적, 사용조건, 경제성, 공기(工期)에 따른 구조의 재료, 형식의 기본사항을 구상한다.

(나) 강도 계산

구조물에 받는 부재의 구조계산, 강도설계를 통해 사용중 각종 하중과 응력구조, 이음강도, 안전성, 중량, 가공성, 경제성이 고려된 구조와 이음을 결정한다.

(다) 구조 설계

강도계산 결과 시공조건을 고려하여 제품의 설계도면을 작성한다.

(라) 공작도면 작성

설계도면 및 공작법의 상세 지시도면을 작성한다.

(마) 재료 적산

설계도면에 따라 중량의 기초가 되는 재료적산과 구입 계획에 따른 소요재료를 파악하는 재료적산이 있다.

(바) 시방서 작성

용접 구조물의 설계, 제작, 기타 지정사항의 명세서를 작성한다.

5.1.2 용접 이음 설계

(1) 용접부의 구성

(가) 용착금속

용접부에서 평활한 표면형상의 시험편을 제작하여 용착금속의 피로강도를 계산하여 결함이 없게 한다. 연강 용착금속의 회전굽힘 시험에서는 인장강도의 40~50% 정도의 값을 갖는다.

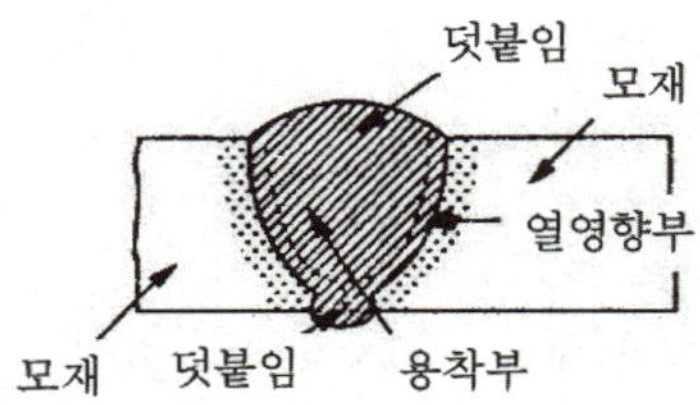

그림 5.1 용접부의 구성

(나) 표면형상

용접이음에서 피로강도는 표면형상에 민감하여 용접부의 비드 높이가 있으면 언더컷이나 비드 파형에 노치가 생겨 피로강도가 저하된다. 피로강도의 증가를 위해 용접부를 평활하게 다듬질해야 하며, 연삭가공의 경우는 다듬질 방향이 하중방향에 직각 또는 평행 여부에 따라 피로강도에 차이가 생기므로 가공방향은 반드시 하중방향과 일치시켜야 한다.

(다) 용접부의 구성

용접부는 용가재와 모재의 일부가 용융하여 응고된 용착부(weld metal zone), 용접금속 중 용가재가 녹아 형성된 용착금속(weld metal), 용접열에 의해 용융되지 않았으나 조직과 특성이 변화된 열영향부(HAZ, heat affected zone), 용접부의 표면에 치수이상 올라온 용착금속인 덧살붙임(reinforcement of weld)가 있다.

(2) 용접이음의 종류

(가) 용접 이음

용접이음은 맞대기 이음(butt joint), 겹치기 이음(lap joint), T이음(tee joint), 모서리이음(corner joint), 덮개판 이음(strapped joint) 등이 있으며, 구조물의 종류, 형상, 재질, 두께, 용접법 등에 따라 채택해야 한다.

(나) 용접 홈의 설계

용접 홈은 용접구조물의 강도, 판 두께, 재질, 형상을 고려하여 양호한 용접부, 홈 가공의 용이성, 적은 용착량이 되도록 홈 형상을 결정한다. 홈 폭이 좁으면 용접시간이 단축되나 루트부의 용입이 잘 안 된다. 루트간격은 용접봉 직경을 최대값으로 하며, 수동용접에서 판 두께로 보면 6mm 이하는 I형, 6~20mm에서는 V형, 그 이상은 X형, U형, H형 이음으로 한다.

① 시공상 작업성이 좋고 용입이 충분히 얻게 한다.

작업성과 충분한 용입을 얻어 용접부를 건전하고 고효율의 이음을 얻기 위해

홈 각도, 루트간격을 크게 하여 용접 홈을 넓게 한다. 후판재료는 용착량이 비교적 적고, 루트부분의 넓이가 여유가 있는 U형, J형으로 한다.

② 용착량을 최소한으로 하고 입열량을 가급적 적게 한다.
용착량을 적게 하여 용가재의 소비량이 줄이고 입열량이 감소시켜 모재의 변형이나 용접변형을 최소로 한다. 이를 위해 용접홈 각도나 루트간격을 적게 하여 용접 홈의 용적을 최소로 한다. 따라서 판 두께는 V형, U형, J형이 후판에는 X형, H형으로 한다. 또한 한면 홈 보다는 양면 홈을 선택하여 용착량을 줄이고 용접변형을 상쇄시킨다.

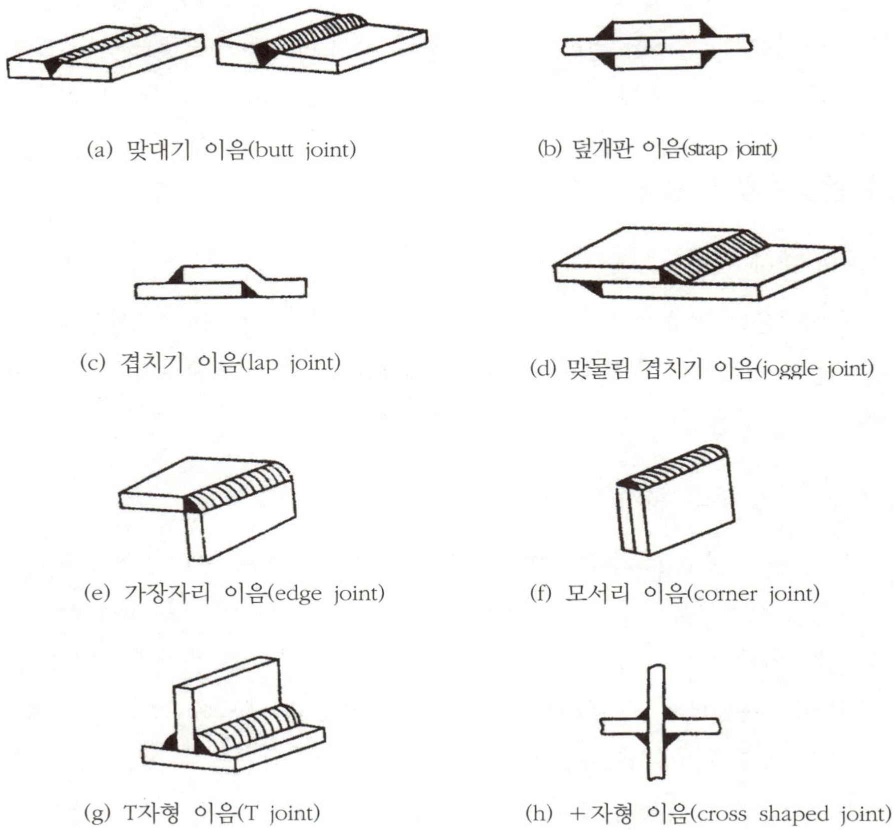

(a) 맞대기 이음(butt joint)
(b) 덮개판 이음(strap joint)
(c) 겹치기 이음(lap joint)
(d) 맞물림 겹치기 이음(joggle joint)
(e) 가장자리 이음(edge joint)
(f) 모서리 이음(corner joint)
(g) T자형 이음(T joint)
(h) +자형 이음(cross shaped joint)

그림 5.2 용접이음의 종류

③ 용접 홈 가공이 용이하게 한다.

U형, J형의 곡선단면의 홈 보다도 I형, V형, Y형 등의 직선단면형이 가공이 용이하고 양면가공보다는 한면 홈 가공이 용접시공에서 유리하다. 판 두께, 하중, 재질, 구조물의 종류, 용접방법, 경제성을 고려하여 용접 홈을 설계해야 한다. 강도를 보증하는 이음을 선택해야 하므로 덧쌓기, 이면용접 등 보강용접을 병용해야 한다.

(다) 용접부 형상

용접부 형상은 맞대기용접(butt welding), 필렛용접(fillet welding), 플러그용접(plug welding), 덧살올림용접(built up welding) 등이 있다.

① 맞대기 용접

접합하는 부재의 홈을 글루브(groove)라 하며, 형상에 따라 I형, J형, K형, L형, U형, V형, X형, H형이 있다. 홈 각도(α), 베벨각도(β), 모재두께(h), 루트간격(c), 홈 깊이(s), 루트 반지름(r), 루트 면(f)으로 나타낸다.

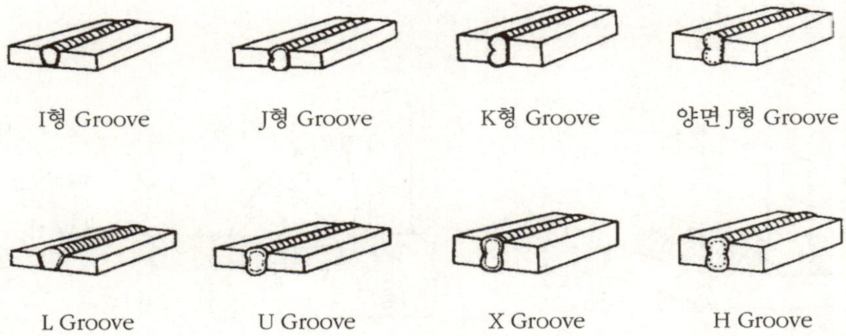

그림 5.3 용접 홈의 형상

② 필렛 용접

이음부의 응력집중이 높고 모서리 부분에 용접결함이 발생하기 쉬우나 용접 변형량은 맞대기 용접보다 적다. T이음, 모서리 이음, 겹치기 이음으로 응용되며 맞대기 용접에 비하여 가공이 필요 없고 조립이 쉽다. 반면에 이면따기가 되지 않아 루트부에 결함발생이 쉽고 이음부의 응력분포가 불균일하여 반복하중에 대해 강도가 낮고 충격하중에도 성능이 떨어진다.

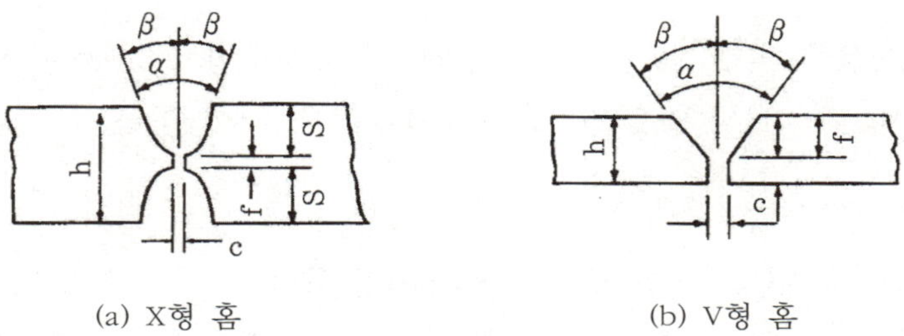

α : 글로브 각도 β : 베벨각도 h : 모재 두께 γ : 글로브 반지름
c : 루트 간격 S : 글로브 깊이 f : 루트면

그림 5.4 용접 홈의 명칭

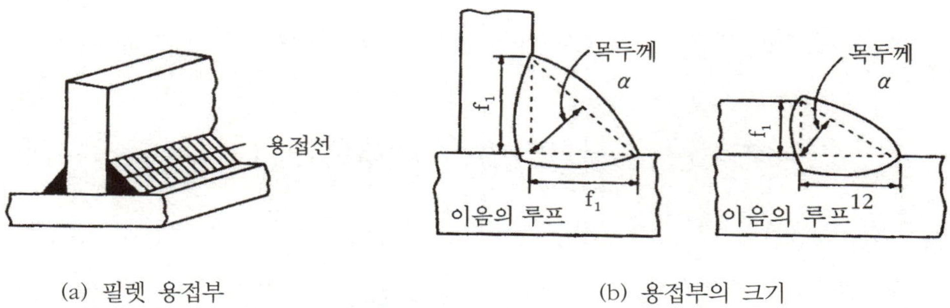

그림 5.5 필렛 용접과 용접부의 크기

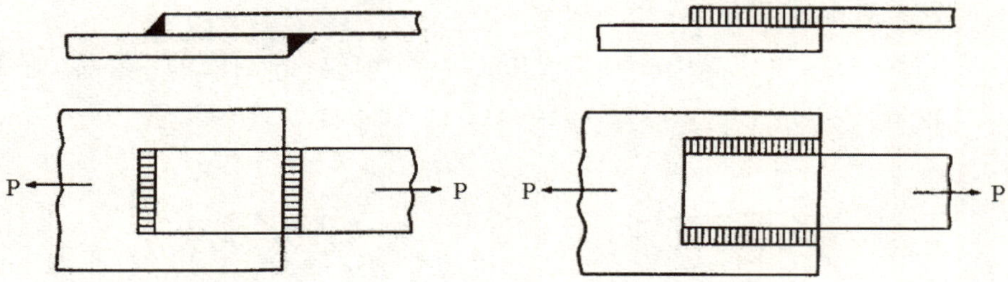

(a) 앞면 필릿용접 (b) 옆면 필렛용접

그림 5.6 필렛 용접

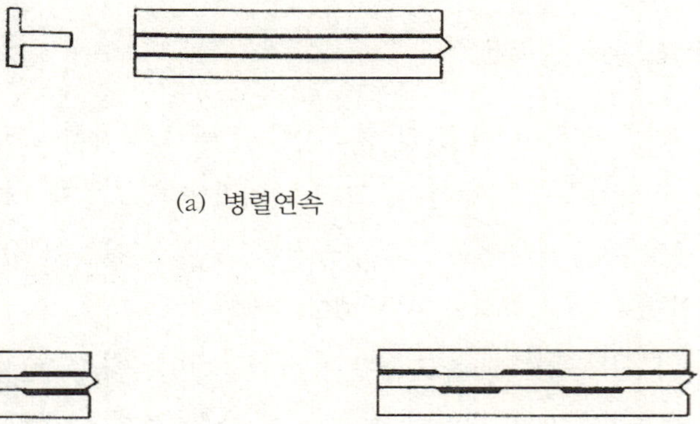

(a) 병렬연속

(b) 병렬단속 (c) 지그재그단속

그림 5.7 용접선의 모양

③ 플러그 용접

겹쳐진 두 부재 중 한쪽 부재에 구멍가공 한 후 구멍 전체를 표면까지 용접하는 것으로 주로 얇은 판재에 이용한다.

④ 덧살 올림 용접

용착금속을 덧살 올림하는 방법으로 주로 마멸된 부재의 보수용접, 내마멸성, 내식성 소재의 용착금속을 피복하는 데 이용한다.

(a) 플러그 용접 (b) 덧살 올림 용접

그림 5.8 각종 용접부 형식

(3) 용접이음의 선택

구조물이 하중이 작고 피로 및 충격하중이 별로 작용하지 않을 경우 용입을 작게 하거나 한 쪽면 용접이음도 가능하다. 그러나 이들이 구조물에 크게 작용할 경우 용접결함이 없고 용입이 충분한 양면이음으로 시공되어야 한다. 부득이 한쪽 이음으로만 용접할 경우 모재와 동일재료의 받침쇠를 사용해야 한다.

용접이음의 선택에는 ①하중종류와 크기, ②이음특성, ③용접시공법, ④구조물의 종류, 재질, ⑤용접변형과 결함발생 등에 따라 결정해야 한다.

5.1.3 용접부의 강도

(1) 용착금속의 강도

연강의 용착금속에 결함이 없는 경우 용접부의 강도는 모재이상으로 기계적 성질이 우수하게 된다. 용착금속의 연신율과 충격값은 피복재 종류에 따라 큰 차이가 있으며, 고셀룰로이스계 용접봉(E4311)은 용착금속은 양호하나 고온 아크분위기에서 수소를 다량 함유하여 용접결함을 초래한다. 고산화티탄계(E4313)은 연신율과 충격값이 매우 저하되어 고강도를 요구하는 구조물에는 사용하지 않아야 한다. 한편, 저수소계(E4316) 용접봉은 기계적 성질이 우수하고 연성과 인성이 양호하나 작업성이 나쁘고 용접결함이 생기기 쉬운 결점이 있다.

용착부가 400℃이상의 고온에서는 강도가 저하되는 청열취성이 있어 필렛 용접에서의 언더컷과 같은 결함은 모재균열이 쉽게 발생한다. 고온에서 강도변화의 우려가 있는 부재는 내열강, 저합금강 및 고합금강의 소재를 사용한다. 또한 저온에서는 용착부가 취성파괴를 야기할 수 있고, 이것은 연신율 저하보다는 노치취성에 기인된다.

(2) 용접부의 정적강도

연강재의 용착부는 모재보다 강도가 높게 되어 용접결함이 없을 경우 용접 덧살붙이를 제거하여 인장시험을 할 경우 모재에서 파단 된다. 따라서 덧붙이 보강은 효과를 내지 못하고 오히려 피로강도를 저하시키며, 이음효율은 다음과 같이 나타낸다.

$$\text{이음효율}(\eta) = \frac{\text{시험편의 인장강도}}{\text{모재의 인장강도}} \times 100\% \tag{5.1}$$

용접부는 되도록 평탄하게 다듬질하는 것이 좋고 이음부의 단면변화가 심하면 응력집중이 커져 정적강도에는 영향이 적으나 피로강도에는 큰 영향을 준다.

(가) 맞대기 이음

연강 용접이음의 정적강도는 맞대기 이음에서는 모재의 강도와 동일하며, 강도계산 식은 다음과 같다.

$$\text{응력}(\sigma_t) = \frac{\text{하중(P)}}{\text{목 두께}(h_1) \times \text{용접길이}(\ell)} \tag{5.2}$$

(나) 필렛이음

필렛용접 이음의 강도는 이론 목 두께를 기준으로 결정하며 맞대기 이음의 약 70~90%의 강도로써, 실제 용접강도의 60%이상을 설계 강도에 반영하지 않는다.

(3) 용접부의 충격강도

충격시험은 재료의 인성을 파악하는 시험으로 시험편은 노치를 가지며, 파괴에 소요되는 흡수에너지나 파면상황을 측정한다. 노치가 없는 시험편은 매우 낮은 저온에서도 정적강도 및 충격강도가 저하되지 않으나 노치를 갖는 시험편은 실온부근에서 노치 취성파괴를 일으킨다. 따라서 인성을 증가시키기 위해서는 용접후 뜨임(tempering)처리를 하거나 니켈을 첨가해야 한다.

(4) 용접부의 피로강도

용접부가 재료의 평균응력보다 낮은 응력상태에서 작용될 때 발생되는 파괴를 피로파괴라고 하며, 외관상 취성파괴와 유사하다. 대부분의 구조물에서 파괴의 원인이 되고 있으며, 용접부에서는 용접이음 형상이나 용접부 표면형상에 영향을 받는다.

피로파괴의 발생에는 세 가지 기본요소로서 최대하중이 일정한도 이상되어야 하고 하중의 변동 및 반복회수(cycle 수)가 일정한계를 초과해야 한다. 응력비 R(stress ratio)은 다음과 같이 표시된다.

$$R = \frac{\text{최소응력}}{\text{최대응력}}(-1 \le R \le 1) \tag{5.3}$$

피로시험에 있어서는 R= −1인 경우를 양진하중, R = 0인 경우를 편진하중, R= 0.5인 경우를 반복하중이라 한다. 강의 경우 반복 수 $N=10^6 \sim 10^7$이상의 횟수에 대해 S−N곡선이 평탄하게 된다. 이 응력을 피로한도(fatigue limit)라고 하며, 피로한도 이하에서는 아무리 많은 회수를 가해도 파단되지 않으며, 피로강도에 영향을 주는 인자는 다음과 같다.

① 용접부의 재질과 모재의 재질 차
② 하중상태
③ 용접부의 표면형상
④ 용접구조물의 응력집중
⑤ 용접결함
⑥ 부식환경

(5) 용접부의 내식성

용접부는 외부에 노출 또는 부식성 물질에 접촉되는 용접 구조물에서는 내식성이 문제가 되며, 이들은 용접열, 플럭스 및 슬랙의 제거, 잔류응력 내재, 재질에 관련이 있다. 동일한 형태의 용접이음이라도 입열량이 많은 구조물이 부식이 촉진되며 반복응력과 화학적 부식이 동시에 영향을 받는 분위기에서는 부식피로(corrosion fatigue)라는 현상으로 부재에는 피로강도가 크게 저하된다. 특히, 겹치기 이음형식은 맞대기 이음보다도 부식이 촉진되며, 플럭스나 슬랙의 잔존도 부식을 촉진하는 원인이 된다.

스테인리스강에서는 450~850℃ 사이에서 탄화크롬이 입계에 석출하는 입계부식이 발생한다. 스테인리스 부재가 한곳에 집중하여 부식이 발생되는 피팅(pitting)현상이 발생하며 이것은 응력집중의 원인이 되어 피로를 조장한다. 부식피로 방지를 위해서는 부식에 강한 소재를 선택하거나 표면이 코팅된 재료, 클래딩(cladding)재를 사용하거나 피닝처리를 해야 한다.

(6) 강도 계산

용접이음의 노치부 충격저하는 모재, 용착금속, 열영향부의 저항력으로 결정되며, 노치위치에 따라 다르다. 선박이나 해양구조물의 용접 구조물에는 저온 충격강도가 요구되는 구조물은 노치취성에 대한 충격치를 구하여 용접설계에 이용한다. 용접이음의 노치취성은 사용온도, 하중속도, 피로강도, 용접부 변질, 표면형상의 용접결함, 응력집중, 잔류응력을 고려한다.

(가) 맞대기 이음용접

(a) V형 맞대기 이음에서 하중(W)는 다음과 같다.

$$W = h \cdot \ell \cdot \sigma = t \cdot \ell \cdot \sigma_t = h \cdot \ell \cdot \sigma / s \qquad (5.4)$$

한편 인장응력(σ_t)과 전단응력(τ)은 다음과 같이 나타낸다.

$$\sigma_t(\tau) = \frac{W}{h\ell} \qquad (5.5)$$

(b) X형 맞대기 용접이음에서 하중(W)는 다음과 같다.

$$W = (h_1 + h_2) \cdot \ell \cdot \sigma_t \qquad (5.6)$$

한편 인장응력(σ_t)과 전단응력(τ)은 다음과 같이 나타낸다.

$$\sigma_t(\tau) = \frac{W}{(h_1 + h_2)\ell} \qquad (5.7)$$

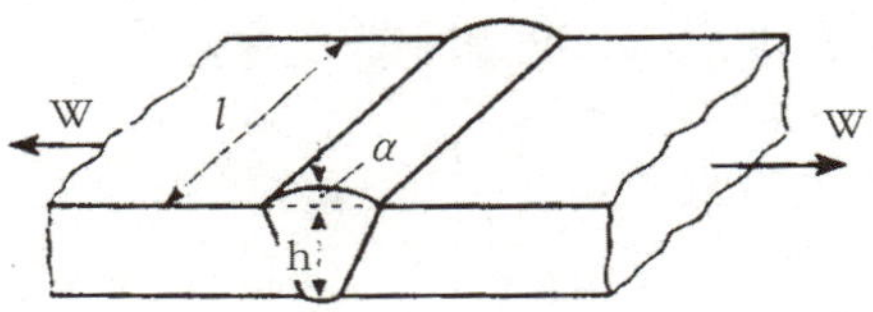

인장력이 작용

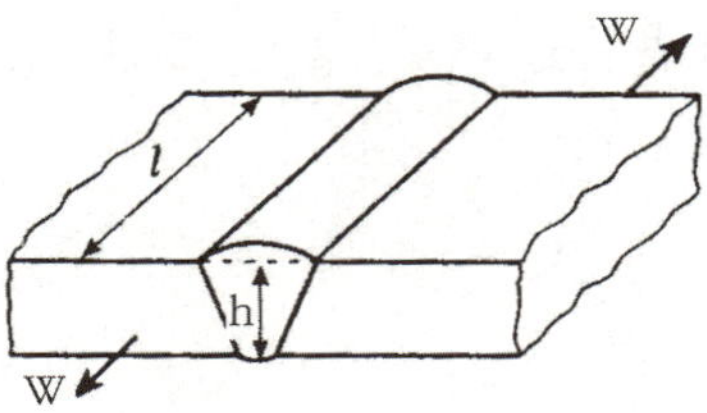

전단력이 작용

(a) V형 맞대기 이음

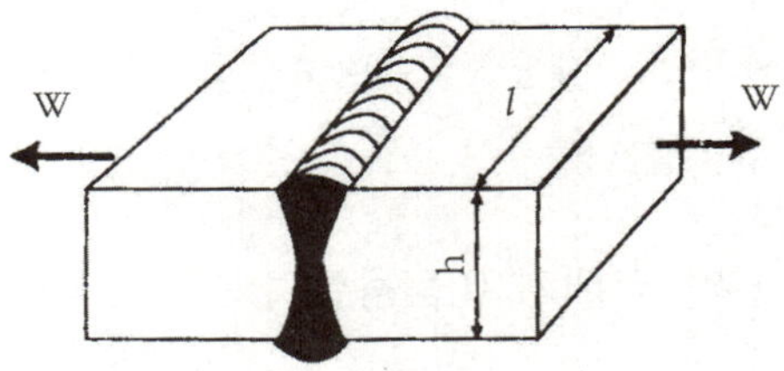

(b) X형 맞대기 용접이음

그림 5.9 맞대기 용접이음의 하중

(나) 필렛 용접이음

필렛용접 이음은 하중방향에 따라 전면필렛 용접이음과 측면필렛 용접이음의 경우가 있다. 필렛의 다리길이 f를 한 변으로 하는 직각 이등변삼각형으로 보아, 그 높이 목 두께 t는 다음과 같다.

$$t = f \cdot \cos 45° = \frac{f}{\sqrt{2}} = 0.707f \tag{5.8}$$

f를 모재 두께 h와 동일하게 할 경우는 다음과 같다.

$$t = 0.707f = 0.707h \tag{5.9}$$

전면필렛 용접이음의 경우 인장력 W에 의해 생기는 전단응력은 다음과 같다.

$$\tau = \frac{W}{t\ell} = \frac{W}{0.707h\ell} = \frac{1.141W}{h\ell} \tag{5.10}$$

측면 필렛용접 이음의 경우 용접부에 생기는 전단응력은 다음과 같다.

$$\tau = \frac{W}{2t\ell} = \frac{W}{2 \times 0.707h\ell} = \frac{0.707W}{h\ell} \tag{5.11}$$

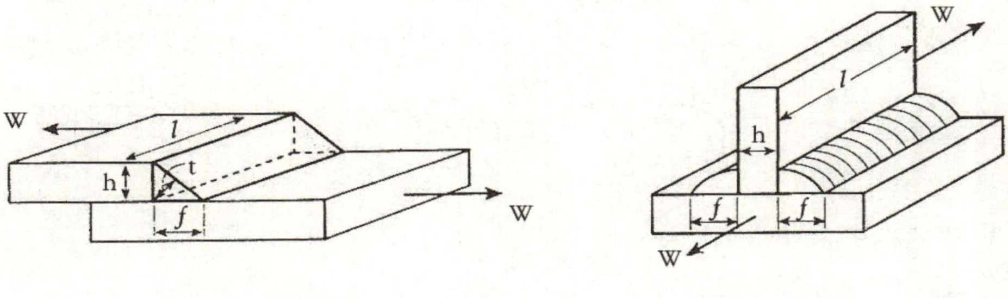

(a) 전면 필릿용접　　(b) 측면 필릿용접

그림 5.10 필렛 용접 이음의 강도

기타 여러 가지 용접이음에 대한 강도 계산식은 **표 5-1**과 같다.

표 5-1 용접이음에 대한 강도 계산식

1 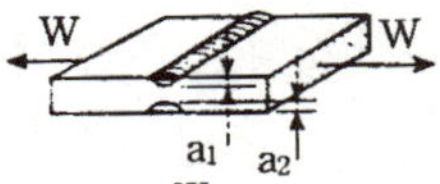 $\sigma=\frac{W}{la}$, $(a=t)$	2 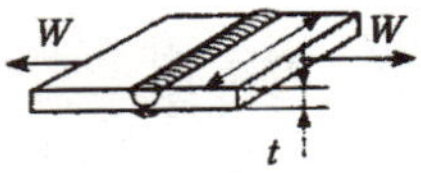 $\sigma=\frac{W}{l(a_1+a_2)}$	3 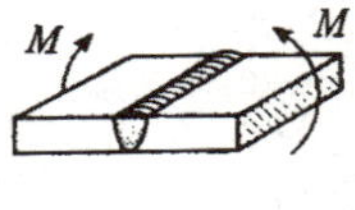 $\sigma_b=\frac{6M}{la^2}$, $(a=t)$	4 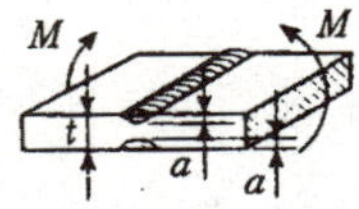 $\sigma_b=\frac{3tM}{la(3t^2-6ta+4a^2)}$
5 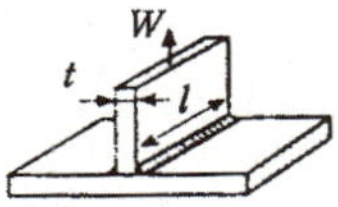 $\sigma=\frac{W}{lt}$	6 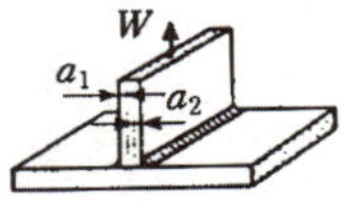 $\sigma=\frac{W}{l(a_1+a_2)}$	7 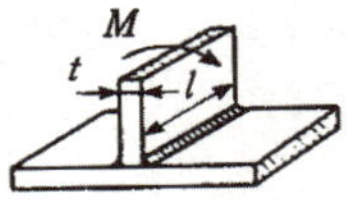 $\sigma_b=\frac{6M}{lt^2}$	8 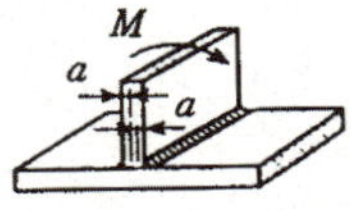 $\sigma_b=\frac{3tM}{la(3t^2-6ta+4a^2)}$
9 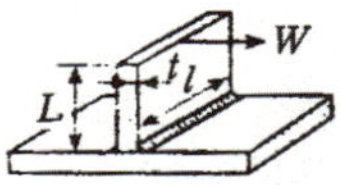 $\sigma_b=\frac{6WL}{lt^2}$, $\tau=\frac{W}{lt}$	10 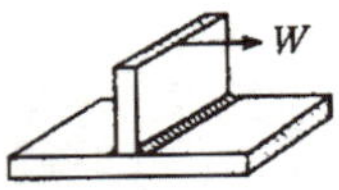 $\sigma_b=\frac{3tWL}{la(3t^2-6ta+4a^2)}$, $\tau=\frac{W}{2lt}$	11 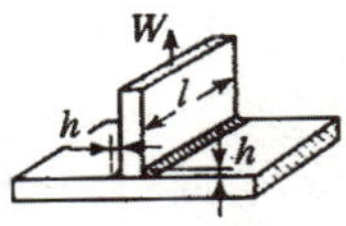 $\sigma=\frac{0.707W}{lh}$	12 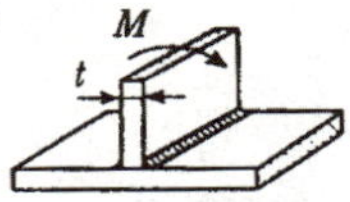 $\sigma_b=\frac{1.414M}{lh(t+h)}$
13 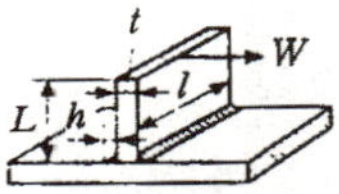 $\sigma=\frac{0.707P}{lh}$ $\sigma_{max}=\frac{P}{lh(t+h)}\sqrt{2L^2+\frac{(t+h)^2}{2}}$	14 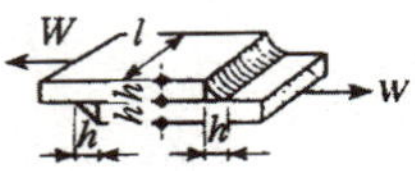 $\sigma=\frac{0.707W}{lh}$, $(h=t)$	15 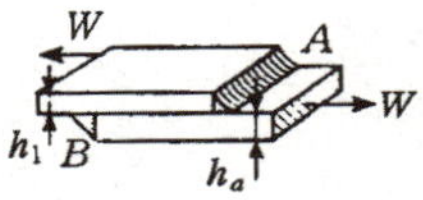 $\sigma=\frac{1.414W}{l(h_1+h_2)}\left(\begin{matrix}h_1=t_1\\h_2=t_2\end{matrix}\right)$	16 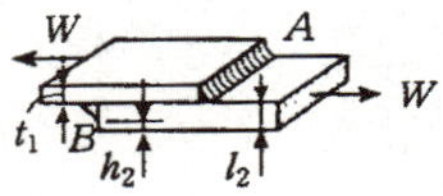 $\sigma_A=\frac{1.414W}{l(t_1+t_2)}$, $\sigma_B=\frac{1.414Wt_2}{lh_2(t_1+t_2)}$
17  $\sigma=\frac{0.707W}{lh}$, $(h=t)$	18 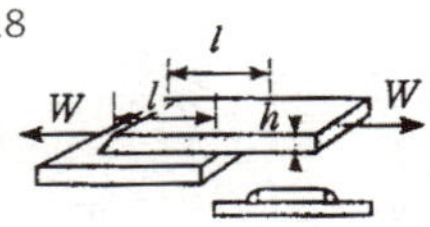 $\sigma=\frac{0.707W}{lh}$, $(h=t)$	19 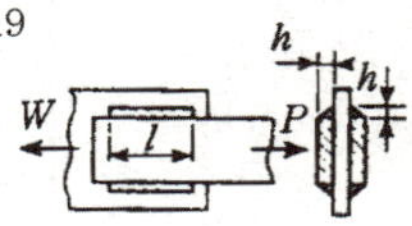 $\sigma=\frac{0.354W}{lh}$, $(h=t)$	20 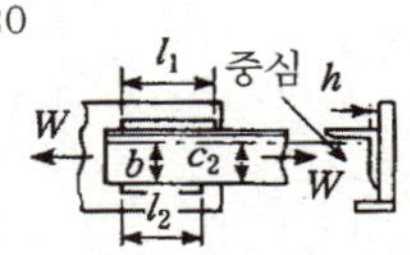 $\sigma=\frac{1.414W}{(l_1+l_2)h}$, $\sigma=\frac{1.414We_2}{ahb}$, $l_2=\frac{2.414We_1}{ahb}$
21  필릿 $\sigma=\frac{1.414W}{2lt+l_1h_1}$ 비드 $\sigma=\frac{W}{2lh+l_1h_1}$	22 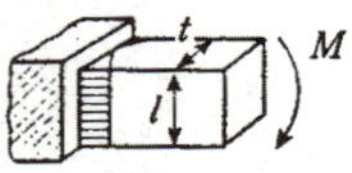 $\sigma_b=\frac{6M}{l^2t}$	23 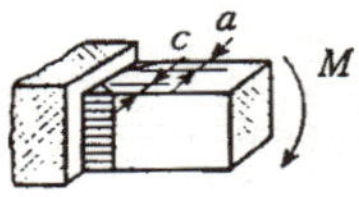 $\sigma_b=\frac{3M}{l^2a}$	24 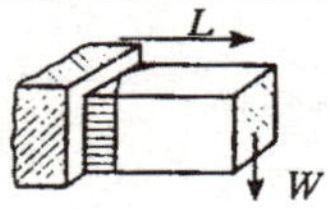 $\sigma_b=\frac{6WL}{l^2t}$, $\tau=\frac{W}{lt}$
25 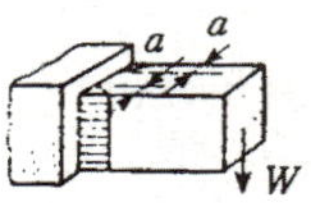 $\sigma_b=\frac{3WL}{l^2a}$, $\tau=\frac{W}{2la}$	26 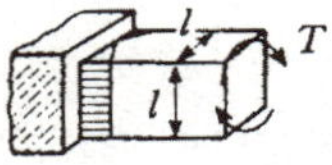 $\tau=\frac{T(3l+1.8t)}{l^2t^2}$	27  필렛 $\sigma_b=\frac{5.66M}{h\pi D^2}$	28 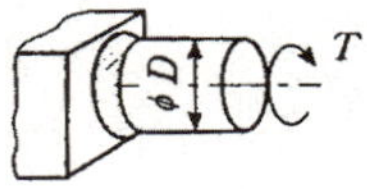 $\tau=\frac{2.83T}{h\pi D^2}$

5.1.4 용접기호

(1) 용접기호 구성

용접구조의 설계에서 적용되는 종류, 치수, 시공법 등을 간단하고 정확하게 표시하기 위해 KS B 0052에서 용접기호를 규정하고 있다. 용접기호는 표 5-2와 같이 8개의 주요소로 구성된다.

표 5-2 용접기호

요소	사용 목적
기준선(reference line)	다른 기호에 대한 것을 기선으로 표시
화살표(arrow)	용접의 위치 표시
기본용접기호(basic weld symbol)	제작하는 용접의 형태 표시
치수 또는 기타 자료 (dimension & other data)	경사 및 글루브 홈각도 등의 참고사항 기재
보조 기호(supplementary symbol)	용접다듬질 및 기타 윤과 표시
다듬질 기호(finish symbol)	용접다듬질 작업 및 기타 다듬질 표시
화살표 꼬리(tail of arrow)	기준선 상에 반대 화살촉을 긋고, 규격, 공정 및 참고사항을 기재
규격, 공정, 기타 참고사항 (specification, process or other reference)	회사 규격표시, 특수용접방법, 기타 참고사항 표시

표 5-3 보조기호

구분		보조 기호	비 고
용접부의 표면모양	평 탄	—	
	블 록	⌒	기선의 바깥쪽을 향하여 블록
	오 목	⌣	기선의 바깥쪽을 향하여 오목
다듬질 방법	치 핑	C	
	연 삭	G	그라인더 다듬질
	절 삭	M	기계다듬질
	지정하지 않음	F	다듬질 방법을 지정하지 않음
현장용접		⚑	
온둘레 용접		○	온둘레 용접이 분명할 경우에는 생략해도 좋음음
온둘레 현장용접		⚑○	

(2) 보조기호의 기본기호

① S : 용접부의 단면치수 또는 강도(홈 깊이, 필렛 다리 길이, 플러그 구멍직경, 슬롯 홈 나비, 시임나비, 스폿용접의 너겟직경 등)

② R : 루트 간격

③ A : 홈 각도

④ L : 단속 필렛용접의 용접길이, 슬롯용접의 홈길이 또는 필요한 경우에는 용접 길이

⑤ n : 단속 필렛용접, 플러그 용접, 슬롯용접, 점용접의 수

⑥ P : 단속 필렛용접, 플러그 용접, 슬롯용접, 점용접의 피치

⑦ T : 특별 지시사항, (J형, U형, 루트반경, 용접방법 기타)

⑧ — : 표면모양의 보조 기호

⑨ G : 다듬질 방법의 보조기호

⑩ ⚑○ : 온둘레 현장용접의 보조기호

⑪ ○ : 온둘레 용접의 보조기호

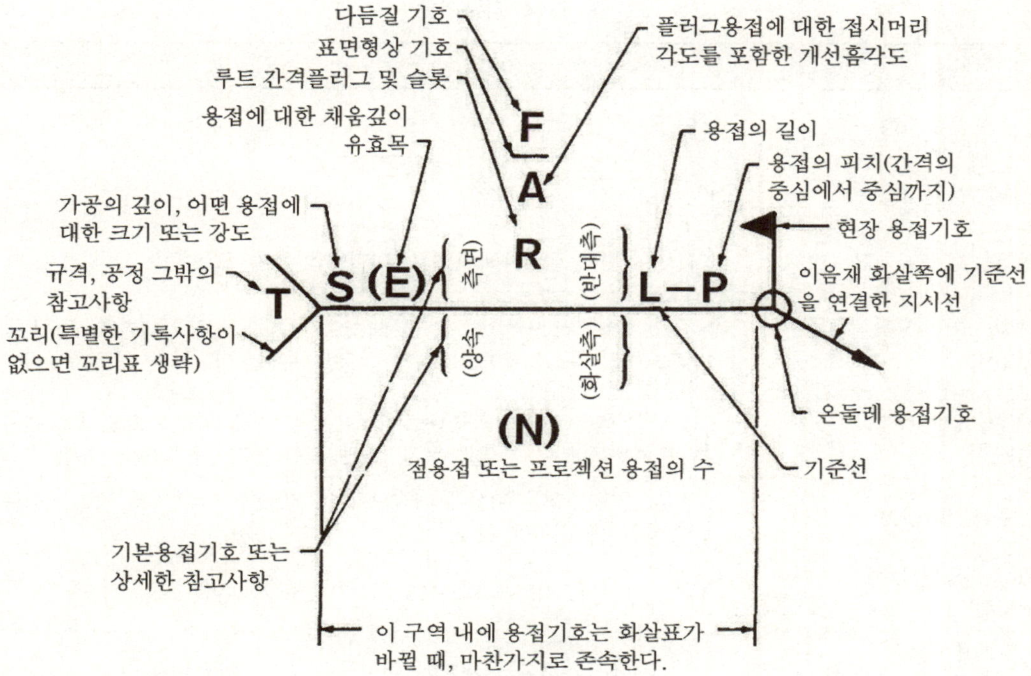

그림 5.11 용접기호의 표준위치

(3) 용접기호 표시

용접의 기본기호는 각종 기본 용접의 종별을 나타내는 기호로 여러 형식의 용접은 기본기호의 조합으로 이루어 진다. 인출선의 화살은 이음의 표면과 이면 양면 중 어느 한 쪽으로부터 지시하고 화살표 쪽을 지시할 경우는 기본부호를 기선 아래에 기입하며, 화살표 반대쪽을 기입할 때는 위쪽에 기입한다.

표 5-4 기본기호

용접부 모양	기본기호	비 고
양쪽 플랜지형		
한쪽 플랜지형		
I형		업셋용접, 플래시용접, 마찰용접 등을 포함한다.
V형, 양면 V형, (X형)		X형은 설명선의 기선에 대칭으로 이 기호를 기재한다. 업셋 용접, 플레시용접, 마찰용접 등을 포함한다.
V형, 양면 V형, (K형)		K형은 기선에 대칭으로 이 기호를 기재한다. 기호의 세로선은 왼쪽에 쓴다. 업셋용접, 플레시용접, 마찰용접 등을 포함한다.
J형, 양면 J형		양면 J형은 기선에 대칭으로 이 기호를 기재한다. 기호의 세로선은 왼쪽에 쓴다.
U형, 양면 U형, (H형)		H형은 기선에 대칭으로 이 기호를 기재한다.
플래어 V형 플래어 X형		플래어 X형은 기선에 대칭으로 이 기호를 기재한다.
플래어 V형 플래어 K형		플래어 K형은 기선에 대칭으로 이 기호를 기재한다. 기호의 세로선은 외쪽에 쓴다.
필렛		기호의 세로선은 왼쪽에 쓴다. 병열용접일 경우에는 기선에 대칭으로 이 기호를 기재한다.
플러그, 슬롯		
비드, 덧붙임		덧붙임용접일 경우에는 이 기호 두 개를 나란히 기재한다.
점, 드로젝션, 시임	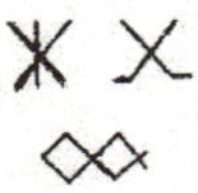	볍치기 이음의 저항용접, 아크용접, 전자빔용접 등에 의한 용접부를 나타낸다. 다만, 필렛용접은 제외한다.

표 5-5 각종 용접기호 기입 예

I형 홈용접	기호	II	수직 나란하게 함
용접부	실제모양		도면표시
화살쪽			
화살 반대쪽	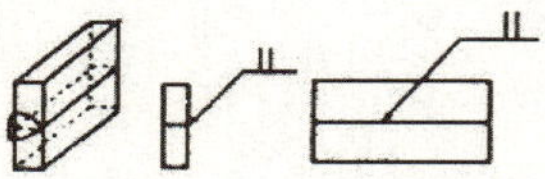		
양쪽	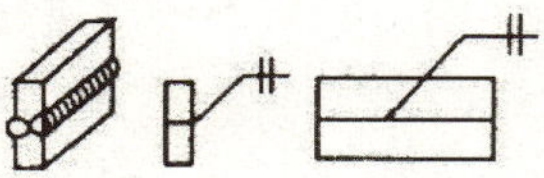		
루트 간격 2mm의 경우	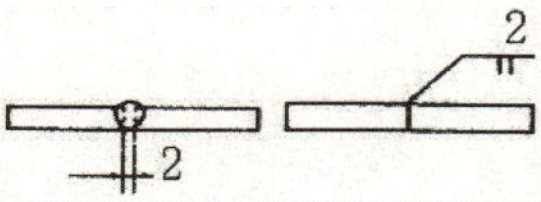		
루트 간격 2mm의 경우	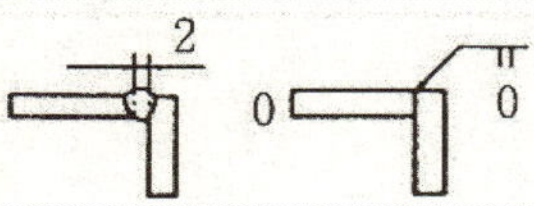		
루트 간격 0mm의 경우	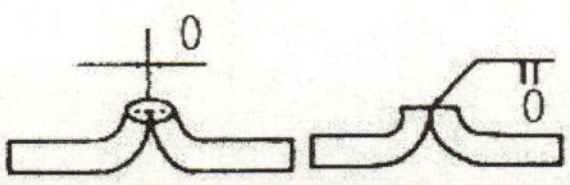		

V형 홈용접	기호	V	좌우 대칭으로 각도는 90°
용접부	실제모양		도면표시
화살쪽	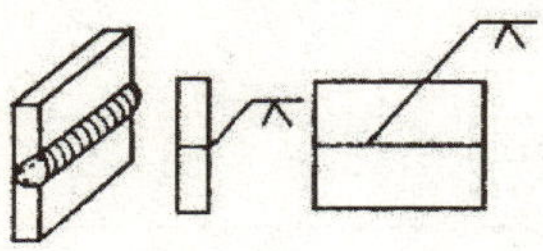		
홈의 깊이 16mm, 홈의 각도 60°, 루트 간격 2mm의 경우	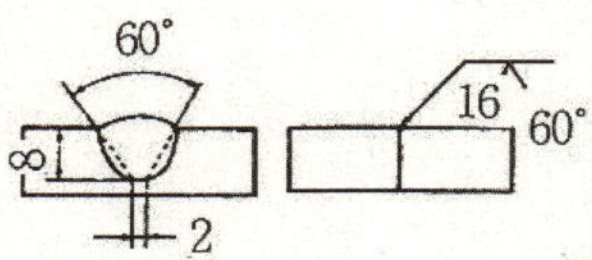		
받침쇠를 사용 판재의 두께 12mm, 홈의 각도 45°, 루트 간격 4.8mm 다듬질 방법이 설삭인 경우	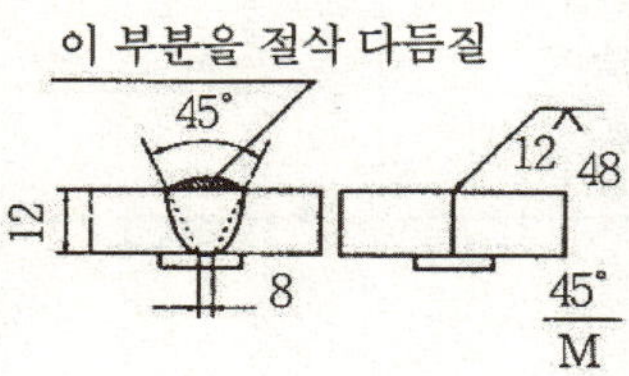		

X형 홈용접	기호	X	좌우 상하 대칭으로 각도는 90°
용접부	실제모양		도면표시
양쪽	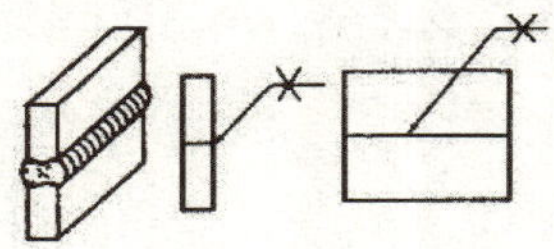		
홈의 깊이 화살쪽 16mm, 화살반대쪽 9mm, 홈의 각도 화살쪽 60°, 화살 반대쪽 90°, 루트 간격 3mm 의 경우	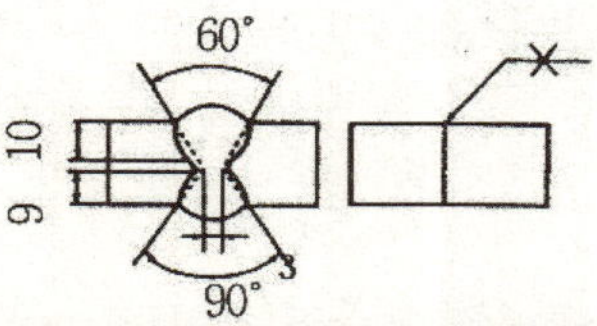		

U형 홈용접	기호	U	반원으로 하고 직선 부분은 반원 1/2
용접부	실제모양		도면표시
화살쪽	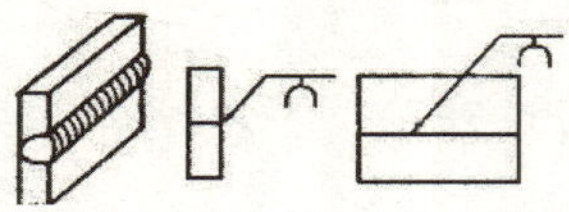		
화살반대쪽	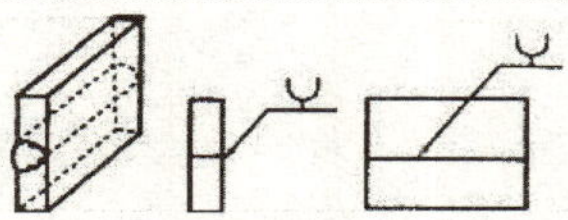		
홈의 길이 27mm의 경우	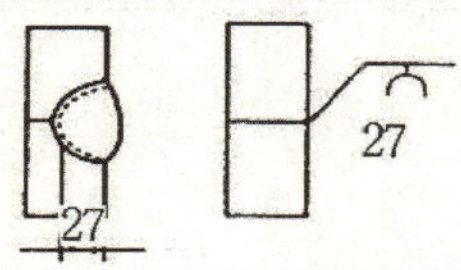		
홈의 각도 25°, 루트 반지름 6mm 의 경우, 루트간격 0mm의 경우	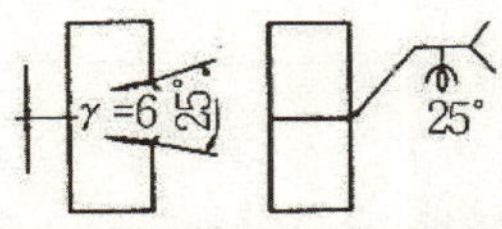		

H형 홈용접	기호	H	U형 홈용접기호 표시의 대칭임
용접부	실제모양		도면표시
홈의 깊이 25mm, 홈의 각도 25°, 루트 반지름 6mm 의 경우, 루트간격 0mm의 경우	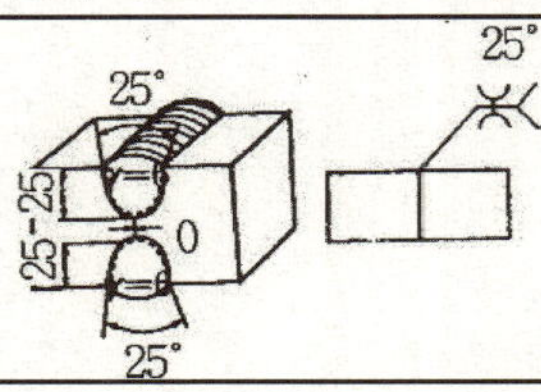		

(4) 홈 용접의 표시

홈 용접표시는 V형, J형 양면, J형 등 한쪽 부재에만 용접 홈을 취한 용접의 경우는 홈을 구하는 쪽의 부재를 지시하기 위해 기선을 홈을 취하는 쪽에 그어 인출선을 꺽어 화살이 홈쪽에 지시하도록 한다. 단, T이음의 경우와 같이 홈 축이 명확할 때는 이 제한이 없다. 기호중 수선은 항상 기호 좌측에 기재한다. 홈 용접에서 치수표시는 홈 각도(α), 루트 간격(c), 홈 길이(s) 등이 기선위에 기본기호의 일정위치에 기입되나 루트 반지름은 꼬리에 표시한다.

5.2 재료절단

(1) 개요

열절단은 가스절단, 분말절단, 가스가공, 아크절단, 레이저 절단으로 가능하며, 이상적인 절단은 고품질, 고생산성 및 고안정성 측면에서 판단해야 하며 표 5-6과 같다. 열절단은 레이저와 같은 빛에너지, 전자빔 절단이 있다. 광 에너지나 전기에너지를 이용한 절단은 산화반응의 에너지를 이용하는 것보다 고능률 및 고성능 절단이 가능하다.

표 5-6 절단법의 분류

절단법		
	가스절단	상온절단, 고온절단, 수중절단
	분말절단	분말절단, 수중절단
	가스가공	가우징, 스카핑
	아크절단	탄소아크절단, 금속아크절단, 불활성가스아크절단(MIG, TIG절단), 산소아크절단, 플라즈마제트, 아크에어가우징
	기타절단	레이저 절단, 전자빔절단

표 5-7 강의 소재절단의 이상상태

<table>
<tr><td rowspan="4">이상적인 소재절단</td><td rowspan="2">고품질 추구</td><td>절단면 품질 우수</td><td>절단면 거칠기 양호, 절단면 평탄, 절단면 수직, 상부면 녹지 않음, 슬랙부착 없음, 변형층이 없음, 경도변화가 작음</td></tr>
<tr><td>절단 정도 우수</td><td>치수정밀도 우수, 열변형에 의한 굽힘, 휨변형이 없음</td></tr>
<tr><td>고생산성 추구</td><td>절단 비용 저렴</td><td>절단 폭이 작음, 절단속도 빠름, 자동화율이 높음, 설비비가 저렴, 가동비용 저렴</td></tr>
<tr><td>고안정성 추구</td><td colspan="2">공해 및 작업자에게 유해하지 않음</td></tr>
</table>

(2) 합금원소가 절단에 미치는 영향

① 탄소(C) – 0.25%이하는 절단성이 좋고 그 이상은 경화나 균열발생으로 예열이 요구된다.

② 망간(Mn) – 14%Mn과 1.5%C의 재질은 절단이 어려우나 예열하면 가능하다.

③ 규소(Si) – 보통의 양은 영향이 없다.

④ 크롬(Cr) – 순수 크롬은 고온에서 산소와 반응하며, 5%이하의 절단이 용이하다.

⑤ 니켈(Ni) – 탄소량이 작으면 절단이 잘 된다.

⑥ 몰리브덴(Mo) – 순수 몰리브덴은 절단되지 않으며, 크롬과 같은 성질을 갖는다.

⑦ 텅스텐(W) – 12~14% 까지는 절단이 잘되나 20%이상은 잘 안 된다.

⑧ 구리(Cu) – 2%까지는 영향이 없다.

⑨ 알루미늄(Al) – 10%이상은 절단이 곤란하다.

⑩ 인(P), 황(S) – 일반적으로 강에 포함되는 정도에서는 영향이 없다.

⑪ 바나듐(V) – 강에 포함되는 정도에서는 절단을 촉진한다.

5.2.1 가스절단

(1) 개요

가스 취급은 폭발성이 있어 사전에 점검과 절단준비를 해야 하고, 주의하여 조작해야 한다. 토치 및 팁의 가스압의 안정 상태를 확인하고 조정기의 유출여부와 토치 및 팁에 가스누출 여부를 확인한다. 토치에 아세틸렌을 분출시켜 점화하고 서서히 산소밸브를 열어 산소를 분출시켜 적색에서 황색불꽃으로 하여 중성불꽃이 되면 산소밸브를 정지한다.

(2) 가스절단의 원리

철강의 가스절단에서는 절단하려는 부분을 예열불꽃으로 국부 가열하여 모재가 불꽃이 연소온도에 도달할 때 고순도의 고압 산소를 분출시킨다. 이때 철과 산소가 급격한 화학 반응이 일어나 철은 용융슬랙으로 되어 산소기류에 의해 밀려나며 절단된다.

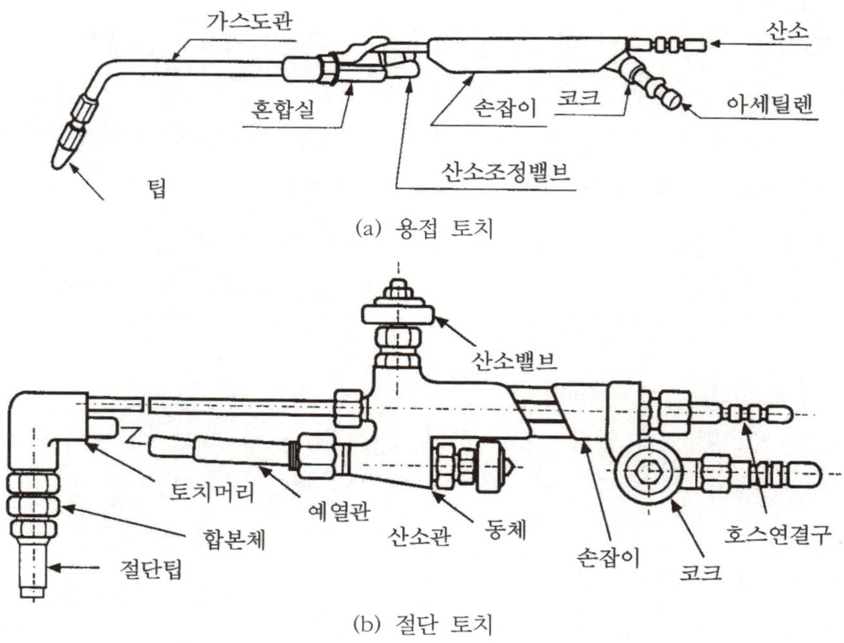

그림 5.12 가스용접토치와 절단토치의 구조

(3) 절단에 필요한 열량

열절단은 절단부 금속을 용융시키는데 필요한 열량 Q_f와 절단과정 중의 모재 쪽으로 이동되는 열량 Q_b를 합한 값이 된다.

$$Q_f = C\rho\ vWh(T_m+H/\rho) \qquad (5.12)$$

단, Q_f는 절단 홈 부에서 생성되는 용융금속의 평균온도 T_m, 판 두께방향에서 평균 홈 폭 W, 판 두께 h, 절단속도 v, 모재의 평균비열 ρ, 용융잠열에 해당된다.

표 5-8 각종 연료가스의 발열량

가연성 가스	발열량(kcal/m^3)	혼합비(O_2/연료)	최고불꽃온도
아세틸렌	12.690	1.1~1.8	3430
프 로 판	20,780	3.75~3.85	2820
수 소	2,420	0.5	2900
메 탄	8,080	1.8~2.25	2700

(4) 가스절단법

가스절단법은 철과 산소의 화학반응열을 이용하며, 절단부에는 99.5%이상의 고순도의 산소공급으로 절단면과의 고밀도 반응열을 이용하여 모재를 용융시킨다. 절단 개시점의 일부를 예열불꽃으로 900~950℃ 정도로 가열한 후 절단산소를 불어 절단하며, 화학반응식은 다음과 같다.

$$Fe+\frac{1}{2}O_2 = FeO+64.0kcal$$

$$2Fe+1\frac{1}{2}O_2 = Fe_2O_3+190.7kcal \qquad (5.13)$$

$$3Fe + 2O_2 = Fe_2O_3 + 266.9kcal$$

절단에 있어 모재의 연소온도가 용융온도보다 낮고, 금속산화물의 용융온도가 모재의 용융온도 보다 낮기 때문에 모재로부터 이탈이 용이해야 한다. 모재성분 중 불연소물이 되도록 적어야 한다. 철이나 연강은 연소온도가 약 1350℃(1623K), 산화철의 융점이 1380℃(2013K)이며 모두 철의 융점 1535℃(1808K)보다 낮아 가스절단이 용이하다.

(5) 예열용 가스

아세틸렌, 프로판, 액화석유가스(LPG), 에틸렌, 메틸아세틸렌, 수소, 혼합가스가 이용된다. 수직절단에 있어 예열화염이 주는 열적효과는 크지 않아 예열가스의 종류가 절단속도에 미치는 영향은 거의 없으며, 예열용 가스의 역할은 다음과 같다.

① 절단 개시점을 발화온도 이상으로 가열한다.
② 피 절단재 표면의 스케일을 박리시켜 절단산소와의 반응을 용이하게 한다.
③ 절단산소의 운동량의 유지거리를 늘린다.
④ 절단산소의 순도저하를 억제한다.

(6) 절단용 기기

양질의 가스절단을 고능률로 수행하기 위해서는 고 순도의 산소를 고속으로 집중하여 절단부에 도달시키는 것으로 직접 화구를 채용할 경우 화구원 압을 2.5~3.5kg/cm^{2}로 설정한다. 그 이상의 압력인 경우 수직의 충격파가 분류 중에 발생하여 유동량과 산소순도를 저하시켜 절단성능을 저하시킨다.

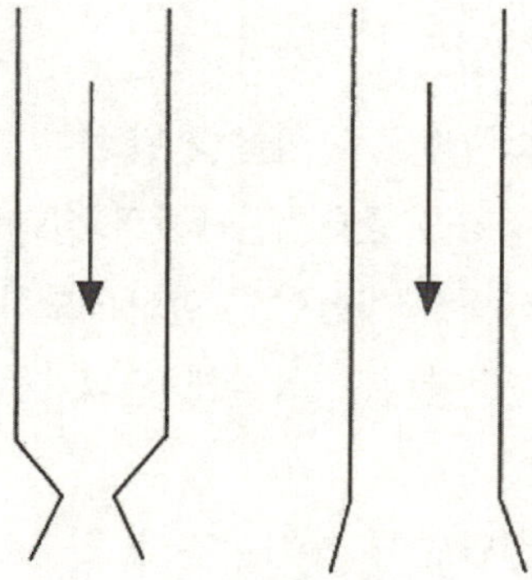

그림 5.13 다아버젠트 화구

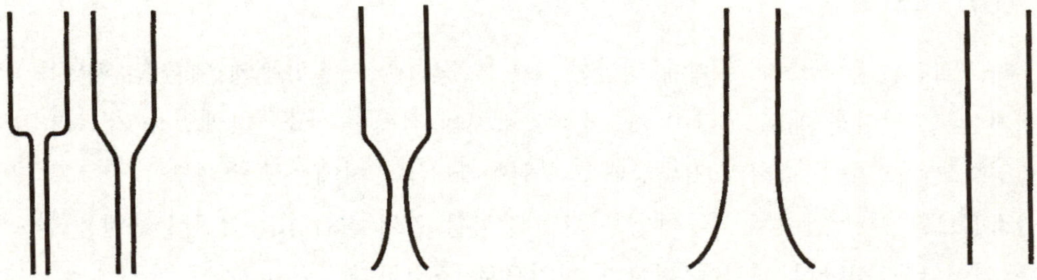

그림 5.14 절단산소용 분출구멍의 예

(7) 절단토치

절단토치는 효과적인 절단을 위해 산소압력은 팁의 형상에 의한 임계점을 갖고 있으며, 그 경계로 압력을 상승 또는 강하시켜도 효과적인 절단은 기대하기 어렵다. 따라서 가스 절단에는 산소압력의 조정이 매우 중요하다. 다이버젠트 노즐(divergent nozzle)은 가장 이상적인 것으로 생각되나 제작 및 보수가 매우 어렵다.

(8) 산소 및 예열용 가스

절단용 산소는 절단부를 연소시키고 산화물을 완전히 제거하는 역할을 하므로 산소의 압력과 순도가 절단속도에 큰 영향을 준다. 절단시의 절단속도는 산소의 압력과 소비량에 비례한다. 또한 산소의 순도가 99.5%이상이면 절단속도가 빠르고 절단면이 고우나 반대로 낮으면 절단속도가 느리고 절단면도 거칠게 된다. 산소의 순도가 낮아지면 다음과 같은 현상이 나타난다.

① 산소의 소비량이 많고 절단면이 거칠어진다.
② 절단 개시까지의 시간이 길어지고 절단속도가 느려진다.
③ 슬랙의 박리성이 나빠지고 절단 스카프 폭이 넓어진다.

(9) 가스 조정

가스절단은 절단소재 두께에 적합한 토치를 장착하고 절판부에 이물질, 페인트, 녹을 제거한 후 절단선 대로 절단이 가능하다. 토치에 점화전 산소 및 예열용 가스의 압력을 조정하고 가스를 방출시켜 기류상태를 확인한다. 점화 시에는 산소밸브를 잠그고 예열용 산소밸브를 약간 열어 둔 후, 예열용 가스 밸브를 열어 점화하고 서서히 예열용 산소밸브를 열어 가스절단의 예열에 적합한 화염으로 조정한다.

(10) 절단 작업

아세틸렌인 경우는 아세틸렌과 산소의 혼합비가 1:1인 중성염 또는 산소가 또는 약간의 산소가 많은 산화염이 좋고 LPG의 경우에는 LPG와 산소의 혼합비가 1: 4~1: 4.5인 산소화염이 좋다. 절단작업은 절단토치가 재료표면에 수직 또는 일정각도를 유지하도록 하고 판에서 10mm정도 간격을 유지한다. 또한 절단 개시점을 예열 후 강판이 예열온도에 도달하면 절단산소의 밸브를 열어 불꽃이 판의 하단부까지 보이면 이동한다.

절단작업에는 수동절단과 자동작업이 있으며, 수동절단은 오른손에 토치 손잡이를 가볍게 쥐고 왼손으로 산소밸브를 자유로 개폐할 수 있도록 한다. 한편 자동절단은 소형전동기로서 구동되는 주행대차에 절단토치를 설치하여 절단한다. 광전관을 이용한 전자추적장치를 이용하여 도면의 선상을 자동적으로 이동하여 절단하는 것도 있다.

(11) 특수가스 절단법

(가) 산소창(oxygen lance)

산소창 절단은 용접토치의 팁 대신에 직경이 작은 강관(3.2~6mm)에 산소를 보내 그 강판이 산소에 의해 연소시에 반응열로 금속이 절단되는 장치이다. 산소창은 자체가 예열불꽃이 없어 절단개시에는 외부에서 창의 선단을 가열해야 하며, 가열은 산소 아세틸렌 불꽃을 사용하거나 창과 모재사이에서 아크를 발생시키는 방법이 있다. 산소창은 후판의 절단, 주강, 주철, 강괴절단에 사용하며, 국부에 철분을 공급하면 콘크리트 절단도 가능하며, 이를 분말창(power lancing)이라 한다.

(나) 분말절단(power cutting)

주철, 스테인리스강 및 비철금속은 일반적인 가스절단이 곤란하므로 절단부에 철분이나 용제를 공급하면 절단이 용이하게 하는 절단을 분말절단이라 한다. 절단부에 철분이나 용제(flux)의 미세한 분말을 압축공기나 압축질소로 팁을 통하여 분출시키고 예열은 불꽃 중에서 이들을 연소 반응시켜 절단부를 고온으로 하여 산화물을 용해시켜서 제거한다.

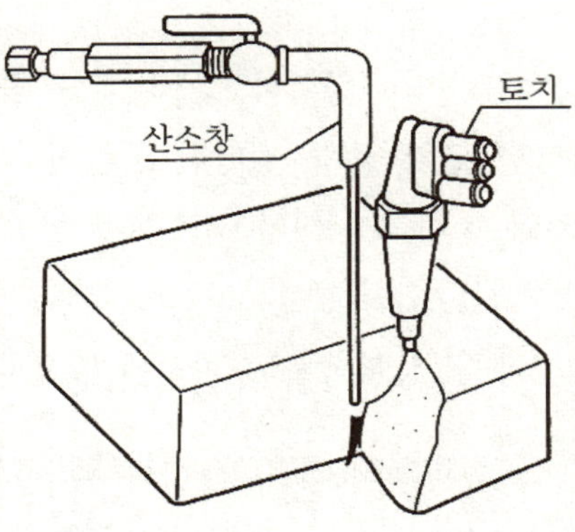

그림 5.15 산소 창을 병용한 후판절단

(다) 수중절단

수중 약 45m까지 절단이 가능하며, 물체 및 교량의 해체, 항만과 방파제 공사 등에 사용된다. 토치는 바깥쪽에 커버가 있어 압축공기나 산소를 분출시켜 물을 배제하고 그 공간에서 절단한다. 수중에서는 점화용 보조 팁이 있어 토치를 수중에 넣기 전에 보조팁에 점화한다. 수중용접 · 절단의 연료가스는 수소(H_2), 아세틸렌(C_2H_2), 벤젠을 사용하며, 수소는 고압사용이 가능하고, 수중 절단중 기포발생이 적다. 예열가스의 양은 공기중의 4~8배정도로 산소분출구도 1.5~2배로 한다.

(12) 작업에 있어 안전상 주의사항

① 가스호스는 정기적으로 점검하며, 호스와 용기, 토치와 접속을 완전히 한다.
② 가스절단의 인접장소에는 가연물을 설치하지 않는다.
③ 절단토치에서 역화현상이 발생하면 즉시 예열용 가스의 밸브를 잠근다.
④ 밀폐장소나 좁은 장소에서 산소나 예열용 가스를 분출시키지 말아야 한다.
⑤ 절단작업에 있어서 보안경 및 개인 보호 장구를 착용하고 작업을 해야 한다.

(13) 절단면의 품질

가스절단면 및 용접홈 면은 평활하고 정확한 형상이 요구되는 경우가 많으므로 양호한 절단면을 얻기 위해서는 적당한 토치 선택, 절단산소 압력, 예열산소 유량, 예열가스 유량, 절단속도 및 적절한 토치와 판재의 높이가 적정해야 한다. 일반 가스절단기기에서는 절단산소의 압력, 예열용 산소 및 가스유량을 표시하는 경우가 없어 양호한 절단을 위한 예열화염, 절단산소의 기류상태를 경험적으로 파악해야 한다.

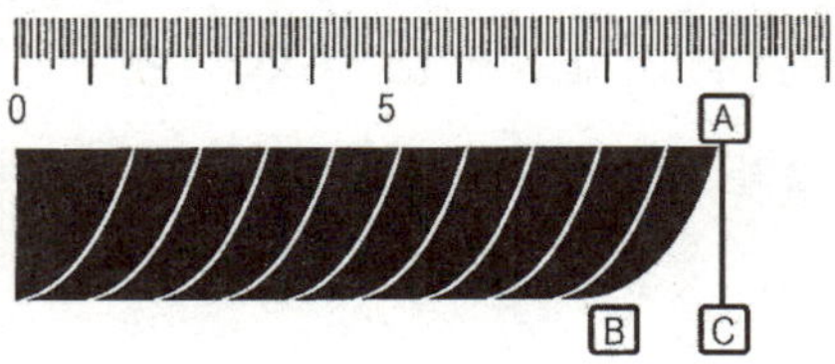

그림 5.16 드래그 길이

표 5-9는 아세틸렌 가스절단에 필요한 수치로서 양호한 절단을 위해 예열화염, 산소 기류의 상태를 정기적으로 점검해야 한다. 절단면은 그림 5.16과 같이 평행된 곡선모양의 요철이 절단면에 나타나며, A에서 수직거리를 C, BC의 길이를 드레그 길이라고 한다. 이는 절단속도가 빠를수록 산소 소비량이 길어질수록 길며, 슬랙 이탈도 저하되고 절단면의 평활도도 나빠지며 절단끝 부분에서는 하단부에 미절단부가 남게 되며, 보통 판 두께의 20%정도를 표준으로 한다.

표 5-9 아세틸렌 가스절단에 있어 절단에 필요한 수치

판 두께 (mm)		토치직경 (mm)	산소압력 (kg/cm^2)	절단속도 (mm/min)	가스소비량(m^3/hr)	
					산소	아세틸렌
수동절단	3	0.5~1.0	1.0~2.1	510~760	0.5~1.0	0.17~0.26
	6	0.8~1.5	1.1~1.4	410~660	1.0~2.6	0.19~0.31
	9	0.8~1.5	1.2~2.1	380~610	1.3~3.3	0.19~0.34
	12	1.0~1.5	1.4~2.2	305~560	1.9~3.6	0.28~0.37
	19	1.2~1.5	1.7~2.5	305~510	3.3~4.1	0.34~0.43
	25	1.2~1.5	2.0~2.8	230~460	3.7~4.5	0.37~0.45
	38	1.5~2.0	2.1~3.2	150~305	4.2~6.4	0.43~0.57
	50	1.7~2.0	1.6~3.5	150~330	5.2~6.5	0.45~0.57
	75	1.7~2.0	2.3~3.9	100~255	3.9~8.2	0.45~0.65
	100	2.1~2.2	3.0~4.0	100~210	6.7~11.0	0.57~0.74
	125	2.1~2.2	3.9~4.9	90~160	7.9~12.3	0.57~0.82
	150	2.5	4.5~5.6	75~140	11.3~16.1	0.71~0.90
	200	2.5~2.8	4.0~5.4	65~110	14.3~17.7	0.85~1.10
	250	2.5~2.8	4.6~6.8	50~80	17.3~21.2	1.02~1.30
	300	2.8~3.1	4.1~6.0	35~65	20.4~26.2	1.19~1.55
자동절단	3	0.5~1.0	1.0~2.1	560~810	0.5~1.6	0.14~0.26
	6	0.8~1.5	1.1~2.4	510~710	1.0~2.6	0.17~0.31
	9	0.8~1.5	1.2~2.8	480~660	1.3~3.3	0.17~0.34
	12	0.8~1.5	1.4~3.8	430~610	1.8~3.5	0.23~0.37
	19	1.0~1.5	1.7~3.5	380~560	3.3~4.5	0.34~0.43
	25	1.2~1.5	1.9~3.8	350~480	3.7~4.9	0.37~0.45
	38	1.7~2.1	1.6~4.2	300~380	5.2~6.8	0.39~0.51
	50	1.7~2.1	2.1~3.5	250~350	5.2~7.4	0.45~0.57
	75	2.1~2.2	2.8~4.2	200~280	5.9~9.4	0.45~0.65
	100	2.1~2.2	3.5~4.5	160~230	8.3~10.9	0.59~0.74
	125	2.1~2.2	3.1~4.5	140~190	9.8~11.6	0.65~0.82
	150	2.5	4.2~6.3	110~170	11.3~13.9	0.74~0.91
	200	2.5~2.8	4.9~6.3	90~120	14.4~17.7	0.88~1.10
	250	2.8~3.0	4.9~6.3	70~100	17.3~21.2	1.05~1.27
	300	2.8~3.0	4.8~7.4	60~90	20.4~24.9	1.19~1.47
	350	2.8~3.0	7.4	50~80	23.5~29.6	1.36~1.67
	400	3.2~4.0	7.7	45~75	26.5~38.6	1.62~1.99
	450	3.8~4.0	8.4	33~75	29.6~47.7	1.84~2.35
	500	4.0~5.0	9.5	38~75	32.8~58.2	2.12~2.81

5.2.2 아크절단법

(1) 개요

아크절단(arc cutting)은 아크열을 이용하여 모재를 국부적으로 녹여 분리하는 방법이다. 아크절단은 보통 가스절단으로 큰 장해를 받는 내화물질을 증발시키는 고온 10000K 이상의 아크를 이용하여 용융 절단하는 것이다. 아크절단은 가스절단에 비하여 절단면이 양호하지 못하나 불활성 가스를 아크절단, 플라즈마 아크절단의 보편화로 절단 품질에서 큰 향상을 보이고 있다.

(2) 탄소 아크절단(carbon arc cutting)

탄소 또는 흑연전극봉과 금속사이에 아크를 발생시켜 금속을 용융제거하는 절단법이다. 전원은 교류를 사용하지 않고 주로 직류정극성의 사용하고 대전류 사용으로 인한 산화방지를 위해 전극봉 표면에 구리도금을 하기도 하며, 전기저항이 적어 흑연전극봉이 많이 사용된다.

표 5-10 흑연전극의 지름과 사용전류

전극봉의 지름(mm)	아크전류 범위(A)
6	200이하
9	200~400
12	300~600
16	400~700
19	600~800
22	700~1,000
25	800~1,000

(3) 금속아크 절단(metacl arc cutting)

금속아크 절단은 탄소전극봉 대신에 절단전용의 특수피복제를 피복한 전극봉을 사용하여 절달하는 방법이다. 피복 봉은 3~5mm 정도 보호통을 만들어 모재와의 단락을 방지하고 동시에 아크 집중을 양호하게 한다. 피복제에는 다량의 가스를 발생시켜 절단을 촉진한다.

(4) 산소 아크절단(oxygen arc cutting)

산소아크절단은 예열 열원으로 아크를 사용하는 절단법이다. 중공피복 봉의 중심에서 산소를 분출시키며 절단을 한다. 모재는 아크의 예열효과와 더불어 산소에 의한 산화증발 효과 및 산소분류의 기계적 에너지 등에 의해 단순한 아크절단보다 높은 절단속도를 얻는다.

표 5-11 금속아크의 절단조건

전극봉 지름(mm)	모재	전류(A)	절단속도 (mm/min)	길이 300mm전극봉으로 절단되는 길이(mm)	전극봉 1kg로 제거되는 금속량(kg)
2.4	연 강	140	35.6	11.4	0.93
	주 철	155	42.7	11.4	0.68
	스테인리스강	1125	50.8	13.5	1.24
3.2	연 강	190	64.3	27.6	1.35
	주 철	220	79.0	32.3	1.35
	스테인리스강	190	76.2	34.2	1.26
4.0	연 강	215	68.1	38.2	1.32
	주 철	250	72.3	33.2	1.55
	스테인리스강	235	91.4	48.8	2.00
4.8	연 강	305	180.0	63.0	1.98
	주 철	215	84.8	47.7	1.55
	스테인리스강	300	114.0	64.8	2.39

표 5-12 각종 금속의 산소아크 절단조건

모재	판 두께 (mm)	전류 (A)	산소압력 (kg/cm^2)	절단속도 (mm/min)	산소소비량 (m^3/hr)
주 철	25	22	–	95	–
스테인리스강	20	220	2.5	200	24
알루미늄	25	260	2.5	–	15
구 리	25	600	3.5	150	72

(5) 불활성가스 아크절단

(가) MIG 아크절단(metal inert gas arc cutting)

MIG 아크절단은 고전류밀도의 MIG아크가 보통 아크용접에 비교하면 상당히 깊은 용입이 되는 것을 이용하는 것이다. 노즐에서 가는 전극와이어를 자동적으로 송급하며 주위에서 불활성가스를 분출시키면서 모재와의 사이에 아크를 발생시켜 용융절단 한다. 전류는 MIG아크 용접에서 직류역극성(DCRP)가 사용되고, 모든 재료절단에 사용되며 특히 저융점금속의 절단에 유효하게 적용된다.

표 5-13 각종 금속의 MIG아크 절단조건

모재	판 두께 (mm)	전류 (A)	전극 송급속도 (mm/min)	전극봉지름 (mm)	절단속도 (mm/min)	산소소비량 (m^3/hr)
알루미늄	6.4	880	9490	2.4	3660	9~10
구 리	6.4	800	10200	2.4	1525	9~10
황 동	6.4	800	9900	2.4	2290	9~10

(다) TIG 아크절단(tungsten inert gas arc cutting)

TIG 아크절단은 전극으로 비소모성의 텅스텐 봉을 사용하며 직류정극성(DCSP)으로 텅스텐 전극을 음극에 연결하고 허용한도 내에서 전류를 사용한다. 비교적 작은 직경의 전극을 사용하며 노즐에서 다량의 불활성가스를 분출하여 후판 소재의 절단에 사용된다.

5.2.3 플라즈마 절단

(1) 개요

플라즈마 아크절단은 수랭식 단면수축 노즐과 전기에너지와 가스를 이용하여

15,000~30,000℃의 초고온 플라즈마의 국부적인 고밀도 아크 플라즈마를 형성하여 절단 토치 노즐부에서 제트기류를 발생시켜 절단한다. 가스가 전기아크 중을 통과할 때 가스원자는 전자를 방출하여 이온화되고 이 상태에서 압력을 가해 좁은 노즐구멍에서 집중 분사시키면 300m/sec의 고속으로 분출되어 금속절단에 필요한 플라즈마 아크가 발생된다. 전극에는 텅스텐 전극이 사용하며, 아크 구속으로 아크전압은 용접아크에 보다 높아 60~160V가 되므로 무부하 전압이 높은 직류용접기를 사용해야 한다.

(2) 특성

플라즈마 절단장치에는 TIG 아크용접에 비해 20~30%많은 수소가 혼합된 아르곤가스로 분출한다. 플라즈마 아크절단 장치의 장단점은 다음과 같다.

(가) 장점

① 초고온의 고속절단으로 절단면의 재질변화가 적고 양호한 절단면을 얻는다.
② 절단속도가 빠르고 겹쳐 있는 소재의 절단도 가능하다.

(나) 단점

① 절단면 가장자리에 드로스가 부착되기 쉽다.
② 절단 개시점 단면에 경사가 생겨 모재의 정밀도가 저하된다.
③ 파라메터가 많아 부적절하게 설정될 경우 절단면 품질이 나빠진다.
④ 고온 플라즈마 열원을 이용하므로 플라즈마 기류속에 말려든 공기중의 질소, 산소가 반응하여 질소화합물을 형성시켜 먼지가 발생된다.

(다) 플라즈마 제트 장치

플라즈마 제트장치는 직류전원, 제어상자, 절단용 토치 건, 냉각장치, 주행대차로 구성된다. 가스를 건에 흘려보낸 후 전극과 노즐사이에 고주파 전압, 직류전압을 가하면 그 사이에 아크방전이 생기고 소전류의 비이행식 플라즈마 제트가 발생한다. 이를 모재에 접촉시키면 플라즈마가 도전성이므로 음극과 모재 간에 전류가 대전류의 강력한 플라즈마 제트가 된다. 절단가스는 스테인리스강, 알루미늄 등에는 질소-수소, 아르곤-수소의 혼합가스가 사용된다.

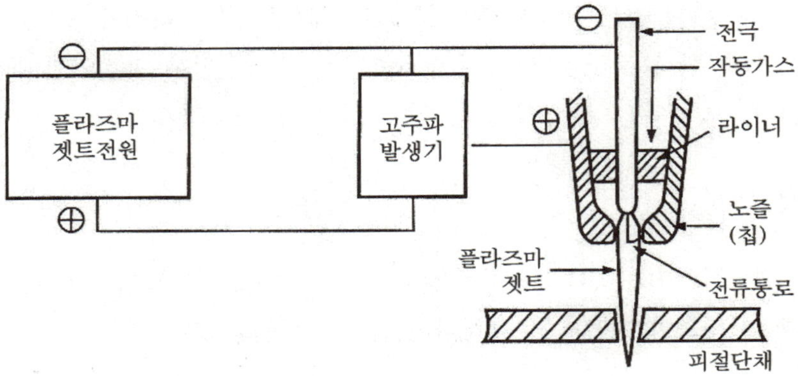

그림 5.17 플라즈마 제트의 절단토치

5.3 불꽃 가공법

(1) 개요

가스 절단의 원리를 이용하여 구조물 표면에 생기는 결함이나 불순물 혼입 또는 용접부의 결함을 제거하거나 강재의 구멍 뚫기, 보수용접, 용접홈 같은 것을 불꽃가공이라고 한다.

(2) 가우징(gouging)

가우징은 가스절단과 유사한 토치를 사용하여 강재표면에 둥근 홈을 파내는 방법이다. 불완전한 용접부 제거, 용접부 이면따기, 가접 제거, 용접홈 가공, 주강 및 강판의 표면

결함제거, 국부적인 금속제거 등이 있다. 가우징은 가스가우징과 아크가우징이 있으며, 장치는 가스용접이나 절단용 장치를 그대로 이용하며 팁 부분은 작업에 용이하도록 선단이 구부려져 있다. 작업은 토치 팁을 강의 표면과 30~40°경사지게 하여 예열불꽃의 흰색 부분이 반드시 표면에 접촉되도록 한다. 스카아핑에 비교하여 폭이 좁고 깊이가 깊은 홈을 파며 홈의 길이와 폭의 비는 1 : 1~3 정도이다.

아크 에어 가우징(arc air gouging)은 탄소전극과 모재 사이의 아크열로 금속을 용융하고 고압의 압축공기를 전극과 평행으로 분출시켜 용융금속을 제거한다. 가스 가우징에 비해 작업능률이 높고 모재에 영향을 주지 않아 많이 사용된다. 사용 전원으로는 아크 안정을 위해 직류역극성(DCRP)을 사용하며 압축기에서 홀더에 공기를 분출하게 되어있다.

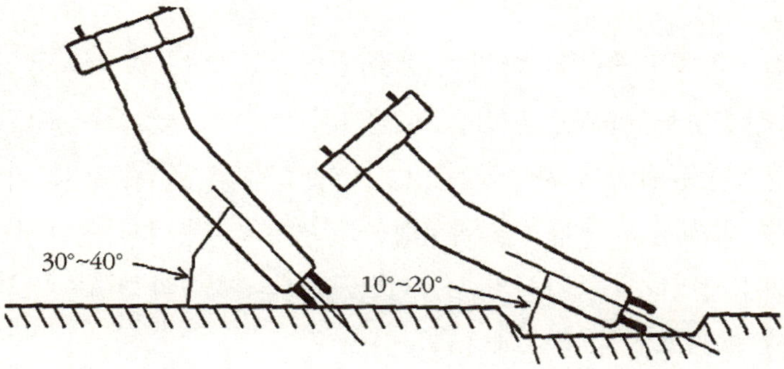

그림 5.18 가우징 팁 형상과 작업

(3) 스카아핑(scafing)

스카아핑(scarfing)은 강괴, 강재표면에 비교적 깊이가 낮고 폭이 넓게 용삭하여 결함을 제거하는 방법으로 용접부에서 표면균열이나 탈탄층, 주조결함, 주름, 흠집, 비금속 개재물 등을 제거하는 방법이다. 토치를 공작물 표면과 75°경사지게 하고 예열불꽃 끝이 표면에 접촉되게 한다. 예열 면이 점화온도에 도달하여 표면의 불순물이 떨어지게 깨끗한 금속면에 나타날 때까지 가열한다. 이 때 스카아핑의 첫 부분을 깊게 파이는 것을 방지하기 위해 되도록 넓게 가열한다. 스카아핑 형상은 깊이에 따라 깊이와 폭의 비가 1 : 3~7정도의 평평한 반타원형을 이룬다.

(4) 웻징(wedging)

웻징은 스카아핑과 가우징을 혼합한 작업으로 주강, 주철의 표면성형 처리에 사용된다. 주강이나 주철의 표면에는 압탕의 절단 흔적이나 주물사 제거 등의 표면처리를 해야하는 결함부가 있다. 이러한 부분은 스카아핑으로 녹여 흘리거나 가우징과 같이 파내어 제거하는 조작을 하나의 토치로 수행하는 것을 말한다. 웻징 기구는 가우징과 동일한 용량이 많으나 작업 자세에 따라 토치는 곧고 팁이 굽혀진 것이 많다.

(5) 천공법

강재에 가스절단의 원리를 이용하여 구멍뚫기 작업을 하는 것으로 절단토치를 그대로 사용하는 것과 산소창을 이용한 방법으로 강재의 일부를 불꽃으로 발화하여 가열시킨 후 관을 대고 산소를 분출시켜 구멍뚫는 방법이다. 고합금강, 콘크리트와 같은 불연성재료는 산소 기류중에 철분을 불어넣어 발열량을 크게 한 파우더 창이나 강관 내에 소직경의 연강 봉을 넣어 발열량을 증가시켜 사용한다. 구멍의 형상과 치수는 팁의 크기, 산소압력, 산소 유출시간과 모재의 온도에 따라 다르다.

5.4 용접 준비

5.4.1 일반사항

(1) 용접기 준비

용접부의 건전성은 용접전 사전준비가 큰 영향을 주므로 철저하게 준비해야 한다.

용접전에 용접품의 형상, 구조, 사양서, 도면이해를 통하여 용접재료, 용접기, 용접지그 및 공구, 전류계, 안전장구의 사전점검과 용접사 선임 등을 한다.

$$(\text{정격 2차전류}) \times (\text{최고2차무부하전압}) \times \sqrt{(\text{정격사용률})} = \text{필요 1차 입력전류} \tag{5.14}$$

접지는 철판, 스크랩, 앵글에 걸치거나 불량한 접지선을 사용하면 전력손실과 아크 상태가 불안정하게 된다. 교류의 경우 전선을 감아두면 합성저항에 의한 전압강하로 전류가 감소되는 문제가 발생된다. 용접기 사용에 있어서는 다음 사항을 주의한다.

① 용접기는 음지에 설치하며 정격치는 저온에서 사용률을 높게, 고온에서 낮게 한다.
② 정격 사용률을 초과하지 않도록 한다.
③ 1차측 탭은 1차 전류전압 변동조절에 사용하고 2차측 무부하 전압의 상승이나 용접전류 상승에 이용하지 않는다.
④ 2차측 탭 전환에는 아크 전압발생을 중단해야 한다.
⑤ 가동부나 냉각팬은 가끔 점검하고 기름을 준다.
⑥ 운반에는 충격을 방지하고 습기를 피한다.

(2) 모재 점검

연강용접에서는 탄소량 0.2%까지 용접성이 좋고 탄소량 증가에 따라 열처리효과로 인하여 열영향부 경화와 용착강의 균열과 결함발생이 쉽다. 황과 탄소성분이 용접성에 크게 영향을 주게 되므로 이를 확인한다. 강재 확인은 강재검사 시트를 이용하거나 용융풀의 균열발생과 용접비드의 크레이터 균열여부를 확인한다. 또한 강재단면의 식별색을 이용하여 확인한다. 모재의 건전성은 조성과 상태에 따라서도 차이가 있으므로 라미네이션과 설퍼밴드가 심한 것은 피한다. 고장력강은 균열감수성이 용접부의 예열과 후열처리를 하며 저수소계용접봉을 사용한다.

(3) 용접 홈 가공

용접 홈가공은 기계절단, 가스절단, 아크절단 등에 의한 재료절단 후에 기계가공을 하며 재료 크기, 설비에 따라 적절한 방법 선택한다. 홈 형상 가공의 정확성은 용접부 강도, 용접변형, 용접재 소비량, 용접시간 등에도 영향을 준다. 따라서 도면, 시방서, 구조와 형상을 잘 검토하여 가공하고 임의대로 변경해서는 안 된다. 홈 모양이 적절하지 못하면 용입불량, 슬랙혼입, 루트균열, 용락의 원인이 된다.

(4) 용접부 청소

수분 및 유분 제거를 위해 LPG 가스를 이용한 용접부 가열은 부가적인 예열효과를 얻을 수 있다. 또한 용접부에 녹, 먼지, 스케일, 칩, 도료, 진흙 등의 이물질은 반드시 제거해야 한다. 다층용접에 있어 치핑해머를 사용하여 슬랙을 제거하고 와이어브러시를 사용한 녹 및 이물질 제거에 있어서는 연강 판에 사용된 와이어브러시를 스테인리스강 재료에 사용되면 검게 되므로 주의해야 한다. 일시적인 녹 방지를 위해 사용된 특수도료는 그대로 두어도 되나, 비, 눈으로 인하여 습한 상태일 경우 용접 결함발생과 용접중 감전을 초래할 수 있다.

(5) 용접지그와 포지셔너 사용

용접작업이 용이하고 확실한 용접부를 얻기 위해서는 용접자세가 중요하며, 아래보기 용접자세가 작업성이 좋고 용접시간 단축 및 용접봉 소모도 적게 된다. 용접지그의 사용으로 용접부 변형방지, 부재 이동 또는 반전의 용이성으로 작업성 향상, 품질 균일성을 도모할 수 있다. 용접 지그는 제품의 장탈착이 용이하고 과도한 구속이 피해야 한다. 용접지그에는 치수의 정확성을 위해 사용되는 가접 지그와 모든 용접을 아래보기 자세로 용접할 수 있는 회전지그로 사용되는 본용접 지그가 있으며, 지그의 선택기준은 다음과 같다.

① 용접자세를 편리하게 하고 움직임을 용이하게 한다.
② 피 용접물을 단단히 잡아주고 변형을 방지해야 한다.
③ 용접물체의 부착 및 제거가 간편해야 한다.
④ 청소 등 후처리가 용이해야 한다.

5.4.2 안전 및 위생

(1) 용접작업의 안전 위생

용접작업장 주변은 많은 재해요소가 존재하므로 사전에 재해요인을 없애고 작업자의 안전 확보를 위해 주변기기 및 장치를 확인점검 한다. 용접작업의 재해는 감전, 화상, 유해가스와 같은 직접적인 재해와 고소작업(高所作業)에서 일어날 수 있는 추락, 용접불꽃 및 스패터 화상, 열과 인화물질로 인한 화재 및 폭발 등의 간접적인 재해가 있다.

재해는 안전규정 미준수, 설비미비, 작업자 부주의, 작업환경 불량, 복장 부적합, 보호구 미착용할 때 많이 발생되므로 작업자에 대한 작업 위험성, 기계조작, 안전위생에 대한 주기적인 교육이 필요하다. 유해가스는 금속, 플럭스, 도료, 페인트 중의 납, 카드뮴 성분이 용접중 가스로 되어 이를 흡입할 때 폐에 축적되어 진폐나 금속열 증세, 발생가스 중독증세가 일어난다.

진폐는 광물성 분진이 호흡할 때 폐에 유입 침착해서 화학작용을 하여 산소섭취가 불충분, 체력쇠퇴, 폐결핵과 유사한 합병증을 유발한다. 용접 흄의 화학적 성분은 주로 산화철 성분이며, 저수소계 용접봉을 사용이나 아연도금 소재의 용접은 폐에 큰 영향을 주므로 통풍이 원활하도록 대책을 강구하여 피해를 최소화해야 한다. CO_2가스용접은 CO_2가스는 연탄의 불완전 연소때 발생되는 무색, 무취의 CO_2, CO이며, CO_2가 용접할 때 고온에서 CO+O가스로 해리된다. CO_2, CO는 체내로 들어가면 혈액중의 헤모글로빈과 결합하여 두통, 구토 증세를 나타낸다. 한편 특수소재의 용접을 위해 다양한 용접법 개발로 각종 유해가스에 의한 신경장해와 아크 광, X선, 레이저, 전자빔에 의한 시각장해에 의한 안전성 문제가 대두되고 있다.

(2) 작업제한과 안전교육

용접과 관련된 재해방지하기 위해 관련 특수교육이나 자격취득한 자가 작업이나 감독을 하도록 하고 있다. 한편 안전교육은 다음 사항에 대하여 실시한다.

① 기계의 위험성, 조작방법, 안전장치, 재료의 유해성
② 작업순서 및 작업개시에 있어 점검, 안전보호구 착용 및 취급
③ 보수 용접 중 잔존 내용물로 인한 가스폭발 및 화재, 화학 반응성
④ 업무관련 질병, 사고예방, 사고발생시 응급처치 및 피난

(3) 안전장구 및 복장

① 개인장구는 면장갑, 가죽장갑, 가죽 앞치마, 가죽 손목커버, 가죽 다리커버, 안전화, 용접헬멧, 핸드실드 등 작업형태에 맞는 것을 선택한다.
② 작업복은 용접작업에 편리하고 주머니를 없애 스패터가 들어갈 수 없게 한다.
③ 차광안경은 규격에 정해져 유해광선을 차광할 수 있는 것으로 한다.
④ 안전모, 안전밴드는 규격에서 정해진 것을 착용한다.

(4) 작업장의 안전

① 고소작업 할 경우 추락을 생각하여 안전밴드와 안전모를 착용한다.
② 작업장은 항상 정리정돈을 통하여 넘어지거나, 헛딛지 않도록 시설을 강구한다.
③ 작업장이 2m 이상일 경우 안전한 발판, 난간손잡이, 울타리, 방어망을 설치한다.
④ 물건낙하 예상 장소에서는 작업을 피하고 부득한 경우 지붕이나 방어망을 설치한다.
⑤ 아크 광에 의한 시각장해를 막기 위해 칸막이 설치와 규정된 보안경을 착용한다.
⑥ 용접 스패터나 불꽃이 주변에 화재나 폭발 영향의 여부를 사전에 점검한다.
⑦ 플럭스 및 아연 도금재 유해가스, 가연성가스 발생으로 통풍, 환기장치를 설치 한다.
⑧ 인화성류, 가연성 분진, 위험물 용기는 스팀세척, 중화재 처리로 폭발을 방지한다.

(5) 아크용접의 안전

① 전격방지를 위해서는 용접기 절연상태, 케이블 피복상태, 접지상태를 확인한다.
② 안전장구와 안전복을 준비하고 기름이나 젖은 옷, 장갑은 착용을 금지한다.
③ 개로전압이 높은 용접기는 사용하지 말고, 작업을 중지할 때는 스위치를 내린다.

④ 협소한 장소에서는 몸을 노출시키지 않는다.

⑤ 규정의 홀더사용과 작업을 중지할 때 안전한 장소에 두며, 망치대신 사용하지 않는다.

⑥ 이동전선의 피복은 벗겨진 부분이 있는지 확인하여 감전을 방지한다.

제 6 장 용접 · 접합시공

6.1 일반사항

(1) 개요

용접시공은 피용접물의 용도 및 사용조건으로 만들어진 설계도 및 시방서를 토대로 일정 품질을 갖춘 구조물 및 제품을 주어진 기간 내에 능률적이고 안전하게 제작하는 것이다. 목적 달성을 위해서는 용접시공을 포함하는 전후의 공정의 이해가 필요하다. 따라서 소재, 시공 용접법, 용접기, 이음부 가공, 예열 및 후열처리, 교정과 보수용접, 시험과 검사공정을 단계를 거치며, 용접부는 일단 시공되면 수정과 교정에 있어 경비와 시간이 소요되므로 신중해야 한다. 한편, 용접시공은 설계, 제작, 검사공정을 합리화하여 품질과 비용면에서 효율을 극대화하는 생산시스템을 갖도록 해야 한다.

(2) 최적의 시공조건

(가) 결함없는 용접부 형성조건

모재 및 용접금속의 온도변화에 동반하는 재질변화, 용접균열, 기공, 슬랙, 비드형상 불량 등의 용접결함 발생의 정도와 그 대책법을 고려한다.

(나) 구조물 신뢰성의 확보 조건

모재 및 용접금속의 기계적 성질, 오차, 인성, 물리적 성질 및 산화나 부식 같은 화학적 성질에 대한 사항과 변형 및 잔류응력을 고려해야 한다. 피용접뭄의 두께, 루트간격, 루트면, 전 패스의 상태 등에 의해 상한 및 하한측의 요건적용이 바람직하나 이들을 결합시키면 입열량이 제한값을 벗어날 경우가 있어 입열량의 확인도 필요하다.

(3) 용접시공 계획

용접구조물 제작에서 능률적인 작업수행을 위해서는 치밀한 공정관리, 설비점검, 자재취급, 준비, 작업관리 및 사후처리가 되어야 하며, 다음의 과정으로 요약된다.

①계획구상 ②설계작업 ③공작도 작성 ④재료선정 ⑤재료확인(시험/교정) ⑥현도작업 ⑥마킹작업 ⑦재료절단 ⑧변형/교정 ⑨홈가공 ⑩조립 ⑪가접 ⑫예열 ⑬ 본용접 ⑭열처리 ⑮변형교정 ⑯다듬질 ⑰비파괴검사 ⑱현장설치 ⑲도장 ⑳완공검사

(4) 용접 순서

조립 가능성을 판단하고 용접변형 및 잔류응력을 최소화 한다. 변형방지와 균열방지 대책은 상반되므로 구조물의 용도에 따라 합리적으로 결정해야 한다.

① 이음전 충분한 검토를 통하여 용접이 어렵거나 불가능한 사태를 사전에 방지한다.
② 용접선에 직각 단면축에 용접수축력 합이 영(零)이 되게 하며 용접방향에 굽힘이 적게 한다.
③ 동일 평면내에 이음이 많으면 수축부는 자유단을 끝을 보내 잔류응력을 작게한다.

④ 구조물이 대칭되게 하여 수축현상으로 인한 변형, 굽힘, 뒤틀림을 방지한다.

⑤ 구속에 의한 잔류응력의 감소를 위해 수축이 큰 이음부터 시공한다.

⑥ 대형 구조물은 블록법으로 시행하여 블록에서 대칭용접으로 변형과 비틀림을 상쇄시킨다.

⑦ 리벳과 용접을 병행할 경우 용접을 먼저하고 용접열에 의한 리벳의 풀림을 피한다.

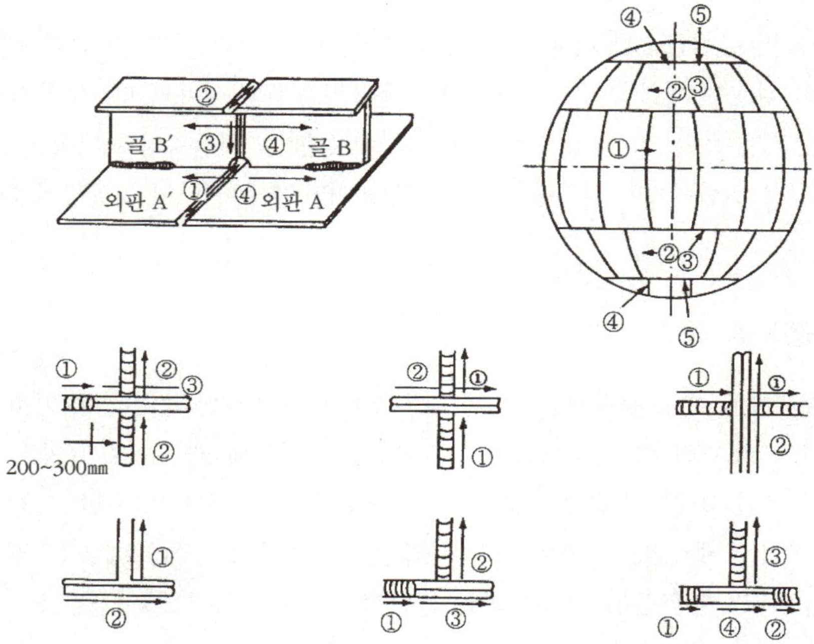

그림 6.1 용접순서의 일례

(5) 용착법의 분류

(가) 용접순서에 따른 분류

① 점진법 - 구조물의 한 쪽에서 연속적으로 진행하는 방법으로 이음길이가 짧거나 변형 및 잔류응력이 문제되지 않을 때 이용한다.

② 대칭법 – 구조물의 중앙에서 양단을 향하여 대칭적으로 용접해 가는 방법으로 이음이 수축으로 인한 변형이 대칭이 된다.

③ 스킵법 – 짧은 용접이음 길이로 나누어 일정간격을 두면서 용접하는 방법으로 피용접물 전체에 걸쳐 작은 변형 및 잔류응력이 적게 발생된다.

(나) 이음방향에 따른 분류

① 전진법 – 용접방향과 용착방향이 일치하여 잔류응력이나 변형은 커지며, 자동용접에 많이 이용된다.

② 후퇴법 – 용접진행방향과 용착방향이 반대의 이음방법으로 잔류응력이 약간 작아진다.

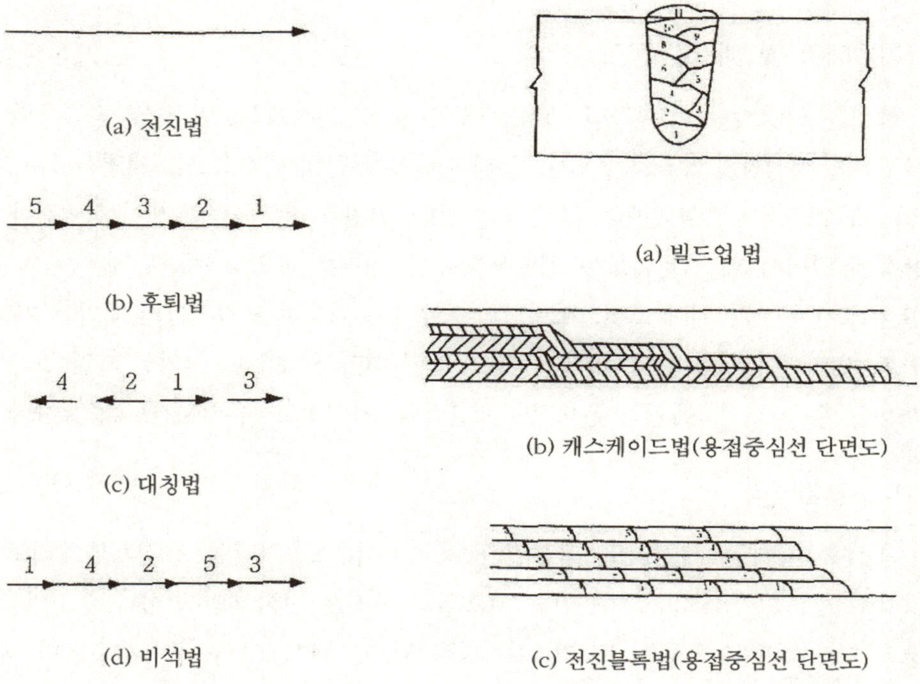

그림 6.2 용착법의 종류

(다) 비드 쌓기 따른 분류

① 블록법(block method) - 한 개의 용접봉으로 비드형성이 가능한 길이만큼 구분하여 한 부분씩 홈을 다층용접하고 다른 부분으로 진행해 나가는 방법

② 덧붙이 방법(build-up method) - 각 층마다 전체길이를 용접하면서 쌓아 올리는 방법

③ 캐스케이드법(cascade method) - 한 부분을 몇 층 용접한 후 다른 부분으로 층을 연속시켜 전체가 단계를 갖도록 용착시키는 방법이다. 블록법이나 캐스케이드법은 변형 및 잔류응력을 감소시키기 위해 부분적으로 시공하는 방법이다.

(6) 용접전 · 후의 열처리

(가) 예열 및 패스간 온도

예열은 균열방지, 경화조직 생성방지, 연성 및 인성향상, 변형 및 잔류응력 저감, 블로우홀 생성방지의 효과가 있다. 특히 이음부 부근의 냉각속도를 지연시키는 효과가 있어 수소방출 시간이 길어지고, 경도의 저하, 변형과 잔류응력 발생이 적어진다. 다층용접에 있어서 패스간 온도는 예열온도로 취급하며, 균열방지를 위해서는 예열하는 한 온도가 문제가 되나 조질고장력강의 경우에는 과도한 냉각시간의 지연은 이음부의 연화, 취화가 문제가 된다. 예열은 가스, 전기저항, 전자유도, 적외선 가열, 노 가열을 적용할 수 있으며, 예열의 온도 및 예열범위, 가열속도, 유지시간도 중요하다.

(나) 후열처리

용접후 행하는 열처리로 직후열과 응력제어 뜨임처리인 용접후열처리(PWHT, postweld heat treatment)가 있다. 직후열의 목적은 경화부의 연화나 수소방출이다. 고온 단시간의 조건이 적용되고, 수소방출은 237~347℃의 조건이 사용된다. 후열처리의 목적은 용접 열영향부의 연화, 용접잔류 응력의 완화와 치수 안정화, 용접부의 연성 및 인성향상, 내응력 부식균열성 향상 및 회복이며, 보통 A_1변태점 이하에서

균일 온도가 되도록 가열하면서 서랭시킨다.

(7) 용접의 사후처리

후열처리 및 용접부의 원활한 다듬질, 일시 설치품의 제거와 보수, 용접변형의 교정, 용접결함의 제거와 보수가 있다. 용접부 형상의 보수정도는 좋으나 균열의 보수는 발생원인을 파악하여 재발하지 않는 시공법을 채택하고 보수후 용접부의 품질 확보, 보증을 위해 고도의 기술적인 판단이 필요하다. 보수용접은 국부적으로 수행되므로 구속은 크고 냉각속도는 빠르며, 경우에 따라서는 작업공간이 좁거나 용접자세가 제한받는 일이 많다. 보수용접에는 본용접 보다도 고도의 시공능력이 요구된다. 비파괴시험에 의한 결함위치를 파악하여 가우징, 그라인더 등 기계절삭을 통하여 제거하고, 저수소계 용접봉의 사용과 예열도 본 용접보다 높이 요구되는 경우가 많다.

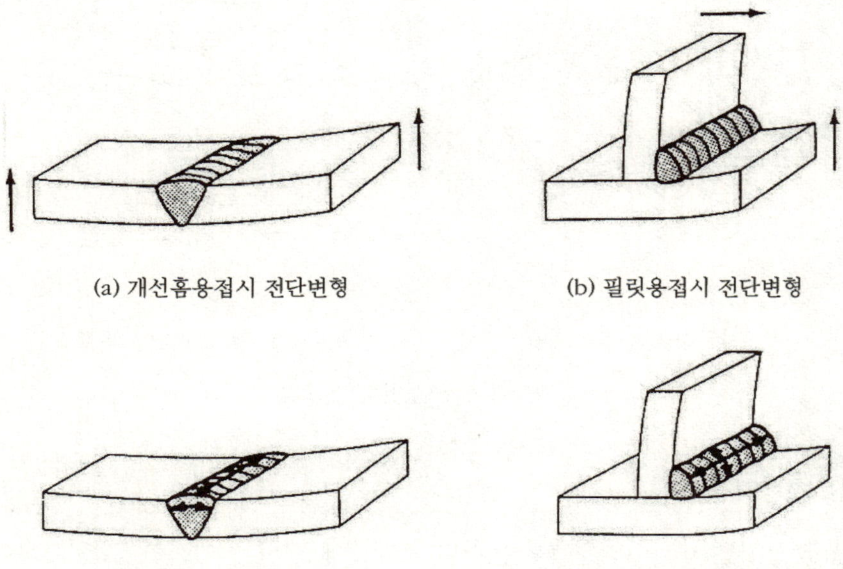

(a) 개선홈용접시 전단변형 (b) 필릿용접시 전단변형

(c) 개선홈용접시 잔류응력 (d) 필릿용접시 잔류응력

그림 6.3 용접홈 및 필렛 용접에서 전단변형과 잔류응력

(가) 용접변형

보통 V형 홈이 X형 보다 변형이 크고, 루트간격이 클수록 용접층수가 많을수록 변형이 크게 되며, 용접변형의 주요 영향인자는 다음과 같다.

① 용접 입열의 크기 - 용접법, 용접 홈의 크기와 형상에 관련

② 용접재료 - 재질의 항복응력, 용융온도, 상변태

③ 구조물의 구속 - 모재의 치수, 용접순서, 외적구속

(나) 변형방지법

① 단속용접의 채용, 용접금속의 중량절감, 변형이 적은 이음부의 설계를 고려한다.

② 재료의 운반 및 절단시 변형감소, 비용착열이 작은 용접법 채용, 포지셔너 및 지그 사용, 용접변형이 작은 용접시공 한다.

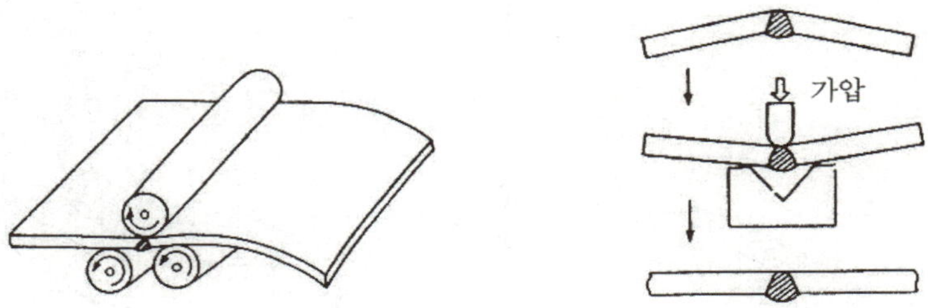

(a) 롤러에 의한 변형 취하기 (b) 프레스에 의한 변형 취하기

그림 6.4 용접변형의 교정

(다) 변형교정법

① 냉간가압법 - 상온에서 롤러나 프레스에 의한 기계적인 힘을 가하여 교정하는 방법으로 판 두께가 얇은 경우에 적용된다. 피닝법은 용접부 균열발생 및 천이온도 상승시키는 효과와 용접중 각층마다 피닝을 수행하여 각변형을 제거하는 효과도 갖는다.

② 가열법 – 변형된 구조물을 국부적으로 가열하여 급랭시킴으로서 인장응력을 이용하여 굽힘변형을 교정하는 방법이다. 또한 가열가압법은 변형부를 열간가공 온도까지 가열하여 압력을 가하여 교정하는 방법으로 연강의 경우 500~600℃ 정도이다.

(8) 가접 작업

가접(tack welding)은 용접품을 조립할 때 치수 및 지그를 고려하여 본용접의 용이성, 구조물의 형상고정을 위해 최소한으로 한다. 가접의 위치, 피치, 크기가 부적절하면 용접결함과 변형을 발생시킨다. 가접시 생기는 아크스트라이크와 크레이터로 인하여 용접결함 발생이 쉬운 부분은 피하며, 부득할 경우 본 용접에 앞서 갈아낸다. 고장력강, 후판, 구속이 큰 구조물의 가접용 용접봉은 저수소계 용접봉을 사용하며, 가접은 다음 사항에 주의하여 수행해야 한다.

① 본용접과 동일한 예열과 용접조건으로 수행한다.
② 용접기량은 본용접 시공자보다 우수한 자가 수행한다.
③ 용접홈의 가용접부는 백치핑으로 완전히 제거한다.
④ 가용접 위치는 모서리, 가장자리, 응력집중부를 피한다.
⑤ 용접봉은 본용접에서 사용하는 것보다 약간 작은 것을 사용한다.

한편, 모재두께에 따라 가접비드 길이는 표 6-1과 같고 피치는 구조물 크기, 이음형상, 모재 두께에 따라 달라진다.

표 6-1 모재 두께에 따른 가접길이 선정

모재 두께	가접 비드길이
3.2mm 미만	30mm 이상
3.2mm~25mm 미만	40mm 이상
25mm 이상	50mm 이상

6.2 본용접

6.2.1 가스용접

(1) 개요

가스용접은 토치에서 가연성 가스와 산소를 혼합 연소시켜 발생되는 고온열을 용접열원으로 이용한다. 사용 기체는 산소－아세틸렌, 산소－수소, 산소－프로판 등이 이용되며, 연소가스는 빠른 연소속도, 고온 불꽃, 높은 발열량과 용융금속과 화학반응이 없어야 한다. 이에 적절한 가스는 아세틸렌(C_2H_2)가스로서 산소(O_2)－아세틸렌(C_2H_2)을 많이 이용되며, 가스유량의 조정으로 가열량을 증감시킨다. 가스용접은 열량조절이 용이하여 열 영향에 민감하고 열전도율이 높은 비철금속, 박판, 저융용금속, 박판 파이프용접에 적합하다. 토치나 팁 교환을 통하여 절단, 굽힘, 변형수정, 열처리 작업에도 이용된다. 그러나 아크용접보다 열원온도가 낮아 열에너지 집중도가 떨어져 가열시간이 길어 비능률적이므로 용접부의 기계적 강도저하 및 용접변형이 발생되기 쉽고 용접금속이 산화 및 탄화될 우려가 있다.

(가) 산소(Oxygen, O_2)

산소는 공기의 주성분으로 냄새, 색깔, 맛이 없고 산소자체는 연소하지 않고 다른 물질의 연소를 돕고, 인화성 · 휘발성 물질의 기체와 혼합하여 접촉하면 폭발적으로 연소한다. －119℃에서 50기압이상 압축시 담황색 액체로 되며, 물을 전기분해하거나 액체공기에서 산소를 채취하는 공업적 제조방법과 $2KClO_3 \rightarrow 2KCl + 3O_2$과 같이 화학적 처리방법으로 제조된다.

(나) 아세틸렌(Acetylene, C_2H_2)

아세틸렌은 발영량이 높은 가연성 기체로서 $HC \equiv CH$의 구조식의 분자내 삼중결합을 갖는 불포화 탄화수소이다. 공업적으로 탄화수소 열분해 및 천연가스의 부분산화에 의해 제조하며, 순수 아세틸렌은 색과 맛이 없으나 황화수소(H_2S), 암모니아(NH_3) 같은 불순물이 혼합되면 악취가 난다. 각종 액체에 잘 용해되며 산소가 충분히 공급되면 잘 연소되며 아세틸렌가스 폭발의 위험성도 있다. 용해 아세틸렌은 15℃에서 150kg/cm^2로 충전되어 있으며 보통 30 ℓ 용기에 충전되어 있다.

(다) 기타 가스

LPG(Liquefied Petroleum Gas)는 액화석유가스로서 프로판(propane: C_3H_8), 부탄(butane: C_4H_{10})으로 천연가스나 석유를 분류하여 제조한다. 불꽃의 온도는 산소－아세틸렌 불꽃이 3430℃, 산소－수소불꽃 2900℃, 산소－메탄 불꽃온도는 2700℃, 산소－프로판 불꽃온도는 2820℃ 정도이다.

(2) 가스 용접 토치

용기에서 아세틸렌과 산소는 공급되어 혼합실에서 혼합되어서 토치 팁에서 연소되며, 취급 및 작업이 편리하고 불꽃의 안정성을 이루어야 한다. 아세틸렌 압력에 따라 저압식와 중압식 토치로 구분되며 가스 혼합기구, 규격에 따라 분류된다. 저압식 토치는 아세틸렌 가스압력이 발생기에서는 0.07kg/cm^2이하로서 산소압력을 아세틸렌보다 높게 하여 분출 산소기류에 의해 아세틸렌가스가 혼합실로 흡입된다. 중압식 토치는 아세틸렌 압력이 0.07~1.3kg/cm^2으로 산소압력과 거의 동일하게 조정되며, 저압식보다 작업능률이 우수하다.

액체산소 1 ℓ 가 대기압 35℃ 온도에서 450 ℓ 산소가스가 된다. 취급은 직사광선을 피하고 음지에서 보관하고 운반에 있어 충격을 없게 한다. 한편, 기름 및 먼지에 접촉되지 않게 하고, 누설은 비눗물을 사용하여 주기적으로 시행해야 한다.

(3) 역류, 역화, 인화

① 역류(contra flow) － 토치의 인젝터와 팁 사이에 먼지, 이물질에 의해 막히면 산소가 아세틸렌 호스 쪽으로 들어가서 산소가 아세틸렌 발생기까지 이르러 폭발하는 현상이다. 역류가 발생하면 즉시 토치의 산소밸브 및 아세틸렌 밸브를 잠그고

안전기와 발생기 사이의 코크(cock)도 닫는다.

② 역화(backfire) – 용접중 "퍽"소리와 함께 불꽃이 팁 끝에서 끌려 들어가 불이 꺼지는 현상으로 발생시 아세틸렌 밸브를 먼저 잠그고 산소밸브를 잠근다. 역류 및 역화의 원인은 토치 체결나사가 풀려 토치성능의 불량, 팁에 먼지 및 이물질이 혼입된 경우, 팁 과열 및 취급불량, 아세틸렌 가스압의 부족한 경우이다.

③ 인화(flash back) – 팁 선단의 막힘, 팁 끝단이 물체와 접촉되어 가스분출이 원활하지 않을 때 팁 끝의 불꽃이 순간적으로 혼합실까지 끌려 들어가는 현상이다. 가스절단 작업에서 자주 일어나며 혼합실까지 가열되며, 안전기나 발생기까지 도달하면 폭발 위험이 있다. 인화현상이 발생하면 먼저 아세틸렌 밸브를 잠그고 혼합실의 불을 끈 후 산소밸브를 잠근다.

(4) 불꽃 반응

불꽃은 산소와 아세틸렌의 흡합비에 따라 변화하며 모재 종류, 용접방식에 따라 적절한 불꽃을 선택한다. 탄화불꽃은 산소 양이 아세틸렌보다 적은 경우로서 불꽃 흰색부분과 바깥 불꽃인 백색의 속불꽃이 있다. 산소과잉 불꽃은 산화불꽃(excess oxygen flame)이라하며, 중성불꽃(neutral flame)에서 산소의 양을 많아질 때 불꽃으로 불꽃크기는 탄화불꽃(excess acetylene flame)이나 중성불꽃보다 적고, 고온의 용접온도를 원할 때 이용하며 용착금속이 산화 탈탄되기 쉽다.

표 6-2 가스용접의 불꽃

불꽃 종류	용 접 금 속
탄화불꽃	알루미늄, 모넬메탈
중성불꽃	연강, 주철, 반연강, 구리, 청동, 알루미늄, 아연, 납, 은, 니켈
산화불꽃	황동, 청동

아세틸렌 불꽃 (산소 소량 흡입)	
탄화염 (아세틸렌 과잉불꽃)	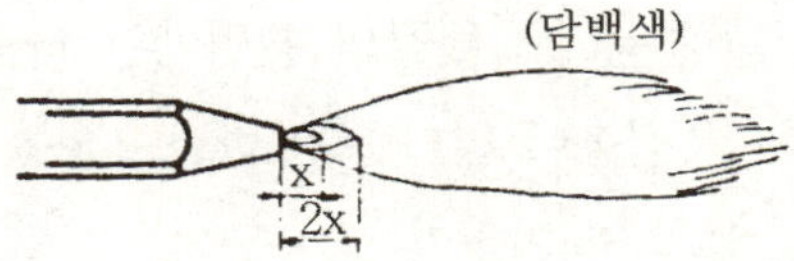
중성염 (표준불꽃)	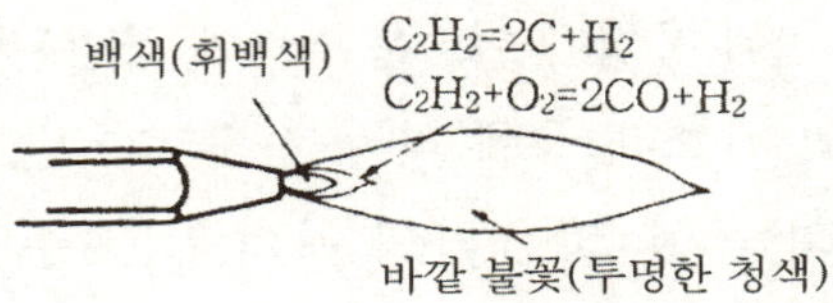
산화염 (산소 과잉불꽃)	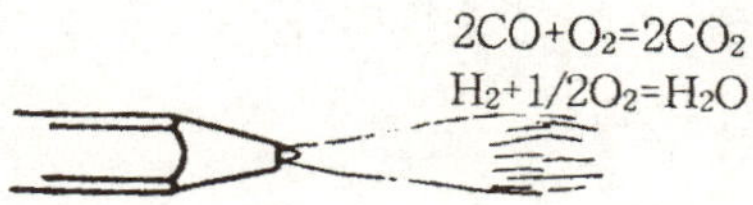

그림 6.5 산소아세틸렌 불꽃의 형태

(5) 용접봉

① 가스 용접봉(gas welding rod) – 접합할 때 용가재로 사용되며 모재와 동일 재질로서 불순물이 없고, 용착금속의 강도 및 기계적 성질이 우수해야 한다. 또한 용융속도가 모재와 같거나 다소 빨라야 한다. 인(P)은 강에 취성을 주고 가연성을 잃게 하며, 황(S)은 용접부에 저항력을 감소시키고 기공의 발생이 쉽다. 또한 산화철(Fe_3O_4)은 용접부 내에 남아 비드 외관을 해치고 강도를 저하시킨다. 규소(Si)는 기공발생을 방지할 수 있으나 강도가 저하되며, 탄소(C)는 강의 강도를 저하시키나 신연율, 굽힘성 등이 감소된다.

② 연강용 가스용접봉 - KS D 7005에 규정되어 있고 GA46, GA43, GA35 등의 7종으로 구분되며 GA와 GB는 가스 용접봉 재질의 종별이다. 숫자 46은 용착강의 최저 인장강도 46kg/mm^{2}을 나타낸다. NSR은 후 응력제거 않은 상태의 것을 의미하고 SR은 625±25℃에서 1시간 응력제거 풀림처리한 것을 의미한다.

③ 주철 용접봉 - 주철의 용접에는 다양한 용접봉이 사용되나 모재와 같은 재질의 주철의 용접봉이 많다. 즉, 탄소 2.8~3.5%, 규소 2.8~3.5%, 망간 0.5~1.0%, 황 0.6% 이하, 인 0.8%이하가 사용된다.

④ 구리 및 구리합금의 용접봉 - 구리 및 구리합금의 용접봉은 열전도가 좋고 산화되기 쉬워 용접이 어려운 금속에 포함된다. 구리는 용융중 산소나 수소를 흡수하여 산소와 수소 반응에 따라 수증기가 발생되어 용착부에 기공이 생기기 쉽다.

⑤ 알루미늄 및 그 합금의 용접봉 - 순수알루미늄이나 또는 5~10%의 규소를 함유한 알루미늄 합금봉이 사용된다. 알루미늄에 규소를 첨가하면 용융온도가 낮아지고 냉각시에 수축 감소되어 균열발생을 방지하며 인성을 증가시키고 용착금속의 성질을 좋게 한다.

(6) 용제

용제(flux)는 산화물의 용융온도를 낮게 하며, 용접 중에 생긴 산화물과 유해물을 녹여 슬랙으로 만든다. 분말 및 액체상태로서 분말은 물 또는 알콜에 혼합하여 용접봉 및 용접홈에 칠하거나 뿌려 사용한다.

① 연강용 용제 - 연강 용접에는 불용성 산화물의 생성이 적고 표면에 생성된 산화철이 다소 용제 역할을 하여 용제를 사용하지 않으나 경우에 따라서는 붕사, 붕산 등을 사용한다.

② 구리와 그 합금의 용제 - 구리나 그 합금의 용제는 붕산, 붕사, 인산소오다 등의 혼합물인 붕사 75%에 염화나트륨 25%의 혼합물을 사용한다.

③ 주철용 용제 - 주철의 용접에는 붕사, 붕산, 탄산소오다 등의 혼합물, 즉 탄산소오다 15%에 붕산 15% 그리고 중탄산소오다 70%의 혼합물을 사용한다.

④ 알루미늄과 그 합금용 용제 - 알루미늄이나 그 합금의 용접에는 염화물이 가장

좋다. 즉 KCL 45%, NaCl 30%, LiCl 50%, KF 7%, K_2SO_4 3%의 혼합물이 사용된다.

6.2.2 아크용접(arc welding)

(1) 개요

아크용접은 아크발생시 생기는 강한 고온열을 용접열원으로 이용하며, 아크열로 용접봉과 모재가 녹아 모재가 융합되면서 접합된다. 용접기는 저전압으로 대전류를 흐르게 한다. 용접기에 용접전류를 공급하여 한 극은 홀더로 잡은 용접봉(welding electrode)에 접속하고 다른 극은 모재인 용접재에 접속한다. 교류 또는 직류전압을 걸어 아크를 발생시키면 약 6,000℃ 정도의 강한 아크열이 발생되어 열에 의해 모재 및 용접봉 끝단이 녹아 용착금속을 형성하며, 핀치력 및 아크력 등에 의해 용적이 이행된다.

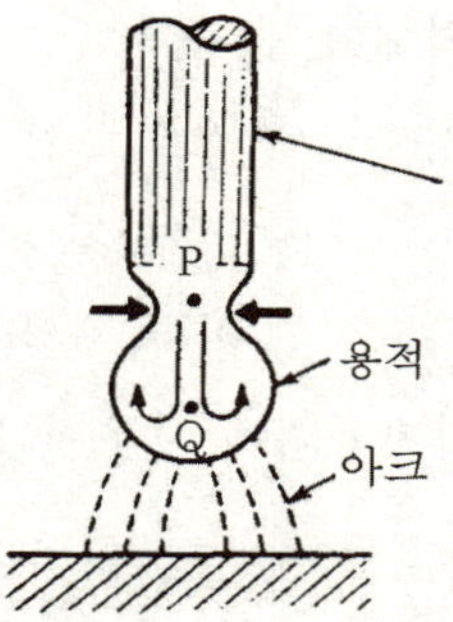

(a) 핀치력과 용적의 이탈

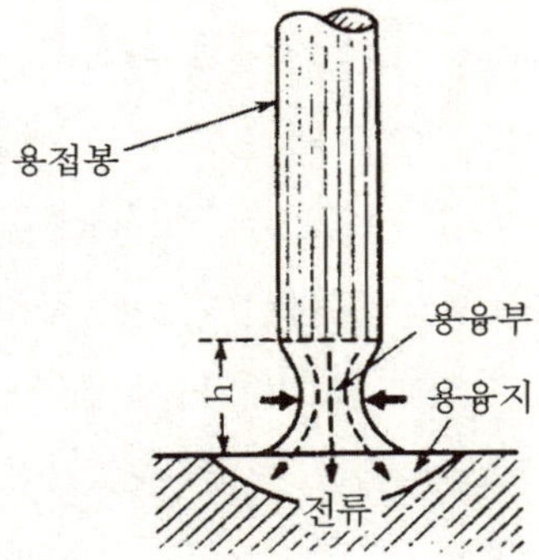

(b) 핀치력에 의한 단락의 해소

그림 6.6 아크용접의 핀치효과

(2) 피복재의 기능

전기아크용접에 사용되는 용접봉은 내부에 심선과 외부에 피복재가 도포되어 있다. 한 쪽은 피복재를 벗겨 홀더에 끼우기 쉽게 하였고 다른 쪽은 아크발생이 용이하도록 벗겨져 있다. 심선은 전극역할을 하므로 융점, 전기전도성, 전기저항성에 민감하다. 또한 용착금속 공급역할을 용착금속의 불순물이 없는 심선재가 필요하며, 피복제의 기능은 다음과 같다.

① 용착부에 산소, 질소, 수소와 같은 유해원소를 차단하여 준다.

② 아크발생을 용이하게 하고 아크 안정을 유지하게 한다.

③ 작업성을 용이하게 하며 용착속도를 빠르게 한다.

④ 용착금속에 강도, 내열성, 내식성, 내마모성을 부여한다.

(3) 피복 용접봉의 종류

① 일루미나이트계(E4301) – 일루미나이트($FeTiO_3$)가 30%이상 함유되어 있고 작업성이 우수하고, 용착금속의 기계적성질도 좋다. 선박, 교량 등 대형구조물의 용접에 이용된다.

② 라임티탄계(E4301) – 산화티탄(TiO_2)을 30% 석회석 등 염기성물질을 20% 정도 함유한다. 슬랙생성형 용접봉으로 작업성이 좋아 수직자세, 위보기 자세의 용접도 가능하며, 다층용접에 있어서는 전류 아크길이에 주의해야 한다.

③ 고셀룰로오즈계(E4311) – 가스 발생제로 식물성 유기물인 셀룰로이스를 함유시킨 가스 시일드(gas shield)형 용접봉으로 작업성이 우수하여 위보기 자세, 수직자세에 많이 사용한다. 대형구조물의 현장용접에 적당하고 작업이 용이하나 비드모양이 거칠다. 고전류로 용접하면 스패터가 많아지고 박판용접에 사용된다. 용접봉이 건조되어 있지 않으면 기공발생이 쉽다.

④ 고산화티탄계(E4313) – 피복재 중에 많은 산화티탄(TiO_2)이 들어 있으며, 아크가 조용하고 스패터가 적으며 작업성이 우수하다. 다른 용접봉과 비교하여 기계적 성질이 떨어지며 용입이 얕아 박판용접에 적당하다. 슬랙의 응고속도가 빠르며 작업성도 좋으나 고온균열 위험요소가 있다.

⑤ 저수소계(E4316) – 수소가스에 의한 용접결함을 적게 하여 용착금속에 10cc/100g 이하의 수소량을 갖게 하며, 내균열성과 노치인성을 갖게 하므로 후판용접 및 큰 구속을 받거나 균열감수성이 예민한 구조물에 많이 사용된다. 석회석을 주성분으로 하는 탄산가스 실드형인 용접봉은 흡습되기 쉬운 성질을 가져 충분히 건조시켜 사

용해야 한다. 용착금속의 기계적 성질이 좋고, 특히, 연성과 인성이 좋아서 내균열성이 높은 두꺼운 판 용접에 적당하나 작업성이 나쁘다.

⑥ 철분산화티탄계(E4324) – 다량의 철분을 함유하는 산화티탄계 용접봉으로 50% 정도의 철분을 넣어 두껍게 제조되어 있으며, 용착속도가 빠르고 작업성이 좋다. 스패터가 적고 아크가 안정되어 있으며 비드 외관이 곱다. 용착금속의 기계적성질은 고산화티탄계와 거의 같다. 아래보기자세와 수평필렛 자세의 전용 용접봉이다.

⑦ 철분 저수소계(E4326) – 저수소계 피복제에 30~50% 철분을 함유시킨 것으로 작업성이 좋고 용착속도가 빠르다. 저수소계 용접봉과 비교하여 용착금속의 기계적 성질은 동일하나 노치인성은 떨어진다.

⑧ 철분산화철계(E4327) – 산화철계 용접봉의 피복제에 철분을 30~45% 함유시킨 것으로 수평필렛 용접에 적합하다. 규산염을 다량 함유하고 있어 산성슬랙이 생성된다. 아크는 스프레이 이행으로 스패터가 적으며 용입도 좋아서 수평필렛자세의 전용 용접봉이다.

⑨ 고장력강(E4340) 용접봉 – 50kg/mm^2 고장력강에 용접봉 일미나이트계, 라임티탄계, 저수소계가 있으며, 일반적으로는 저수소계가 사용되나 얇은 강판에는 일루미나이트계, 라임티탄계가 사용된다.

(4) 용접봉의 표시

E4301 …………………	AC ……………	5 ………………	450
(용접봉의 종류)	(사용 전류)	(용접봉 심선직경)	(봉 길이)

용접봉 종류의 기호 E43△□는 다음의 의미를 나타낸다.

E : 전극봉(Electrode)의 영문 첫글자

43 : 전용착 금속의 최저 인장강도 (kg/㎟)

△ : 용접자세 (0 : 규정없음, 1 : 전자세, 2 : 아래보기 및 수평필렛 자세, 3 : 아래보기, 4 : 전자세 및 특정자세)

□ : 피복제의 종류

(5) 용접봉 선택법

① 후판 아래보기 용접으로 완전용입을 원할 때는 일루미나이트계로 하고, 수직자세에서는 일루미나이트계나 라임티탄계를 이용한다.

② 고부하가 걸리는 내압용기나 플랜트 구조물에서 초층은 강도와 내균열성이 있는 저수계를 사용하고 상층에서는 일루미나이트계를 사용한다.

③ 저강도 및 박판 구조물은 비드 외관이 우수한 고산화티탄계를 사용한다.

④ 고장력강에서는 저수소계를 사용하고 용접금속의 강도와 연성이 모재와 동일하거나 큰 것을 사용한다.

(6) 용접봉 보관

① 용접봉 보관은 건조하고 통풍이 잘 되는 지표보다 약간 높은 장소에 보관한다.

② 용접봉은 수분은 민감하며 균열, 기공, 내균열성과 강도저하의 원인이 된다.

③ 진동과 피복재에 손상을 주는 하중을 피한다.

④ 한 번 개봉한 후 사용하지 않은 용접봉은 보관에 주의 한다.

⑤ 저수소계 용접봉은 개봉 후 4시간 경과하면 350℃에서 한 시간이상 건조한다.

⑥ 고장력 강재의 용접에는 균열의 원인이 되는 수소량을 줄인다.

(7) 용접전원

(가) 교류용접

교류용접(alternating current welding)은 1싸이클에 2회식의 전류값이 0이 될 때 아크정지로 아크가 불안정하여 직류용접에 비하여 작업성이 저하된다. 용접기는 용접회로의 전원을 용접부에 공급하는 일종의 변압기로서 직류장치에 비해 저가이며, 전력소비나 유지비가 적게 든다. 플럭스의 발달에 따라 교류용접도 작업성이 향상되어 플럭스실드식의 피복아크용접법, 서브머지드 아크용접법, 탄산가스용접법에 교류용접기가 사용된다.

표 6-3 연강용 아크용접봉의 성능 비교표(KS D7004)

KS D 7004 호칭		D4301	D4303	D4311	D4313	D4316	D4324	D4326	D4327	D4340
피복의 계통		일루미나이트계	라임티타니아계	고셀룰로오스계	고산화티탄계	저수소계	철분계 고산화티탄계	철분계 저수소계	철분계 산화철계	특수계 ※1
피복의 성분		일루미나이트 30% 정도	염기성물질20% 석회석등 산화티탄 30%	유기물 20% 이상	산화티탄 35%정도	염기성탄산염석회석등형석 페로실리콘	D4313+ 철분	D4316+ 철분	산화철+ 철분규산염	어느 것에도 속하지 않음
용접자세		F.V.O.H.	F.V.O.H. 특히FV 필릿	V.O	F.V.O.H. 특히F	F.V.O.H.	F F필렛	F F필렛	F 특히F 필릿	–
사용부분		모든 구조물	일반 구조물	경 구조물	경구조물,박판	고장력 저합금, 황이 많은강 모든 구조물	경 구조물의 필렛	모든 구조물의 필렛	일반 구조쿨의 필릿	–
기계적 성질	Y.P (kg/mm²)	37~42	37~42	37~41	37~42	37~42	D4313과 거의 같음	D4316과 거의 같음	37~41	–
	T.S. (kg/mm²)	44~48	44~49	44~50	45~55	48~54			43~48	
	E.L(%)	22~28	22~28	22~28	17~22	28~35			25~30	
비이트 외관	수 ◎ / 우 ○ / 양 △	○	○	△	◎	△	◎	○	○	–
용 입	깊다 ◎ / 보통 ○ / 얕다 △	◎	△	◎	△	○	△	○	○	–
아아크	안전 ◎ / 보통 ○ / 불안전 △	○	◎	○	◎	※2 △	◎	○	◎	–

※1) 사용성 및 용접결과가 특수한 요망에 따라 제작

※2) 아아크를 특히 짧게 유지하면 양호함

용접봉의 용융속도는 전류값에 정비례하고 아크전압에는 관련이 없다. 교류용접에서 아크전압은 약 20~40V, 전류는 50~400 A 정도이다. 아크길이는 1.0~4mm정도이며 용접을 하지 않는 무부하전압(無負荷電壓)은 약 80V이다. 아크열로 녹은 모재의 용융지의 깊이는 용접의 양부(良否)판단 기준이 되며, 용융 깊이에 영향을 주는 인자는 전류량, 극성, 아크길이의 안전성, 전극의 기울기, 용접봉의 직경과 운봉속도가 된다.

(나) 직류용접

직류용접(Direct current welding : DC welding)은 아크가 안정되고 작업성이 우수하며, 저전류에 의한 용접에서 특성을 발휘한다. 극성효과에 따라 용접성능이 달라지므로 직류용접에서는 유효하게 사용할 수 있다. 효율이 높아 전력공급 면에서 유리하다. 저전류를 이용한 박판의 용접이나 덧쌓기 용접과 같이 깊은 용입 보다 용착효율에 중점을 두는 극성효과를 이용하고자 할 경우에 편리하다.

전원은 교류전원 및 직류전원을 사용하며, 직류용접에서는 모재쪽에 양극(+)을 연결하였을 때를 정극성(DCSP)이라 하고, 음극(−)을 연결하였을 때를 역극성(DCRP)이라 한다. 직류 정극성은 전극이 음(−)의 모재가 양(+)이 되는 접속되며, 용접열의 2/3가 모재에 집중된다. 직류 역극성(DCEP)은 전극이 양(+)의 모재가 음(−)이 되며, 용접열의 2/3가 용접봉에 집중된다.

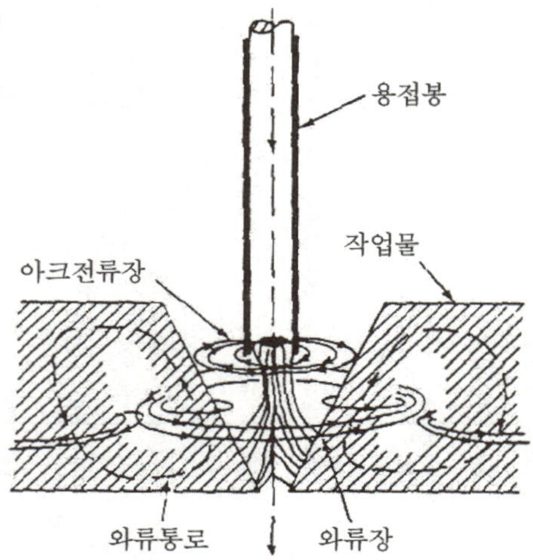

그림 6.7 교류의 와전류 분포

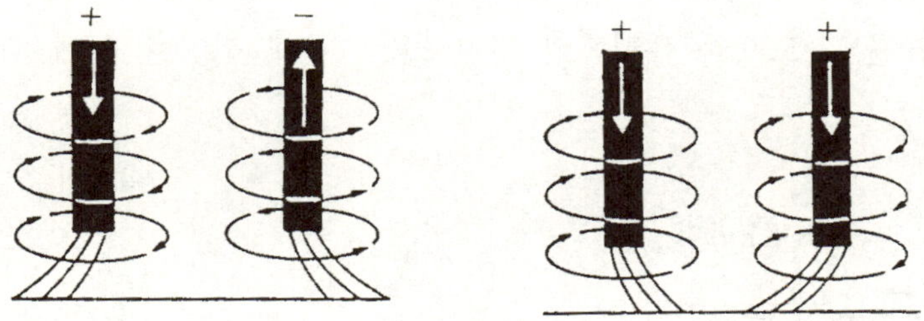

(a) 다른 극성끼리의 아크 (b) 동일 극성끼리의 아크

그림 6.8 두 극성에 의한 자기불림

(8) 자기불림(magnetic arc blow)

자기불림은 용접전류에 의해 아크주변에 형성된 자력선이 용접재 형상의 영향을 받아 아크가 임의방향으로 쏠리는 현상으로 용접작업에 방해 및 장애를 준다. 즉, 용접중에 전류가 형성하는 자장이 평형을 잃게 되어 자력이 아크에 작용된다. 따라서 아크가 정상 상태에서 벗어나 비드가 균일하지 못하거나 기공이나 용입 부족 등의 용접결함이 발생되며, 직류전원에서 자주 발생된다. 자기불림을 방지하기 위하여 아크위치의 변경, 아크길이를 짧게하거나 용접봉 각도를 변경하여 방지할 수 있다.

(9) 용접입열(weld heat input)

용접부에 외부에서 주는 열량이며 피복아크용접에서 단위길이 1㎝당 발생하는 전기적 에너지 H는 $H = \frac{60EI}{v}$ (Joule/cm)이다. 여기서 E(V)는 아크전압, I(A)는 아크전류, v (cm/min)는 용접속도로서 용접시 피복제 분해에 의해 화학적 에너지가 첨가된다.

피복아크 용접에서는 전류 50~400A, 아크전압 20~40V, 아크길이 1.5~4mm, 용접속도 8~30cm/min 정도이다. 용접전류가 200A이고 아크전압이 25V이며, 용접속도를 15cm/min라면 단위길이당 용접입열은 20,000주울(Joule)이 된다. 용접입열중 모재에 흡수된 비율(%)을 아크의 열효율이라 하며, 모재두께, 이음형상, 용접봉 지름, 용접속도, 아크길이, 아크전류, 모재와 용접봉의 열전도율과 온도 확산률 등에 영향을 받는다.

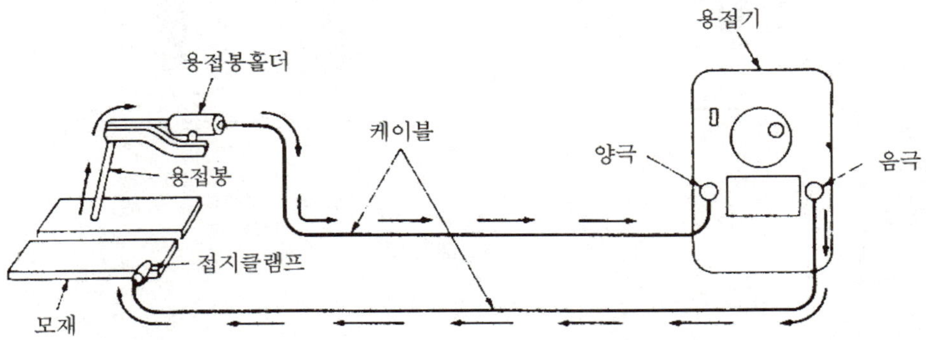

그림 6.9 아크 용접설비의 구성

(10) 용융금속의 이행(melting metal transfer)

용접봉에서 모재로 용융금속이 이행되어 용착되는 인자는 ①전극 사이의 정전기력, ②자기불림(magnetic blow), ③핀치효과(pinch effect), ④중력(重力), ⑤용접금속의 표면장력, ⑥용접봉 선단부의 가스 폭발력, ⑦피복 연소가스 등의 가스류, 가스압, ⑧전자의 충격력 등이다. 용적이행 상태로 분류하면 ①구상이행(globular transfer), ②분사이행(spray transfer), ③단락아크이행(short arc transfer)이다.

구상이행은 전극의 용융금속이 점차 성장하여 자중이 표면장력보다 커져 중력에 의해 낙하하는 이행현상으로 피복아크 용접이나 탄산가스 용접에서 이행된다. 분사이행은 전극의 용융금속이 대전류 전류밀도로 인하여 작은 입자의 분무모양이 되어 모재쪽으로 이행하는 형태로서 직류역극성의 MIG 용접에서 볼 수 있고, 전류값이 일정 임계값 이상이면 분무형태로 된다. 단락아크 이행은 탄산가스용접, MIG용접과 같은 가스실드식의 자동용접에서 전류값이 어느 임계값 이하이면 전자수축력의 저하로 전극단의 용융금속은 핀치효과에 의한 이탈이 어려워 단락이행을 한다.

(11) 전원특성

보통 용접아크는 아크길이 변화에 따라 아크전압이 변화하므로 아크길이가 증가하면 아크전압이 증가하게 된다. 용접에 있어 아크길이를 일정하게 하고 용접전류도 일정하게 해야 한다. 용접전원의 특성은 용접전압이 약간 변화하더라도 용접전류는 거의 변동이 없는 수하특성(垂下特性)과 수하특성과는 반대로 용접전류가 변해도 용접전압이 거의 변하지 않는 정전압특성이 있다.

수하특성은 아크길이가 정상상태에서 벗어날 경우에도 일정전류로 용접할 수 있어 금속피복 아크용접과 같은 수동용접에서 사용된다. 또한 정전압특성은 용접와이어를 고속으로 일정하게 송급하는 용접법의 특징이다.

표 6-4 교류 아크 용접기

<table>
<tr><th rowspan="3">종 류</th><th rowspan="3">정격2차 전류(A)</th><th rowspan="3">정 격 사용률 (%)</th><th colspan="3">정격 부하 전압</th><th rowspan="3">최고 2차무부하 전압(V)</th><th colspan="2">2차전류</th><th rowspan="3">사용 용접봉 지름(mm)</th></tr>
<tr><th rowspan="2">저항강하 (V)</th><th colspan="2">리액턴스강하(V)</th><th rowspan="2">최대값 (A)</th><th rowspan="2">최소값 (A)</th></tr>
<tr><th>50Hz</th><th>60Hz</th></tr>
<tr><td>AW200</td><td>200</td><td rowspan="3">40</td><td>30</td><td rowspan="3" colspan="2">0</td><td rowspan="3">< 85</td><td>200이상
220이하</td><td>< 50</td><td>2~4</td></tr>
<tr><td>AW300</td><td>300</td><td>35</td><td>300이상
330이하</td><td>< 60</td><td>2.6~5</td></tr>
<tr><td>AW400</td><td>400</td><td>40</td><td>400이상
440이하</td><td>< 80</td><td>3~6</td></tr>
<tr><td>AW500</td><td>500</td><td>60</td><td>40</td><td>10</td><td>12</td><td>< 95</td><td>500이상
550이하</td><td>< 100</td><td>4~8</td></tr>
</table>

(12) 용접기

(가) 사용률

$$\text{사용률} = \frac{\text{아크 발생 시간}}{\text{아크 발생 시간} + \text{정지 시간}} \times 100 \qquad (6.1)$$

$$\text{허용 사용률} = \frac{(\text{정격 2차 전류})^2}{(\text{실제의 용접 전류})^2} \times \text{정격 사용률}(\%) \tag{6.2}$$

(나) 교류 용접기의 역률과 효율

용접기로서 입력, 즉, 전원입력(2차 무부하전압 × 아크전류)에 대하여 아크입력(아크 전압×전류)과 2차측 내부 손실의 합의 비율을 역률(power factor)이라 한다,

$$\text{아크 입력} = 30\text{V} \times 300\text{A} = 9.0\text{kW}$$

$$\text{전원 입력} = 80\text{V} \times 300\text{A} = 24.0\text{kVA}$$

내부 손실(동손, 철손, 그 밖의 손실) = 4kW 일때

$$\text{효율} = \frac{\text{출력(kW)}}{\text{입력(kW)}} = \frac{9.0}{9.0+4.0} \times 100 = 69\% \tag{6.3}$$

$$\text{역률} = \frac{\text{입력(kW)}}{\text{입력(kVA)}} = \frac{9.0+4.0}{24.0} \times 100 = 54\% \tag{6.4}$$

(13) 용접작업

① 전류는 용접봉 굵기에 따라 다르며, 큰 직경의 용접봉은 작은 직경의 용접봉보다 높은 전류를 사용한다.

② 용접회로에서 전압은 아크발생시 아크길이의 전자력에 필요한 전기적 압력이 요구된다. 전압이 낮으면 아크발생이 어렵고 전압이 높으면 용접부의 용융 금속을 불어내 용접불량 및 스패터 발생의 원인이 된다.

③ 아크길이가 변화하면 아크전압이 증가되며, 보통 아크길이는 사용되는 용접봉의 직경보다 약간 작게 취한다.

④ 아크 진행속도는 용접할 재료의 두께, 전류량과 용접크기와 형태, 비드모양에 따라 변하며, 보통 아크길이와 아크 이동속도는 용융금속의 용융지가 사용되는 용접봉 지름의 두배 정도로 한다.

⑤ 용접봉의 각도는 아래보기로 용접할 때는 용접봉은 가공물과 90도로 하고, 용접봉 중심선을 기준으로 각도가 균등하게 2등분되면 양호하게 된다.

⑥ 용접작업에 개인보호 장구를 착용하고 준비된 절차에 의해 작업을 수행한다.

표 6-5 용접 및 절단작업에 대한 차광렌즈의 규격

용접작업	용접봉 크기	전류(A)	최소보호 차광번호	제안차광번호 (쾌적영역)
피복금속아크용접	2.4mm 2.4~40mm 4.0~6.4mm 6.4mm이상	60이하 60~160 160~250 250~550	7 8 10 11	– 10 12 14
가스금속아크용접(MIG) 및 용융제 함유 아크용접	–	60이하 60~160 16~250 250~500	7 7 10 10	– 11 12 14
가스텅스텐아크용접(TIG)	–	50이하 50~150 15~500	8 8 10	10 12 14
공기-탄소 아크절단	–	500이하 500~1000	10 11	12 14
플라즈마 아크절단	–	20이하 20~100 100~400 400~800	6 8 10 11	6~8 10 12 14
플라즈마 아크용접	–	300이하 300~400 400~800	8 9 10	9 12 14

(14) 용접기 사용

용접기를 사용할 때 용접기의 고장 유무, 전기적 접속상태를 점검하고, 직류 용접기는 회전부분인 경우 베어링 윤활상태, 정류자가 있는 경우 정류자면의 청결상태를 확인한다.

탭 전환형 교류용접기는 탭 전환부의 접촉이 양호하게 하여 접촉저항에 의한 과열되지 않도록 하며, 용접작업을 중지할 때는 반드시 전원 개폐기를 차단한다.

① 무부하 단자전압은 아크발생이 가능한 값이 필요하며 최소한의 크기로 한다
② 고전류 밀도의 직류용접기는 정전압특성 전원이 유리하나 수하특성 전원으로 한다.
③ 아크 중단시 전압회복 특성이 양호해야 한다.
④ 출력전류가 쉽게 세분화 조정되어야 한다.

(15) 용접방식

용접방식은 일반적으로 수동용접, 반자동용접, 자동용접으로 분류하며, 수동용접은 용접조작을 손으로 조작하므로 용접사의 기량정도에 따라 용접결과가 달라진다. 수동용접에서는 용접자세가 용접품의 품질에 영향을 주며, 용접자세는 아래보기자세, 위보기자세, 수직자세, 수평자세가 있다. 용접자세는 아래보기 자세가 작업성이 우수하고, 용접부의 신뢰성이 높고 위보기자세는 용접결과가 뒤떨어진다. 수동용접에서 사용되는 용접봉의 길이는 250~450mm 정도이고, 자동용접에서는 코일모양 전극와이어가 사용된다.

6.2.3 서브머지드아크 용접법

서브머지드아크 용접법은 대전류로 1회의 용접 또는 다층용접에도 패스 수를 줄여 완성하는 경우가 많아 용가재, 플럭스 및 용접전의 준비, 용접시공 조건 등도 주의해야 한다. 서브머지드 아크 용접법의 용도는 연강, 고장력강, 저합금강 등을 포함한 구조용 강재의 용접으로 비교적 긴 용접선을 가지고 후판 대형 구조물의 분야에 많이 이용되며, 서브머지드아크 용접의 장점은 다음과 같다.

① 대전류를 사용하여 용융슬랙의 단열성에 의해 수동아크 용접보다 2~3배 용입이 깊고, 아크용접보다 용접속도가 빨라 능률적인 용접이 가능하다.
② 적절한 용접조건, 플럭스, 와이어를 사용하면 용착금속의 야금적, 기계적 성질을 개선할 수 있고 비드형상이 곱다.

③ 안정된 용접이음이 가능하여 용접후 변형이 적게 발생하여 신뢰성이 높고 대량생산에 적합하다.

한편, 용접중에 아크상태의 확인이 어려워 다음사항에 유의해야 한다.

① 와이어, 플럭스의 선정이 어려우며, 특히 플럭스의 습기 흡수에 주의해야 한다.
② 용접선이 복잡하거나 용접길이가 짧으면 설치 및 조작이 어려워 비능률적이다.
③ 용접홈 가공의 정밀도가 높아야 하며 루트간격이 0.8mm정도로 너무 넓으면 용락이 일어나 용접할 수 없다.

판 두께 1.6mm의 박판부터 적용 가능하며 판 두께는 제한이 없으나 100mm를 초과하면 일렉트로슬랙 용접법으로 시공하는 것이 경제적이다. 또한 10mm미만의 박판의 자동용접에는 탄산가스 아크용접(CO_2 arc welding)법으로 시공한다. 서브머지드아크 용접에 의한 자동용접의 적용범위를 확대하기 위해 용접법의 소형화, 경량화 및 전용화 추진과 고능률화를 위해 2~4전극법이 이용된다.

연강이나 50kg/㎟급의 고장력강을 포함한 구조용 강재를 대상으로 한 서브머지드 아크 용접용의 전극와이어의 규격은 C, Mn, Si의 함유량에 의하여 구분되며, 다시 60kg급 이상의 고장력강, 저합금내열강, 스테인리스강 등을 대상으로 Mo, Ni, Cr 등을 첨가한 와이어로 사용된다. 와이어의 직경은 2.0mm부터 8.0mm까지 8종류가 규정되어 있으나 보통은 2.4, 3.2, 4.0, 4.8, 6.4mm이며 전류값에 따라 사용된다. 서브머지드 아크 용접봉의 플럭스는 MnO, CaO, SiO, MgO와 같은 다양한 광물성원료를 혼합하여 피복용접봉의 피복제와 같이 아크의 안정, 정련합금작용, 슬래그생성 등 야금학적 기능을 가져 용접중 아크를 완전히 차폐해야 하므로 피복제와는 다른 조건이 요구된다.

6.2.4 불활성가스 아크용접법

(1) 개요

용접 중에 용접부가 직접공기에 노출되어 공기 중의 산소, 질소, 수소 등 용접부의 유해

원소가 침입하면 용접결함이 발생되므로 공기와 친화력이 적은 불활성가스 및 중성가스를 이용하여 대기와 용접부의 접촉을 차폐해야 한다. 차폐가스로는 아르곤, 헬륨과 같은 불활성가스 및 이들의 혼합가스가 사용되거나 탄산가스(CO_2) 등이 사용된다. 보호가스 종류에 따라 차폐특성, 아크의 전기적 특성으로 아크 안정성과 용가재의 모재이행에 영향을 주어 용접성을 좌우한다.

텅스텐 전극을 사용하는 비용극식과 용가재를 전극하는 용극식이 있으며 비용극식은 TIG용접(Inert gas tugsten arc welding)이라 하며, 용극식은 MIG용접(inert gas metal arc welding)이다. 불활성가스로는 아르곤(Ar)과 헬륨(He)이 사용되며 용접특성이 약간 다르나 실제 경제적인 이유로 선정되는 경우가 많다. 두 가스의 특성을 살려 Ar과 He의 혼합가스가 사용되는 경우도 있다. 불활성가스(Ar, He, Kr, X 등)는 아크 플라즈마의 고 온도에서도 화학반응이 없어 이상적인 실드효과가 있으나 대기중에 다소 포함되어 있다.

알루미늄이나 마그네슘 합금과 같이 슬랙 생성을 피해야 할 경우에 유리하며, 경금속의 표면은 굳은 금속자체 보다 융점과 비중이 큰 산화피막으로 덮혀 있다. 용접중 용융금속중에 가라앉아 유동성을 저해하는 플럭스로서는 강력한 탈산제를 필요로 하지만 탈산제의 슬랙은 심한 부식성을 있어 용접부에 미소량의 슬랙이 존재해도 부식의 원인이 된다.

(2) TIG 용접법

TIG용접법은 주로 수동식으로 사용되며, 용접토치, 용접전원, 실드가스계통, 냉각수계통, 고주파 발생장치와 제어장치로 구성된다. 텅스텐 전극은 용접토치에 고정되고 토치에는 용접전류, 불활성가스와 냉각수 등이 도입된다. 그러나 이들의 시동, 정지는 모두 제어 장치를 통하여 하나의 스위치에 의하여 이루어지나 토치와 용가재의 조작을 양손으로 하므로 스위치는 보통 족답식으로 되어있다.

작업에 있어 스위치를 넣으면 용접회로가 통전되어 가스와 냉각수의 밸브가 열려 토치로 흐르기 시작하며, 아크를 발생시켜 용접을 시작한다. 아크의 기동은 고주파 전류에 의한다. 용접이 완료되어 아크를 중단하면 냉각수가 중단되고 시한장치에 의해 수초 후 가스 흐름이 자동적으로 정지한다. 이것은 어느 정도 용접부분이 냉각된 후에 실드를 제거하기 위해서이다. 또한 정격전류 150A이하의 소전류용 토치는 보통 공랭식이므로 냉각수 계통이 없이도 시공이 가능하여 가볍고 편리하다.

TIG용접용 텅스텐 전극에서는 순 텅스텐(W)과 산화토륨(ThO_2) 1~2%함유하는 토륨-텅스텐(thorium ted tungsten, WTh)이 있으며, 그 치수(지름과 길이)도 사용전류에 따라 여러 종류가 있다. 토륨 텅스텐은 아크의 시동이 용이하고 적은 전류에서나 큰 전류를 막론하고 아크의 안정성이 양호하고 허용전류 범위가 넓은 점에서 순 텅스텐보다 우수한 특성을 갖는다. 특히, 직류정극성에서 이 특징이 현저히 나타나지만 교류에서는 불평형 직류분이 커져 바람직하지 못하여 순 텅스텐을 사용해야 한다.

TIG용접에의 첨가제로는 일반적으로 모재와 같은 재질이 사용되며 시판되는 첨가제는 사용 모재와 동일재질이 선재가 사용되나 수동용접에서는 반드시 선재이어야 할 필요는 없으며, 모재의 일부를 전단하여 각형단면 그대로 용가재를 사용하기도 한다. 용접봉은 지름이 보통 전류값에 따라 1.6~6.4mm 텅스텐 전극봉의 지름과 거의 비슷하다.

(3) MIG 용접법

MIG 용접에서는 직류역극성으로 어느 값 이상의 고전류 밀도의 경우에 한하여 모재 이행이 가능한 특성을 가지고 있다. 따라서 가는 와이어 전극을 사용하여 큰 전류를 사용해야 하며, 이를 위해서는 저항열에 의한 전극의 용융을 피하기 위해 아크 직전의 전류를 도입해야 한다. 이러한 이유에서 MIG 용접법은 반자동, 또는 전자동 용접이 채용되며, 일반적으로 직류 정극성이나 교류를 사용하지 않는다.

보통 정격전류 300A 이하의 토치는 공랭식으로 냉각수 계통은 필요 없으나 현재 고전류에서도 공랭식이 많이 사용되고 있다. MIG용접은 직류역극성으로 어느 임계전류값 이상의 높은 전류밀도를 유지하는 한 아크는 안정되며 강력한 지향성을 가져 작업성이 양호하고 용입이 깊고 고속도 고능률을 도모한다. 이와 같은 임계 전류값은 용융금속이 스프레이형의 모재이행을 계속하는 한계값에서 전극와이어의 종류와 지름, 실드가스의 종류에 따라 다르므로 Ar가스의 실드에서 Al계 금속의 경우 와이어 지름 0.8mm에서 약 80A, 1.6mm에서 약 150A, 2.4mm에서 약 240A정도이며, 이들이 Al에 대한 일반적인 MIG 용접의 실용 최저 전류값이다.

Ar가스 중의 탄소강의 MIG 용접에서는 임계 전류값이 Al에 비하여 매우 높으며 와이어지름과의 관계로 거의 실용화되지 않으나 Ar에 O_2를 0.5~1%혼입한 실드가스를 혼입하면 임계 전류값이 앞서 기술한 Al의 경우와 큰 차이가 없다. 이와 같은 이유에서 탄소강, 저합금강, 스테인리스강 등의 MIG 용접은 Ar−O_2 혼합가스를 사용함에 따라 실용화되었다. 따라서 재료의 종류에 따라 실드가스에 의해 어느 정도 조정을 할 필요가 있으나 MIG용접의 표준적인 용접조건은 와이어 직경 0.8~2.4mm, 용접전류 100~400A, 용접속도 30~50cm/min이다.

불활성가스로 차폐된 용접아크 중에서 전극금속이 모재에 용융 이행하는 상태는 다른 용극아크 중의 현상과 다르며 전류밀도나 극성의 영향은 더욱 심하다. 직류역극성의 경우는 Ar 아크 플라즈마 중의 용적이행은 전류밀도가 낮을 때 용융금속은 비교적 큰 용적을 형성하여 구상이행을 한다.

6. 2. 5 탄산가스 용접법

차폐가스로서 탄산가스(CO_2) 또는 탄산가스의 혼합가스를 사용하며, 용극식의 반자동 또는 전자동용접법에 적용한다. MIG 용접법의 작업성, 고능률의 반자동식 수동용접의 특징을 살려 능률화한 용접법으로서 플럭스 차폐방식의 시공이 어려운 경금속, 비철금속이나 합금강 등의 용접에 이용된다. 탄산가스 아크 용접법은 고가인 MIG 불활성가스 용접에 저가인 CO_2를 사용하여 철강 구조물의 고능률적인 목적으로 개발되었으나 환경문제로 사용을 자제하고 있다.

탈산제가 필요한 이유는 차폐가스인 CO_2가 아크 중의 고온상태에서 $2CO_2 \rightarrow 2CO + O_2$로 해리하여 O_2를 발생시켜 산화성 분위기를 생성한다. 용융강에 산화가 일어나 산화철 FeO는 즉시 강중의 화합하여 C와 화합하여 용융강 중에 다량의 CO_2가스를 발생시켜 기공을 갖게한다. 탈산제로는 Mn, Si, Al, Ti 등의 탈산성 원소가 사용되며, 탈산제의 첨가로 $FeO + Mn \rightarrow Fe + MnO$, $2FeO + Si \rightarrow 2Fe + SiO_2$의 탈산반응으로 생성물인 MnO, SiO_2 등은 슬랙이 된다. 탄산가스아크 용접법은 탈산제의 공급방식에 의해 소리드와이어법과 플럭스법으로 분류된다.

소리드와이어법은 탈산성 원소를 함유한 전극와이어를 사용하는 방식으로 차폐가스로는 CO_2의 단일가스 외에 CO_2+O_2, CO_2+Ar, CO_2+Ar+O_2의 혼합가스가 사용된다. 플럭스 와이어법은 탈산제를 함유한 플럭스를 병용한 방식으로 차폐 가스는 단일 CO_2가 사용되며, 플럭스가 전기적 절연체이므로 와이어에 대한 전류도입에 관해 플럭스의 공급방식이 연구되고 있다.

6.2.6 표면피복용접과 희석조절

부재가 마모, 부식된 부분을 재생 또는 마모를 경감시키기 위해 금속표면에 내마모성이 큰 금속으로 용접하는 것을 표면피복용접이라고 한다. 표면피복용접법은 원표면의 크기나 치수가 아닌 마모부분의 원상회복을 위한 덧살올림(build up), 엷은 표면에 용착하는 육성용접(buttering welding), 금속표면의 두꺼운 층이 용착되는 피복(clading), 주로 내마모성을 개선하기 위한 표면경화(surface harden)가 있다. 이들은 피복금속아크용접(SMAW), 가스금속아크용접(GMAW), 플럭스코드아크용접(FCAW), 가스텅스텐용접(GTAW), 플라즈마아크용접, 산소아세틸렌용접으로 시공한다.

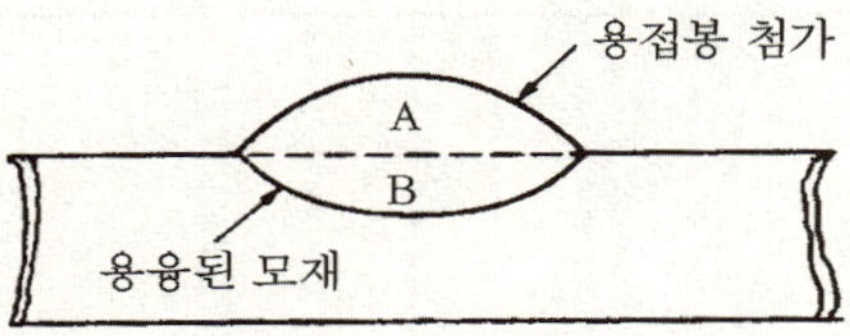

그림 6.10 희석의 상태도(%)

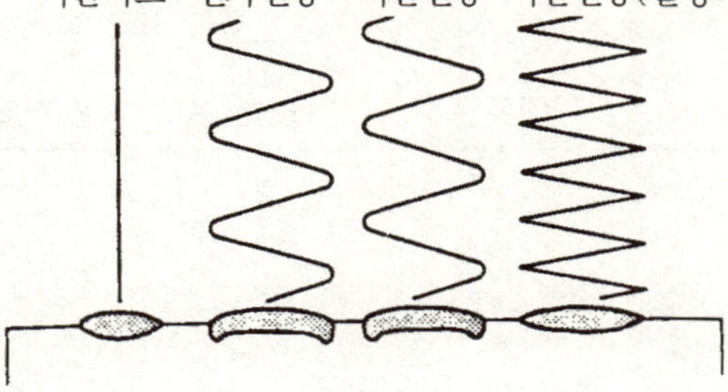

그림 6.11 운봉기법에 따른 비드모양

표면경화에서 표면피복용접 시공에 있어 희석(dilution)은 표면피복 용접금속으로 모재와의 혼합물 상태를 나타낸다. 용접봉 첨가를 A, 용융모재를 B라 하면 희석비율(%)은 용융모재(B)를 용접봉첨가와 용융모재의 합(A+B)으로 나눈값과 같다. 표면피복금속이 용착됨에 따라 모재용융과 더불어 혼합되며 혼합물이 많아지면 희석도 증가하게 된다. 과도한 희석은 표면피복 용접금속 성질을 저하시킨다. 피복용접의 진동기법을 통하여 실시하며, 그 방법은 그림 6.11과 같고 진동시 아크는 위빙거리의 끝을 향해 약간 상승하게 된다.

$$\text{희석}(\%) = \frac{B}{A+B} \times 100 \tag{6.5}$$

표 6-6 희석에 대한 용접변수에 대한 영향

용접 변수	희석에 대한 영향
전류 크기	깊은 침투, 희석이 클수록 전류가 크게 주어진다.
전극 극성	직류정극성(DCSP)에서는 용착은 증가하고 직류역극성(DCRP)을 사용한다.
용 접 봉	용접봉 직경이 커지면 희석은 감소한다.
전극 간격	자동 및 반자동 용접에는 전극과 모재간격을 크게 할수록 예열되고 침투 및 모재 용융이 적게된다.
용접 속도	속도가 느리면 모재용융량이 적어지고 용착비율은 증가하므로 희석은 적어진다.
비드 간격	표면용접비드가 중첩되면 희석은 적어진다.
용접 자세	수직상향 용접시 희석이 가장 크므로 아래보기자세로 한다.
가 스	헬륨은 기류가 활발하여 희석이 크므로 아르곤가스가 유리하다.

제 7 장 철강의 용접 · 접합

7.1 일반사항

(1) 철강의 분류

철강은 탄소를 포함하여 다수의 원소가 포함되어 있으며, 탄소강에서는 탄소의 함량에 따라 특성이 달라진다. 철강 중의 탄소함유량은 0~4,5%정도이며, 0.008%이하를 철(鐵), 0.008%~2.0%의 범위는 강(鋼), 2.4~4.5%를 주철(鑄鐵)이라 한다. 여기서 탄소함유량 0.008%는 그림 7.1에 나타난 페라이트에 탄소고용 한계값을 나타내며, 공업적으로 제조되는 순철은 탄소함유량이 0.05%이다.

(2) 철강의 제조

철광석을 용광로에서 제조한 것을 선철(pig iron)이라 하며, C를 1.7%이상 함유하고 있어 주조에는 적합하나 압연, 단조 등의 기계가공에는 가공성이 저하되어 부적합하다. 따라서 선철에서 불순물 원소를 제거하고 C를 조정하여 가공성을 높일 수 있는 공업용 순철이나 탄소강이 제조되고 있다. 공업용 순철은 전로, 전기로, 평로에서 제조되며, 공업용 순철을 원료로 하여 전기분해법, 카보닐법, 가스환원법을 이용하여 고순도의 철(Fe)이 제조된다.

(3) 강의 용접성에 미치는 원소들의 효과

① 탄소(C) – 탄소 함유량이 많아지면 강도가 높아지나 용접성이 저하되어 균열되기 쉽고 인성이 저하되며 경화되어 가공하기 힘들다.

② 니켈(Ni) – 고용체가 되어 결정격자를 왜곡시켜 강도와 경도를 향상시킨다. 결정입자 미세화, 공석조직인 퍼얼라이트의 탄소함유량을 감소시킨다. 임계온도를 저하시켜 오스테나이트를 안정하게 하며, 임계냉각 속도를 저하시켜 경화능을 향상시킨다.

③ 망간(Mn) – 강도, 인성, 경도 및 내마모성 특성 향상시키는 원소로서 황의 유해한 효과를 감소시켜 준다. 함유량이 많아지면 황과 결합하여 유해한 영향을 초래한다.

④ 규소(Si) – 재료를 취약하게 하여 3%이상 이용하지 않는다. 경도를 높이고 자기특성을 양호하게 하며, 탄화물 분해하여 흑연화를 촉진시키고, 산소와 친화력이 커서 탈산제 역할을 한다. 탄소함유량 감소시키 임계온도 증가시켜 페라이트를 안정하게 하고, 내식성을 향상시켜 용해금속의 유동성 증가시킨다.

⑤ 크롬(Cr) – 고용체가 되어 강도와 경도를 향상시킨다. 또한 결정입자의 크기를 증가시킴으로 임계온도를 증가시켜 페라이트를 안정하게 하고 내식성을 향상시킨다.

⑥ 황(S) – 유화철로 존재 입자경계를 따라 용융점이 낮은 유화물 피막이 형성되어 적열취성의 유발, 철 중의 망간이 함유된 황화망간 형태로 결정입자 내부에 석출되어 취약한 효과가 적어진다. 절삭용강은 유황 0.2% 망간 1.5% 함유하므로 용접이 어렵다.

⑦ 인(P) – 철과 화합하여 인화철을 형성하여 취약하며, 철강 중에 편석하기 쉬우며 인화철 형성의 용융점이 낮아 주철에 함유시켜 장식용 주물제작에 사용한다.

7.2 철강의 용접 · 접합

7.2.1 순철의 용접

순철은 순도가 양호하고 결정립이 균일하며, 용접성은 가스발생의 원인이 되는 불순물이 포함되지 않아 우수하나 강도가 낮아 구조용 재료로는 사용하지 않는다. 공업용 순철은 탄소이외의 다른 원소함유량이 적어 용접에 의한 경화, 냉간 균열성이 적어 잔류응력을 제거할 목적이 아닌 경우 이외에는 예열 및 후열처리는 하지 않는다. 또한 860~1050℃(1133~1323K)의 온도역에서는 적열취성이 발생하므로 가공하지 않아야 한다.

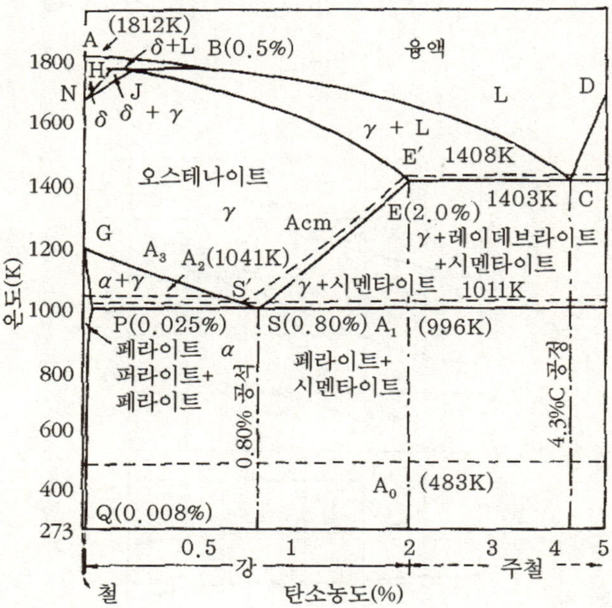

그림 7.1 Fe−C계 합금의 평행상태도

피복아크용접에서는 연강용 피복아크 용접봉을 사용하면 용이하게 용접이 가능하며, 기공 등의 결함발생을 억제를 위해 저수소계 용접봉을 사용해야 한다. 순철은 용점이 높으므로 용접시공에 있어서는 용접속도를 느리게 하며, 또한 탄화물이 적어 조대해지기 쉬워 박판용접에는 저 전류로 하고 과대한 입열을 피해야 한다. 가스용접은 중성염으로 하고, 탈산을 위해서는 Si, Mn이 함유한 용가봉을 사용해야 한다. TIG용접에 있어 용가재를 사용하지 않는 경우 저전류, 저속도의 용접조건을 선정한다. MIG용접에서는 강력한 탈산제를 함유한 와이어를 사용해야 하며, 저항용접에 있어 순철은 열전도율이 높고 전기저항이 낮아 저탄소강보다 적은 용접 입열을 선정해야 한다.

7.2.2 탄소강(carbon steel)의 용접

탄소강은 철과 탄소와의 합금으로 탄소만으로 강도를 제어하는 것을 보통강이라고 한다. 탄소이외에 Si, Mn, Cu, Cr, Mo, Ni, P, S, Al 등이 포함되며, Cu, Ni, Cr, Mo, P, S은 원료 중에 포함되어 혼입되는 원소이다.

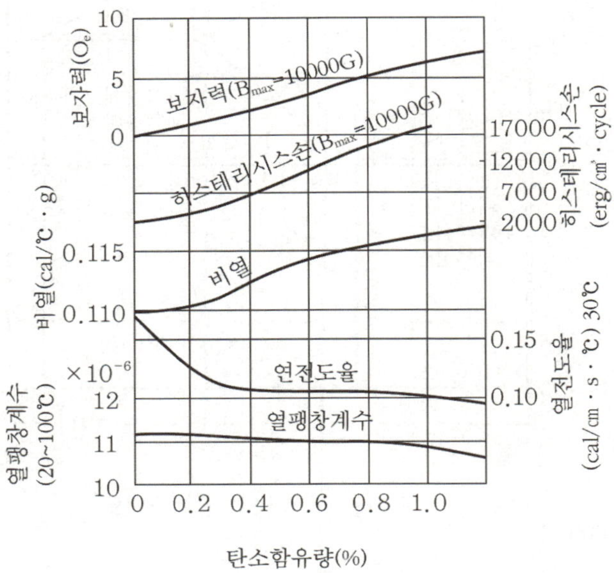

그림 7.2 탄소함유량과 물리적 성질과의 관계

강에 탈산제로 Si≤0.4%, Mn≤0.9%, Al≤0.5%정도를 첨가하며, 탈산된 킬드강은 용접결함이 적고 취성파괴의 저항특성을 갖게 한다. 저탄소강은 용접성이 양호하고, 중 · 고탄소강은 탄소량이 증가할수록 용접성이 저하되고 예열이나 후열처리를 해야 한다. 용접본드부는 용융점 바로 아래까지 가열되고 결정립이 조대화된 마르텐사이트 조직이 된다. 또한 조직이 경화되어 있어 용접균열이 발생하기 쉬우며 노치인성이 저하된다. 용접에 따른 수반되는 경화조직의 생성은 저온균열의 원인이 되며, 후판의 저탄소강 및 중탄소강에서는 경화를 완화시킬 목적으로 예열이나 후열처리를 한다.

표 7-1 구조용 탄소강의 종류

성분 / 재료	C%	항복점 (kg/mm^2)	인장강도 (kg/mm^2)	연신율 (%)	경도 (HB)	용도
특수극연강	<0.08	18~26	32~36	30~40	95~100	칵판
극 연 강	0.08~0.12	20~29	36~42	30~40	80~120	용접봉
연 강	0.12~0.20	22~30	38~48	24~36	100~130	일반구조용재
반 연 강	0.20~0.30	24~36	44~55	22~32	112~145	일반구조용재
반 경 강	0.30~0.40	30~40	50~60	17~30	140~170	일반구조용재
경 강	0.40~0.50	34~46	58~70	14~26	160~220	기계부품공구
최 경 강	0.50~0.80	36~47	65~100	11~20	180~235	스프링,다이스

(1) 저탄소강의 용접 · 접합

저탄소강은 탄소함량이 0.3%이며 C가 0.25%정도 함유된 것이 연강이다. 연강의 판재에는 일반구조용 압연강재, 용접구조용 압연강재, 보일러용 압연강재가 사용된다. 압연강재의 용접성은 반드시 양호하다고 할 수 없고, 용접구조용 강재도 용접성을 위해 망간의 함유량을 2.5배로 하고 인과 황은 압연강재 보다 적다. 용접구조용 강재는 킬드강 및 양질의 세미킬드강을 사용한다. 보일러용 압연강재는 강도증가를 위하여 탄소량이 약간 많은 것을 사용하므로 용접 열영향부는 경화되기 때문에 용접 후 응력제거 풀림처리를 통하여 연성을 회복시킨다.

연강의 용접에서는 판 두께가 25mm 정도까지는 별로 문제가 없으나 탄소량이 0.25% 이상으로 판 두께가 25mm 이상인 경우는 균열발생의 우려가 있어 예열이나 용접봉의 선택에 주의해야 한다. 피복아크용접에 용접봉은 E 4301, E 4303, E 4313, E 4327이 채용되며, 후판에서 구속이 큰 경우나 노치인성이 요구되는 경우 E 4316이 사용되고, 탄소량이 높은 경우에도 저수소계 용접봉이 좋다. 구속이 큰 경우 균열발생의 위험성이 있는 경우는 예열을 해야 한다.

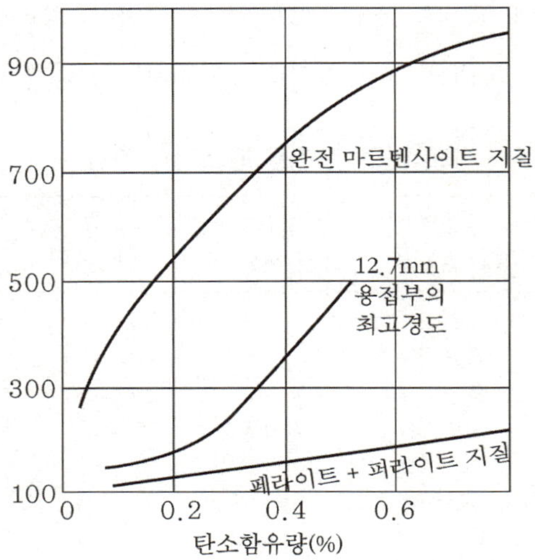

그림 7.3 탄소함유량이 경도에 미치는 영향

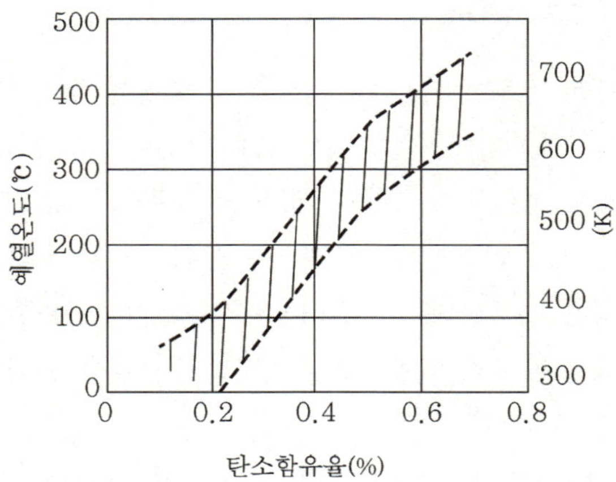

그림 7.4 탄소함유량과 예열온도의 관계

(2) 중탄소강의 용접 · 접합

중탄소강과 고탄소강은 연강에 비해 열영향부의 경화가 심하여 비드균열(bead crack)이 발생되기 쉽고, 모재와 같은 용접금속의 강도를 얻으려면 연신율이 적어 용접균열을 일으키기 쉽게 된다. 다양한 용접법을 적용할 수 있으나 100~300℃의 예열을 해야 하며, 탄소함유량 0.4%이상에는 후열처리를 고려해야 한다. 피복아크용접은 급랭에 의한 마르텐사이트를 일으키지 않도록 예열과 후열처리를 한다. 탄산가스 용접에는 모재의 용입을 억제하기 위해 저전류, 저전압 조건을 사용하며 저수소의 용착금속을 얻어 저온균열 방지에 유리하고, 탄소량 증가에 따라 고온균열 발생에 주의해야 한다.

(3) 고탄소강의 용접 · 접합

고탄소강에서 용접이 가능한 탄소함유량의 범위는 C가 0.8% 정도까지이며, 그 이상의 탄소를 함유한 강에서는 용접이 곤란하다. 보수용접 및 마모부의 패딩이나 철도용 레일의 접합 등에 한정되며 예열과 후열처리는 필수적이다. 용접에 있어 250℃이상은 예열이 필요하고 용접 후 650℃이상에서는 후열처리 하는 것이 좋다. 예열은 용접부의 급랭을 막기 위한 것이나 이로 인하여 열영향부가 감소하고, 또한 수소방출이 용이하므로 용접결함이 방지될 수 있다. 0.5%정도의 탄소강에는 300℃(573k)예열이 필요한 것을 알 수 있다. 열영향부 경화가 뚜렷한 경우에는 용접후 급랭은 피하고 후열처리에 의하여 경화부를 연화시켜야 한다. 수소는 일반적으로 공기중의 수분, 용접봉 피복제, 모재 이음부에 부착되어 있는 수분이 용접열에 의해 해리되어 용접열영향부에 침입하게 되므로 저수소계 용접봉을 사용해도 흡습된 용접봉을 사용하거나 모재 표면에 녹이 존재하면 수소량을 줄일 수 없다.

탄소성분이 많을수록 경도가 높아지고 임계점에서 냉각속도가 빠르게 되어 예열을 필요로 하게 된다. 탄소 이외의 강재의 다른 성분도 급랭으로 인한 경화작용과 연성손실의 원인이 될 수 있다. 따라서 예열온도를 알기 위해 전체적인 경화성분을 고찰해야 한다. 전체적 경화성분을 탄소당량으로 표현하는데 이는 예열 및 층간온도 책정의 근거가 된다. 망간, 규소, 니켈, 크롬 등 이들의 성분이 경도를 높이는 효과를 탄소량으로 환산한 것이 탄소당량(炭素當量)이다.

표 7-2 탄소함유량과 예열온도

탄소함유량(%)	예열온도(℃)
0.2이하	90이하
0.20~0.30	90~150
0.30~0.55	150~260
0.40~0.80	260~420

표 7-3 중탄소강 및 고탄소 강재의 규격

종 별		기 호	기계적 성질			화 학 성 분(%)			
			항복점 (kg/mm²)	인장강도 (kg/mm²)	신율 (%)	C	Mn	Si	Cep
탄소강 단강품	4종	SF50	≥25	50~60	≥25	~0.30	~0.60	~0.30	~0.41
	5종	SF55	≥28	55~65	≥23	~0.35	~0.80	~0.30	~0.49
	6종	SF60	≥30	60~70	≥20	~0.45	~0.80	~0.30	~0.59
탄소강 주강품	4종	SC49	≥25	≥49	≥20	~0.30	~0.70	~0.40	~0.43
기 계 구조용 탄소강	5종	S30C	≥29	≥48	≥25	0.27/0.33	0.60/0.90	0.15/0.35	0.46
	6종	S35C	≥31	≥52	≥23	0.32/0.38	0.60/0.90	0.15/0.35	0.49
	7종	S40C	≥33	≥55	≥22	0.37/0.43	0.60/0.90	0.15/0.35	0.54
	8종	S45C	≥35	≥58	≥20	0.42/0.48	0.60/0.90	0.15/0.35	0.59
	9종	S50C	≥37	≥62	≥18	0.47/0.53	0.60/0.90	0.15/0.35	0.64
	10종	S55C	≥40	≥66	≥15	0.52/0.58	0.60/0.90	0.15/0.35	0.69
구조용 탄소강 강 관	6종	STK51	≥36	≥51	≥15	≤0.30	0.30/1.00	≤0.35	0.42
	7종	STK55	≥33	≥55	≥15	0.35/0.45	0.40/0.80	≤0.40	0.52
	8종	STK62	≥37	≥62	≥10	0.45/0.55	0.40/0.80	≤0.40	0.62
보통 레일	30, 37kg레일 40kgN, 50kgN레일		–	≥70	≥9	0.55/0.70	0.60/0.95	0.07/0.35	0.76
			–	≥75	≥8	0.60/0.75	0.70/1.10	0.10/0.30	0.84
가벼운 레 일			–	≥58	≥12	0.40/0.60	0.50/0.90	≤0.40	0.62

표 7-4 중탄소강 및 고탄소강의 용접에 사용되는 용접봉

종류	용접 자세	전류	기계적 성질			
			항복점 (kg/㎟)	인장강도 (kg/㎟)	신율 (%)	충격치(℃) (kg-m)
D4316	F. V. OH. H	AC. DC	35	43	25	4.8
D4326	F. H-Fil	AC. DC	35	43	25	4.8
D4328	F. H-Fil	AC. DC	35	43	25	4.8
D5016	F. V. OH. H	AC. DC	40	50	23	4.8
D5026	F. H-Fil	AC. DC	40	50	23	4.8
D5316	F. V. OH. H	AC. DC	42	53	20	4.8
D5326	F. H-Fil	AC. DC	42	53	20	4.8
D5816	F. V. OH. H	AC. DC	46	57	20	4.8(-5℃)
D5826	F. H-Fil	AC. DC	46	57	20	4.8(-5℃)
E10015X	F. V. OH	DC	87000psi	100000psi	16	
E10016X	F. V. OH	AC. DC	87000psi	100000psi	16	
E10018X	F. V. OH	AC. DC	87000psi	100000psi	16	
E11015X	F. V. OH	DC	97000psi	110000psi	15	
E11016X	F. V. OH	AC. DC	97000psi	110000psi	15	
E11018X	F. V. OH	AC. DC	97000psi	110000psi	15	
E12015X	F. V. OH	DC	107000psi	120000psi	14	
E12016X	F. V. OH	AC. DC	107000psi	120000psi	14	
E12018X	F. V. OH	AC. DC	107000psi	120000psi	14	

(주) 1) 충격치는 2mm 노치,
2) 전류 DC는 역극성
3) E×××××의 기계적 성질은 1150° F 응력 제거 열처리 후의 값을 보여준다.

$$C_{eg}(\%) = C + \frac{Mn}{6} + \frac{Si}{24} + \frac{Ni}{40} + \frac{Cr}{5} + \frac{Mo}{4} + \frac{V}{14}$$

강재에 있어서 탄소당량을 기초로 한 대략의 예열 및 층간온도는 표 7-2와 같다.

7.3 주철(cast iron) 및 주강

(1) 개요

주철은 탄소가 1.7~6.7%함유한 탄소-철 합금이며, 주로 C가 2.0~3.5%, Si가 0.6~2.5%, Mn이 0.2~1.2%의 범위에 있다. 주철은 강에 비해 융점이 낮고 유동성이 좋으며, 가격이 저렴하여 주물용으로 사용된다.

주철 중에 포함되는 탄소는 주조성을 좋게 하고 응고 시에 흑연으로 정출하여 진동의 흡수, 내마모성, 피삭성을 좋게 한다. 그러나 주물은 연성이 부족하여 주물결함의 보수나 파손된 주물의 수리에 사용되며, 취성과 열 영향으로 균열이 쉬워 용접이 곤란하다. 강철의 주조품을 주강품이라 하고 그 재질을 주강이라 하며, 종류가 많고 분류법도 다양하다.

표 7-5 탄소강 주강품(KS D 4101)

종류	기호	인 장 시 험				적 요
		항복점 (kg/㎟)	인장강도 (kg/㎟)	신율 (%)	단면수축 (%)	
1종	SC37	18이상	37이상	26이상	35이상	전동기부품용
2종	SC42	21이상	42이상	24이상	35이상	일반구조용
3종	SC46	23이상	46이상	22이상	30이상	일반구조용
4종	SC49	25이상	49이상	20이상	25이상	일반구조용

표 7-6 용접 구조용 주강품(KS D 4106)

종 류	기 호	화 학 성 분(%)			탄소당량(%)
		C	P	S	
1종	SCW42	0.22이하	0.040이하	0.040이하	0.40이하
2종	SCW49	0.22이하	0.040이하	0.040이하	0.43이하
3종	SCW56	0.20이하	0.040이하	0.040이하	0.44이하
4종	SCW63	0.20이하	0.040이하	0.040이하	0.44이하

종 류	기 호	인 장 시 험			충 격 시 험	
		항복점 (kg/㎟)	인장강도 (kg/㎟)	신 율 (%)	시험온도 (℃)	샤르피흡수 에너지(kg－m) (4호시험편)
1종	SCW42	24이상	42이상	24이상	0	2.8이상
2종	SCW49	28이상	49이상	23이상	0	2.8이상
3종	SCW56	36이상	56이상	21이상	0	2.8이상
4종	SCW63	44이상	63이상	20이상	0	2.8이상

표 7-7 회주철

화 학 성 분(%)					기계적 성질	
C	Si	Mn	P	S	인장강도 (kg/㎟)	경도 (HB)
3.3~3.7	1.8~2.5	0.5~0.8	<0.2	<0.15	14~17	170~200
3.1~3.3	1.4~2.0	0.5~0.9	<0.2	<0.15	24~28	190~220
2.8~3.2	1.4~1.7	0.6~0.9	<0.15	<0.1	35~40	230~260

표 7-8 구상흑연주철

화 학 성 분(%)					기계적 성질	
C	Si	Mn	P	S	인장강도 (kg/㎟)	경도 (HB)
3.3~3.8	2.3~3.0	0.2~0.6	<0.1	<0.03	40~53	12~25
3.0~3.5	2.3~3.0	0.2~0.6	<0.1	<0.03	70~85	0.6~10

표 7-9 특수주철

	화 학 성 분(%)							기계적 성질	
	C	Si	Mn	P	S	Ni	Cr	인장강도 (kg/㎟)	경도 (HB)
니켈 주철	2.8~3.3	1.2~1.7	0.55~1.0	< 0.3	< 0.1	2.8~3.3	−	25~30	180~230
니켈 크롬 주철	2.7~3.3	1.3~1.7	0.55~1.0	< 0.5	< 0.1	2.8~3.3	2.8~3.3	28~34	200~250

(2) 주철의 용접

주철의 용접은 피복아크용접과 산소아세틸렌 가스용접으로 주로 수행된다. 주조결함의 보수나 설계변경에 의한 덧살붙임 등이 주로 이루어지며, 파괴한 대형기계의 용접보수나 주철제의 소형 공예품의 접합에도 사용된다. 연강에 비해 용접이 곤란하므로 용접에 있어서는 주철의 특성을 파악해야 하며, 주철의 용접성이 저하되는 이유는 다음과 같다.

① 주철이 용융상태에서 급랭하면 백선화가 된다. 이 백선은 단단하고 취성을 가지며 수축이 큰 잔류응력이 발생하여 균열발생이 쉽다. 또한 주철 중에 존재하는 황이나 산소같은 불순물이 많을 때 백선화가 되기 쉽다.
② 일산화탄소(CO) 가스가 발생되어 용착금속에 기공이 생기기 쉽다.
③ 주철 자체가 취약하여 주조시 잔류응력으로 모재에 균열이 발생되기 쉽다.
④ 장시간 가열하여 흑연이 조대화 되면 주철 속의 기름, 흙, 모래 등이 잔류하는 용착불량이나 모재와의 친화력이 나쁘다.

주철의 용접은 모재 전체를 500~600℃ 예열하여 시공하는 열간 용접법과 예열하지 않든가 저온으로 용접해서 용접하는 냉간용접법으로 분류한다.

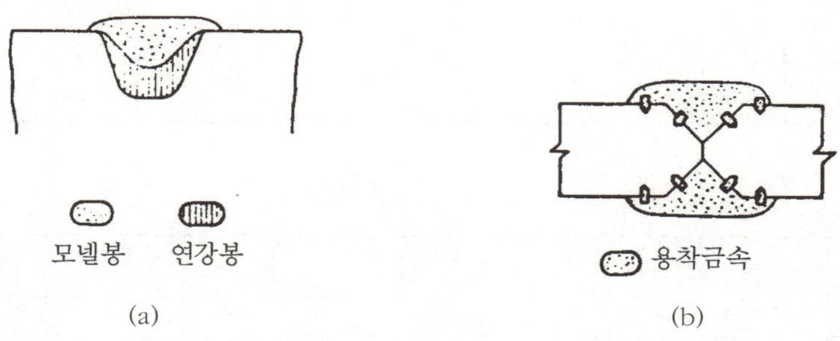

그림 7.5 주물 용접법의 예

(가) 냉간용접(cold welding)

주철의 냉간용접에 있어서는 용접전류를 가능한 작게하고 패스마다 비드길이를

15mm 전후로 하여 피닝하는 방법으로 예열 없이 용접이 가능하다. 열영향부의 경화도는 높으나 경화폭이 좁아 저온예열 용접법과의 용접성이 동등하다. 아크용접이 사용되며 용접봉은 순니켈, Ni 60%의 고니켈합금봉, 모넬메탈, 토빈청동(tobin bronze)봉, 연강봉이 있다.

니켈은 응고될 때 용해탄소를 대부분 흑연화 하는 작용이 있어 시멘타이트의 생성이 적어 그 만큼 용접금속은 예열하지 않아도 균열발생이 없다. 니켈합금봉을 사용해도 용접금속의 수축으로 모재가 균열될 우려가 있어 1층 비드의 용접길이를 30~50mm정도로 하고, 고온에서 피닝하여 응력을 완화시킨 다음 용접은 모재가 어느 정도 냉각된 후에 수행한다. 냉간용접은 주로 주물의 보수용접에 이용되는 경우가 많아 용접 후 기계가공을 필요로 하는 경우 표면경도를 낮게 해야 한다

(나) 저온예열 용접법

100~300℃정도에서 예열을 하며 모재 파악을 잘하여 전류, 전압과도 가능한 작게 설정하여 비드를 단속적으로 한다. 전 패스의 크레이터 위치에서 아크를 끊는 열응력 중첩을 일으키는 용접순서는 피해야 한다.

(다) 고온예열 용접법

600℃ 전후의 고온예열을 통하여 주철의 응고역인 1,150℃까지 가급적 서냉시켜 탄소의 흑연화를 방지하고 경화부가 없는 모재에 가까운 용접부를 얻는 방법이다. 주철조성의 용접봉이 사용되며, 냉각속도를 서랭시키기 위해 위빙하는 편이 좋다. 열간 용접에는 주로 가스용접이 사용되며 용접전 후에 가능한 고온유지를 위해 예열과 서랭해야 한다. 고온가열에서 주조응력이 풀리든가 조직변화로 체적이 변화하여 변형이 생긴다. 변형제거 및 용착금속의 흑연화를 위해 약 600℃정도에서 1시간정도 풀림처리 해야 한다.

(라) 가스용접법

가스용접은 신뢰성이 높으며, 경도, 색깔, 진동흡수 및 강도에 걸쳐 모재와 가까운 용접부를 얻을 수 있다. 가스용접에는 가열영역이 넓고, 열응력이 커지기 쉬워 예열

이 필요하며, 특히 백선화 방지를 위해 600℃이상에서는 예열이 필수적이다. 용제는 붕사, 탄산소오다 등이 사용되며, 산화물 용해제거, 용융금속 보호, 용융금속의 유동성을 부여하기 위하여 사용된다. 용접봉은 Si, Al 등이 적당히 함유되어 있으면 백선화 방지와 흑연화가 촉진되고, 2~2.5%의 Ni이 함유되어 있으면 강도가 향상된다.

7.4 고장력강(High Strength Steel)

(1) 개요

저합금 고장력강은 연강의 강도를 높이기 위해 적당한 합금원소를 첨가한 저합금강이다. 물리적, 화학적 성질이 우수하며 사용목적은 구조물의 중량을 감소시키고 재료의 절약과 용접 시공수 감소 및 내식성 향상에 있다. 고장력강은 강도, 내식성, 내충격성, 내마모성을 요구하는 구조물에 적합하여 교량, 고층건물, 자동차, 선박 등 및 일반 기계류에 이용된다. 최근에는 용접성이 우수하고 고장력강이 발달함에 따라 종래 연강이 사용되던 용접구조물이 고장력강으로 대처해 가고 있다.

저합금강은 탄소이외의 합금원소를 비교적 적게 하여 탄소강에 비하여 우수한 기계적, 물리적, 화학적 성질을 부여한 소재를 의미한다. 저합금강에는 연강과 유사한 강도의 약 52kg/㎟이하인 제품으로 고온고압용 강관, 보일러용 강관, 화학공업용 강관 등이 있고, 이들은 비교적 탄소량이 낮아 용접성이 비교적 좋다.

저합금강 중에는 연강보다도 우수한 강도를 갖는 고장력강으로 탄소함유량이 낮으나 용접성에 중점을 둔 용접용 고장력강이 있다. 반면에 용접성보다도 기계적 성질에 중점을 둔 저합금강이 주로 기계, 자동차, 항공기 등에 사용되며, 거의 담금질과 뜨임을 할 수 있는 열처리강(조질강)으로서 강도와 취성이 크며 용접성이 나쁘다. 특별한 특성을 부여하기 다음과 같이 분류할 수 있다.

① 구조용 – 50Kg/mm^2 고장력강 판 두께 30mm이상 용접시 용접균열을 방지하기 위해 예열을 하며, 대입열 용접시에는 인성이 저하된다. 판 두께방향의 큰 구속으로

라멜라테어(lamella tear)가 발생하기 쉽다.

② 내후성용 – Cu, Cr, P, Ti 등이 소량첨가 되며, 대기중의 내식성은 탄소강 보다 우수하며 인성을 요구하는 경우는 P첨가량을 감소한다. 부식을 조장하는 원소 C, Mn, S이 있다.

③ 저온용 – LPG, LNG 등의 저조용 및 수송용 용기는 강구조물은 우수한 노치인성이 요구된다. 상온에서 사용할 경우 용접에 의한 각변형, 언더컷, 미소결함으로 인한 취성파괴가 되지 않도록 노치인성이 요구된다. 이러한 용도에는 알루미늄 합금이나 오스테나이트계 스테인리스강이 사용되며, 재질의 값이 저렴한 페라이트계 강재가 사용되기도 한다. 알루미늄킬드강은 Si나 Mn 등에 의해 탈산된 용강을 Al로 강제탈산한 탄소강이고 림드강에 비해 우수한 저온인성이 있다.

④ 내열용 – 내열재료는 저합금강, 고크롬강, 오스테나이트 스테인리스강, 고합금강이 있으며, 이들 재료는 온도, 응력조건, 환경에 따라 사용분야가 다르다. 특히 고온에서 안정성, 산화, 흑연화, 침탄, 질화, 탈탄, 납 및 바나듐침식, 수소가스, 유동나트륨, 부식성 물질에 대한 저항성이 요구된다. 또한 고온강도, 크리프강도, 열피로강도, 열충격 저항이 크고 파괴인성값이 양호하고 장시간 고온상태 및 과열과 냉각상태에서 변태, 석출하지 않는 안정성을 유지해야 한다.

(2) 고장력강의 조질강(調質鋼)과 비조질강(非調質鋼)

고장력강에는 압연한 그대로 사용하는 비조질강과 강도나 인성을 향상시키기 위해 담금질, 풀림, 뜨임, 불림 등 각종 열처리를 실시하는 조질강이 있다. 조질강의 특징으로서는 항복점이 높고 인성이 우수하고 강도가 높다. 또한 합금 원소량이 적으므로 용접성이 좋다. 비조질강은 조질강에 비하여 탄소당량이 많아지기 때문에 양호한 용접결과를 기대하기 위해 판 두께 100mm정도까지로 제한된다. 합금원소의 영향을 보면 조질강에 있어서는 C, P, Mo, V, Ni, 은 인장강도를 크게한다. 인성향상에 유효한 것은 Ni, Mn이며 C, P, V는 인성을 저하한다.

조질강을 대입열로 용접하면 열영향부 취화역이 생긴다. 조질, 비조질강은 모두 고장력강으로써 강도가 높게 됨에 따라 첨가 합금원소가 많아져 용접열에 의한 경화성 증가,

용접금속 및 열영향부에 있어서 저온균열을 일으키는 경향이 현저하다. 조질 고장력강은 탄소의 양이 적은 저합금강에 담금질, 뜨임 등의 조질처리를 하여 만든 인장강도가 크고 노치인성이 우수하다. 탄소의 양을 0.2%이하로 낮춘 저탄소 강을 담금질하여 만든 저탄소 마르텐사이트는 고탄소 담금질에 의한 마르텐사이트에 비해서 노치인성이 좋으며, 천이온도가 비교적 낮고 이를 고온에서 뜨임하면 이와같은 성질이 더욱 향상되어 그 효과를 이용하는 것이 조질 고장력강이다.

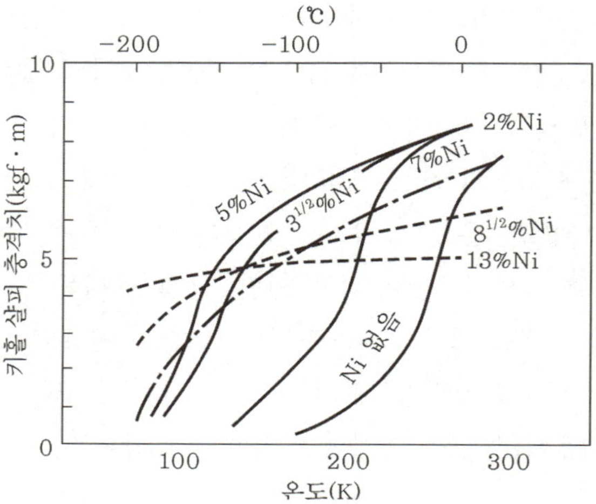

그림 7.6 저탄소강의 노치인성에 미치는 Ni의 영향

(3) TMCP(Thermo-Mechanical Controlled Process)강의 특성

TMCP 강재는 종래 압연강재 보다 탄소당량이 낮고 인성이 풍부하여 용접성이 우수하며 대입열 용접시 불림(normalizing) 강재에 비해 열영향부 취화가 심하지 않아 대입열 용접용으로 적합한 재료이다. 고장력강재는 고강도, 인성, 우수한 용접성을 얻기 위해 탄소함량을 줄이고 합금원소를 첨가하여 고강도화 하고 인성을 증가시키기 위해 열간압연으로 생산된 강재를 불림처리하여 조직을 미세화하고 필요한 강도와 인성을 얻고 있다.

열영향부 연화현상과 절단시 변형문제가 있고 강재의 가속냉각시 냉각 불균일로 인하여 생성되는 잔류응력 때문에 발생한다. 제품의 최종 두께까지 열간압연하고 냉각후 Ac_1

온도이상(900~950℃) 가열 후 공랭시켜 조직을 미세화시켜야 한다. 제어압연법은 불림을 생략하고 Nb, V, Ti 등의 탄화물 형성원소를 미량 첨가한 저탄소강에 대해 압연과정을 제어하여 인성을 개선하고 석출강화를 이용하여 강도향상을 도모하는 비조질 고장력강의 강인화 기술이다.

Nb 등 미량합금 원소가 첨가된 강의 경우 탄화물 생성원소인 Nb 등의 합금원소는 페라이트, 퍼얼라이트계 강에서 미량 첨가 후 열간압연 중에 오스테나이트 미재결정의 경계온도를 100℃ 높이는 효과를 준다. 고온 압연하여도 오스테나이트로 재결정되지 않고 변태되어 페라이트 결정을 미세하게 하여 압연강재의 강도와 인성을 증가시킨다.

제어압연 후 가속 냉각시켜 냉각속도가 빨라져 오스테나이트가 회복될 시간이 없어 핵 발생점이 많아지게 된다. 따라서 공정시 보다 미세조직을 얻고 냉각속도 증가에 따라 퍼얼라이트 생성이 억제되는 대신 베이나이트가 생성되어 페라이트와 베이나이트 혼합조직으로 강도향상의 효과를 가져 온다.

종래 압연강재에 비해 TMCP강재는 탄소량이 낮고 인성이 풍부하여 용접시 균열 발생 감수성이 작아 용접성이 우수하며, 대입열 용접시 공랭강재에 비해 열영향부 취화가 심하지 않아 대입열 용접용에 적합하나 열영향부 연화현상, 절단시 변형이 문제, 용접후 열처리는 모재의 강도저하를 초래하였다.

(4) 용접용 고장력강

용접용 고장력강은 열처리 방법으로 HT 50(High Tension)과 HT 55로 합금 원소량에 의하여 강도를 높이는 것으로 압접 및 풀림처리 그대로 사용할 수 있어 비조질강(非調質鋼)이라한다. 이들은 열간가공이 가능하며 큰 입열의 용접에서도 열영향부가 약하게 되는 일은 없으나 HT 60이상의 비조질강은 합금 원소량이 많아져 용접성이 저하되므로 물에 담금질한 후 600~650℃에서 풀림처리 하여 강도를 10~20kg/㎟ 높인 조질강이 많이 사용된다.

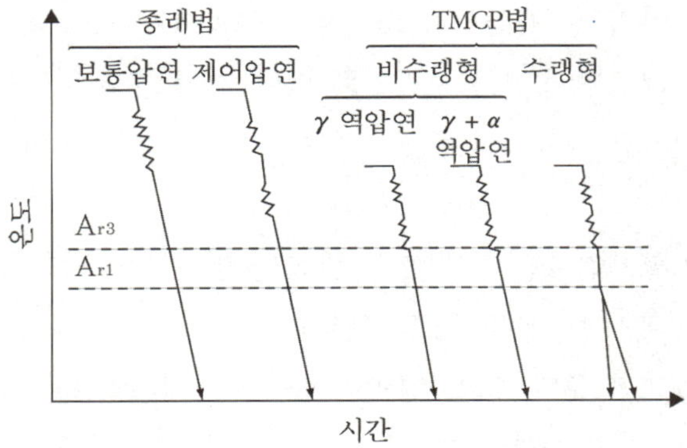

그림 7.7 종래의 압연법과 TMCP법

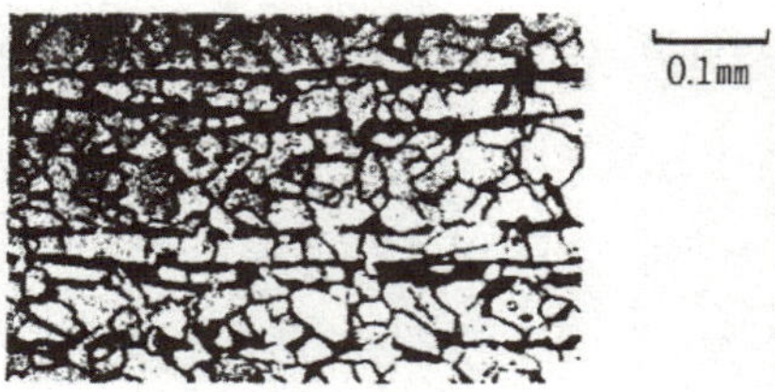

(a) HT50압연 그대로

(c) HT50 TMCP 수랭형

(b) HT50 TMCP 비수랭형

(d) 열고름

그림 7.8 고장력강의 조직(a. b. c는 동일소재)

내후성강은 기후 변동에 잘 견디며, 연강에 Cu, Cr, P, Ti 등을 소량첨가하면 대기 중에서 내식성이 4배가량 증가한다. 보통의 고장력강은 저온에서 노치취성에 매우 약하므로 저온사용 중에 취성이 좋은 강재를 필요로 한다.

(5) 용접조건

고장력강의 용접은 연강에서 사용되는 각종 용접법을 그대로 이용될 수 있으며, 연강에 비하여 열영향부의 경화가 현저하므로 주의해야 한다. 고장력강의 피복아크 용접조건에서 이음현상은 연강과 동일하며 냉간균열 방지와 용접부의 연성향상을 위해 열영향부가 최고 경도값이 위험값을 초과하지 않는 용접조건을 선정해야 한다.

냉각균열을 방지할 목적으로 보통 저수소계 용접봉을 사용한다. 이것이 피복제성분에 유기물의 사용을 피하고 아크 분위기 중의 수소량을 적게 한 용접봉으로 용착부의 취성과 연성을 좋게해야 한다. 저수소계 용접봉의 피복제의 흡습량은 250~300℃로 건조시킨 상태에서는 피복제 중량의 0.2~0.5%까지 저하시키나 불충분하다. 470℃에서 1시간 정도 유지시켜 흡습량을 0.1%이하로 내리면 예열 없이도 용착강의 균열이 현저히 작아지며, 균열을 완전히 없애려면 예열을 병용해야 한다. 그리고 모재의 홈 부분이나 공기 중에 습기에서도 용접부에 수소가 침입하므로 습도 90%이상이 환경에서는 작업을 중지해야 한다.

(6) 용접성

고장력강의 용접성으로 가장 큰 문제가 되는 것은 기계적 성질의 노치취성, 냉간균열과 용접부 연성을 들 수 있고, 내후성 분위기에서는 내식성이 문제가 된다. 고장력강은 일반적으로 열영향부(HAZ)가 경화하기 쉬우며, 용접부의 연성저하, 용접균열 발생, 사용중 응력부식균열이 발생되는 경향이 있다. 따라서 HAZ의 최고 경도를 가능한 높지 않도록 하고 재료나 용접조건을 선정해야 한다.

그림 7.9는 조질 HT60급 강철의 피복아크 용접에 의한 경도분포를 나타낸 것이다. 서브머지드 아크용접이나 일렉트로가스 용접과 같은 대입열 용접에는 그림 7.10과 같이 넓은 HAZ에 넓은 연화역이 생긴다.

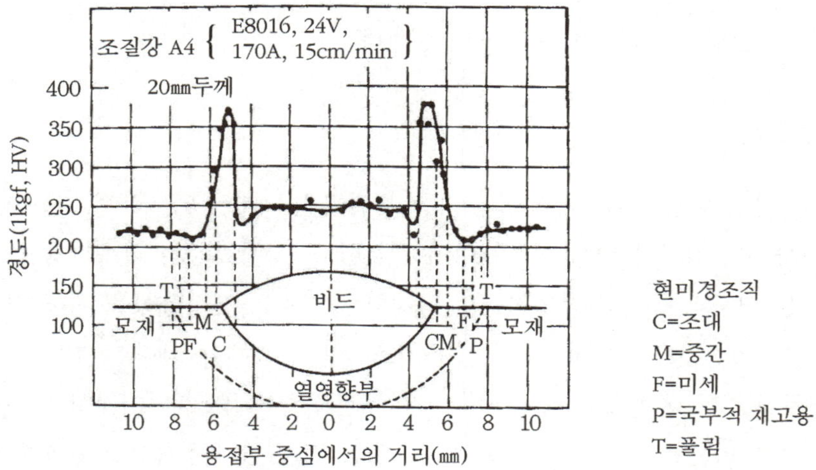

그림 7.9 조질형 HT60급강의 비드용접단면의 경도분포 예

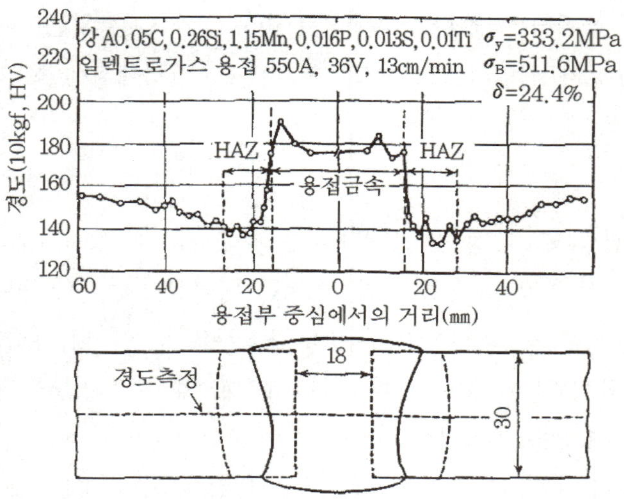

그림 7.10 HT50급 강판의 일렉트로가스 용접부의 경도분포

7.5 스테인리스강(stainless steel)

(1) 개요

스테인리스강도 강의 일종으로 철(Fe)이 주성분으로서 크롬(Cr)이 11.5% 이상 함유된 것이 기본조건이고, 기타 성분은 다양한 성질을 보완하기 위하여 약간씩 첨가된다. 크롬이 11.5% 이상 철에 함유되면 대기에 노출된 금속표면에는 산화크롬의 막이 형성되어 이 산화막이 산화작용을 방지한다.

표 7-10 스테인리스강의 종류와 특징

종류	성분(%)			담금질성	자성	용접성	내성 내산화성	고온 강도
	Cr	Ni	C					
페라이트계	16~27	–	≤0.35	없음	약함	약함	우수	S약함
마르텐사이트계	11~15	–	≤1.20	있음	약함	약함	약함	양호
오스테나이트계	≥16	≥7	≤0.4	없음	우수	우수	우수	우수

즉, 스테인리스강은 저탄소강에 Cr, Cr−Ni, Cr−Ni에 Mo, Cd, Ti 등을 소량 첨가한 고합금강으로 연강에 비해 우수한 내식성과 내열성을 가져 식음료 제조설비, 터빈, 엔진, 차량부품 등에 사용된다. 합금성분에 따라 오스테나이트계, 페라이트계, 마르텐사이트계 등으로 구분되며 이들의 용접성은 다음과 같다.

(2) 스테인리스강의 용접

스테인리스강은 피복아크용접, 불활성아크용접, 서브머지드아크용접, 가스용접 등이 있으며 난이도를 나타내면 표 7-11과 같다.

(가) 페라이트계 스테인리스강의 용접

크롬(Cr) 성분이 14%~17% 범위로 함유되어 있고 니켈은 없으며, 크롬과 탄소의 균형이 잡혀 있어 고온에서도 오스테나이트 조직의 발생을 억제하며 열처리 경화성이 없다. 오스테나이트 조직이 거의 없어 급랭 시에도 마르텐사이트(Martensite) 조직으로 변태하지 않으며 항상 페라이트 상태로 유지하는 특성을 갖는다.

즉, 페라이트계 스테인리스강(ferrite stainless Steel)은 급랭되어도 마르텐사이트를 만들어 경화하는 일은 없으나 열영향부는 조립화되어 부스러지기 쉽다. 또한 너무 서랭하면 취화가 촉진되어 475℃에서 취성을 일으키므로 주의하고 100℃내외의 예열로 오스테나이트 스테인리스강의 용접봉을 사용하여 아크용접을 한다. 페라이트계 스테인리스강은 $\gamma - \alpha$ 변태가 없어 다층용접을 하면 하부층이 거칠어져 상층이 열 영향에 의해 결정의 조립화가 촉진된다. 이 조립화를 막고 잔류응력 제거를 위해 피닝을 해야 한다.

표 7-11 스테인리스강 용접의 난이도

구분	용접방법	마르텐사이트계	페라이트계	오스테나이트계	적용판 두께
		Cr강	고Cr강	Cr-Ni계	
용접	피복아크 MIG TIG	B~C B B	B B B	A~B A A	t > 0.8 0.5~3 t > 6
용접	서브머지드 원자수소아크 가스	B B C	B B C	B A~B B	t > 6 0.3~3 t < 1
납땜		C	C	B	t < 6
저항	점 시임 플래시	B C B	A B B	A A A	0.15~3 0.15~3 0.15~15
가스 용접		B~C	B~C	B	–

A : 가장우수, B : 보통, C : 곤란

(나) 마르텐사이트계 스테인리스강의 용접

크롬(Cr)이 포함된 철(Fe) 합금이나 열처리가 가능하며, 다양한 경도와 강도를 만들어 낼 수 있다. 즉, 고온에서의 오스테나이트 상태가 냉각에 따라 단단한 마르텐사이트 상태로 변태를 일으키도록 크롬과 철의 균형이 잡힌 금속조직을 이루고 있다. 로크웰 경도 C스케일(Roeckwell－C) 62와 285,000psi(200kg/㎟)의 인장강도를 가지며, 자성을 띠고 증기 및 가스터빈에 사용되고 마찰, 마모에 강한 특성을 갖는다.

마르텐사이트계 스테인리스강(Martensitic Stainless)은 용접에 의해 급열, 급랭되면 마르텐사이트를 생성하여 균열을 일으키기 쉽다. 특히 탄소함유량이 많을수록 경화가 심하고 잔류응력이 커지며, 급랭 후에 균열이 생긴다. 이 경화를 감소하려면 예열에 의해 경도를 감소시켜야 한다. 일반적인 경도 감소방법으로는 200~400℃의 예열과 층간온도를 유지하고 용접직 후 냉각되기 전에 700~800℃로 가열 유지한 후에 공랭시킨다. 용접봉으로는 알루미늄이 소량 첨가된 비자경성의 12% Cr강을 사용한다. 후열처리가 불가능한 경우에는 18% Cr－Ni－Mo의 Mo을 함유한 고급 스테인리스강의 용접봉을 사용한다.

표 7-12 13크롬강의 최고경도 시험결과

예열온도	열영향부 최고경도(HV)	용착금속의 경도(HV)
상온	579	505
150℃	608	505
316℃	584	487
400℃	524	483

(다) 오스테나이트계 스테인리스강의 용접

크롬(Cr)－철(Fe) 스테인레스강에 적당량의 니켈성분을 첨가한 것으로 주류를 이루는 것이 18/8스테인리스강이다. 크롬(Cr) 18%+니켈(Ni) 8% 함유한 것으로 가장 잘 알려진 스테인리스강이다. 이 종류는 자성을 띠지 않아 쉽게 구별되며, 스테인리스강에 니켈이 첨가되면 다음과 같은 성질을 갖는다.

(a) 내식성(耐蝕性)이 강해진다.
(b) 열전도도가 낮아진다.
(c) 충격치와 연성이 좋아진다.
(d) 전기 저항성이 높아진다.
(e) 내 피로성이 강해진다.

18/8스테인리스강은 용접열이 가해지면 탄소가 크롬을 감싸 안고 탄화크롬을 형성하는데 이것을 탄소석출(carbide precipitation)이라 한다. 탄소석출 부분은 이미 내식성을 잃고 부식에 견디지 못하여 용접부에서 이러한 현상이 나타난다. 크롬-카아바이드의 형성은 스테인리스강이 426℃~870℃의 온도에서 장시간 유지될 때 나타난다. 이 조건에서는 탄소가 스테인리스강의 크롬성분을 흡수하므로 내식성을 잃게 되며, 이러한 카아바이드 석출을 방지하는 방법은 다음과 같다.

(a) 탄소의 함유량을 0.03% 이하로 억제하여 유해한 크롬-카아바이드 형성을 방지하며, 0.03% 이하의 탄소를 함유한 스테인리스강을 ELC(Extra law carbon steel, 극 저탄소강)라고 한다.
(b) 일종의 안정제라는 컬럼븀(columbium)과 티타늄(titanium)중의 하나를 첨가하여 이들이 탄소와 결합하여 컬럼븀 카아바이드 또는 티타늄 카아바이드를 형성하여 내식성을 갖게 하며, 이와 같이 안정제를 사용한 스테인리스강이 347 및 321종이다.

한편 스테인리스강에 몰리브덴(Mo)을 첨가한 대표적인 강종이 316과 317로서 다음과 같은 특성을 갖는다.

(a) 고온에서 크리프 저항력(creep resistance)이 강해진다.
(b) 내식용 재료로 사용하였을 때 피팅(pitting)에 대한 저항력이 강해진다.

오스테나이트계 스테인리스강 용접에는 피복아크 용접, 불활성가스 아크용접, 서브머지드 아크용접이 행해지며, 박판용접에는 점용접, 프로젝센 용접 등의 저항용접도 사용된다. 이 종류의 강은 열팽창계수가 연강에 비해 50%크므로 변형도 크다.

따라서 불활성가스 아크용접이 많이 사용되며, 피복아크 용접 시에는 연강 용접때 보다도 낮은 용접전류를 사용해야 한다.

용접 후에는 680~480℃로 서냉하면 크롬탄화물이 결정입계에 석출되어 내식성을 해치므로 주의해야 한다. 특히, 18－8스테인리스강을 이 온도영역에서 가열하면 탄화물이 석출되어 입계부식을 일으키므로 냉각속도를 빨리하거나 용체화 처리를 해야 한다. 만일 후판 소재를 다층 용접할 경우 하층에서 상층까지 주상결정이 이루어져 기계적 성질이 저하되므로 주상결정을 막기 위해 각 층마다 피닝을 한다.

페라이트가 함유되지 않은 310, 330, 316같은 완전 오스테나이트 조직의 스테인리스강은 용접 후 냉각되면서 고온균열(hot crack)이 발생하기 쉽다. 고온균열의 주원인은 입계에 존재하는 저융점의 불순물 혼입인 모재오염, 아크길이가 긴 것, 크레이터 처리 불충분, 강한 구속 상태에서 용접시공이 원인이 된다. 또한 900℃에 달하면 갑자기 입간부식(粒間腐蝕) 작용을 하며, 입자가 큰 것은 더욱 커지므로 점차 취약해진다. 순 크롬성분으로 합금된 마르텐사이트계와 페라이트계 스테인리스강은 오스테나이트계 스테인리스강과 달리 탄소석출(carbide precipitation)이 생기지 않으며, 탄소석출로 인한 입간부식을 최소화하기 위해 다음과 같이 수행한다.

① 300계열의 스테인리스강은 예열을 하지 않는다.
② 직경이 가는 용접봉을 사용하고 낮은 전류값으로 하여 용접 입열을 억제한다.
③ 아크를 짧게 하며 길게 되면 크롬을 입계로 나와 탄소석출로 부식저항력이 저하된다.
④ 아크를 끊기 전에 크레이터를 채워 균열발생의 원인을 방지한다. 특히 310, 330, 347 종류의 스테인리스강은 용접에 있어 크레이터 처리가 중요하다.
⑤ 용접봉 성분은 모재에 맞거나 모재보다도 합금성분이 우수한 것을 선정한다.

극 저탄소(ELC, Extra Low Carbon) 수준의 용접봉은 모두 잘 맞으며, 고온 균열을 방지하기 위해서는 수 %의 페라이트가 존재해야 하며, 또한 Cr－Ni－Mn계 오스테나이트계 용접봉을 사용해야 한다.

표 7-13 각종 스테인레스강이 적용 용접봉과 예열 · 후열 조건

	모재	용접봉	예열 · 후열 조건
오스테나이트계	STS 201 STS 202 STS 301 STS 304	D308	오스테나이트계는 예열·후열이 필요 없음
	STS 304L	D308 L	
	STS 305 STS 309S	D309	
	STS 316	D316	
	STS 316L	D316 L	
	STS 316JI	D316 Cu	
	STS 316JIL	D316 CuL	
	STS 317 STS 317L	D317	
	STS 321 STS 347	D347	
	STS 384 STS 385	D310	
	SUH 330	E330 (AWS)	
페라이트계	STS 405	D410 D309 D310	D410을 사용하는 경우, 예열은 200~400℃, 후열은 730~760℃로 한다. D309, D310을 사용할 때는 예열을 100~200℃로 실시함
	STS 429 430	D430 D309 D310	D430의 사용에는 예열을 100~200℃, 후열을 760~820℃로 실시함
	STS 431	D309	예열 100~200℃
	SUH 446	D310	
	STS 434	D309Mo	
마르텐사이트계	STS 403 410 420	D403 D309 D310	STS 405와 같음
	STS 440	D430 D309 D310	STS 429, 430과 같음

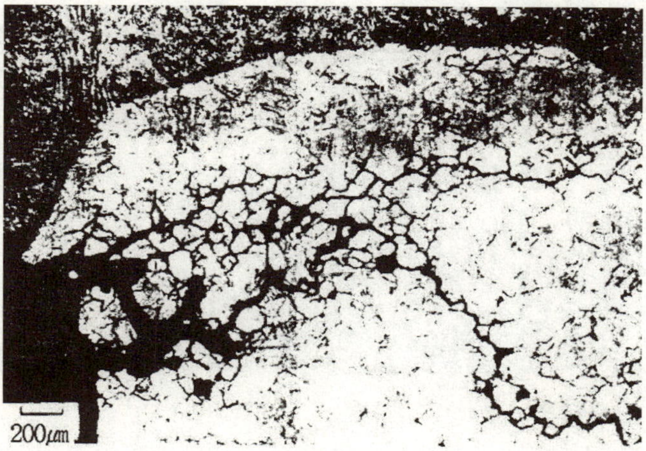

그림 7.11 고온고압 수중에 있는 STS 316L 용접부에서 발생한 입간부식

제 8 장 비철금속의 용접 · 접합

8.1 알루미늄 합금의 용접

(1) 개요

알루미늄(Aluminum)은 경량의 고강도 재질로서 내식성이 우수하여 자동차, 항공기, 선박 등의 수송기계, 화학분야의 장치에 이용된다. 보통 알루미늄 합금은 전신재인 단련용 합금과 주물용 합금으로 구분된다. 전신재는 판, 관, 봉, 선재 및 리벳 이외에 단조물 등 가공성이 좋은 합금이다. 주물용 합금으로 주조성이 좋아 금형, 다이캐스팅용으로 사용된다. 알루미늄합금은 Al계(1000계), Al－Cu계(2000계), Al－Mn계(3000계), Al－Mg계(5000계), Al－Mg－Si계(6000계), Al－Zn계(7000계)가 있다. 이중 항공기 기체에 사용되는 두랄루민(2017), 초알루미늄(2024) 등은 리벳구조로 사용되며 용접구조로는 사용되지 않는다. 특히 불활성가스를 이용한 용접기술의 발달로 사용분야가 넓어졌다. 알루미늄 합금으로는 고장력 알루미늄 합금재료 Cu4%－Mn0.5%－Mg0.5%를 주성분으로 하는 두랄미늄, Cu4.5%－Mg1.5%－Mn0.6%를 함유한 초두랄미늄, Cu1.6%－Mg2.5%－Zn5.6%를 함유한 초강력 두랄미늄, Mg 3.0~9.0%를 함유한 내식 알루미늄합금이 있다. 이와 같은 열처리를 이용한 고강력 알루미늄 합금에는 주로 담금질처리 후 상온시효(T_4) 또는 풀림시효(T_6)를 통하여 이루어진다. 또한 주조용 알루미늄 합금에는 12~14%의 규소가 첨가된 실루미늄 등이 있다.

(2) 알루미늄재의 열처리

보통 순 알루미늄의 풀림재는 9kg/mm^{2}정도, 가공경화재는 17kg/mm^{2}정도의 강도를 갖는다. 알루미늄 합금에는 압연재와 주조재가 있고, 열처리에 의해서도 기계적 성질이 크게 개선되어 용도가 다양하게 사용되고 있으며, 기계적 성질이 개선되지 않는 비열처리재, 기계적성질이 개선되는 열처리 합금으로 분류된다. 즉, 비열처리 합금은 냉간의 변형가공에 의해 강도를 증가시킬 수 있고, 열처리합금은 고온에서 용체화 처리를 통하여 균질고용 상태인 재료를 급랭시켜 상온에서 방치하여 단시간에 시효에 의해 미세하게 경화시킨다. 즉, 금속간 화합물을 석출시키고 강도향상을 위해 160~180℃로 가열하여 인공적으로 시효경화 처리시켜 고강도를 얻는다.

합금에는 어떤 처리과정을 거친 것인지 구분하기 위해 KS에서는 다음과 같이 구분한다.

- F : 그대로 제조한 것
- R : 열간압연 한 그대로의 것
- O : 어닐링한 것 또는 완전히 재결정한 것
- H : 가공경화 한 것
- H1n : 가공경화 한 것
- H2n : 가공경화 후 연화열처리 한 것
- H3n : 가공경화 후 안정화처리 한 것
- T : 안정화를 위한 열처리한 것
- T3 : 용체화처리 후 냉간 가공한 것
- T4 : 용체화처리 후 자연시효 한 것
- T5 : 고온가공에서 급랭시켜 인공시효 경화한 것
- T6 : 용체화처리 후 인공시효화 처리한 것
- T8 : 용체화처리 후 냉간가공하고 다시 인공시효경화처리 한 것

표 8-1 알루미늄과 그 합금의 조성 및 기계적 성질

종류	주성분	화학조성(%)						기계적성질					비교
		Cu	Si	Mn	Mg	Zn	Cr	처리	내력 (kg/mm²)	인장강도 (kg/mm²)	연신율(%)	브리넬 경도(HB)	
비열처리합금	Al	–	–	–	–	–	–	O	3.5	9.1	35	23	
								H	15.5	16.8	5	44	
	Al–Mg	–	–	–	2.5	–	0.25	O	8.4	19.0	25	45	
								H	21.6	26.0	10	67	
열처리합금	Al–Cu	4.4	0.8	0.8	0.4	–	–	O	9.8	19.0	18	45	
								T6	30.9	43.6	20	105	
	Al–Cu	4.0	–	0.5	0.5	–	–	O	10.0	20.0	20	55	두랄미늄,
								T4	35.0	46.0	10	90	초 듀 랄
	Al–Cu	4.5	–	0.6	1.5	–	–	O	7.7	19.0	22	47	미늄
								T6	33.7	47.8	19	120	
	Al–Mg–Si	0.25	0.6	–	1.0	–	0.25	O	5.6	12.7	30	30	초 강 두
								T6	28.0	31.6	17	95	랄미늄
	Al–Zn–Mg	1.6	–	–	2.5	5.6	–	O	10.0	23.2	17	60	
								T6	50.6	57.6	11	150	
	Al–Mg	–	1.0	0.3	5.0	–	–	O	15.0	27.5	21	60	
								T6	22.5	30.5	14	70	
주조	Al–Si	–	12.0	–	–	–	–	–	14.7	27.4	2.0	–	실루민
	Al–Cu–Mg	4.0	0.8	1.5	1.5	1.2	–	Ni 0.2	––	34.0	2.0	126	Y합금

– 비열처리 합금 – 1050, 3003, 5052, 5083합금
– 열처리 합금 – 2014, 2017, 2024, 6053, 6061

(3) 알루미늄합금의 용도

알루미늄은 LNG관련 초저온용 탱크, 배관용 대경관 등의 용접구조물로 사용되고 있으며, 이는 오스테나이트 스테인리스강이나 9%니켈강과 같이 저온취성을 나타내지 않기 때문이다. 알루미늄은 강의 열팽창계수는 약 2배, 열전도도는 약 4배이며, 용융시 색깔이 변하지 않는 특성을 갖는다. 소재표면에 공기 중의 산소와 반응하여 산화피막이 자연히 생기며 융점이 높으므로 클리닝작용이 필요하다.

용접결함에는 블로우홀, 비금속개재물, 균열 등이 있으며, 블로우홀은 불충분한 전처리

나 부당한 시공법에 의해 발생된다. 비금속개재물은 주로 알루미늄 산화물이며 재료 자체보다는 용접시공 방법을 통하여 조절이 가능하다. 모재의 용접성을 좌우하는 것은 고온균열에 대한 감수성이며, 민감한 재료일 수록 균열발생이 쉽다. 용가재의 사용목적은 합금이 모재와 융합하여 되도록 용접금속의 성분이 양자와 별개로 조성되어 주조 조직내 결함없이 이음의 강도와 내식성을 좋게 하도록 미리 고안된 조성의 합금을 만들기 위해서이다. 붕소, 지르코늄과 같은 미량의 성분을 첨가하여 용접금속의 성능을 개량하고 이음성을 향상시키기 위하여 적절한 용접봉 선정이 중요하며 선택의 대상은 다음과 같다.

(a) 이음의 강도
(b) 이음의 연성
(c) 용접의 난이(용접성)
(d) 이음의 내식성
(e) 고온특성

용접균열에 민감한 6061재(Al－Mg－Si계 합금)를 모재로 하고 동일 6061을 용접봉으로 선택하면 균열이 발생하나 6061보다 규소량이 많은 4043(5% Si)로 용접하면 균열은 거의 발생하지 않는다. 마그네슘의 양이 많은 5154(3.5% Mg)이나 5356(5% Mg) 등은 용접봉을 그대로 사용해도 균열발생이 없고 강도나 연성을 증대시킬 수 있다.

(4) 알루미늄재의 가스용접

가스용접이 사용되어야 할 경우 탄화염 불꽃으로 시공해야 하며, 200~400℃로 예열을 해야 한다. 토치는 철강 용접시에 사용되는 것보다 큰 것을 사용해야 하며, 용접조작은 융점이 낮으므로 신속히 시공해야 한다. 알루미늄의 용접은 용접봉과 용제의 선택이 중요하며, 알루미늄 용접봉은 보통 불순물이 적은 선재가 사용된다.

알루미늄 합금의 용접봉은 모재와 동일한 화학조성을 갖거나, 규소 4~13%, 알루미늄 규소합금이 사용되며 기타 카드뮴, 구리, 망간, 마그네슘 등의 합금이 있다. 알루미늄의 용접에서는 산화되기 쉽고, 가스흡수가 심하므로 용제의 품질이 용접결과를 좌우하게 된다. 용제로는 주로 알카리금속의 할로겐화합물, 유산염, 염화리듐 등의 혼합제가 많이 사용되나 염화리튬은 흡습성이 있어 주의를 해야 한다.

표 8-2 알루미늄의 가스용접 조건

토치 No.	아세틸렌 소비량 (ℓ/hr)	알루미늄 판 두께 (mm)
00	50~1000	0.5~1
0	100~2000	1~2
1	200~4000	2~4
2	400~7000	4~7
3	700~1200	7~12
4	1200~2000	12~20
5	2000~3000	20~30
6	3000~5000	30~50

알루미늄의 가스용접에는 산소, 수소, 아세틸렌가스를 사용하며 박판에는 산소와 수소, 일반적으로는 산소-아세틸렌가스를 사용한다. 소형부품이나 2mm이하의 판 두께를 제외하고는 예열을 해야 하며 온도는 모재의 재질, 치수, 형상, 용접방법에 따라 다소 차이가 있으나 300~350℃ 정도가 적당하다. 플럭스 제거에는 용제는 뜨거운 물속에 천을 담가 닦아 내거나 부드러운 브러시로 떨어내고 더운 물에 담가 씻어내고 건조시킨다.

(5) 알루미늄재의 TIG 용접

알루미늄은 전기저항 용접법이나 불활성가스 용접법이 널리 이용된다. 불활성아크 용접법은 불활성가스 텅스텐아크용접법, 불활성가스금속아크용접법의 수동 및 자동용접법이 널리 사용된다. 이 불활성 아크용접법은 용제를 사용할 필요가 없고 슬랙도 생성되지 않는다. 용접조건에 따라서 클리닝작용으로 용접부가 청결하게 되며, 아르곤 아크용접에서는 직류역극성을 사용할 때 일어난다.

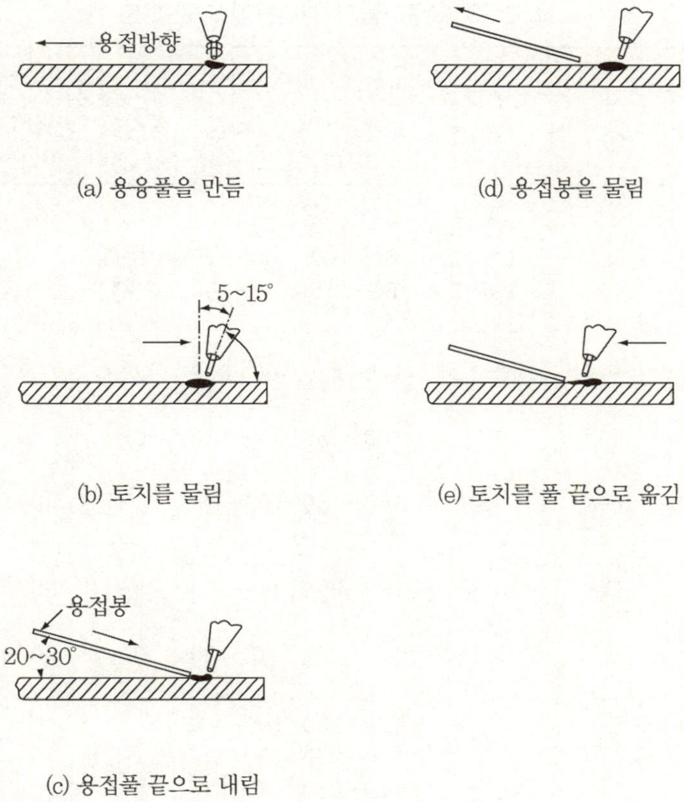

그림 8.1 TIG용접에서 토치의 조작

전리된 양이온은 음극강하의 전압에 음극의 모재표면에 흡인되어 충돌함으로서 양이온의 충격장소에는 표면의 산화막이 파괴되므로 불활성가스 금속아크 용접법에서는 이 극성을 사용한다. 한편 교류용접에서는 반파장마다 정극성과 역극성이 되며, 이 경우도 약간의 청정작용이 일어난다. 그러나 아크가 불안정하므로 아크안정과 아크 스타트를 쉽게 하기 위하여 고주파 전류를 사용한다.

표 8-3 알루미늄의 TIG용접 표준조건

이음형상	자세	순서	전극봉 직경	용접 전류 (A)	용접 속도 (mm/min)	와이어 직경 (mm)	와이어 소비량 (kg/m)	아르곤 유량 (ℓ/min)	아르곤 노즐 지름
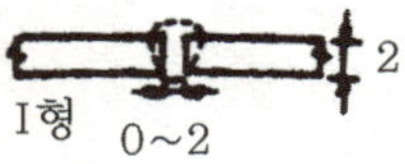	F		1.6~2.4	70~115	90~500	1.6~3.2	12	6~8	5~11
	V		1.6~2.4	60~100	80~220	1.6~3.2	10	6~10	5~10
	O		1.6~2.4	80~110	80~160	2~3.2	10	8~10	5~11
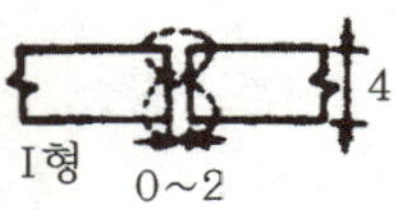	F	1 2	3.2~4	140~220	50~300	2~4	57	7~10	7~12.5
	V	1 2	3.2~4	100~250	79~178	2~4	55	8~11	7~12
	O	1 2	3.2	160~180	103~130	3	45~58	9	7
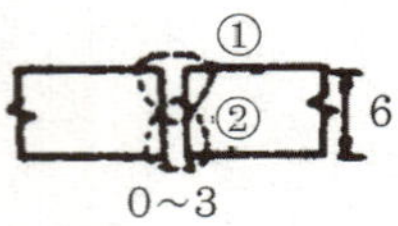	F	1 2	3.2~5	190~300	89~250	3~7	60~65	8~12	7~16
	V	1 2	3.2~5	170~280	70~120	3~7	60~65	8~11	11~16
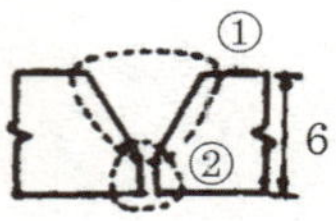	F	1	3.2~5	170~300	100~140	4~7	45~65	8~12	7~16
		2		170~270	120~250	3~7			
	V	1	3.2~5	170~280	70~130	3~7	48~58	8~11	7~16
		2		170~280	60~140				
	O	1	3.2~5	170~190		4~7	58	8~12	7~16
		2		170~190	60~120				
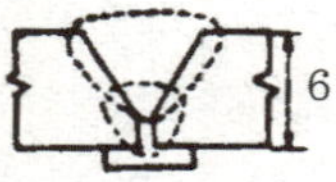	F	1	4	220~250	80~110	4	60~70	9~10	12
		2		220~250	130~160	4	60~70	9~10	12

알루미늄 합금 용접에 있어서 용착금속이 전극봉인 텅스텐 전극을 오염되지 않도록 하며 오염되면 텅스텐 전극 소모가 많고 용접결과도 나빠지게 된다. 자동용접에서는 소모전극으로 가는 알루미늄 선재를 이용하며 비교적 전류밀도를 크게 한다. 이 경우 고순도의 아르곤으로 부터 산화열을 이용하기 때문에 2~3%의 순수한 산소를 첨가한 가스를 사용한다. 알루미늄 합금의 점용접은 전기저항 용접중 가장 많이 사용하며, 우선 표면의

산화피막을 제거해야 한다. 이 경우 기계적 연마법은 재료를 손상시키므로 불화수소 등을 사용하는 화학적 청정법을 선정해야 한다. 용접 중에는 전기나 열의 전도도가 우수하므로 짧은 시간에 대전류를 사용해야 한다. 더구나 소성 가공되는 온도범위가 좁아 다른 금속에 비하여 시간, 전류, 가압력에 주의해야 한다. 용접 가능한 최소두께는 0.6mm 정도이며, 살 두께의 최대치는 패스횟수를 늘려가며 용접이 가능하나 이는 비경제적이므로 후판 용접에는 MIG용접을 채용해야 한다. 부득이 TIG용접을 할 경우 6mm이상의 판 두께이면 다층용접으로 시공해야 한다. 용접은 미리 홈 가공과 이음부 청소를 반드시 실시한다. 양호한 아크는 조용한 연속음을 내면서 지향성을 가지나 불안정한 아크는 불규칙적으로 동요하는 단속음을 내면서 용접봉을 접근시키면 심하게 소리 내며 용적을 불어낸다. 아크 길이는 이음부의 형상과 위치에 따라 다르나 보통 3~10mm정도이다. 토치는 아크에 의해 모재 표면이 녹아서 적당한 크기로 고운 풀이 생기고 나서 3~5초 경과하도록 시발점에서 머무른다.

표 8-4 알루미늄 점용접법에 있어서 용접조건

판 두께(mm)	통전시간(cycle)	전류(A)	가압력(kg)
0.4	4	14,000	90~180
0.5	6	16,000	140~230
0.6	6	17,000	140~230
0.8	8	18,000	180~270
1.0	8	20,000	180~270
1.3	10	22,000	230~320
1.6	10	24,000	230~320
2.0	12	28,000	270~360
2.6	12	32,000	360~450
3.2	15	35,000	360~540

(3) 알루미늄재의 MIG용접

경험적으로는 최저 1.6mm까지 용접이 가능하나 실제 작업에 있어서는 3mm이상의 판 두께에 이용된다. MIG용접 조건은 직류 역극성으로 하고 알루미늄합금에 대한 맞대기

아래보기 미그용접하는 경우의 표준조건의 한 예이다. 수동용접에는 아크가 일정하도록 회로에서 설정하므로 반자동용접으로 작동되게 되며 용접사는 조정 없이 토치를 바른 위치로 유지하면서 일정속도로 이동시켜 작업할 수 있다.

아크길이는 용접조건에서 가장 기본으로 약 3~8mm정도이나 양호한 용접부를 얻기 위해서는 짧은 아크가 좋다. 그러나 너무 짧으면 비드균열이 발생되기 쉬우므로 이를 피해야 한다. 보통 짧은 아크는 깊은 용입이 얻어지므로 첫 패스에 사용되며, 다층용접의 최종 패스와 같이 폭이 넓고 용입이 얇은 용입에는 아크길이를 길게해야 한다. 차폐가스는 헬륨을 사용하면 용입이 깊고 좁은 비드의 이음을 시공할 수 있다.

8.2 구리와 구리합금 용접

(1) 개요

구리(copper)는 전기 및 열의 양도체로서 전기재료로 많이 사용되며, 내식성 우수하여 선박부품, 화학용기, 급수관에 많이 이용되고 있다. 또한 구리합금은 순수 구리에 비해 열전도성과 전성이 낮으나 강도가 높다. 합금원소 첨가에 따라 소재의 물리적, 기계적 및 화학적 특성이 달라지며, 연성 및 전성이 풍부하여 압연 인발재, 주조재로 많이 사용된다.

(2) 구리 및 구리합금의 용접

구리 및 구리합금의 용접에 있어서는 균질이음이 요구되므로 되도록 모재와 동일한 용접봉을 이용해야 한다. 용접과 관련되는 주요 물리적 특성은 다음과 같다. 냉간가공한 경질재의 동을 가열하면 150~250℃에서 재결정되어 연화가 시작되며, 350℃부근에서 가공전의 상태로 되돌아간다. 경질재를 용접하면 용접으로 인한 가열된 부분은 가공경화가 소멸되어 풀림처리한 상태가 되며 이음부의 강도는 연질화된다.

표 8-5 물리적 성질

용점 (℃)	비열 (kcal/kg · ℃)	융해열 (kcal/kg)	열전도도20℃에서 (kcal/m · hr · ℃)	선팽창계수 (1℃당)
1083	0.094	43	360	17×10^{-6}

구리의 용접성은 철강보다 난해하며 그 원인은 구리중 산화구리를 포함한 부분이 순수 구리보다 용융점이 약간 낮고 먼저 용융되어 균열이 발생되기 쉬우며 열전도성이 높고 냉각효과가 크기 때문이다. 가스나 다른 용접법으로 환원성 분위기에서 용접하면 산화구리는 환원가능성이 커진다. 이때 스패터가 감소하여 강도를 약화시킬 우려가 있으며, 수소와 활산성이 큰 가스를 석출하고 그 압력으로 인하여 더욱 결함 발생률이 높아진다. 구리는 용접시 심한 산화를 일으켜 가스를 흡수하여 기공을 형성한다. 따라서 구리합금의 용접에는 불활성가스 텅스텐 아크 용접법과 불활성가스 금속아크 용접법이 이용된다.

표 8-6 동 및 동합금에 불활성 텅스텐 아크 용접법의 용접조건

판두께 (mm)	층수	용접봉 직경(mm)	텅스텐 직경(mm)	전류 (A)	전압 (A)	아르곤유량 (ℓ/min)	용접속도 (mm/min)	예열온도 (℃)
3.0	1	3.2	3.0	300~310	21	10.0	250	없음
	2R			340~310	21	10.0	250	없음
6.0	1	4.0	3.0	340~360	25	10.0	200	500
	2R			340~350	25	10.0	200	500
9.0	1	4.0	4.0	395~400	28	10.0	200	500
	2							
	3R			390~395	28	10.0	200	500
12.0	1	4.0	4.0	420~430	30	12.0	200	500
	2			420~430	30	12.0	200	500
	3			420~430	30	12.0	200	500
	4R			420~430	30	12.0	200	500
15.0	1	AZCW4.0	4.0	475~480	35	12.0	200	500
	2			475~480	35	12.0	200	500
	3			475~480	35	12.0	200	500
	4			475~480	35	12.0	200	500
	5R			475~480	35	12.0	200	500

*R은 루트부를 표시하며 5R은 5층째 루트부

종래 구리 및 구리합금의 용접은 가스용접법, 피복아크용접법이 사용되었으며, 가스용접에서는 순동, 황동, 규소청동 등의 용접에 이용되고 있다. 한편, 피복아크용접에서는 순동 및 인청동용접이 주로 시공되고 있으며, 플럭스를 이용하는 용접에서는 고융점의 산화물을 생성하는 알루미늄청동, 니켈청동에 있어 산화물 처리가 문제가 된다. 현재는 TIG 및 MIG용접으로 구리 및 구리합금용접을 시공하고 있으며, 용접부의 품질도 우수하다. 최근에는 플럭스의 개발로 후판의 서브머지드아크 용접법도 이용되고 있으나 주로 규소황동과 알루미늄 청동을 용접대상으로 하고 있다. 박판에는 저항용접이나 전자빔용접이 사용되고 있으며 압접법의 형태로 확산용접법도 적용되고 있다.

표 8-7 불활성가스 금속 아크용접법의 용접조건

두께 (mm)	층수	용접봉 직경(mm)	전류 (A)	전압 (A)	아르곤유량 (ℓ/min)	심선 송급속도 (mm/min)	예열온도 (℃)
6.0	1	2.38	395~400	30	25	2260	300
9.0	1 2R	2.38	410~435 405~410	30 30	25 25	2770 2770	450 450
12.0	1 2 3 4R	2.38	425~435 435~440 430~440 490~400	30 30 30 30	25 25 25 25	2785 2785 2785 2660	500 500 500 500
15.0	1 2 3 4 5R	2.38	430~440 430~440 430~440 425~440 430~440	30 30 30 30 30	25 25 25 25 25	2785 2785 2785 2785 2785	500 500 500 500 500

(3) 용접법

용가재는 모재와 동일한 것이 이용되나 구리합금의 종류가 매우 다양하므로 성분조성과 강도, 연성, 내식성, 전기전도도, 내마모성 등에 중점을 두어야 할 부분에 맞추어 선정해야 한다. 황동계의 용접봉은 아크 용접의 가용전극 용접봉으로는 부적당하나 가스용접에는 사용할 수 있으며, 아크 용접의 전극봉으로는 사용하지 않는다.

(가) TIG용접법으로는 6mm이하의 박판이 많이 사용되며, 전극봉은 토륨(Th)+텅스턴(W) 합금이 사용된다. 또한 직류정극성(DSSP)을 채용하고, 고순도(99.8%)의 아르곤을 사용해야 한다.

(나) MIG용접법은 3.2mm이상의 후판용접에 이용되며, 직류정극성(DSSP)의 극성으로 심선은 규소로 탈산시킨 것을 사용하면 효과적이다. TIG 용접과 동일하게 아르곤 차폐가스는 순도 99.8%이상의 고순도를 사용한다.

표 8-8 구리합금 용접봉에 의한 이종금속의 아크용접법

(a) 구리합금간의 용접

모재 조합	Cu－Be	Cu－Ni	Cu－Al	Cu－Si	Cu－Sn	Cu－Zn	Cu
Cu	2F	5, 2E	2, 3F	3F	2, 3F	2, 3F	1, 2, 3D
Cu－Zn	2, 4E	5, 4D	2, 4D	2, 3D	2, 3D	2, 3, 4D	
Cu－Sn	2, 5E	2, 5C	2C	2, 3C	2C		
Cu－Si	3, 5E	3, 5D	3, 3A	3A			
Cu－Al	4E	4, 5C	4C				
Cu－Ni	4, 5E	5A					
Cu－Be	4E						

(b) 구리합금과 철강용접

모재 조합	저Ni강	Mn강	공구강	스테인리스강	주철	탄소강
Cu	2F	2F	2F	2F	2F	2F
Cu－Zn	2, 4D	2, 4D	2, 4E	2, 4D	2, 4D	2, 4D
Cu－Sn	2C	2C	2E	2C	2C	2C
Cu－Si	3, 2, 4A	3, 2, 4A	3, 2, 4E	3, 2, 4A	3, 2, 4C	3, 2, 4A
Cu－Al	4C	4C	4E	4C	4, 2D	4C
Cu－Ni	5, 4A	5, 4A	5, 4E	5, 4A	5, 4C	5, 4A
Cu－Be	4, 2E	4, 2D	4, 2E	4, 2E	2, 4C	4, 2E

(4) 용접시공

(가) 홈 가공

홈은 기계 및 절삭, 그라인더를 이용하여 파내고 정확한 모양이 되도록 한다. 앞장의 표 5.4와 표 5.5는 TIG 및 MIG용접에 있어서 이음의 홈 형태를 보여주고 있다.

(나) 전처리

용접부 및 용접봉에 유분, 먼지, 도료, 습기와 같은 트리클로로에틸렌, 벤젠과 기타 세척재로서 청소해야 한다. 동 소재는 원래의 빛깔이 나올 때까지 동합금의 와이어 브러시를 이용하여 문지르거나 줄로서 갈아낸다. 특히 MIG용접에는 심선의 표면에 묻은 기름때나 불순물을 깨끗이 제거해야 한다. 플럭스는 청소 후 깨끗한 광택이 없어지기 전에 붕사, 규산소다, 빙정석, 인산소다, 탄산소다 등을 혼합하여 도포한다. 용접봉은 루트 간격과 동일한 크기로 하고 홈 각도는 비교적 크게해야 한다.

(다) 가접 및 지그와 포지셔너의 사용

가접은 되도록 이면에 하고 전면에 할 경우 파내고 홈을 성형해야 한다. 가접도 본용접과 동일한 순서로 실시하며, 가접부의 산화 플럭스 슬랙 등의 표면오염은 전처리를 다시 해야 한다. 순수한 동은 연강에 비하여 열 전달률이 5배, 열팽창은 50%가 많아 용접전 예열을 필요로 하며 변형방지를 위해 구속용 지그를 사용한다.

또한 가공경화에 의한 이음부 강도회복, 변형 및 균열방지를 위해 피닝을 실시한다. 지그는 연강과 같은 재료이므로 티타늄 용접에 사용하는 것과 같이 뒷 받침쇠 및 누름쇠를 볼트로 체결하여 사용하며, 복잡한 구조물에서 용접에 편리하도록 포지셔너(positioner)를 사용하기도 한다.

(라) 예열, 본 용접 및 후열처리

본 용접에 앞서 용입 불량을 방지하기 위해 산소－아세틸렌을 이용하여 예열을 한다. 예열온도는 200~250℃ 정도로 균일하게 하여 변형을 방지한다. 작은 부품의 예열은 전체적으로 하고 큰 구조물에서는 용접선과 평행하게 한다. 후판의 용접에 있어 다층용접을 실시할 경우 피닝, 청소, 예열을 동일하게 실시한다. 본 용접에 있어서는 용융금속의 산화방지, 탈산, 제련작용, 유동성 증진, 아크안정, 작업성 향상을 위해 바르고 본 용접을 실시한다. 용접 후에는 용접부에 발생하는 잔류응력의 제거를 위해 후열처리를 실시한다.

(5) 용접균열 발생

6mm이상의 후판 용접에서는 균열발생이 자주 일어난다. 모재의 탈산이 불충분하면 산화동이 환원되어 수증기가 발생하고 결정입계에 미세한 기공 및 균열이 발생한다. 이를 방지하기 위해서는 예열이 필요하나 열팽창계수가 커서 구속이 크면 균열이 발생되기 쉽다. 수축응력을 감소시킬 피닝 및 후열처리가 필요하다.

기공은 동에 함유된 산소와 용접분위기 중의 수소가 반응하여 수증기가 발생되며 다음과 같은 화학반응식이 일어난다. $Cu_2O + H_2 \rightarrow 2Cu + H_2O$ 기공방지의 목적으로 용접에는 탈산동을 모재나 용접봉으로 사용한다. 규격에서는 산소함유량을 규정하지 않고 수소취화시험을 하는 것으로 되어 있으나 산소함유량은 0.008%이하가 적당하다. 탈산제로서는 인(P)과 규소(Si)가 사용되며 용접분위기 속에 수소의 혼입을 막기 위해 불활성 가스를 사용한다.

(6) 용접부 결함과 발생원인

(가) 블로우홀

모재 및 용접봉에 산소함량이 많거나 전처리 작업이 불충하다. 또한 예열이 부족하거나 약한 전류로 발생되기 쉬우며 아르곤가스에 불순물이 많은 경우에 생긴다.

(나) 모재 균열

모재중에 수분이 많은 경우에 발생되기 쉽다.

(다) 용접부 균열

모재 및 용접봉에 산소함량이 많거나 피닝이 불충분한 경우, 구속방법의 부적당,

과전류 및 후열처리가 적절하지 못할 경우에 발생된다.

(라) 용입불량, 융합불량

전류 과소, 예열 부족으로 인하여 생긴다.

(마) 스패터

전처리 불량, 전류과대, 예열 부족으로 발생된다.

8.3 티타늄(Ti)과 지르코늄(Zr) 합금 용접

(1) 개요

화학공업용 내식성 재료로서 스테인리스강에서는 얻지 못한 성질을 티타늄이나 지르코늄에서 얻는다. 티타늄합금은 알루미늄이나 마그네슘합금에 비하여 비경도가 높고, 경량 내열재로 내열성과 비강도가 우수한 고내식성 합금이다. 지르코늄은 열중성자 흡수가 적은 특징이 있어 원자로 노의 내부재료로 이용되고 있다. 티타늄보다 우수한 내식성이 있어 화학공업용 내식성 기자재로서 많이 이용되고 있다. 티타늄이나 지르코늄은 주기율표의 동족금속으로 물리적, 화학적, 금상학적으로 유사한 성질을 갖는다.

(2) 티타늄과 지르코늄의 용접성

티타늄과 지르코늄은 매우 유사한 성질을 가진 금속이며, 용접에 대해서도 유사한 성질을 갖는다. 티타늄 및 지르코늄은 현재 내식용 재료로서 화학기기에 널리 이용되고 있다. 스테인리스강 대신에 석유화학, 합성섬유공업, 염색, 초산계통의 장치산업에 이용되며, 그 밖에 항공기, 원자로에도 사용된다. 화학조성의 미량의 변화로 기계적인 성질이 크게 변화하므로 용접에 있어서도 주의해야 한다. 시공은 불활성가스 아크 직류정극성으로 하며, 동일성분의 용접봉이 사용된다.

모두 고온에서 활성인 금속으로 대기중의 산소와 질소와 민감하게 반응하여 취화하므로 취화방지를 위해 600℃이상으로 가열부분을 차폐해야 한다. 이와 같은 성질에서 티타늄이나 지르코늄합금의 용접에서 불활성가스가 사용된다. 알루미늄이나 마그네슘의 경우와는 달리 저온에 도달할 때까지 용접부를 차폐해야 한다. 또한 고진공 중에서 수행되는 전자빔 용접도 이용하고 있다.

용접중 수소의 흡수가 심하고 기공발생이 쉬우므로 방지대책으로 접합부와 용가재의 건조와 청결이 유지되어야 한다. 용접 열에 의한 담금질 경화는 각각 재질에 적합한 후열처리에 의하여 회복할 수 있다. 후열처리로서는 600~650℃에서 15℃에서 60분의 단시간 가열에 의하여 충분히 응력제거와 연성회복의 불림처리가 효과가 있으나 가능한 진공중에서 750℃로 가열하는 것이 후열처리의 효과가 좋다.

용가재로는 동일성분의 소재나 또는 모재보다 합금도가 낮거나 고순도의 재질을 사용해야 한다. 또한 보통 강이나 스테인리스강 등과 같이 이종용접에는 Fe, Ni, Cr 등의 원소가 용접금속부에 들어가 금속간 화합물을 생성하므로 연성이 심하게 저하되며 용접파열이 많아 이들의 용접은 매우 곤란하다.

자힝용접은 가열이 짧은 시간 내에 이루어지므로 용접부의 차폐설비가 필요 없고 열전도율도 스테인리스강과 같이 낮아 점용접이나 시임용접을 할 수 있다. 비교적 박판용접과 이종금속끼의 용접이 많이 이루어지고, 초음파 용접이나 마찰용접도 이용되며 티타늄 클래드(clad) 강재의 제작에는 폭발용접이 이용되고 있다.

8.4 니켈 및 니켈합금의 용접

니켈(Ni) 및 니켈합금은 내식성 및 내열성 합금으로서 널리 사용되고 있다. 니켈, 저탄소 니켈은 탄소강에 비하여 비열은 거의 차이가 없으나 열팽창계수가 크고 열전도도가 우수하다. 모넬은 탄소강에 비하여 비열이 크고 열팽창계수가 크며, 열전도도가 크게 저하되므로 용접시공에 있어 주의해야 한다. 아크용접과 불활성가스 용접에 있어 적절한 것을 선정해야 한다.

용접시공에 있어 니켈 및 니켈합금의 용접에는 아크용접, 불활성가스 아크용접이 많이 사용된다. 용접홈의 형상에 대해서는 강에 비하여 용접전류가 낮고 용접할 때 용입이 얕으므로 홈 각도를 넓게 하는 것이 좋다.

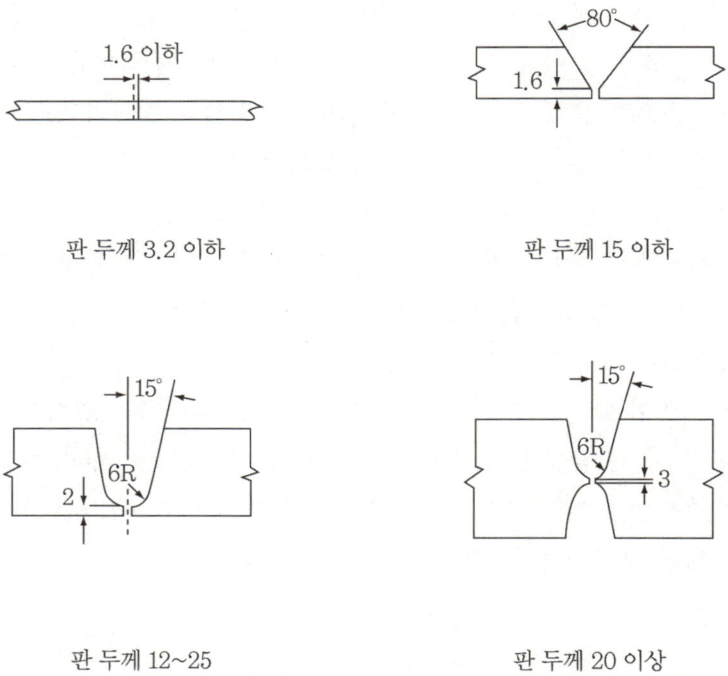

그림 8.2 니켈합금 용접시 용접 홈의 형상

제 9 장 용접 · 접합부 조직

9.1 용접열 전도

(1) 용접 열원의 특성

용접재료는 용접 · 접합에 의해 상온에서 고온으로 가열과정과 고온에서 상온으로 냉각과정을 거치면서 결정립의 조대화, 조직변화, 야금학적 영향, 잔류응력 및 변형발생 등 역학적인 영향을 받는다.

(가) 용접열원으로 인하여 재료는 용융점에서 실온까지 광범위하게 변화하므로 열전도율, 열확산율과 같은 물리상수가 온도의 함수, 용접시간과 용접부분의 함수로 작용한다.

표 9-1 강의 비열, 밀도, 열전도율의 온도변화

적용 온도 θ(K)	비열 c(J/g · K)	밀도 ρ($\times 10^{-3}$g/mm^3)	열전도율 λ(J/mm · s · K)
373	0.479	7.82	0.680
573	0.588	7.76	0.559
773	0.065	7.68	0.0441
973	0.966	7.61	0.0349
1173	0.672	7.38	0.0252
1373	0.690	7.20	0.0294

(나) 아크용접 및 전자빔 용접과 같이 용접법에 따라 초기조건 설정이 난해하다.

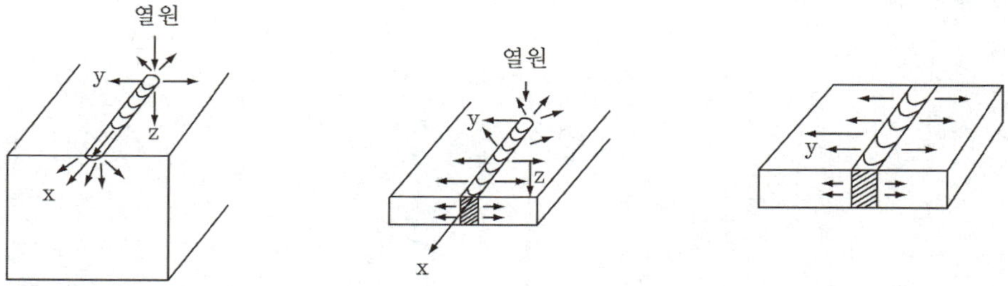

(a) 삼차원 열류 (b) 이차원 열류 (c) 1차원 열류

그림 9.1 용접열원에 의한 열류 모식도

(다) 용접열원은 용접방법 및 용접재의 판 두께에 따라 다음과 같이 달라진다.

① 이동점열원 – 삼차원 열류

② 이동선열원 – 이차원 열류

③ 면열원 – 일차원 열류

9.2 아크에 의한 모재의 용융현상

9.2.1 아크에 의한 용융현상의 특징

아크방전 쪽의 전기적인 공급에너지는 아크전류와 아크전압의 곱으로 주어진다. 아크용접에는 이 에너지의 모두가 모재에 유입하여 용융에 기여할 뿐만 아니라 그의 일부는 용접토치(전극) 또는 대기중으로 방산된다. 즉, 아크의 발생열은 아크전류, 용적, 플라즈마기류 등을 통하여 모재에 유입된다.

표 9-2 용접아크의 열효율

아크용접법	열효율 η(%)
서브머지드 아크용접법	90이상
MIG·MAG용접법	60~90
피복아크용접법	60~90
GTA용접법	50~85
플라즈마 아크용접법	45~75

모재에 유입된 열에너지와 아크방전 쪽의 전기적 공급에너지의 비를 열효율이라고 한다. 아크용접에 있어서 열효율은 아크의 발생상태, 용접법, 용접조건 등에 따라 변화한다. 표 9.2는 각종아크 용접법에 있어서 열효율의 계측의 예를 정리하여 나타냈다. 표에서 알 수 있듯이 서브어지드 아크용접법은 플라즈마 중에 아크의 발생으로 주위 에 열확산이 작게 되고 열효율이 높게 된다. 아크에 의한 모재의 용융형상은 모재 쪽의 입열량에 한정하지 않고 아크의 발생형태에 따라서도 영향을 받는다. 그림 9.2는 정지가스 텅스텐아크(GTA)에 의한 용입형상의 대표적인 예를 나타낸다.

그림 9.2(a)는 단순용입형으로써 고속 용접이나 알루미늄합금 용접 등에서 자주 관찰된다. 그림 9.2(b)는 중앙 용입형이라고 하며, 그림과 같이 아크력에 의해 용융지에 깊이 파 내려가는 작용이 강하게 되는 조건, 예를 들면 대전류의 아크에서 자주 관찰된다. 그림 9.2(c)는 주변 용입형이라고 하며, 용융지내의 대류 열수송이 반영된다.

(a) 단순 용입형 (b) 중앙 용입형 (c) 주변 용입형

그림 9.2 정지가스 텅스텐아크(GTA)에 의한 용입형상

9.2.2 용접 풀에 있어서 대류열 수송현상

(1) 용융현상에 미치는 미량원소의 영향

강의 용접부의 열수송 현상은 용융지에 있어서 용융금속의 대류에 의해 크게 영향을 받는다. 아크에 의한 모재의 용융현상이 모재 중에 포함되는 미량의 원소의 차에 의해 영향을 받는다고 알려졌다.

표 9-3 용융현상에 영향을 주는 원소

	C	Si	Mn	Cr	Ni	Mo	V	S	P	(O)	(N)	Ca
A	0.40	1.05	1.00	1.88	0.71	0.58	0.1	0.007	0.008	0.009	0.011	0.002
B	0.39	1.00	1.05	1.80	0.76	0.61	0.1	0.005	0.008	0.005	0.004	0.002

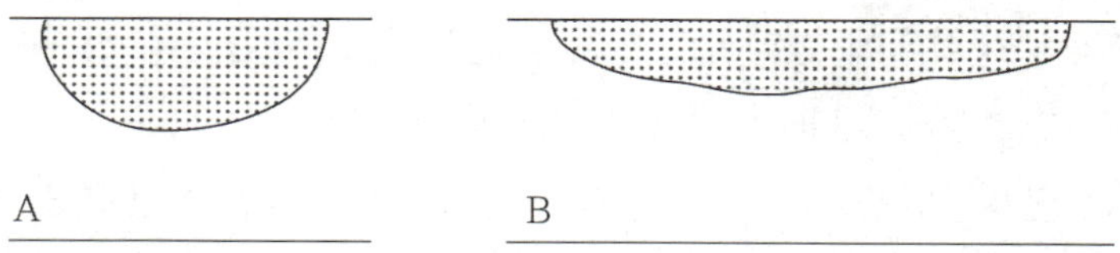

그림 9.3 용입 단면형상에 미치는 재료조성의 영향(고장력강)
[GTA용접, Ar, I_a=120A, V=15cm/min]

용입 특성에 영향을 주는 원소에 대해서도 검토되고 있고 산소, 유황 등의 VI족의 원소 및 할로겐계의 원소가 용입만을 깊게 한다. 그림 9.3은 강중에 포함되는 산소 및 유황이 용입깊이에 영향을 주며, 극미량인 원소가 아크에 의한 용입 특성을 지배함을 알 수 있다.

표 9-4 재료(STS 304)의 화학조성(wt%)

	S	C	O	Si	Mn	P	Ni	Cr	Al
T1	0.002	0.059	0.007	0.46	0.79	0.040	8.53	18.20	0.011
T2	0.006	0.060	0.006	0.45	0.78	0.040	8.61	18.50	0.016
T3	0.009	0.056	0.006	0.45	0.80	0.039	8.43	18.10	0.017

그림 9.4는 스테인리스강(STS 304)를 대상으로 검토한 것으로 정지 GTA에 의한 용입 형상에 미치는 유황(S)의 영향을 나타내고 있다. 그림은 보호가스에 각각 헬륨, 아르곤+수소, 아르곤 등을 이용한 경우의 결과이다. 모두 S의 증가가 용입을 깊게 하지만 아르곤 보호의 경우에 비교하면 헬륨보호나 아르곤+수소보호에는 그의 영향은 보다 현저하다.

앞에서 미량의 원소 차에 의한 용입 특성의 변화는 용융지에 있어서 대류현상과 밀접하게 관여하고 있다. 그림 9.5는 용융지에 있어서 대류패턴의 용입 특성에 주어지는 영향을 나타내고 있다.

GTA STS304(15mm t)의 용입(아크길이 : 5mm, 아크시간 : 60s)	
보호가스 (전류)	용입형상
He (100A)	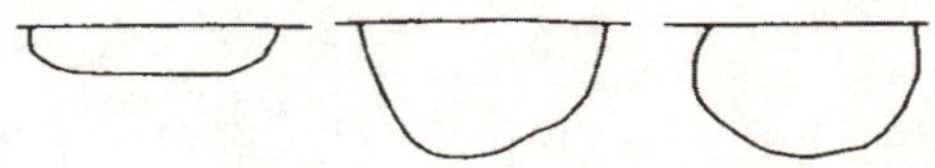
Ar+10%H_2 (100A)	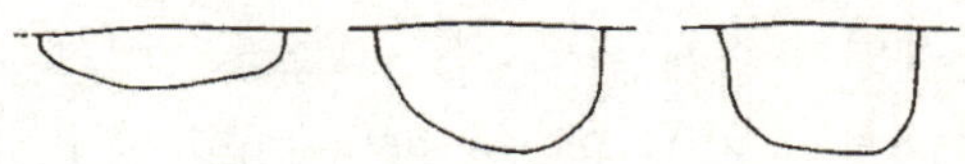
Ar (100A)	
Ar (150)	
5mm	T1(0.002%S) T2(0.006%S) T3(0.009%S)

그림 9.4 용입 단면형상에 미치는 재료조성의 영향(고장력강)
[GTA용접, Ar, I_a=120A, V=15cm/min]

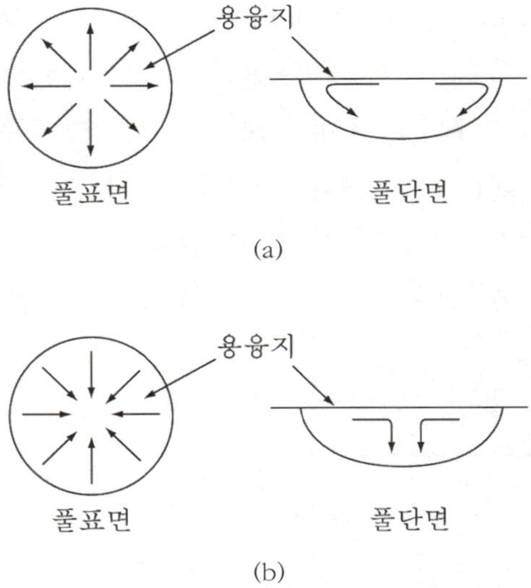

그림 9.5 대류패턴의 용입 형상에 미치는 영향

그림(a)에서와 같이 용융지 표면에 있어서 흐름이 용융지 중앙부에서 주변부 쪽을 향하는 경우에는 용입이 얇고, 역으로 (b)와 같이 유동이 용융지 주변부에서 중앙부 쪽으로 향하는 경우에는 용입이 깊게 된다. 즉, (a)그림은 아크에 의한 열의 흐름으로서 용융지 주변부르 적극 수송되는 결과 용입이 얇게 된다. 한편, (b)그림의 경우에는 그림 중에 화살표 표시와 같이 아크에 의한 열이 용융지 바닥부에 직접 수송되어 용입이 깊게 된다. 예를 들면 유황이나 산소량이 비교적 많이 포함된 강재에는 (b)그림의 대류패턴으로 되고 깊은 용입이 얻어진다.

(2) 아크용접 풀에 있어서 대류 구동력

이미 기술한 바와 같이 아크에 의한 강의 용융현상은 용융지 내의 대류 열수송에 의해 영향을 받는다. 용접 풀에 있어서 대류 구동력에 대해 알아보면 아크에 의한 용융지내의 대류의 구동력으로서 그림 9.6과 같이 4가지가 종류가 있다. 그림 9.6(a)는 아크로부터 발생한 플라즈마 기류에 의하여 구동되는 용융지 내의 대류로서 흐름은 풀 중앙부에서 주변부로 향한다.

그림 9.6(b)는 용융지 표면에서 표면장력 차에 의해 구동되는 대류로서 표면장력 대류라고 한다. 흐름의 방향은 액면상의 표면장력의 분포에 의존하고 표면장력이 낮은 부분에서 높은 부분 쪽으로 흐른다.

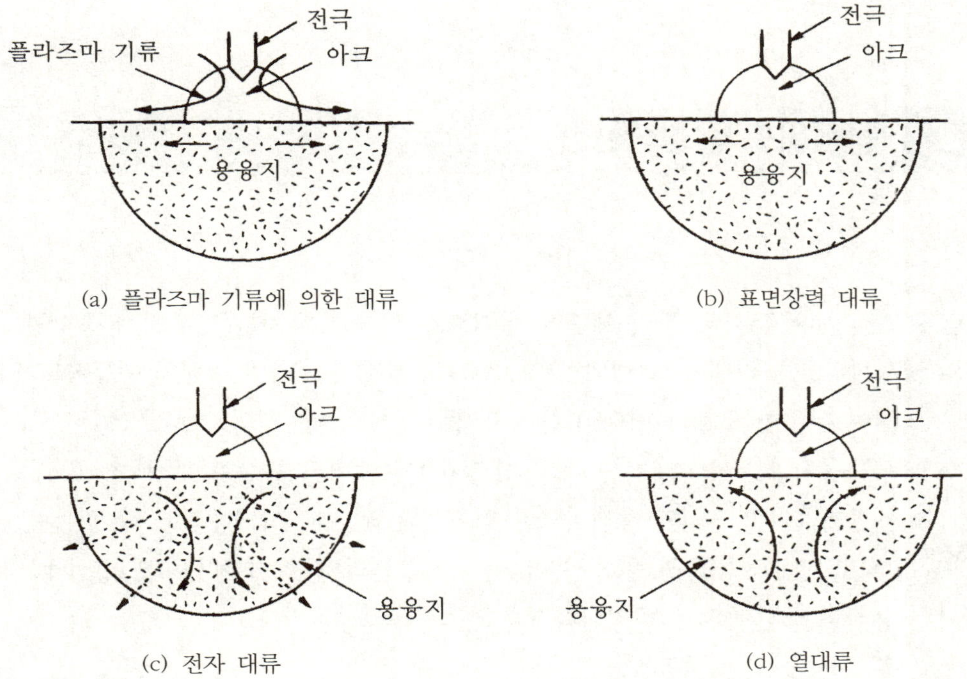

(a) 플라즈마 기류에 의한 대류 (b) 표면장력 대류

(c) 전자 대류 (d) 열대류

그림 9.6 용접풀에 있어서 대류 구동력

그림 (c)는 용융지 내를 흐르는 전류의 전자력에 의한 대류로서 전자대류라고 한다. 이 흐름은 원리적으로는 플라즈마 기류와 동일 메카니즘에 기본을 두고 전류가 발산하는 방향, 즉 아크 바로아래 풀 중심부에서 용융지 바닥부 쪽으로 향하는 흐름이다.

그림 (d)는 용융지 내에 있어서 용융금속의 밀도 차에 기인하는 대류로서 보통 열대류와 동일 메카니즘에 기본을 둔 것이다. 아크용접에는 이들 중 특히 플라즈마 기류에 의해 구동되는 대류, 표면장력 대류, 전자대류가 중요하다. 아크용접부의 대류 열 수송과 표면장력의 관련해서는 충분히 밝혀져 있지 않다.

아크용접에 의한 풀에 있어 전자력이 작용하므로 위해 현상이 복잡하다. 표면장력 대류의 용융현상의 영향을 해석하는 것은 전자력의 영향이 무시되는 전자빔이나 레이저빔에 의한 용융현상을 참고해야 한다.

9.3 용접비드의 형성현상

그림 9.7은 매우 두꺼운 판의 표면에 수직으로 아크를 유지한 경우의 용융상황, 즉 비드의 형성현황을 나타낸다. 그림의 영역 (A)는 전류값에 비하여 열원의 이동속도가 빠르므로 입열이 부족한 모재가 거의 용융되지 않는 영역이다. 영역 (B) 및 (C)는 모재는 연속적으로 용융되나 고속 · 대전류 측의 영역 (C)에는 비드 형상이 부정형이고 입열이 충분함에는 관계없이 정상적인 용접비드가 얻어지지 않는다. 아크용접에 있어서는 전류를 크게 함으로서 용접능률을 올릴 수 있으나 대부분의 경우 부정형 비드형성에 의해 사용되는 용접조건의 범위가 한정된다.

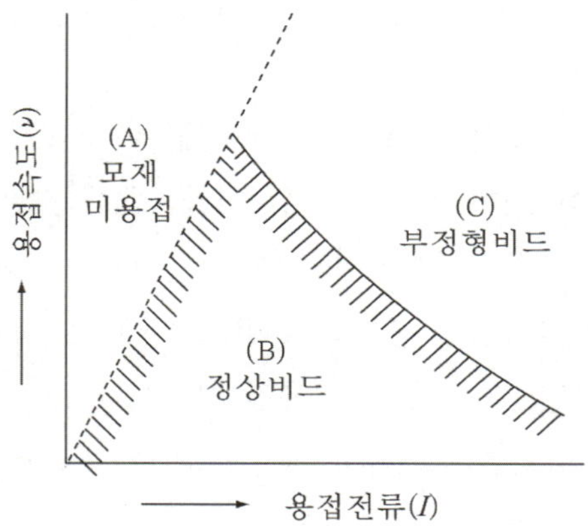

그림 9.7 평판상의 용융실험에 있어서 부정형 비드의 형성

비교적 대전류의 가스텅스텐 아크용접(GTA용접)에 있어서 발생하는 부정형 비드의 예를 그림 9.8에 나타낸다. 그림 9.8(a)는 분리비드라고 하는 것으로 용융금속이 아크 바로 아래에서 분리하고, 그 대로 융합되지 않고 응고된다. 그림 9.7(b)는 햄핑비드라고 하는 것으로 그림과 같은 주기적인 컵을 갖는 불연속 비드이다.

전류 : 350A, 용접속도 : 30sec/min
전극-모재거리 : 5㎜, 모재 : 연강

(a) 분리비드

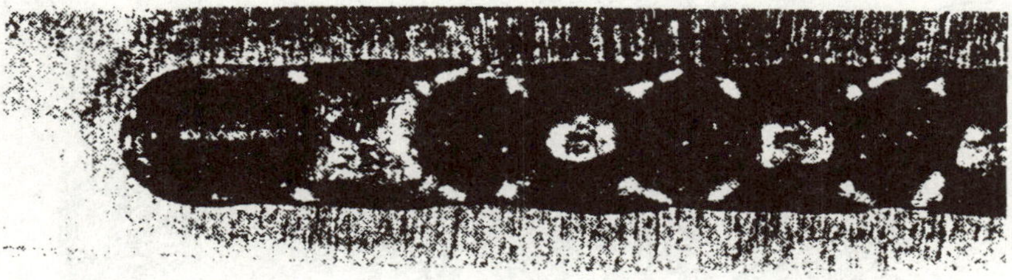

전류 : 400A, 용접속도 : 30sec/min
전극-모재거리 : 5㎜, 모재 : 연강

(b) 햄핑비드

그림 9.8 GTA용접에 있어서 부정형 비드의 예

그림에서 알 수 있듯이 대전류의 아크용접에 있어서 발생하는 부정형 비드에는 형태가 다른 몇 가지가 보여 지나 그의 형성과정은 유사하다. 그림 9.9는 GTA 용접에 있어서 부정형 비드의 형성을 나타낸다. 용접속도를 일정하게 유지한 대로 전류값을 증가시키면 용융지에 작용하는 아크압력이 크게 된다. 따라서 용융지의 오목부가 크게 되고 아크 바로 아래에 얇은 용융층 만을 그대로 남은 영역이 노출되며 이 부분이 카운싱 영역이다.

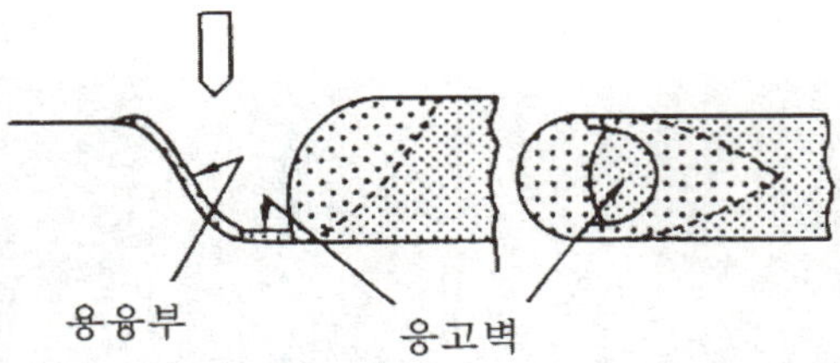

그림 9.9 GTA용접에 있어서 부정형 비드의 형성과정

한편, 아크 압력을 증대시키면 카운싱 영역이 증대되며 아크 바로 아래 후방에 카운싱 면이 응고하여 이 부분이 그대로 잔존하기 때문에 부정형비드가 된다. 즉, 카운싱 영역의 응고가 부정형 비드의 원인이다. 용융지 바닥부의 응고가 연속적으로 계속되는 경우에는 분리비드 또는 터널비드가 형성되고 응고가 주기적으로 발생하는 경우에는 햄핑비드가 형성된다.

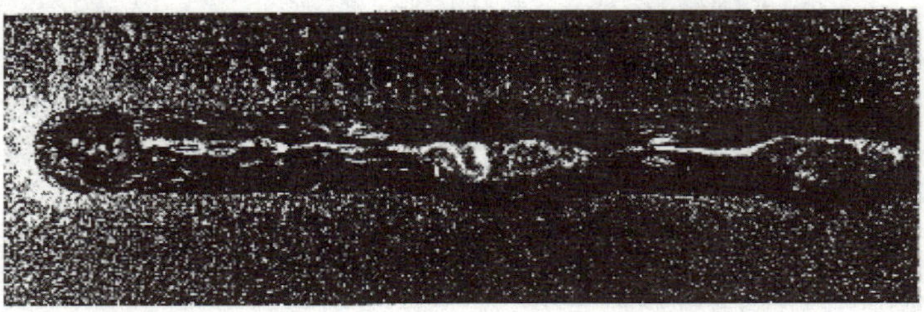

전류 : 500A, 와이어직경 : 1.6mm, 용접속도 : 150cm/mm, 모재 : 연강

그림 9.10 GMA용접에 있어서 햄핑비드

그림 9.10은 가스메탈아크(GMA)에 있어서 발생하는 햄핑비드의 예이다. 보통GMA용접에는 와이어에서 공급되는 용융금속이 용융지 바닥부의 응고를 지연시키는 결과, 카운

싱 영역의 측벽에서의 응고가 선행되고 언더컷 또는 측벽부에 있어서 융합불량이 발생하기 쉽다. 아크압력의 작용이 더욱 강하게 되면 용융금속은 용융지 바닥부를 경유하여 후방으로 흘러 그림과 같은 햄핑비드가 형성된다.

이러한 고온 · 대전류 용접에서 발생하는 부정형비드를 방지하는 것은 아크압력을 저감 분산할 필요가 있다. 구체적인 대책은 다전극 또는 굵은 직경의 전극을 채용하여 아크압력을 분산시키는 방식, 토치각도를 제어하여 아크압력의 작용을 완화하는 방식 등이 알려지고 있다. 그림 9.11은 박판의 맞대기 용접에 있어서 비드의 형성현황을 나타낸 것이다. 이 경우에도 대전류 · 고속측의 (D)는 아크압력에 의한 카운싱 영역이 노출되어 언더컷이 발생된다.

맞대기 용접에 있어서는 이면측의 용융확보, 즉, 이면비드를 안정되게 확보하는 것이 중요하다. 그림 9.11에서 (A)는 입열이 작은 이면측의 용융확보가 되지 않는 영역이다.

이에 대해 (C)는 입열이 크고 용융 폭이 과대하여 용융지가 용락, 안정한 용접이 될 수 없는 영역이다.

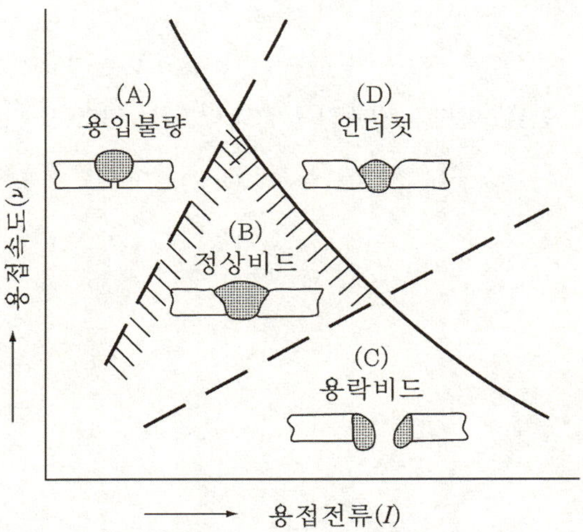

그림 9.11 박판의 맞대기 용접에 있어서 비드의 상황

소모전극식의 아크용접에 있어서 정상비드를 형성하기 위해서는 와이어를 안정되게 용융·이행시킬 필요가 있다. 예를 들면 탄산가스를 실드가스로 하는 솔리드 와이어를 이용하는 GMA 용접에는 와이어단의 아크가 긴축하고 전자력이 용적을 눌러 올리는 방향으로 강하게 작용하기 때문에 용적의 이행이 불규칙적으로 되고, 스패터를 발생시키기 쉽다.

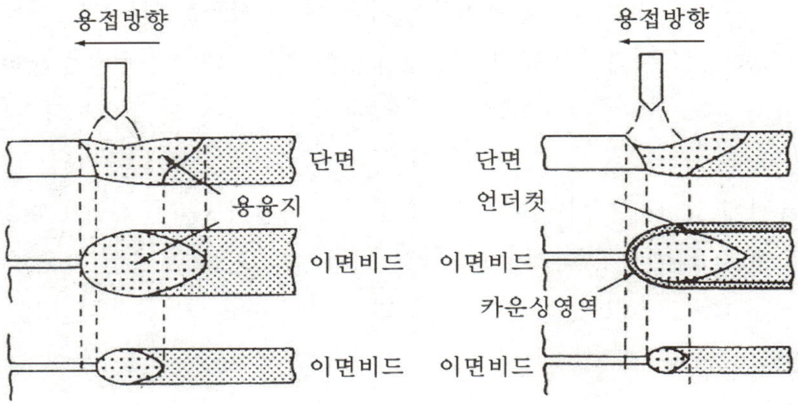

(a) 저전류 · 저속측 (b) 고전류 · 고속측

그림 9.12 박판의 맞대기 용접에 있어서 언더컷의 형성

제 10 장 용접 열영향부의 현상

10.1 일반사항

(1) 강(鋼) 용접에 있어 열영향부(HAZ)

용접금속에 인접된 모재는 변태온도 이상으로 가열된 후 급랭되므로 모재와 다른 현미경조직을 나타내며, 이 부분을 보통 열영향부(HAZ, Heat Affected Zone)라고 한다. 또한 이 영역보다 모재 측에 있어 명확한 조직변화는 보여 지지 않지만 기계적 성질이 변화하는 영역이 존재하며, 이를 포함하여 넓은 영역의 열영향부라고 한다. 용접방법에 따라 좁은 영역의 열영향부의 크기는 달라지나 보통의 피복아크 용접조건으로 행한 비드용접인 경우에는 그 폭이 2~3mm정도 이다. 열영향부의 크기는 재료의 성분, 크기, 물리적 특성, 용접 방법, 용접 속도에 따라 달라지고 그 특성은 가스의 유입, 경화능, 가열온도, 열처리상태에 따라 달라진다.

열영향부는 탄소강의 경우 피크린산－알콜, 초산－알콜 부식액으로 가볍게 에칭 함으로써 명확히 구분된다. 그러나 변태하지 않은 오스테나이트계나 페라이트계 스테인리스강 및 비철금속은 열영향부에 대응하는 영역은 반드시 명확하지 않는 경우가 많다. 용접금속과 열영향부 경계인 고액천이영역(Solid－liguid Transition Zone)이 본드부로 불리는 영역으로 그림 10.1에 나타낸다. 본드부는 완전하게 용융한 부분이나 용접금속내의 교반 등의 영향을 받지 않고 용접금속의 성분과 혼합되지 않은 영역으로 불완전혼합영역(Unmixed Zone), 용접 열영향부 측에 있어 입계 등이 일부 용융한 영역인 부분용융역(Partially Melted Zone) 및 그들의 경계인 용융경계(Weld Interface)로 구성된다.

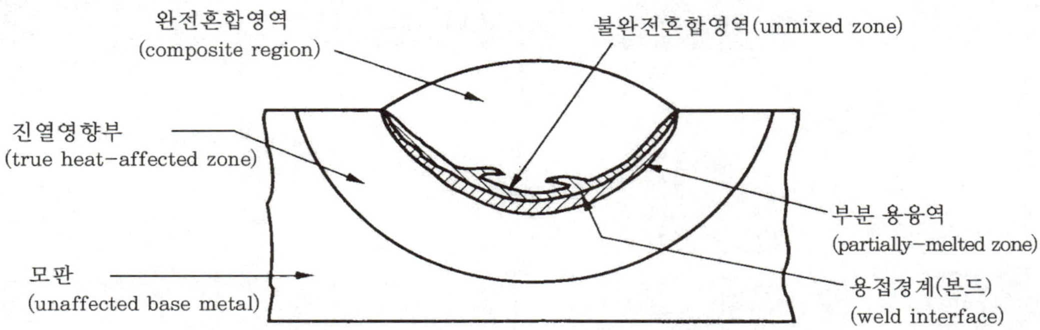

그림 10.1 본드부의 설명

본드부는 용착금속과 열영향부와의 사이를 원소가 이동 확산하는 부분으로 균열발생 등 금속조직학적으로 문제가 많은 부분이다. 본드부의 근방에서 모재 측으로 A_{c1} 변태점 이상까지 가열된 후 급랭된 부분이 보통 열영향부가 된다. 결정립이 현저히 조대하고 미세한 상태까지 연속적으로 존재하며, 기계적 성질이 큰 변화를 하여 결함이 발생되기 쉽다. 최고 가열온도가 약 700~200℃, 저온 가열역에서는 현미경조직에 변화가 없으나 기계적 성질이 변화하여 준열영향부라하고 연강에서는 노치인성의 저하로 취화역(脆化域)이라고 한다.

(2) 열영향부의 성질

저합금 고장력강의 열영향부는 경화부에 마르텐사이트(martensite)의 형성되기 쉬워 작은 응력에도 쉽게 파괴된다. 이 경우는 200℃정도로 예열하거나 용접입열을 높여 경화 및 파괴경향을 감소시켜야 한다. 저수소계 용접봉을 사용하는 것도 경화부 파괴경향을 감소시키기 위한 것이다. 인성이 양호한 오스테나이트(austenite)계 용접봉을 사용해도 파괴경향이 감소된다.

열영향부에 가장 유해한 원소는 수소이며, 수소의 오스테나이트 중의 용해도는 높으나 마르텐사이트와 페라이트(ferrite) 중의 용해도는 극히 적다. 따라서 용접중 오스테나이트 조직인 용착금속으로 부터 수소는 분리되어 나와 열영향부로 확산하여 들어간다. 금속조직이 오스테나이트로부터 마르텐사이트로 변태할 때 수소는 파괴의 핵속에 포집되어 파괴핵의 노치에 강한 내부응력을 작용시킨다. 이 상태의 열영향부는 일반온도에서는 취약하고 온도가 낮아질 수록 더욱 취약해 진다.

오스테나이트계 심선재료와 저수소계 용제를 사용하면 수소취성의 경향이 감소된다. 열영향부는 수소와 마르텐사이트 이외에도 미세하고 날카로운 탄화물이 석출파괴의 경향이 높아진다. 이 탄화물은 전위선의 미끄러짐을 방해하여 재료의 전성을 저하시키고 경화도를 높여 파괴 핵의 발생 원인이 된다. 이러한 탄화물은 모재의 입열에너지를 적절히 조절함으로써 석출을 방지하거나 구상화시켜 주어야 한다. 용접 열영향부가 오스테나이트 영역에서 장시간 가열되면 오스테나이트 입자가 성장한다. 이것은 냉각시에 페라이트가 먼저 입자경계에 석출하고, 그 다음 입자결정면을 따라 석출되며 이 부분은 취약하게 된다. 따라서 용접부와 열영향부를 너무 오랫동안 가열해서는 안 된다.

(3) 열영향부에서 결정성장 기구

소성변형을 받은 재료에 재결정 또는 α상-γ상 변태가 완료된 후 새로운 결정은 잔류저장에너지에 의해 결정성장을 계속한다. 다수 경계면을 갖는 결정은 그 보다 작은 수의 경계면을 가진 결정을 흡수하게 되며, 그에 따라 잔류저장 에너지는 감소하여 평행상태에 도달한다. 실제 강재에 있어서 탄화물, 질화물과 같은 석출입자의 존재로 결정성장이 억제된다.

새로 생긴 결정의 크기는 석출입자의 영향을 받아 주어진 입자의 분산 상태에서 새로 생성된 결정립의 크기(d_{max})는 $d_{max}=4y/3(V_f)$가 된다. 즉, 생성된 결정의 크기는 입자의 체적률(V_f)에 반비례하고 입자크기(y)에 비례한다. 용접부에서 강도증가를 목적으로 석출시킨 각종 탄화물, 질화물 등이 용접시 열사이클을 받아 용해되어 입자의 소멸 또는 조대화 현상이 일어난다. 이 현상들은 용접 열영향부에서 결정성장 거동에 큰 영향을 주며, 입자의 소멸, 조대화 거동은 입열량에 따른 가열속도와 밀접한 관계를 갖는다. 즉, 소입열 용접으로 가열속도가 급격할 경우 각종 석출입자의 분해온도는 높게 되거나 대입열 용접으로 가열속도가 느리면 석출입자가 분해되어 소멸되는 온도가 낮아져 결정성장이 용이하게 된다.

오스테나이트강, 페라이트강, 동합금 및 알루미늄합금은 온도변화에 의한 변태는 일어나지 않기 때문에 용접 이음부의 매크로(macro)조직을 관찰하는 것만으로는 열영향부를 명확히 구분하기는 어렵다. 그러나 결정립의 변화(조대화나 재결정) 기계적, 물리적 성질 변화가 생기는 영역이 존재한다. 강재 중에 탄소와 합금원소가 많이 포함된 경우나 냉각속도가 빠른 A_3점 이상으로 가열된 열영향부는 경화정도가 매우 심하게 된다.

10.2 용접 열영향부의 특성

10.2.1 용접 영향부의 분류

변태하지 않은 오스테나이트계나 페라이트계 스테인리스강 및 비철금속의 합금에는 결정립경이나 그의 변태, 경도, 내식성 등의 특성변화로 열영향부 영역이 결정된다. 그림 10.2에 열영향부에서 변태가 생기는 합금, 시효처리한 석출경화형 및 가공경화형 합금의 각각 용접 열영향부의 조직과 경도분포의 예이다.

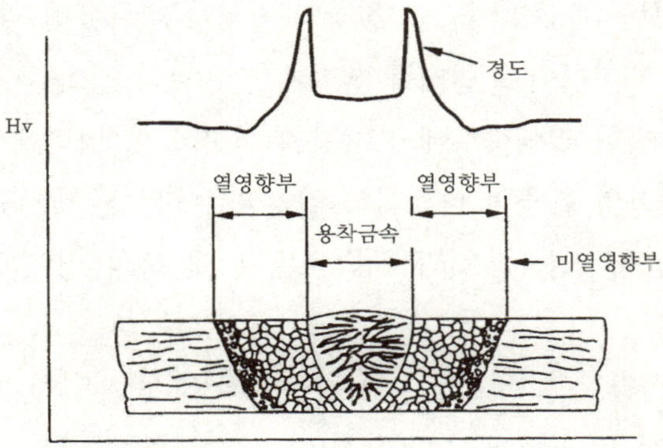

(a) 변태를 일으키는 합금

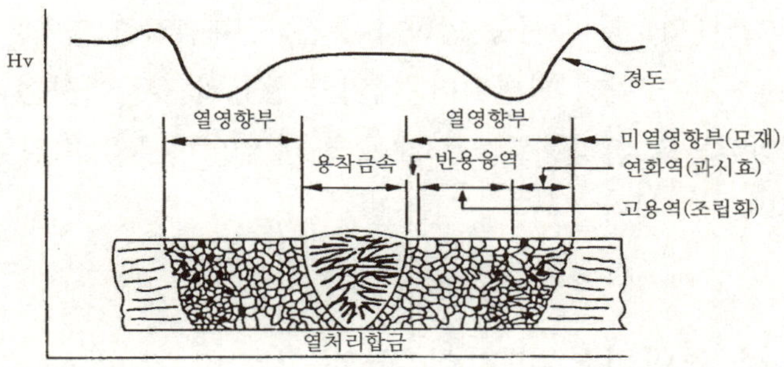

(b) 시효처리한 석출경화형 합금

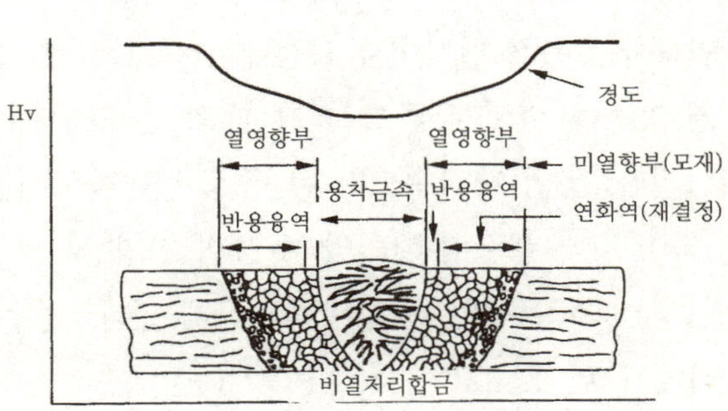

(c) 가공경화형 합금

그림 10.2 각종 합금의 용접 열영향부

용접과정에서 변태하는 대표적 합금인 철강의 열영향부는 용접 열사이클의 냉각과정에서 마르텐사이트 또는 베이나이트 변태를 생기게 함으로서 경화한다. 경화정도는 결정립이 조대화한 본드부에 접한 열영향부에서 가장 현저하고 이 영역에서 열영향부의 최고경도가 얻어진다. 석출경화형 합금의 시효재의 열영향부에는 본드부 근방의 고온으로 가열된 영역은 석출상의 고용 또는 그것과 계속되는 모재 측의 영역에는 과시효로 경도가 저하한다.

이러한 종류의 합금석출상은 미세하여 광학현미경으로는 관찰하기 곤란한 경우가 많지만 열영향부의 폭은 경도가 변하므로 개략적인 추정은 할 수 있다. 가공에 따라 강도를 높인 가공경화형 합금에서는 용접 열 사이클에서 재료의 재결정온도 이상으로 가열된 영역으로 가공변형이 해방되는 회복 및 재결정이 생겨 경도가 저하한다. 또한 본드부 근방에는 결정립의 조대화로부터 한층 연화가 생긴다. 재결정한 영역은 광학조직에서도 결정립 형태의 변화로서 명확히 판별되며, 이러한 종류의 합금에서는 엄밀히 회복되어 생기는 영역도 포함되므로 열영향부라고 해야 하고 열영향부의 범위는 경도가 변화한 영역으로 보는 것이 타당하다.

10.2.2 용접 열영향부 조직의 특징

용접 열영향부에 있어 조직변화가 큰 특징은 온도가 실온→최고 가열온도→실온과 시간과 더불어 급격히 변화하는 용접 열사이클 과정에서 생기는 점이다. 따라서 용접열영향부의 조직은 열사이클 과정에 있어서 반드시 그 때의 온도에서 평행상태로 되지 않고 그의 중간적인 단계로 된다. 또한 냉각속도가 큰 용접 열영향부에는 재료에 따라 평행상태도가 아닌 준안정조직이 나타나는 경우도 있다. 용접 열영향부의 조직을 이해하기 위해서는 평행론적인 측면보다 속도론적인 측면이 중요하게 된다. 경우에 따라 비평형상태에서의 조직변화도 고려해야 한다.

용접 열사이클 중에 용접 열영향부의 각 영역조직을 결정하는 지배인자는 각 개소의 최고가열온도, 가열속도 및 냉각속도이다. 그림 10.3에 용접 열열향부의 용접 열사이클 곡선의 대표적인 예이다.

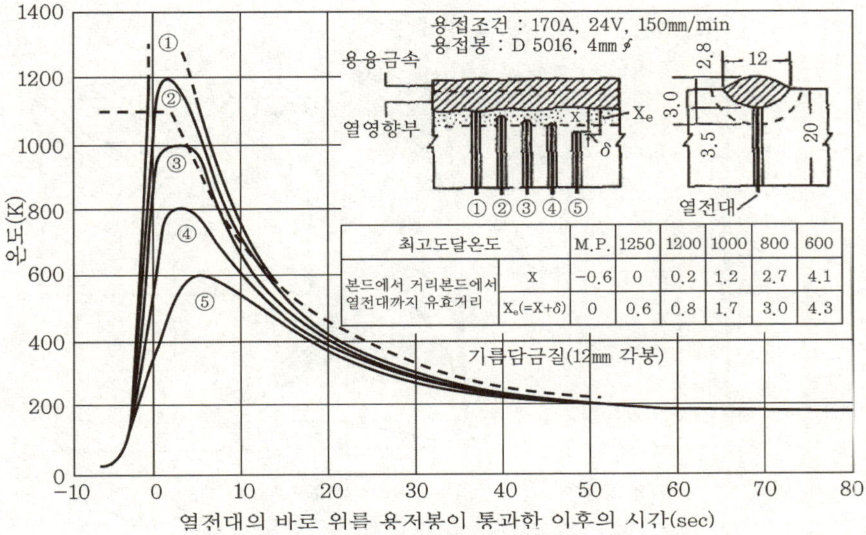

그림 10.3 탄소강 열영향부에 있어서 용접 열사이클 곡선

그림과 같이 일반 아크용접 본드부 근방의 열영향부에는 재료의 융점값 아래의 고온까지 수초 동안 가열 후, 수 십초~수 분후에 실온부근의 온도까지 냉각된다. 또한 본드부에서 멀어짐에 따라 최고 도달온도의 저하와 함께 냉각속도도 감소한다.

표 10-1 강 용접부의 열영향부 구분

명 칭	가열 범위	특 성	그림 10.4
용착강	용융온도, 1500℃이상	용융 응고영역 덴드라이트(Dendrite)조직	–
조립역	1500~1250℃	조대화 부분, 경화되기 쉬워 균열발생 용이	1
혼립역	1250~1100℃	결정립이 조대부와 세립부의 중간, 성질 중간	2
세립역	1100~900℃	재결정으로 결정립 미세화, 인성·기계적성질 양호	3
구상 Pealite역	900~750℃	퍼얼라이트만 변태, 구상화하여 서냉시 인성이 양호, 급랭시 마르텐사이트화로 인성저하	4
취화역	750~300℃	열응력, 석출에 의해 취화, 현미경조직은 불변	5
모재 원질부	300~실온	열영향을 받지 않은 모재 부분	6

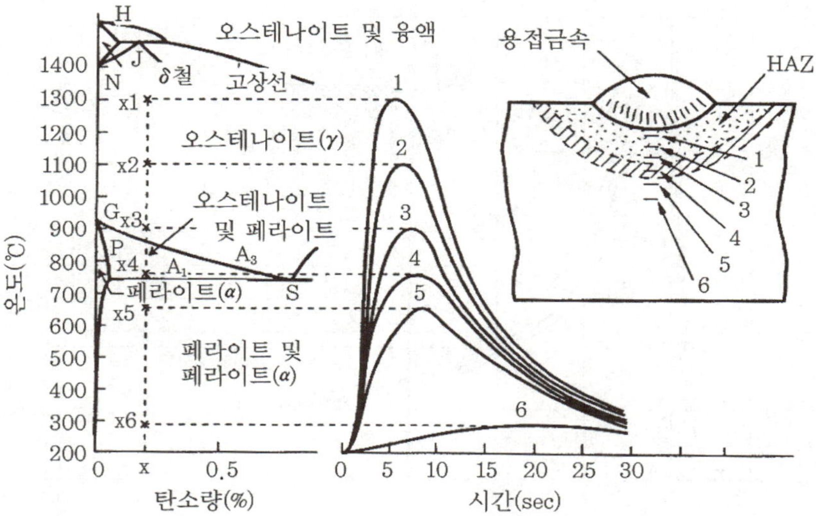

그림 10.4 탄소강 열영향부의 용접과정에 있어서 조직변화

이러한 용접 열영향부의 각 영역에는 최고가열온도, 가열속도 및 냉각속도도 각각 달라 각 영역의 조직도 달라진다. 그림 10.4에 일반적인 탄소강의 용접 열영향부의 용접 열사이클 과정에서의 조직변화를 표 10－1에서는 열영향부의 각 영역에서의 실온조직의 특징을 나타낸다. 탄소량이 x% 강의 열영향부에 있어서 용접 열싸이클 과정에서 조직변화는 다음과 같다.

조립역인 위치 1의 부분은 가열과정으로 A_3변태점을 넘는 시점에서 오스테나이트로 변태한다. 그 후 오스테나이트 결정립이 성장하지만 특히, 위치 1은 본드부 근방에 있어서 결정립 조대화가 극히 현저하다. 냉각과정에서 오스테나이트 입계에서 페라이트가 석출하고 잔류오스테나이트가 대응하여 페라이트, 베이나이트 및 마르텐사이트로 변태한다. 이 영역은 결정립이 조대화 및 베이나이트 또는 마르텐사이트의 생성에 의한 경화를 일으키기 쉬워 균열이나 인성, 열화의 문제를 일으키기 쉽다.

위치 3의 영역은 세립역이며, 가열과정에서 A_3변태점을 넘는 시점에서 오스테나이트로 변태하나 최고 가열온도가 낮아 오스테나이트 결정립이 성장하지 않고 조직이 미세화하는 영역이다. 이 영역은 냉각과정에서는 오스테나이트 결정립의 미세화로 페라이트 변태가 용이하나 베이나이트 및 마르텐사이트 변태가 어렵고 경화하지 않는다.

위치 2의 영역은 혼립역으로 조직 및 경도점에서 위치 1 및 3의 중간적인 영역이다.

위치 4의 영역은 최고 가열온도가 A_1과 A_3의 중간이고 페라이트의 일부가 오스테나이트로 변태한 후 냉각과정에서 다시 페라이트로 변태하고, 그의 형상이 구상화하는 영역이다. 위치 5의 영역은 현저한 조직변화를 생기는 위치 1~4의 영역 외측이고 명확한 조직변화가 보이지 않으나 인성이 열화하는 취화역의 영역이다.

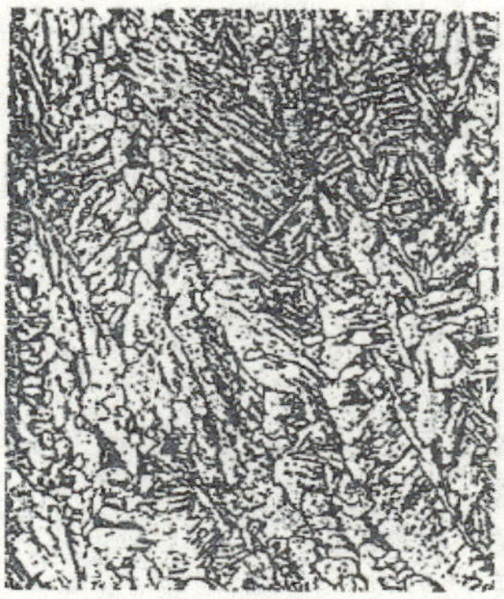

(a) 용접금속(1,500℃ 이상)

(b) 본드부근(1,500~1,300℃)

(c) 혼립부(1,250~1,100℃)

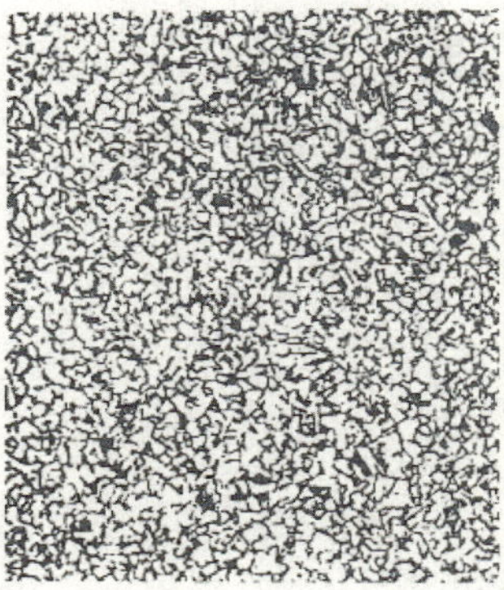

(d) 세립부(1,100~900℃)

(e) 입상 페라이트부(900~750℃)

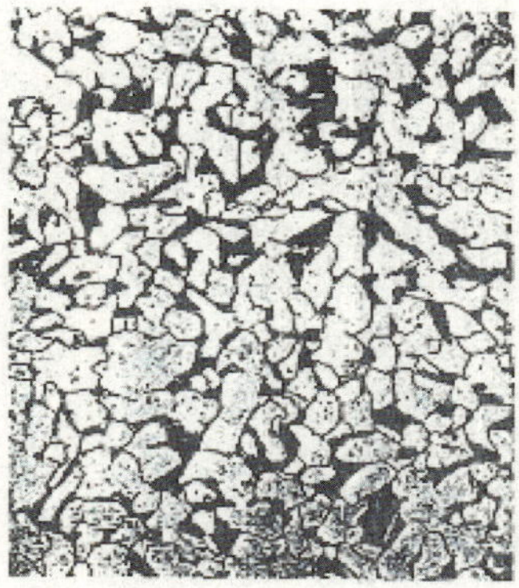

(f) 모재 원질부(700℃~실온)

그림 10.5 강열영향부의 대표적인 조직

그림 10.5에 강의 용접 열영향부로 보여 지는 대표적인 조직의 예를 나타낸다. 고장력강 등의 저합강에 있어서도 용접열영향부의 조직변화는 기본적으로는 탄소강과 유사하지만 위치 1에 상당하는 영역에는 입계에서 페라이트 인접 플레이트나 퍼얼라이팅 페라이트가 석출하고 베나이팅페라이트 층간의 탄소가 농화(濃化)한 오스테나이트에서 생성한 섬모양(島狀)의 마르텐사이트가 석출한다. 이 섬모양(島狀) 마르텐사이트는 단단하고 파괴발생의 기점이 되기 쉬우며, 이 영역이 인성열화가 주 원인의 하나이다.

또한 저합금강에 있어 위치 4의 영역에 있어 섬모양 마르텐사이트가 생성하기 쉽고 역시 이들에 기인한 인성의 열화가 문제가 된다. 표 10-2에 저합금강의 용접 열영향부로 보여지는 각종 조직의 명칭을 나타낸다. 한편, 용접열영향부의 조직변화의 또 하나의 특징으로서 용접 열사이클 과정에서 이 영역에 부가되는 응력, 변형 사이클을 들 수 있다. 용접 열영향부에 있어서 응력이나 변형의 정도는 용접조건이나 재료에 따라 다르지만 잔류응력은 그 재료의 항복응력 수준으로 되는 것이 많다. 또한 소성변형에 대해서는 가열과정의 압축, 냉각과정에서의 인장의 소성변형이 가해지고, 그 결과 도입되는 소성변형은 1~수% 정도이다.

표 10-2 저합금강 열영향부의 조직분류

원어	기호	주요 조직	구성 조직명
Grain boundary ferrite	GBF	페라이트	입계 페라이트
Ferrite allotromorph	FA		입계 페라이트
Grain boundary polygonal ferrite	GPF		괴상 페라이트
Ferrite side plate	FSP		페라이트 인접 플레이트
Bainitic ferrite	BF		베이나이트 페라이트
Intragranular ferrite	IF		입내 페라이트
Intragranular acicular ferrite	IAF		입내 침상 페라이트
Intragranular polygonal ferrite	IPF		입내 다각형상 페라이트
Pearlite	P	퍼얼라이트	퍼얼라이트
Lameller pearlite	LP		층상 퍼얼라이트
Degenerated pearlite	DP		의사 퍼얼라이트
Fine colony pearlite	FP		미세 퍼얼라이트
Upper bainite	UB	베이나이트	상부 베이나이트
Lower bainite	LB		하부 베이나이트
Lath martensite	LM	마르텐사이트	라스 마르텐사이트
M·A constituent	MA		섬모양 마르텐사이트

10.3 재결정과 결정조립화

가공경화는 금속재료의 강화법의 하나로서 널리 이용되며, 이 방법으로 강화된 금속은 가열하면 재결정 현상이 생겨 내부변형이 해방되어 그 결과 강도가 저하한다. 따라서 가공경화로부터 강화한 금속재료를 용접한 경우 그의 열영향부에서 강도 저하가 문제가 된다. 또한 재결정시킨 후 고온에서 가열하면 재결정립의 조대화가 생겨 강도가 한층 저하한다. 결정립의 조대화는 가공경화 함으로서 강화한 금속재료가 보여지지 않고 금속재료 전체에서 생긴다. 재료의 인성이나 피로특성 등의 여러 성질도 결정립의 조대화로부터 열화하기 때문에 용접열향부에서의 결정립의 조대화는 용접상 큰 문제점이 된다.

10.3.1 재결정(再結晶)

보통 금속재료는 가공을 하면 가공경화에 의하여 물리적 성질이나 기계적 성질이 변화한다. 가공경화는 경도나 항복강도의 증가도 그의 변화의 하나이며, 이것을 이용하여 변태나 석출에 의한 강화는 바람직하지 않다. Al, Cu, Ni 및 그 들 합금 등의 금속재료의 강화가 되며, 가공경화의 구조는 다음과 같이 설명된다. 즉, 금속에 소성변형을 수반하는 가공을 하면 새로운 전위가 증식한다. 증식된 전위는 가공에 따른 소성변형으로부터 운동의 장애물이 되는 결정립이나 석출물 주변에 있어 퇴적되고 커다란 내부 변형장을 형성한다. 또한 전위운동에 있어서 동일한 미끄럼면상이 아닌 전위끼리의 교차되거나 평행 미끄럼면상에 있는 전위간에서의 탄성적 상호작용에 의해 전위의 퇴적이나 복잡한 메카니즘이 생긴다.

또한 전위끼리의 단절 또는 상승운동에 의해 형성된 울퉁불퉁한 조그(jog)를 전위운동 등에 따라 원자기공이나 격자간 원자의 점 결함도 다수 형성된다. 이들의 변화는 어느 것도 전위운동의 장애가 되고 그의 역동도를 저하시킴으로써 결과적으로는 재료의 항복강도를 증가시킨다. 한편 가공 경화한 재료를 가열하면 원자기공이나 격자간 원자의 점

결함이 소멸하거나 전위의 재배열 등에 의한 내부 변형에너지의 저하 즉, 안정화가 생긴다. 이 과정이 회복현상으로 약간의 경도저하, 전기저항 저하 등의 변화를 수반한다. 회복과정에는 전위가 상호 변형장을 감소시키기 때문에 다각형의 작은 경사각 입계를 형성할 수 있도록 재배열한다. 즉, 다각형 형성의 셀 현상이 생기나 이 단계에는 결정립의 형성에는 변화하지 않고 금속조직은 가공조직 그대로 유지한다.

또한 장시간 가열하지만 또는 온도를 상승시키면 이 경우에는 내부에 변형이 매우 작은 모상(母狀)과 다른 결정방위를 가진 새로운 결정의 핵이 형성되고, 그것이 시간의 경과에 따라 성장하며 이것이 재결정이다. 이러한 재결정은 재결정 입계의 이동에 따라 그의 영역이 넓어지는 불연속적인 과정에 이른다. 이것이 재료 전체에 있어서 변화가 서서히 일어나 연속적 과정에 의해 생기는 회복과 다른 점이다.

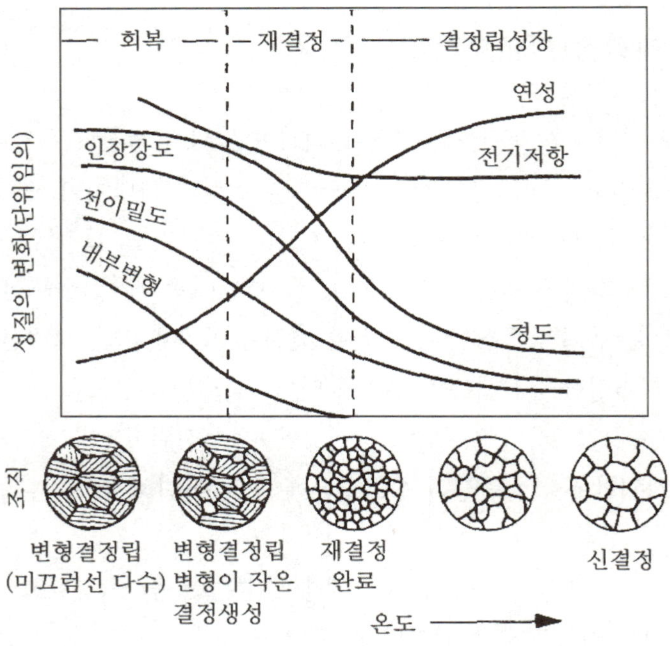

그림 10.6 가열에 따른 회복 재결정 결정립 성장과정에서의 성질 변화

재결정이 생긴 부분에는 전위 등의 격자결함이 가공조직의 그것과 비교하여 큰 폭으로 감소하고 있고 그 결과 경도, 강도 및 전기저항이 큰 폭으로 저하하거나 연성의 증가가 생긴다. 그림 10.6에 가공경화한 재료의 회복 및 재결정 과정의 다양한 성질의 변화를 모식적으로 나타낸다. 가공경화한 재료를 용접한 경우 열영향부에는 가열에 따라 재결정 및 회복이 생기고 그림 10.6와 같은 특성변화가 생긴다. 특히 가공에 의해 강화한 재료에서 문제가 되는 강도저하에 대해서는 재결정에 의한 기여가 크다.

용접 열영향부에 있어 재결정의 진행은 각 지점에 있어 용접사이클에 의존하고 그에 기인하는 강도저하의 정도나 강도저하 범위를 예측하기 위한 재결정의 속도론적인 이해가 필요하다. 재결정의 속도론적 접근의 최초단계는 어느 가열온도에서 재결정이 생기게 한 영역의 비율(재결정율)의 시간적 변화를 명료하게 하는 것이다. 가공한 Cu를 여러 온도에서 유지시킬 때 재결정율의 시간적 변화를 그림 10.7에 나타낸다. 이 예에서와 같이 일반적으로 가공한 재료의 재결정율은 일정 가열온도에 있어서 시간의 경과에 따라 S자상 곡선을 그리며 증가한다.

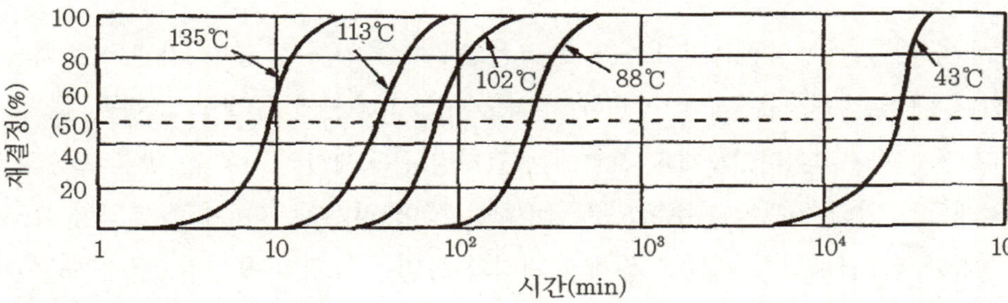

그림 10.7 99.9% 냉각가공한 동(5N)의 등온재결정 곡선

10.3.2 결정조립화(結晶粗粒化)

금속재료의 용접 열영향부에는 용접 열사이클에 의해서 모재에 비하여 결정립경이 현저하게 조대화하며, 특히 본드부 근방에서는 결정립의 조대화 경향은 현저하다. 철강에는 결정립경의 조대화는 연성－취성천이 온도를 상승시켜 취화의 주요인이 되기 때문에 큰

문제가 된다. 또한 다른 금속에 있어서도 결정립 조대화는 항복강도나 피로강도의 저하나 응력 부식균열 감수성 증가의 하나의 요인이 된다.

10.4 고용과 석출

용접과정이나 용접 후 열처리 과정에서의 용접 열영향부는 석출물의 고용이 생기며, 석출은 용접부의 강도나 인성, 내식성 등의 여러 성질에 중요한 영향을 미치고 열영향부에 있어 취화비율이나 액화비율 등의 용접결함의 생성에도 밀접하게 관련된다.

10.4.1 고용(固溶)

금속내의 석출상 구성원소의 용해도가 고온일수록 증가하는 경우, 가열되는 석출상이 고용한다. 이러한 현상을 적극 이용하고 석출물을 고용시켜 균질한 조직을 얻기 위한 열처리가 용체화처리이다. 용체화 처리에는 열처리 온도에서의 냉각은 냉각 도중의 재석출을 억제하기 위해 유랭이나 수랭으로 급랭하는 것이 일반적이다. 용접 열영향부도 고온으로 가열한 후, 급랭되기 때문에 용체화 처리와 동일한 효과가 생긴다. 금속재료에 있어서 석출에 의한 강도 특성의 개선효과를 이용하는 재료가 많고 이들 재료에는 열영향부에서 석출상의 고용이 문제가 된다.

그림 10.8은 열처리형 Al합금 6061－T4재의 GTAW 용접부의 분포를 나타낸다. 용접금속에 근접한 열영향부에는 석출상의 고용에 의하여 경도가 저하함을 볼 수 있다. 다른 경도의 저하영역은 석출상의 조대화, 즉 과시효에 의한 것이다. 이러한 용접부에 모재와 동등한 특성을 갖기 위해서는 용접후에 재차 용체화 열처리 및 시효열처리를 할 필요가 있다.

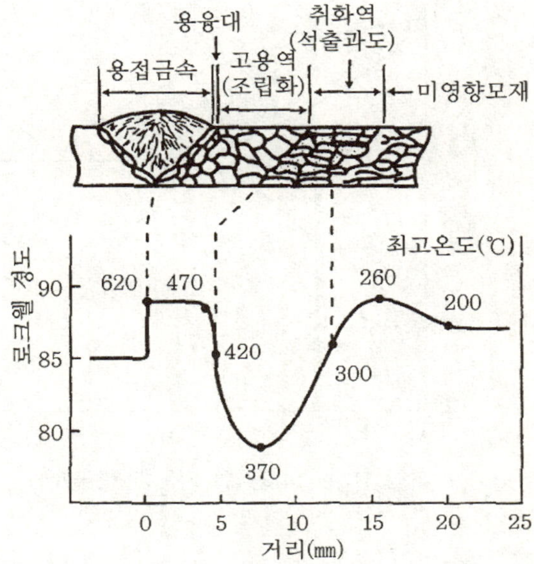

그림 10.8 Al합금(6061-T1)의 용접부에 있어서 경도분포(230A, 63cm/min, 시효 후)

철강의 용접열영향부에 있어서 조직을 미세화 할 목적으로 Ti이나 Al 질화물을 석출시켜 이들을 핵으로 하여 미세한 페라이트 석출을 촉진시킨다. 이들의 강에는 용접 열 싸이클 과정에서 용접 열영향부에 있어서 Ti나 Al의 질화물이 고용되지 않고 $\gamma \rightarrow \alpha$ 변태에서 유효한 핵으로 되는 것이 필요하고 이를 위해 질화물의 고용량에 관하여 용해도를 이용하는 검토가 이루어지고 있다.

10.4.2 석출(析出)

용접 열영향부에는 각종 석출물의 석출이 따른 인성의 열화나 그것에 기인하는 취화균열, 내식성 열화 등의 문제가 생긴다. 이들의 석출현상은 용접 싸이클과정에서 고온으로 가열된 결과 모재에서 석출한 석출물이 한번 고용한 후 냉각과정에서 재석출할 경우와 용체화 처리재와 같이 모재가 모든 과포화상태로 되면서 용접 싸이클에 의해 석출하는 경우가 있다.

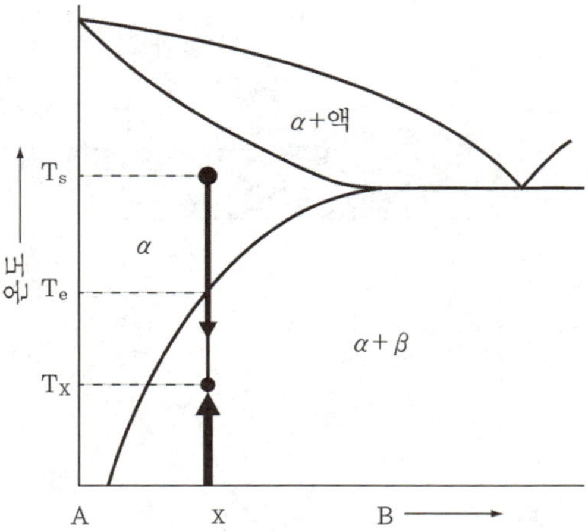

그림 10.9 석출경화 가능한 합금계

보통 전자의 경우는 석출이 주로 본드부 부근의 열영향부에서 생기고 후자는 본드에서 약간 떨어진 열영향부에 석출된다. 또한 용접 후 응력제거를 목적으로 한 열싸이클 처리를 할 경우에도 본드부 근방의 열영향부로 석출물이 석출되는 SR균열이 있다.

(1) 핵 생성 – 성장과정에 있어서 석출

석출은 그림 10.9와 같이 조성 X의 합금을 온도 T_e이상으로 고용한 후 T_e이하, 즉, T_x으로 유지한 경우, 과포화분의 원소 B가 고용체 α 중에 단체, 고용체 또는 화합물로서 생성하는 현상이다. 보통 석출과정에는 모상(母狀)과는 조성이나 구조 등이 명확히 다른 석출상의 핵이 석출초기부터 생기고, 그것에 시간경과에 따라 성장하는 핵생성–성장과정과 조성변화의 진폭이 시간과 더불어 조장되어 최종적으로는 평행석출상이 되는 과정이다. 핵생성–성장에 의한 석출과정은 과포화합금을 온도 T_e이하로 유지한 경우, 모상의 고용체 중에 용질원소의 열적변동이 생겨, 국부적으로 석출상에 상당하는 영역이 형성되어 열역학적으로 충분히 안정될 경우 그것이 석출 핵으로 된다. 핵이 생성된 후 성장과정은 크게 나누면 계면을 넘나드는 용질원소의 확률, 즉, 계면 반응이 규칙적인 경우 핵을 향하여 모상에서 원소가 이동하는 확산과정이 규칙적인 경우 및 둘 사이가 되는 경우가 있다.

10.5 상변태(相變態)

10.5.1 강의 열영향부의 조직

철강재료와 같이 고온에서 변태하는 금속을 용접한 경우, 용접 열영향부에는 변태로 인하여 그의 조직 및 여러 성질이 변화한다. 즉, 철강의 본드근방의 용접열영향부에는 용접열 싸이클과정의 가열과정에서 오스테나이트화한 후에 냉각과정에서 마르텐사이트나 베이나이트 또는 페라이트+퍼얼라이트의 조직으로 된다. 이에 따라 본드부 근방의 열영향부에는 경도가 현저하게 상승함과 동시에 인성이 저하하는 특성변화가 생긴다. 용접 열영향부의 각부의 변태거동은 본드에서 거리에 의존하고 그 결과 실온조직도 다양한 조직이 된다. 열영향부의 변태거동이 거리에 크게 의존하는 것은 각 영역에 따라 최고 가열온도 및 냉각속도가 다르기 때문이다. 따라서 용접 열영향부의 조직 및 특성을 파악하기 위해 열사이클 과정에서의 변태거동을 이해해야 한다. 철강의 용접 열영향부에서 경도에 가장 크게 영향을 주는 것은 냉각과정의 마르텐사이트 변태이다. 오스테나이트가 마르텐사이트 변태 전에 페라이트 혹은 베이나이트 변태와 마르텐사이트 양이 감소하고 경화의 정도가 감소한다. 따라서 열영향부의 변태거동으로서 페라이트변태 또는 베이나이트변태에 주목해야 한다. 용접 열영향부에 있어 상변태의 속도론적 취급의 하나의 예로서 2상 스테인리스강에 있어서 오스테나이트상의 석출량에 관하는 검토결과에 대하여 설명한다. 2상 스테인리스강 용접금속 및 HAZ는 그림 10.10과 같이 용접과정에서 α 단상으로 되고 냉각도중에서 γ 상이 석출되며, 실온에서는 $\alpha+\gamma$ 2상조직으로 된다. γ 상은 α 상 및 입내의 양쪽이 석출하지만 γ 석출량이 작은 강종에는 γ 상은 주로 α 입계에 핵생성하고 입내를 향하여 성장한다.

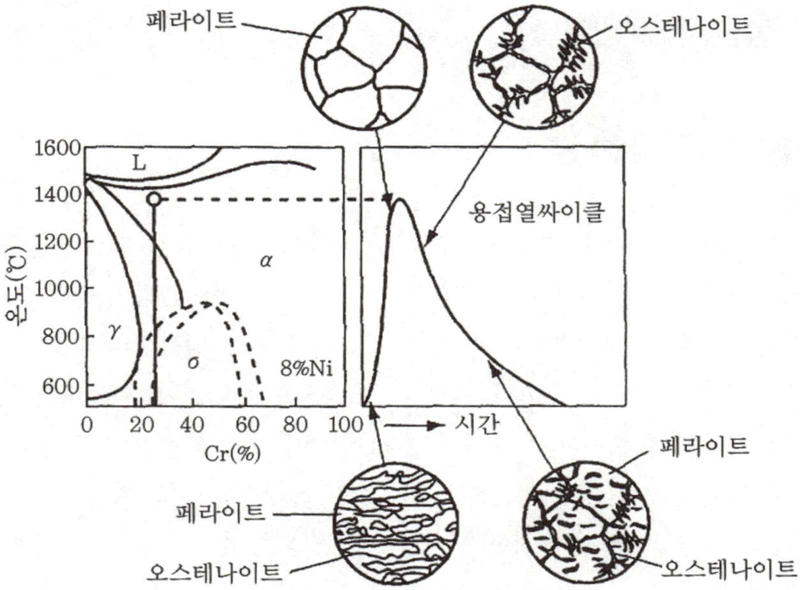

그림 10.10 2상 스테인리스강의 용접열 사이클 과정에 있어서 조직변화

10.5.2 연속냉각변태도

용접 열영향부의 조직을 간단히 예측하는 수단으로 그림 10.11의 연속냉각변태도(CCT도)를 이용한다. CCT도는 하나의 재료를 고온에서 가열 후, 각종 온도에서 냉각하고 그 도중에 변태를 열팽창, 변태잠열을 측정하여 검출하고 그의 개시 및 종료를 결정하고 그림으로 나타낸 것이다. 철강에는 CCT도는 주로 변태에 의한 경화특성을 알기 위해 그림에서 냉각후의 경도를 나타내는 경우가 많다.

일반적으로 열처리용은 최고 가열온도를 오스테나이트화 온도 바로 위 부분, 예를 들면 850℃(1123K)를 이용하는 경우가 많지만 용접 열영향부에 이용되는 CCT도는 본드부 근방의 조직을 재현하므로 최고 가열온도가 융점 바로 아래의 온도 열영향부에 설정된다. 특히 용접열영향부용 CCT도를 재현열향부 CCT도(SH－CCT도)라고 한다.

일례로서 그림 10.13에 HT50강의 용접용 CCT도를 나타내며, 그림 위 방향 횡축에는

800℃(1073K)에서 500℃(773K)까지 냉각시간 $t_{800-500}$가 도시되어 있다. 이 식은 용접 열영향부의 조직을 예측하는 경우, 자주 이용하는 파라메터로써 그림 10.11와 같이 그의 값의 감소에 따른 조직 중의 마르텐사이트량이 증가하여 경화한다. CCT도는 강재의 화학조성에 의존하므로 화학조성이 다른 강종에 대해서 각각의 CCT도가 필요하게 되지만 다수의 강종에 대해서의 CCT도를 자료화하여 CCT도를 예측하고 있다. 또한, CCT도는 강재의 화학조성에 한정하지 않고 최고 가열온도나 냉각속도에 의존하므로 그들의 조건이 다를 경우, 각각에 대응한 CCT도가 필요하게 된다.

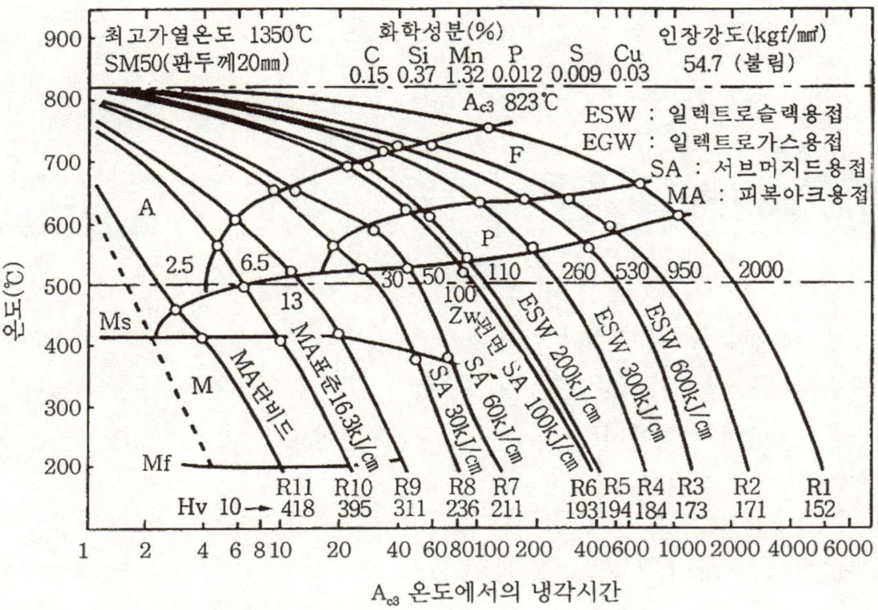

그림 10.11 HT50 강 고장력강의 CCT선도, 최고가열온도 1350℃(1.623K)

제 11 장 고에너지 빔 용접

11.1 일반사항

전자빔 및 레이저빔은 레이저나 반사경 등을 이용하여 빔을 용이하게 집속시킬 수 가 있어 열원은 다른 열원에 비하여 매우 고에너지 밀도가 얻어지는 특징이 있다. 전자빔 용접 및 레이저빔 용접법에서는 이 특징을 적극 활용하고 있다.

11.1.1 고 에너지밀도 용접현상

그림 11.1은 용융용접에 이용되는 각종 열원의 에너지밀도를 나타낸다. 그림과 같이 재료의 가공형태는 에너지 밀도에 의존한다. 에너지 밀도가 낮으면 가열부의 용융이 용이하지 않아 용융용접의 열원으로서는 부적당하다. 에너지 밀도가 높으면 가열부는 용이하게 융점이상으로 도달시킬 수 있어 용융용접의 열원으로서 이용된다.

11.1.2 고 에너지밀도 용접 특징

대기압 하에서 쉽게 발생될 수 있는 아크는 에너지 밀도의 관점에서도 매우 우수한 용융용접의 열원이다. 또한 에너지 밀도가 높게되면 모재의 용융부가 과열되는 결과, 증발이 심하게 된다. 전자빔이나 레이저빔에 의한 용접공정에서 증발현상이 중요한 역할을 한다. 즉, 가열부에 있어 증발이 활발하면 증발의 반도압(反跳壓, recoil pressure)에서 그림 11.2와 같이 액면이 압하되고 빔 조사부에는 키홀(key hole) 또는 빔홀(beam hole)이 깊고 좁게 형성된다. 이 키홀은 모재 내부에 빔의 침입이 용이하므로 고에너지 빔용접 특유의 깊은 용입이 가능하다.

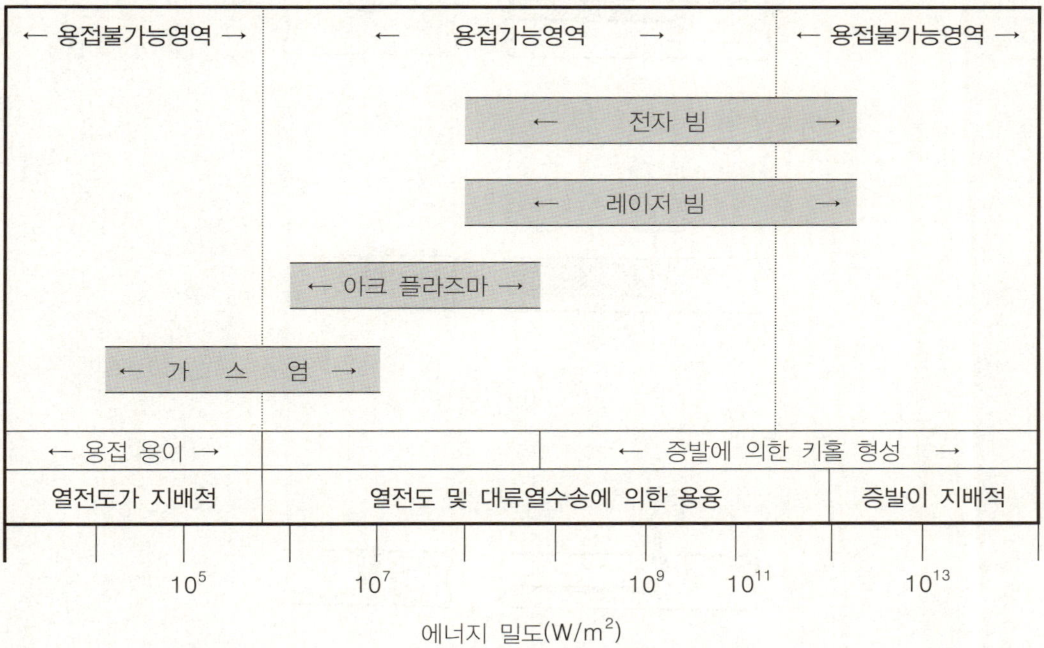

그림 11.1 열 가공상태에 미치는 에너지 밀도의 영향

에너지 밀도가 10^{13}[W/m^3]정도 이상으로 높으면 빔 조사부는 증발이 지배적이고 모재 금속이 소실되므로 용융용접의 열원으로 이용된다(그림 11.2(c)). 이와 같이 고에너지빔 용접법은 키홀로서 특징 지워진다. 그림 11.3의 모델을 이용하여 증발에 반도압을 추정할 수 있다.

그림 11.3(a)와 같이 액면에서 입자가 증발할 때 밀도를 ρ, 기상에서 밀도를 ρ_g, 계면 수직방향의 흐름속도를 액상 내에는 v_i, 기상내에는 v_g로 된다. 이 경우 계면에서 운동량의 변화가 역적(力積)으로서 액면에 작용하여 (b)그림과 같이 액면을 누른다.

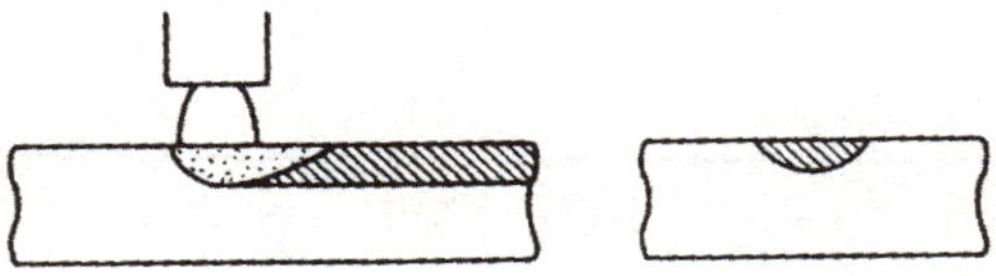

(a)

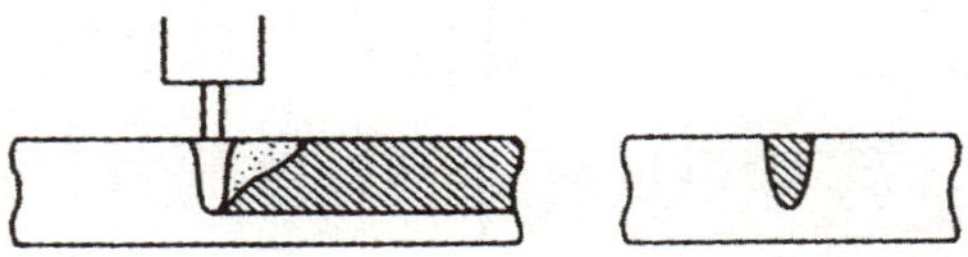

(b)

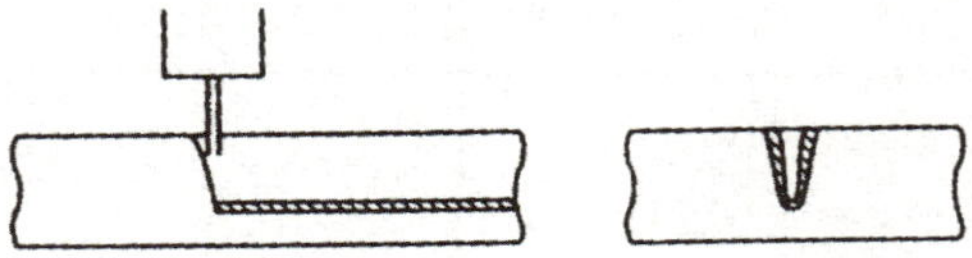

(c)

그림 11.2 에너지 밀도와 가공현상

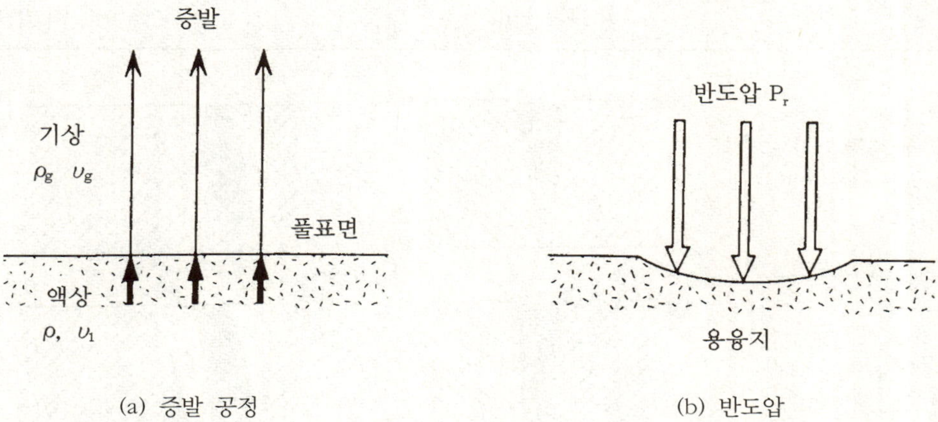

그림 11.3 증발에 의해 튀어 오르는 반도압(反跳壓)

그림 11.4는 계산결과와 동일한 사례의 일례로서 레이저 용접에 있어 키홀의 형성을 나타낸다. 즉, 계산에 있어 레이저 출력의 100%가 모재에 흡수되고 그의 일부(예에서 12%)가 증발로 소비되는 것을 가정한다. 계산결과 증발의 반도압이 깊은 키홀의 형성을 가능하며, 이러한 고 에너지빔 용접의 특징은 다음과 같다.

① 용입이 깊고, 용융 폭이 좁기 때문에 작은 입열로 용접된다.

② 용접에서 열영향을 받는 열영향부의 폭이 좁다.

③ 작은 입열이므로 용접변형이 작고 정밀한 용접이 가능하다.

④ 전자빔 용접에서는 후판(厚板)이 한층으로 용접된다.

	비드 단면	용융지 종단면
레이저 출력 : 4kW 속 도 : 2m/min	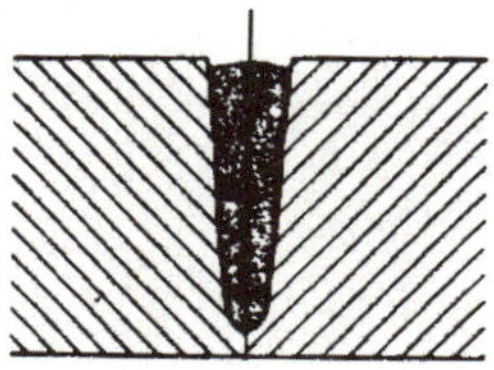	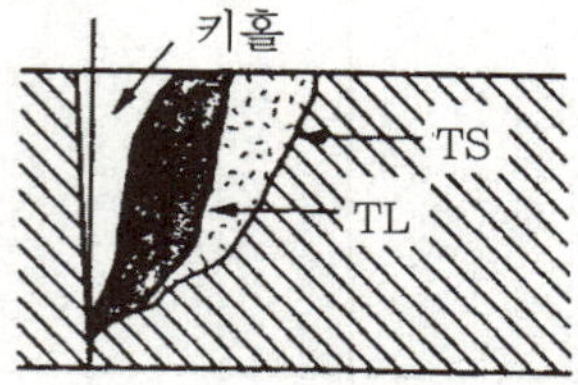
레이저 출력 : 4kW 속 도 : 2m/min	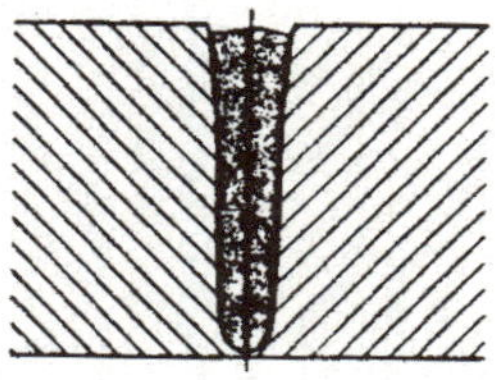	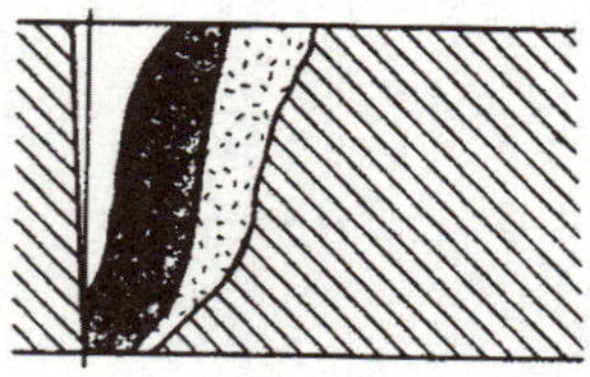
레이저 출력 : 4kW 속 도 : 2m/min	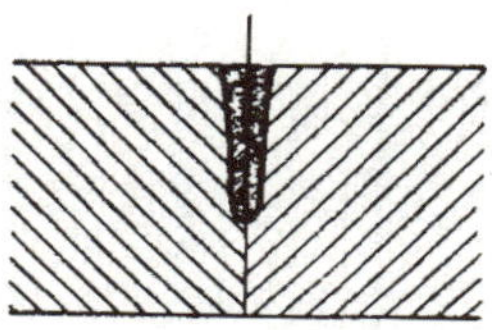	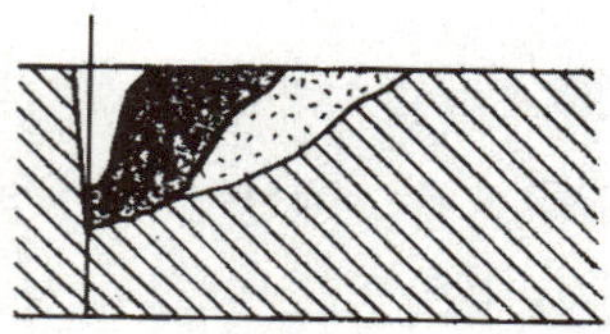

TS : 고상선 TL : 액상선

그림 11.4 레이저 빔에 의한 키홀의 형성

11.2 전자빔 용접현상

11.2.1 전자빔과 그의 특성

전자빔 용접에는 진공 중에서 가열된 음극에서 방출되는 열전자를 양극과 음극의 사이에 두고 높은 전압으로 가속한 후 전자빔 용접장치에서 자장으로 좁게 하여 피용접물에 충돌시켜 이를 용융용접 한다. 즉, 전자의 운동에너지는 전자와 모재 구성입자의 충돌로

부터 모재 중에서 열에너지로 변환된다. 진공 중에서 가속된 전자의 운동에너지 E_e는 가속전압 V_A에 비례하고 다음의 식과 같다.

$$E_e = \frac{1}{2} m_e v^2 = V_A [eV]^* = 1.6 \times 10^{-19} V_A [J] \tag{11.1}$$

여기서 m_e : 전자의 질량, v_e : 전자의 속도, V_A : 가속전압이다.

예를 들면 150[kV]의 가속전압에서는 전자의 속도는 빛의 속도의 약 1/2까지 된다. 즉, 전자빔의 재료가공용 열원으로서 특징은 가속전압으로 특징 지울수 있다. 따라서 전자빔 용접장치는 가속전압의 값에 따라 고전압형(100~300kV)과 저전압형(10~100kV)로 분류 된다.

그림 11.5는 전자빔에 의한 모재의 용융특성에 미치는 분위기압력의 영향을 나타낸다. 분위기압력이 1[Torr] 이상이면, 전자빔이 기체입자 또는 빔 조사에 따라 발생하는 모재증발 입자에 의해 산란되므로 그림과 같은 용입깊이는 급속히 저하한다. 이러한 전자빔에 의한 용융특성은 용접실의 분위기 압력의 영향을 받으므로 실제의 용접장치는 용접실의 분위기 압력에 의해 고진공형 (10^{-2}[Pa]이하), 저진공형(1~10[Pa] 정도) 등으로 분류된다. 전자빔용접 장치에 있어서는 집속코일을 이용하여 빔을 교축하나 초점에 있어서 전자빔은 완전히 한 점으로 집속되는 것은 아니다. 빔의 완전한 집속을 어렵게 하는 주요 이유는 다음의 세 가지가 있다.

① 음극에서 방출되는 전자는 완전하게 한점으로 집중적으로 출사되지 않고 장소에 따라 분포하고, 또한 방출되는 방향 및 속도에 따라 분포되므로 균질 빔을 얻는 것은 곤란하다.

② 집속코일로서 자기렌즈가 이용되며, 자기렌즈는 광학렌즈의 경우와 같은 구면수차(球面收差)가 발생한다. 즉, 초점위치가 렌즈를 통과하는 빔 위치에 의존하여 변화한다.

③ 전자는 상호반발 하므로 빔 전류가 커짐에 따라 공간전하의 효과로부터 빔 직경을 교축하기가 어렵게 된다.

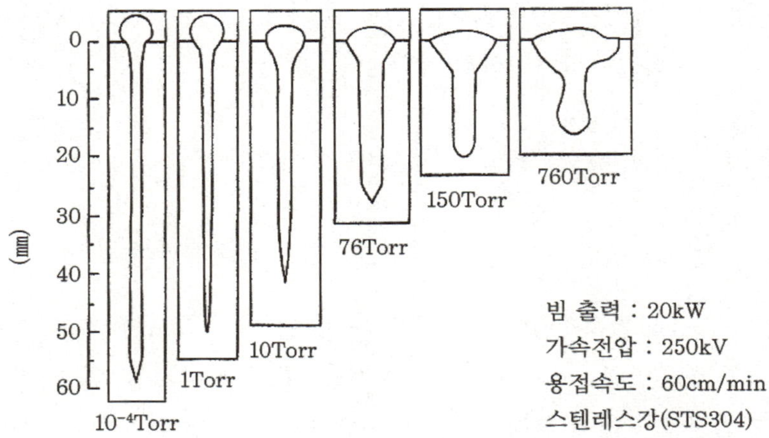

그림 11.5 분위기 압력의 용융특성에 미치는 영향

이러한 이유에서 초점위치에 있어 빔 형상은 그림 11.6과 같은 원주상으로 된다. 이 원주상 부분은 고에너지 밀도가 얻어지므로 빔 활성역이라고 한다. 그림 11.7은 빔 활성역과 모재의 용융현상의 관계를 나타낸다. 그림에서 전자빔 용접과 같이 고에너지빔 용접에는 초점위치를 적절하게 설정하는 것이 중요하다.

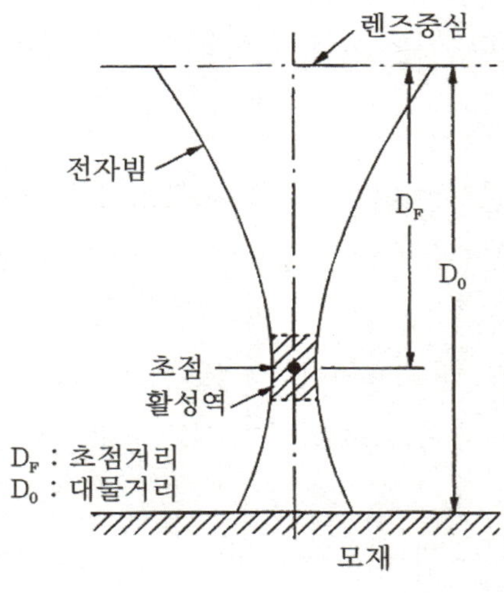

그림 11.6 초점근방에 있어서 전자빔의 형태

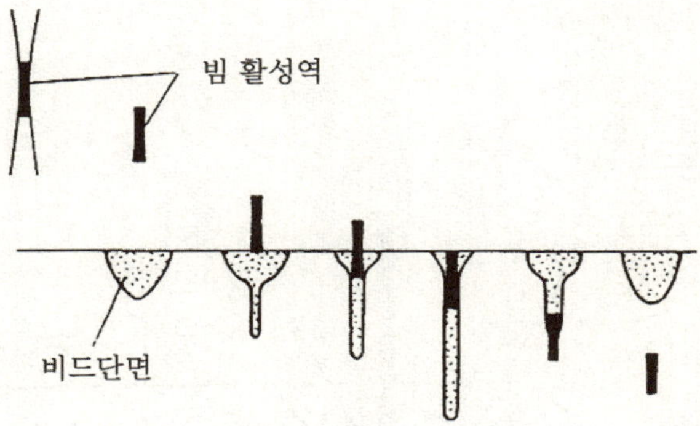

그림 11.7 빔 활성역과 모재 용융특성의 관계

11.2.2 전자빔에 의한 모재의 용융현상

(1) 열효율과 용융효율

전자빔 용접에 있어서는 가속된 전자의 운동에너지를 충돌을 통하여 모재 구성입자에 주어지게 하여 모재를 가열하여 용융용접 한다. 충돌에 있어 빔에너지의 일부는 2차전자나 X선의 방출에 소비되고 전자빔 에너지의 대부분이 모재에 공급된다. 즉, 전자빔에 의해 모재에 공급되는 열에너지 Q는 대략 다음 식과 같다.

$$Q = V_A \times I_B \ [W] \tag{11.2}$$

여기서 V_A : 가속전압, I_B : 빔 전류이다. 전자빔 용접에는 키홀의 존재에서 빔에너지가 모재내부에 침입할 수 있어 깊은 용입이 형성되며, 그 모양은 그림 11.8과 같다.

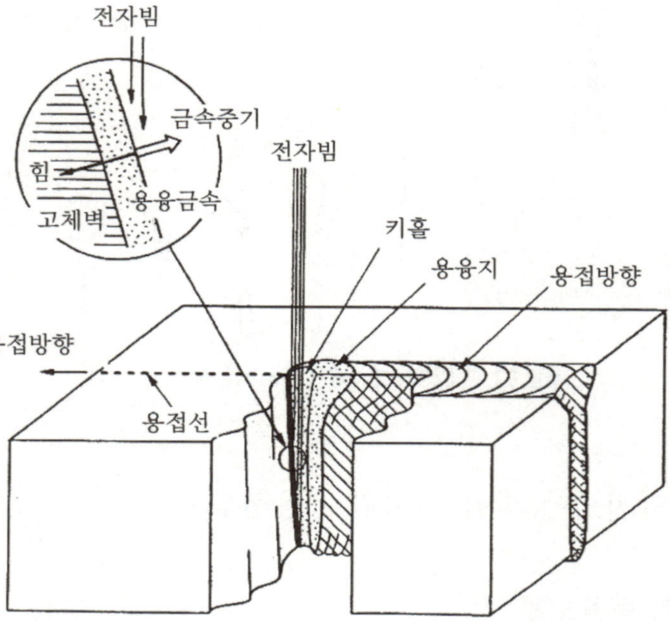

그림 11.8 전자빔 용접에 있어서 키홀

(2) 용접비드의 형성 현상

전자빔 용접은 그림 11.9에 그의 일례와 같이 키홀의 형성과 그에 따른 깊은 용입을 특징으로 한다. 실제 용접시공에 있어 비교적 두꺼운 판에도 1층 패스용접은 기본으로 된다. 전자빔에 의한 모재의 용융현상은 빔에너지와 그의 밀도, 특히 에너지밀도에 의해 강한 영향을 받는다. 그림 11.10은 그의 예이고 초점위치의 비드치수에 미치는 영향을 나타낸다. 용접 중의 키홀 형태는 X선 투과장치나 고속카메라를 이용하여 관찰할 수 있다.

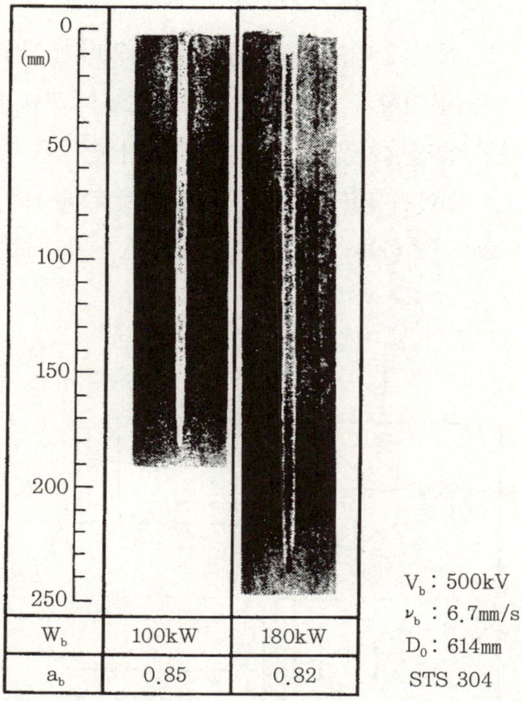

그림 11.9 전자빔에 의한 용융단면의 예[초고압 500[kV] 전자빔 용접장치에 의함]

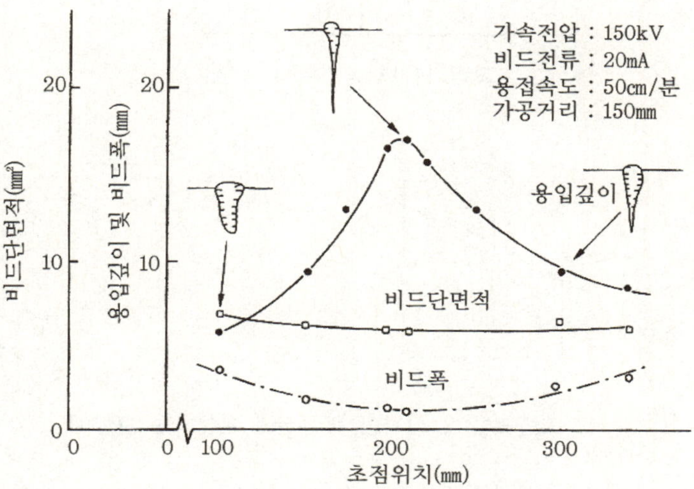

그림 11.10 전자빔 용접에 있어서 초점위치와 비드치수

그림 11.11은 X선 투시장치로서 연직으로 설치된 폭 12~20mm 시험편을 위에서 전자빔으로 용융하고 키홀을 시험편 옆면에서 X선투시하고 있다. 그들의 관찰에서 보면 용접 중의 키홀은 매우 불안정하여 형상과 치수가 크게 변동한다. 그림 11.12는 전자빔 용접에 있어서 발생하는 대표적인 용접결함을 나타냈다. 키홀의 변동은 그림 11.13과 같이 스파킹(spiking)이라는 예민한 용입변동을 가져온다. 또한 용융현상의 변동이 심한 증발현상은 콜드셧(cold shut)이라는 융합불량 및 기공(porosity) 발생의 원인이 된다.

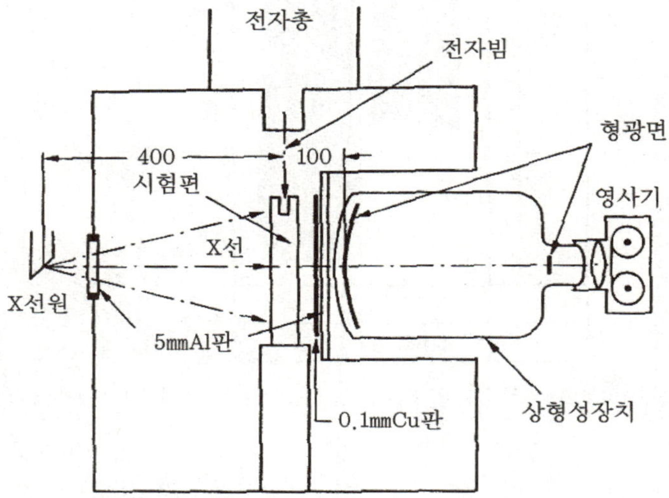

그림 11.11 X선투시 실험장치

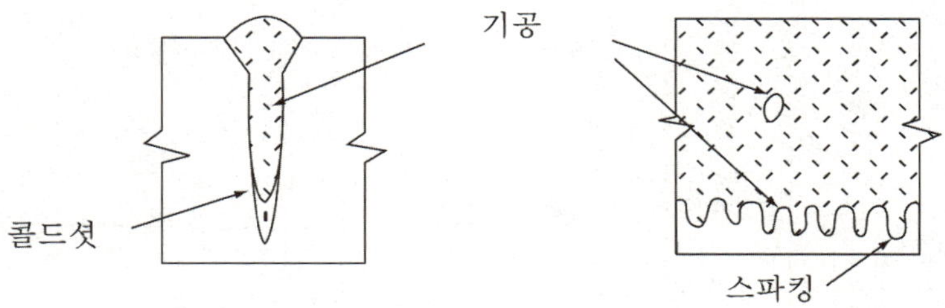

그림 11.12 전자빔 용접부에 발생하는 결함예

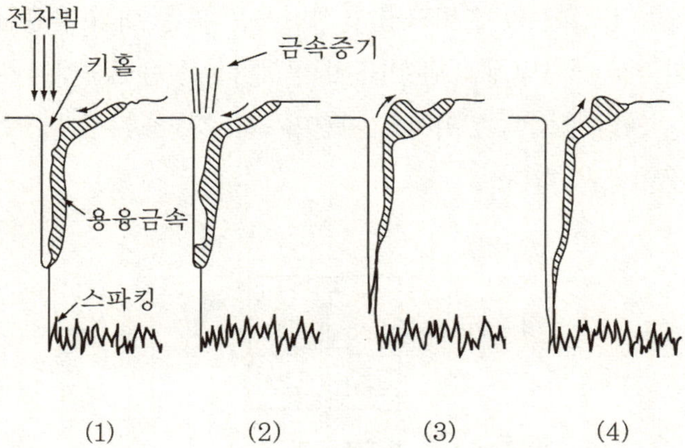

그림 11.13 스파킹의 발생과정

그림 11.14는 기공발생에 미치는 빔 진동의 영향으로 그림에서 비교적 높은 주파수의 진동이 기공발생의 발생방지에 유효함을 알 수 있다. 그림 11.15는 횡형의 전자빔 용접장치로서 연직방향의 빔을 자장에서 편향시키는 방식이다. 이 장치는 그림 11.16과 같이 편향장치를 연직방향으로 이동 및 회전시킴으로서 전자빔에 의한 전자세 용접이 가능하다.

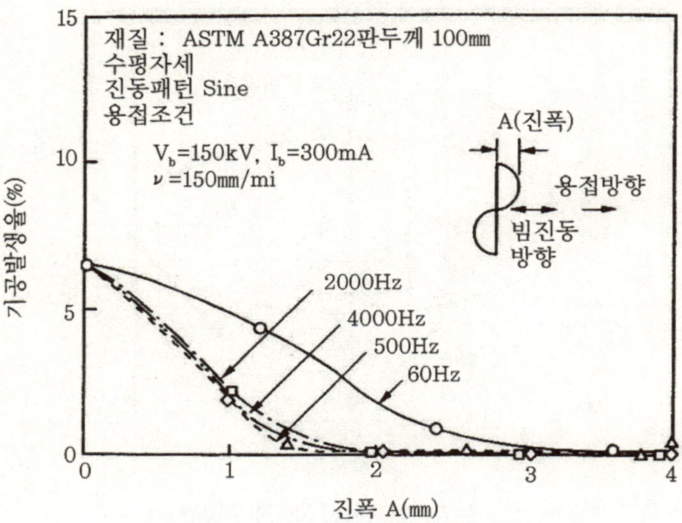

그림 11.14 빔진동에 의한 기공제거 효과

이와 같이 전자빔 용접에 있어 비드의 형성현상은 키홀 내의 용융금속의 거동에 크게 영향을 받는다. 따라서 전자빔에 의한 비드의 형성현상은 용접자세에 따라 현저하게 변화된다. 예를 들면 전자빔 용접에 있어서도 이면비드를 확보하기 위해서는 용융지를 안정적으로 유지하는 것이 필요하다.

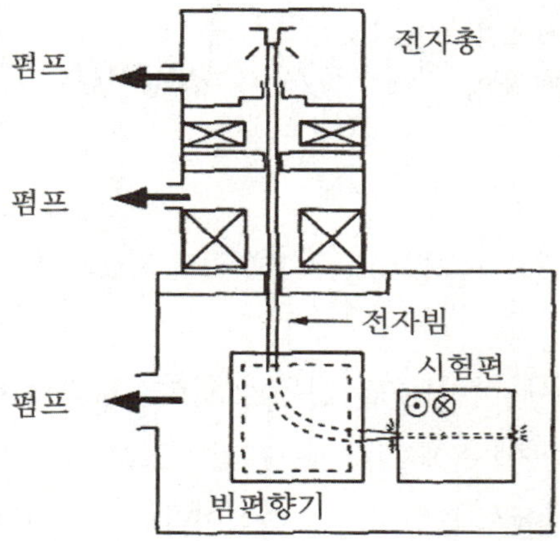

그림 11.15 빔 편향에 의한 횡방향 용접장치

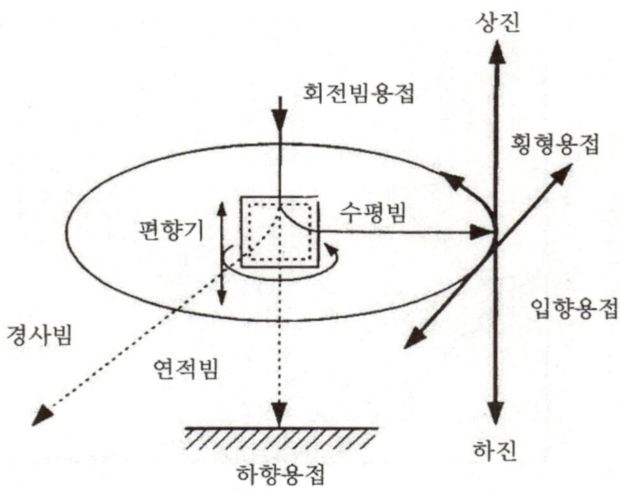

그림 11.16 빔 편향기에 의한 전자세 용접

하향자세에서는 판 두께가 50mm를 넘으면 용융지를 용융금속의 표면장력으로 지지하는 것이 매우 어렵지만 횡 방향 자세나 입향자세는 보다 두꺼운 판을 용접할 수 있다. 또한 입향상진 자세는 하향자세에 비하여 빔 에너지가 키홀 바닥부에 도달하기 용이하므로 동일한 빔 출력에 있어 용입 깊이가 2배 정도까지 증대한다.

11.3 레이저 빔 용접현상

11.3.1 레이저 빔과 그의 특성

(1) 레이저와 그의 원리

레이저(Laser)는 빛의 유도방출(stimulated emission)을 이용한 광의 증폭기로서 Light Amplification Stimulated Emission of Radiation의 머리글자로 불려진다. 레이저는 그의 매질 종류에서 고체레이저, 기체레이저, 반도체레이저 등으로 분류된다. 또는 레이저는 태양이나 형광 등의 발생하는 빛과는 달라, 거의 완전하게 단색으로 위상을 모은 집속(coherent)된 빛을 발생한다. 따라서 레이저빔은 지향성과 집광성이 높은 특징이 있다.

레이저의 원리는 여기상태에 있는 원자나 분자가 전자장 등의 외부작용을 받지 않고 광자(光子)를 방출하고 낮은 상태로 천이할 경우 이 방출을 자연방출(spontaneous emission)이라고 한다. 그림 11.17과 같이 원자 두 개의 에너지 상태를 고려하면 그림 (a)와 같이 에너지 E_n이 높은 준위에 있는 전자가 에너지 E_m의 낮은 준위로 천이할 경우, 방출되는 광자의 진동수 ν는 보어(Bohr)의 조건에서 다음과 같다.

$$\nu_{nm} = (E_n - E_m)/h \tag{11.3}$$

여기서 h : 플랑크 상수이며, 또한 그림 11.17(b)와 같이 이 계(System)에 (11.3)식으로 주어지는 진동수의 광자(공명전자장)가 입사하면 낮은 준위에 있는 전자는 이 에너지

hν nm를 흡수하고 높은 준위로 천이한다. 역으로 높은 준위에 있는 전자는 (c)그림과 같이 이 광자에 자극되어 입사광과 "동일 위상, 동일 진동수"의 빛을 방출하고 낮은 준위로 천이한다. 이러한 외부광자의 자극에 의한 천이에 대해 (b)그림의 경우를 유도흡수, (c)의 경우를 유도방출이라 한다.

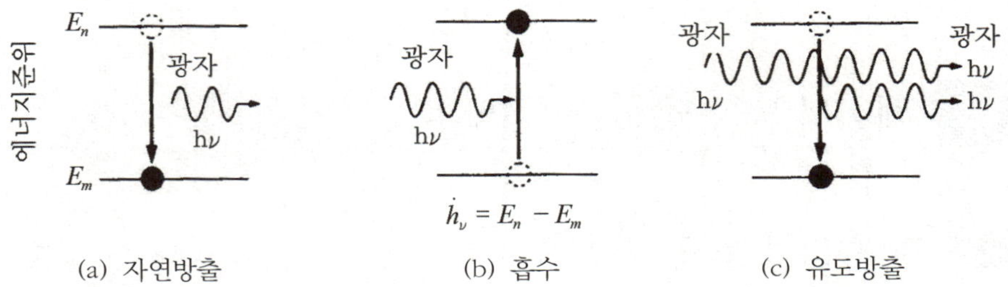

그림 11.17 자연방출과 유도방사

유도방출 되는 빛은 입사광과 동일 진동수, 동일 위상을 가지므로 유도방출을 강하게 하면 빛의 집속된 증폭이 가능하여 레이저의 발진에 이용된다.

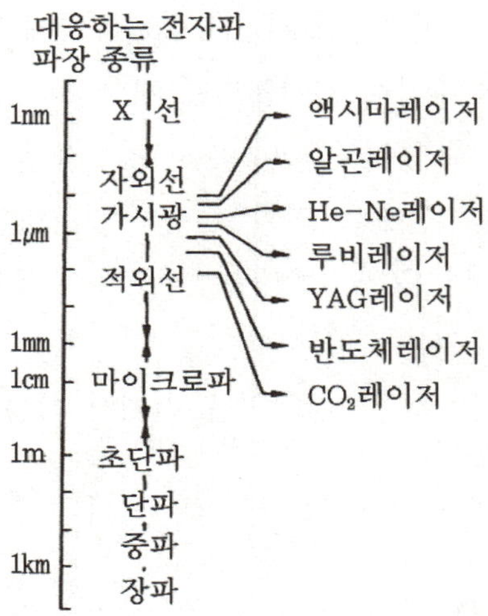

그림 11.18 각종 레이저의 특성

방전으로 형성된 준안정상태의 2^1S 또는 2^3S에 있는 He원자가 기저상태에 있는 Ne원자와 충돌하면 그림 11.18의 화살표와 같이 He원자의 여기에너지는 Ne원자에 비교적 용이하게 이행된다. 따라서 Ne의 $2S_2$ 및 $3S_2$준위의 원자수가 과잉으로 되어 반전분포가 성립한다. 즉, 그림 중의 $3P_4$ 및 $2P_4$쪽의 천이에 의해 몇 가지 파장으로 레이저 발진이 가능하다.

이들 중 $3S_2 \rightarrow 2P_4$로의 천이에 의한 파장 633[nm]의 레이저가 He-Ne레이저로서 대표적인 것으로 계측이나 광학실험에 이용되고 있다. 그림 11.18과 같이 다수의 레이저가 개발되었지만 금속용접이나 절단 등에는 고출력이 필요하므로 표 11-1과 같이 CO_2레이저와 YAG레이저가 이용된다.

CO_2레이저는 기체 레이저이고 He-Ne레이저의 경우와 동일한 사양, 매질을 여기하기 위한 방전이 이용된다. 또한 CO_2레이저는 그림 11.19와 같이 탄산가스 분자의 진동에너지 준위가 레이저 발진에 이용된다.

표 11-1 CO_2레이저와 YAG레이저의 비교

	종류(여기방식)	레이저 매질	파장	평균출력	용도
CO_2	기체레이저 (방전여기방식)	CO_2+N_2+He	10.6μm	~수 10kW	용접·절단
YAG	고체레이저 (광여기방식)	$Y_3Al_5O_{12}+Nd^{3+}$	1.06μm	~수 kW	미세가공

CO_2는 그림 11.19(a)와 같이 탄소원자 C를 중심으로 2개의 탄소원자 O가 직선상으로 나열된 분자이고, 그림의 3개의 진동모드 ν_1, ν_2, ν_3를 가지고 있다. ν_1는 C를 중심으로 하는 두 개의 O의 대칭적인 신축진동모드, ν_2는 C가 분자축에서 벗어나는 굴곡 진동모드로서 2중으로 축퇴(縮退)하고 있다. ν_3는 C에 대해 두 개의 O가 반 대칭적으로 진동하는 모드이다.

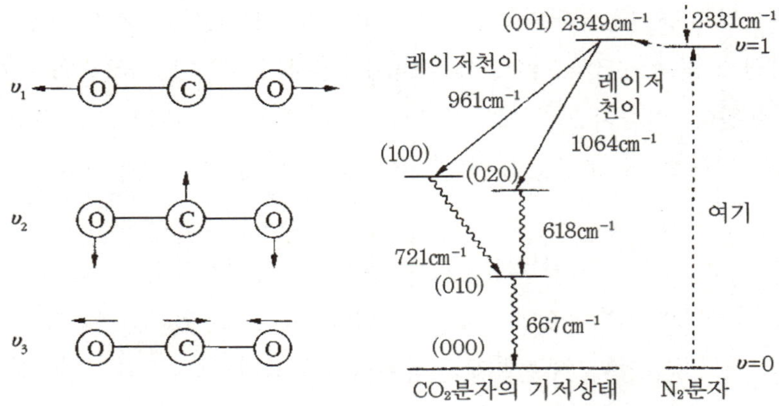

(a) CO_2분자의 진동모드 (b) 에너지 준위도

그림 11.19 CO_2레이저의 메카니즘

그림 11.19(b)는 이들의 진동모드의 양자수를 ν_1, ν_2, ν_3로 표시하고, 진동상태를 (ν_1, ν_2, ν_3)로 사용한 그림에서 레이저 천이는 (0, 0, 1)→(1, 0, 0)과 (0, 0, 1)→(0, 2, 0)이고, 각각 파장 수는 961[cm^{-1}]와 1064[cm^{-1}]이고, 파장은 10.6[㎛]와 9.4[㎛]이지만, 9.4㎛의 모드는 발진이 약하므로 보통 10.6㎛ml 모드가 이용된다.

즉, 보통 CO_2레이저의 매질은 CO_2에 N와 He을 가한 혼합가스이다. 그림과 같이 N_2분자의 진동여기상태(ν=1)는 준안정상태이고, 이 상태가 CO_2의 진동모드 (0, 0, 1)의 여기(勵起)에 이용되고 있다.

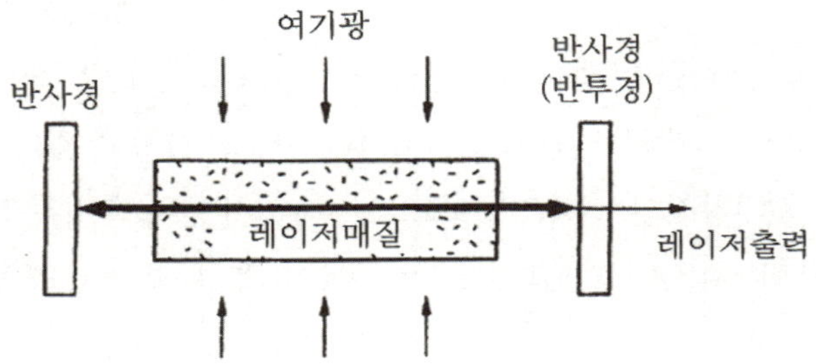

그림 11.20 고체레이저에 있어서 광여기(optical pumping)

YAG레이저는 YAG[$Y_3Al_5O_{12}$(Yttrium Aluminum Garnet)]의 결정 Nd^{3+}를 0.1~1.0%첨가한 매질을 광여기(光勵起)시켜 얻어지는 고체 레이저이다. 그림 11.20과 같이 원통상에 가공한 레이저 매질에 주위에서 불꽃램프를 이용하여 강한 빛을 순간적으로 조사하면 펄스적인 레이저 발진이 가능하게 된다. YAG에는 연속 발광하는 광원으로 여기하면 연속출력도 가능하지만 출력은 CO레이저 경우와 비교하면 작다(표 11-1).

(2)레이저 빔의 특성

레이저는 거의 완전하게 단색 위상이 모아진 집속(coherent) 빛을 발생한다. 따라서 레이저 빔은 지향성과 집광성이 매우 높은 특징이 있다. 그림 11.21과 같이 직경 D, 파장 λ의 집속된 빛을 수차(收差)없이 이상적인 렌즈로 집광하면 초점에 있어서 빔 직경 d_0은 다음과 같다.

$$d_0 = 2.44 \times \frac{\lambda f}{D} \quad (\text{ f : 초점거리 }) \tag{11.4}$$

예를 들면 f=100mm, D=20mm로 한다면 최소 빔 직경은 다음과 같다.

- YAG레이저(λ =1.60㎛)에 대하여 d_0=12.9[㎛]
- CO_2레이저(λ =1.60㎛)에 대하여 d_0=12.9[㎛]

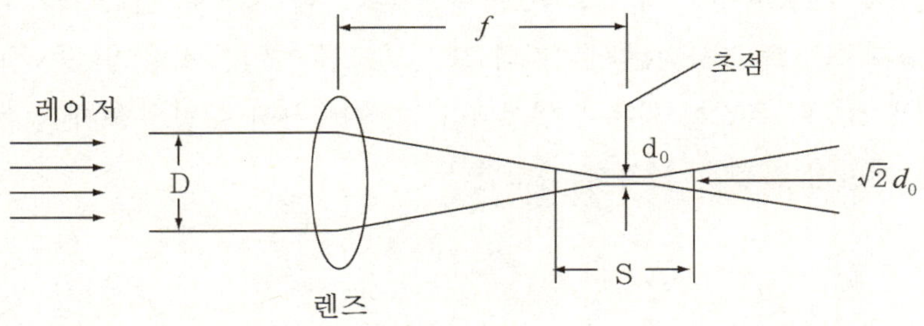

D : 빔 직경, f : 초점거리, d0 : 초점에서의 빔 직경 S : 초점심도

그림 11.21 레이저 빔의 집광특성

특히 YAG레이저는 높은 에너지 밀도가 기대된다. 예로서 1[kW]의 출력을 100[(㎛)^2]의 면적에 집광시키면 그의 에너지 밀도는 10^{13}[W/m^2]=10[TW/m^2]로 된다. 빛의 에너지 밀도가 높으면 기체는 절연파괴하고 플라즈마화 한다.

11.3.2 레이저 빔에 의한 모재의 용융현상

금속의 용접에는 고출력이 필요하므로 비교적 큰 출력이 얻어지는 CO_2레이저가 각종 재료의 용접 · 절단가공에 이용된다. 또한 YAG 레이저는 에너지 밀도가 높은 관점에서 미세한 용융 · 제거가공 등에 이용된다. 즉, YAG 레이저는 광파이버에 의한 전송이 가능하다는 특징이 있어 주목된다.

(1) 열효율과 용융효율

레이저 빔의 금속 열가공에 있어서 하나의 문제점은 반사손실이다. 그림 11.22는 CO_2 레이저로서 매우 두꺼운 표면을 용융시키는 데 필요한 빔 출력을 계산한 것이다. 각종 재료의 표면을 연마하여 반사율을 높게한 경우, 모재표면을 처리하여 흡수율을 높게한 경우를 비교하고 있다. 도전율이 높은 동이나 은에는 반사손실이 크고 용융시키는데 높은 출력이 필요하다는 것, 또한 어느 재료에도 용융에 필요한 빔 출력이 표면 상태에 크게 의존하는 것, 즉 열효율이 모재의 표면 상태에 따라 큰 폭으로 변화함을 알 수 있다. 레이저에서 모재 쪽으로 조사되는 에너지와 그의 밀도를 높이면 용융 및 증발이 활발하고 전자빔 용접의 경우와 똑같이 키홀이 형성된다. 키홀을 통하여 빔은 모재 깊이 침입하고 반사에 의한 에너지 손실은 급격히 감소한다.

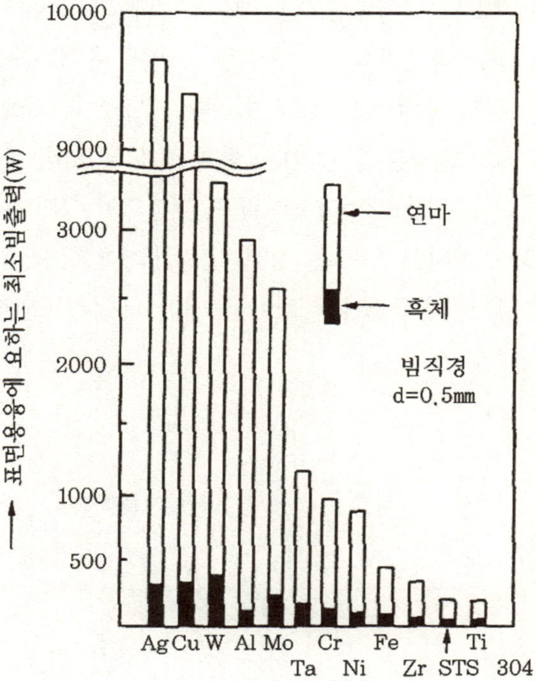

그림 11.22 용융에 필요한 최소빔 출력(CO_2레이저, 빔 직경 : 0.5mm)

키홀이 형성되면 빔 출력은 거의 100%가 모재 쪽에 공급되어 전자빔의 경우와 똑같이 용융효율이 열전도론에서 예측되는 값에 근접한다. 즉, 레이저에 의한 고속의 키홀 용접에 있어 용융효율은 이동선 열원에 의한 계산값(50%)에 가깝다.

(2) 레이저 유기 플라즈마와 그의 특성

레이저 용접은 키홀 용접을 주체로 하므로 여러 면에서 전자빔 용접의 경우와 유사하다. 둘 사이의 중요한 차이점은 레이저 용접은 대기 중에서 적용 가능하나 레이저 빔이 레이저 조사에 의해 발생되는 레이저 불꽃에 흡수·산란된다는 난점이 있다. 그림 11.23은 레이저 용접부의 상황을 모식적으로 나타낸 것이다. 보통 레이저 용접부는 아르곤이나 헬륨으로 차폐되나 빔의 조사에 의해 발생되는 금속증기를 보면 키홀에서 빨아 올려 차폐 가스 흐름과 충돌·혼합되게 된다.

금속은 보통 전리전압이 낮아 금속증기는 레이저빔에 의해 용이하게 전리되어 플라즈마로 되어 발광한다. 이 플라즈마화 한 부분을 레이저 유기 플라즈마라고 하고, 그림 11.24는 레이저 유기 플라즈마의 일례를 보여 준다. 그림은 관찰을 용이하도록 주석표면에 CO_2레이저를 조사하여 발생시킨 것이다. 플라즈마 밀도의 계측 예 (b)그림에서 알 수 있듯이 불꽃은 대기압에서 아크 플라즈마와 동일정도의 고밀도 플라즈마이다. 이처럼 밀도가 높은 플라즈마는 적외선 역에는 강한 발광체이며 동시에 빛의 흡수체가 된다. 플라즈마 연속방사이론을 이용하면 플라즈마에 의한 레이저빔의 흡수특성이 추정된다.

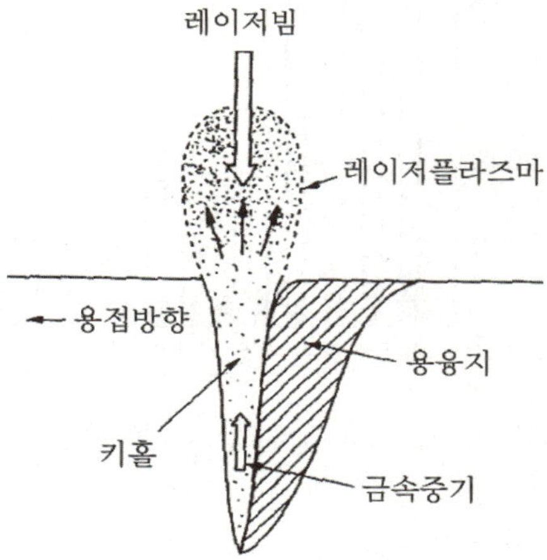

그림 11.23 레이저 용접에 있어서 레이저 유기 플라즈마

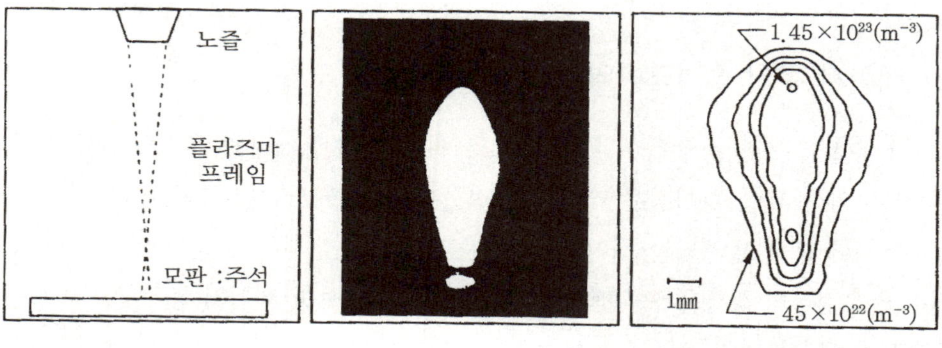

(a) 플라즈마 불꽃 (b)플라즈마 밀도

그림 11.24 레이저 유기 플라즈마의 예(CO_2레이저, 2.5kW, 모재 : 주석)

(3) 레이저 용접현상의 특징

레이저 용접에 있어서 빔 에너지를 유효하게 활용하기 위해서는 레이저 유기 플라즈마의 성장을 제어할 필요가 있으며, 그 대책으로는 다음 두 가지가 이용된다.

① 차폐가스에 전리하기 어려운 기체, 예를 들면 헬륨을 이용한다.

② 빔 조사부에 가스를 불어 넣고 플라즈마의 발생을 제어한다.

그림 11.25는 빔 조사부에 가스를 불어넣은 경우의 키홀의 상태와 가스를 불어넣어 용입의 단면형상에 미치는 영향을 나타낸다.

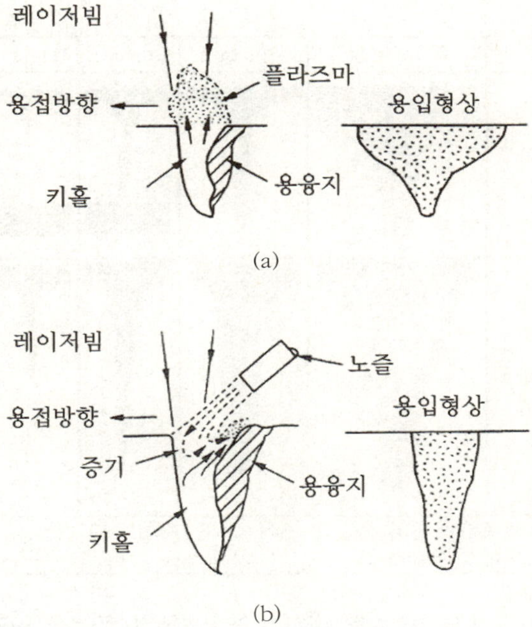

그림 11.25 불활성가스에 의한 플라즈마 제거의 효과

가스 흐름이 없는 (a)그림은 레이저 플라즈마 보다 빔에너지가 흡수되어 모재 내부에 공급되는 에너지가 감소한 결과, 용입이 얇고 폭이 넓은 비드가 된다. 이에 대하여 용융지 후방에서 가스(헬륨)를 불어 넣어 플라즈마 형성을 제어하면 (b)그림과 같이 깊고 안정된 용입이 얻어진다. 플라즈마 형성상황은 용접조건, 예를 들면 용접속도에 의해서도 다르

고, 동일한 빔 출력이라면 레이저 플라즈마는 저속도과정이 용이하다. 그림 11.26은 빔 출력 및 용접속도의 용입이 형상에 미치는 영향을 나타냈다. 그림과 같이 고속의 용접조건에는 전자빔의 경우와 똑같이 좁고 깊은 용입이 얻어지나 용접속도가 저하함에 따라 레이저 유기 플라즈마의 영향이 강하게 되고, 용입깊이에 비하면 용융 폭의 증가가 현저하다. 그림 11.27은 감압하에 있는 용입깊이로 분위기 압력의 저하는 그때 형성되는 플라즈마 밀도를 저하시켜, 플라즈마에 의한 빔 에너지의 흡수를 작게 한다. 분위기 압력을 10^3[Pa] 정도까지 저하시키면 레이저에 의한 용융현상은 그림 앞의 그림 11.27과 같이 전자빔 용융의 경우에 가깝게 된다.

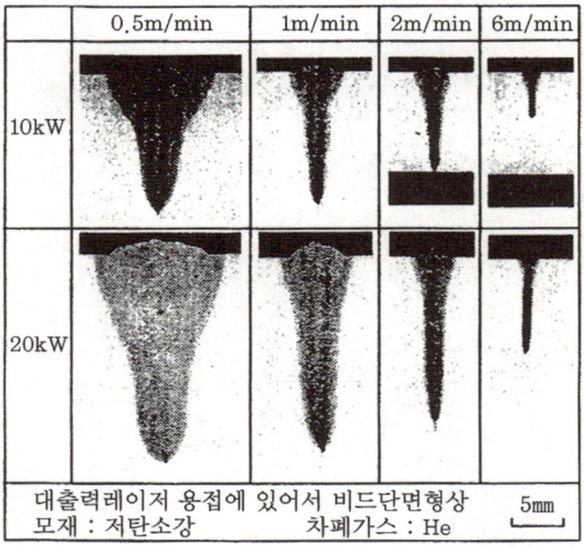

그림 11.26 용입형상에 미치는 용접속도의 영향(CO_2레이저)

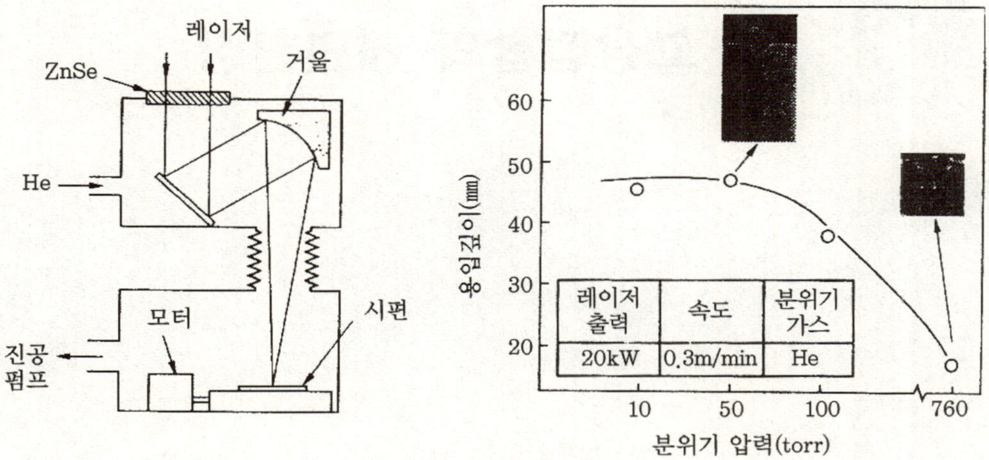

그림 11.27 용입형상에 미치는 분위기압력의 영향(CO_2레이저)

제 12 장 고상접합의 계면현상

12.1 고상접합의 계면에 있어서 재료학적 제현상

12.1.1 이상적인 청정표면간의 접합

표면과 계면과의 에너지 차를 보면 한 쌍의 고상금속은 각각 별도로 존재할 때 합체한 쪽이 즉, 접합되는 쪽이 열역학적으로 보다 안정되어 있다. 또한 전자론적으로도 자유전자 모델에 기초하여 계산하면 한쌍의 금속은 서로 별도로 존재하는 것은 접합된 쪽이 보다 안정되어 있고, 간격이 0.1mm 까지 근접되면 표면에서 둘 사이에 강한 인력이 작용한다.

간격이 보다 넓을때 분자 또는 원자분극에 따라 생기는 반데발스력에 의한 인력이 작용하나 이는 Ar 및 Ne 등의 희소가스 결정에 있어 원자간 힘을 지배하므로 금속결합이나 공유결합에 비해 매우 강하다.

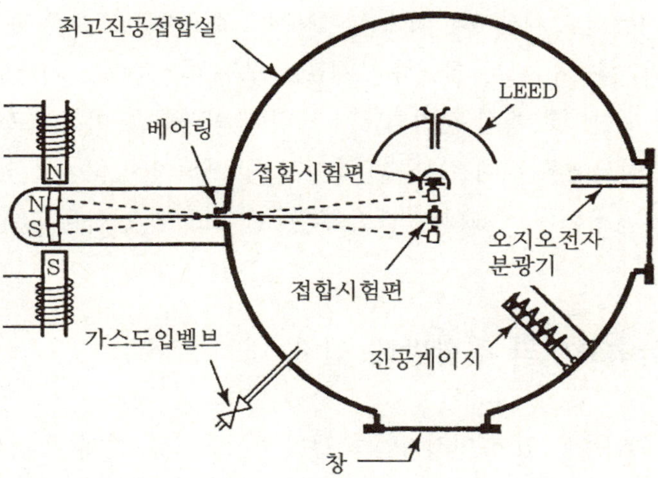

그림 12.1 금속의 청정표면을 유지하면서 접합을 하기위한 초고진공 접합장치. 저속전자선 회절장치(LEED), 오지에전자분광장치가 조립되어 있음

열역학적 및 전자론적 모두 한쌍의 금속은 접합된 쪽이 보다 안정된다. 실제 매우 청정한 금속표면은 서로 가볍게 접촉시키고 가열을 하지 않아도 접합된다. 매우 청정한 표면을 이용한 금속접합 실험은 초고진공 기술의 발전과 더불어 다수 시험되고 항온 계면접합으로서 실용화 가능성도 검토되고 있다. Buckley는 10^{-9} Pa(10^{-11}Torr)대의 초고진공이 얻어지는 장치로써 인공위성 등의 우주공간(10^{-10}~10^{-11}Pa의 초고진공)에서 이용되는 기기에서 응착문제에 대해 연구가 시작되었다. Buckley의 장치의 모식도를 그림 12.1에 나타낸다. 청정표면은 이 장치의 챔버 내에서 초고진공, 수소분위기 등이 제어된 상태에서 가열, 또는 이온충격 등을 이용한다.

초고진공 중에서 파단 한 직후 파면은 청정한 신생면에서의 그 대로 접합한 경우는 모재강도와 같은 접합강도가 얻어진다. 그러나 파단 후 각종 압력의 N_2, Ar, O_2 분위기에 노출되면 O_2분위기의 경우만 약 10^{-6}Pa에서 접합강도가 급격하게 저하하여 10^{-3}Pa에는 거의 영(zero)으로 된다.

그러나 N_2나 Ar 등의 분위기에서는 접합강도의 저하가 인지되지 않는다. 이 결과는 O_2에 의한 금속표면의 오염, 즉, 산화가 접합강도를 크게 저하시키는 것을 시사한다.

기체 중을 운동하는 분자 중 고체표면에 충돌한 것은 모두 흡착된다고 가정할 경우,

고체표면이 단분자층의 기체분자에 의해 쌓여지는데 소요시간을 보면 대기압에서는 대략 2.4×10^{-9}s로 된다. 따라서 보통 취급하는 재료는 모두 대기중에서 기체분자나 기타 유분이나 오염물질에 오염으로 특히 산화피막이 접합에 악영향을 미친다고 할 수 있다. 즉, 금속의 상온접합 현상에서는 예전부터 ①피막설, ②에너지 장벽설이 있고 전자는 표면 오염층이 제거된 청정한 금속표면끼리 접촉된다면 스스로 접합은 달성된다.

12.1.2 금속표면의 접합방해 인자

금속표면에는 오염층이 있어 미시적인 요철이 존재하므로 실제 금속의 접촉부는 그림 12.2와 같이 나타난다. 표면 오염층은 산화피막, 수분 등의 흡착층 및 유지 등에 의한 오염으로 생각되나 가장 제거가 곤란하고 접합에 악영향을 미치는 것은 산화피막이다. 한편, 보통 기계가공에는 매우 주의 깊게 다듬질한 표면이라도 높이 0.1㎛정도의 미시적인 요철이 존재한다. 따라서 이 요철이 충분하게 변형시키지 않는 한 그림 12.2와 같은 정도의 요철높이와 간격이 접합계면에 남는다. 약 0.1㎛에도 금속결정중의 원자 간격의 수 100배의 크기가 이고 양자의 사이에는 인력은 작용하지 않는다. 따라서 고상상태에서 금속끼리를 접합하기 위해서는 이들의 표면 오염층이나 요철 등의 접합방해 인자를 배제해야만 하며, 고상접합에 있어 가열 및 가압은 이러한 이유 때문이다.

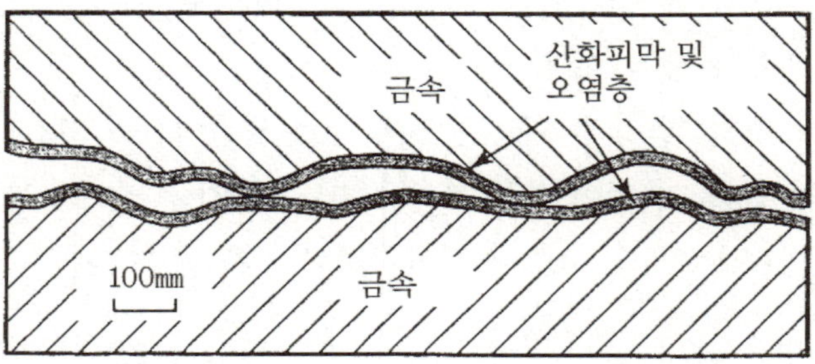

그림 12.2 기계가공 다듬질된 금속표면의 접촉부의 모식도

12. 1. 3 각종 고상접합

현재 일반적으로 이용되고 있는 고상접합법은 모두 접합부의 가열 · 가압의 양쪽 또는 가압만이 이루어지나 그의 방법 및 정도가 접합법에 따라 다르다. 예를 들면 확산접합에서는 진공 또는 불활성가스 등의 보호분위기 중에서 피접합 부재를 맞대어 접합부의 용융과 변형이 발생되지 않을 정도의 가열과 가압하면서 접합면의 밀착과 오염층의 제거에 충분한 시간(수분~수시간)을 유지하여 접합을 달성한다. 기타 고상접합법으로서는 ①마찰압접, ②초음파접합, ③폭발압접, ④가스압접, ⑤냉간압접, ⑥상온계면접합이 있다.

상온계면 접합은 초고진공 중에서의 청정표면간의 접합실험을 공업적 이용을 목표로 하여 발전시킨 것으로 분위기를 초고진공으로 배기한 후, Ar이온 충격으로 금속표면의 오염층을 제거하고 초고진공 중에서 가열하지 않고 낮은 가압력으로 접합하는 방법이다. 이 방법은 향후 전자장치의 소형, 고기능화의 요구에 대응하여 얻는 접합법이다. 기타 고상접합의 범위에 들어가지 않으나 액상확산접합법(TLP : Transient Liquid Phase Bonding Method)의 방법이 있고 이 방법은 그림 12.3과 같다.

즉, 모재보다 낮은 융점이나 액상선 온도를 갖는 금속 또는 합금을 인서트재로 하여 인서트 금속이 용융상태로 되고, 또한 모재가 고상상태로 남는 온도, 즉, 모재의 융점 또는 고상선 이하의 온도역로 가열하여 유지한다. 이 가열 유지중에 인서트금속의 융점강하의 원소가 모재중의 확산 · 침입한 영역이 용융한다. 또한 확산이 진행되고 액상중의 융점강하 원소가 결핍됨과 더불어 액상영역이 수축되기 시작하여 결국 액상이 소멸한다. 이 현상을 일반적으로 등온응고라고 하며, 더욱 확산에 의해 접합부가 모재와 거의 균일한 조성으로 되기까지 가열을 계속하여 접합을 종료한다.

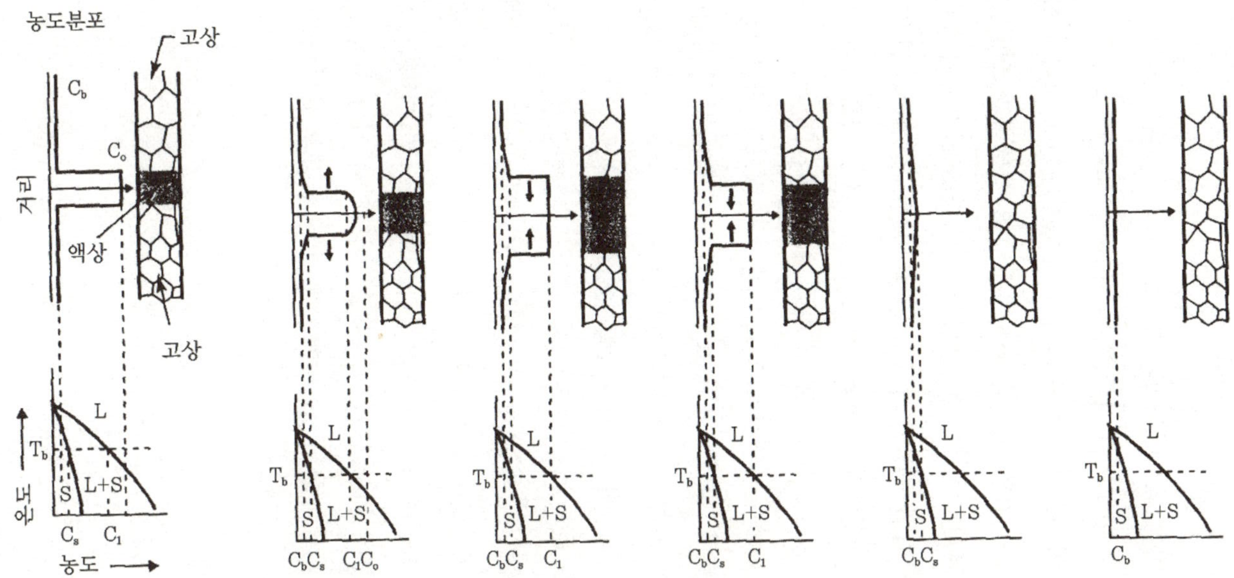

(a) 시간 : t=0 (b) $0<t<t_1$ (c) $t=t_1$ (d) $t_1<t<t_2$ (e) $t=t_2$ (f) $t=t_2$

(a)~(c) 용해과정($0<t<t_1$), (c)~(e) 등온등고과정($t_1<t<t_2$), (e)~(f) 균질화과정($t_2<t<t_3$), (T_b=접합온도, C_b=모재농도, C_v=인서트재 초기농도, C_1=액상선농도, C_s=고상선농도, L=액상영역, L+S=고 · 액공존영역, S=고상영역)

그림 12.3 액상확산접합과정의 모식도

12.1.4 고상접합 과정

(1) 접합계면에 있어서 산화피막의 거동

고상접합은 방법이 다르지만 접합표면의 오염층제거와 표면 밀착화의 두 과정으로 주로 이루어진다. 표면 오염층 중에서 가장 제거가 곤란하고 접합강도의 증가에 악영향을 미치는 것은 산화피막이고, Au 등의 일부 귀금속을 제외하면 보통 금속표면은 모두 산화피막으로 덮여져 있다. 그 두께는 금속에 따라 다르나 실온에서 기계가공 후에 형성되는 자연산화피막의 경우에 수 ㎛이다. 이처럼 매우 얇아 그의 관찰은 용이하지 않고 고상접합의 접합메카니즘이 쉽게 이해되지 않는다. 따라서 고온산화에 의해 접합표면상의 산화피막을 두껍게 성장시킴으로서 확산접합이 이루지는 기술도 개발되어 있다. 그의 형태변화부터 접합과정에 있어 자연산화피막의 거동을 유추하고 있으며, 그림 12.4는 그의 결과이다.

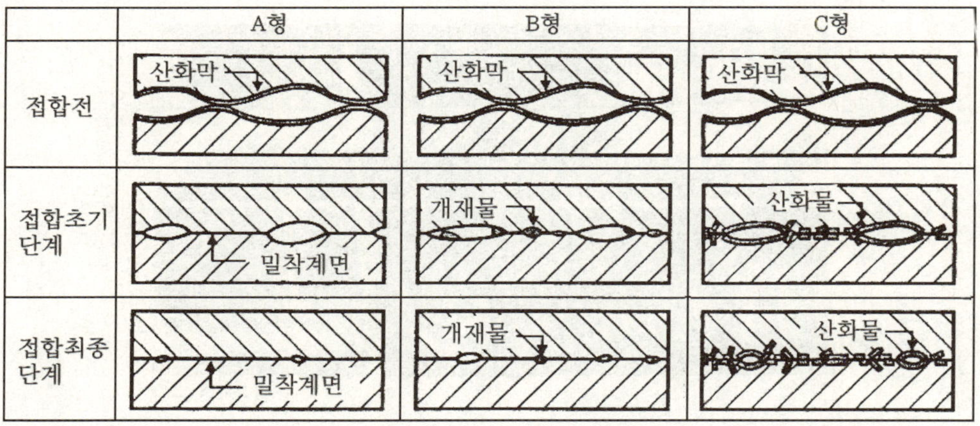

그림 12.4 확산접합과정에 있어서 각종 금속의 표면 산화 피막의 거동

그림에서 A형은 산화피막이 분해 · 소멸하는 것으로 은이나 티탄이 포함된다. 티탄의 산화물은 표준생성 자유에너지는 매우 낮아 안정되어 있지만 티탄 중에는 산소가 600~1800℃(873~2073K)에서 30원자%이상 대량으로 고용하여 접합표면이 서로 밀착하는

분위기에서 산소의 공급이 단절되면 접합표면의 산화물을 구성하는 산소가 모재중에 확산·고용하게 되며 산화물이 분해한다. 따라서 티탄 및 그의 합금은 확산접합이 가장 용이한 금속으로 들 수 있어 실용적으로 많이 이용된다. 이와 같이 접합계면에 있어 산화피막의 거동에는 모재중의 산소의 고용도도 관련된다. 역으로 말하면 모재중에 불순물로서 포함되는 산소의 농도도 또한 산화피막의 거동에 크게 영향을 미치고 있음이 확실하다.

B형은 산화피막이 완전하게는 소멸하지 않고 괴상으로 남아 있으며 철강, 동 등이 포함된다. C형은 알루미늄과 같이 매우 안정되고 또한 강고한 산화피막을 갖는 경우에 산화피막은 소멸하지 않고 원금속의 변형에 따라 기계적으로 파괴된다.

예로서 선반과 같은 기계 가공된 표면은 산화피막 하단부에 가공층이 형성되며, 산화물이 대량으로 쌓여져 있고 반드시 그림 12.4와 같이 단순한 산화피막의 분포의 형태는 아니다. 또한 접합계면에 있어서 산화피막의 거동은 합금원소에 따라 영향을 받고 C형이 B형으로 되는 경우도 있다. 이들의 실례를 알루미늄 및 그의 합금의 자연산화피막을 투과전자현미경에 의한 관찰결과를 이용하여 설명한다.

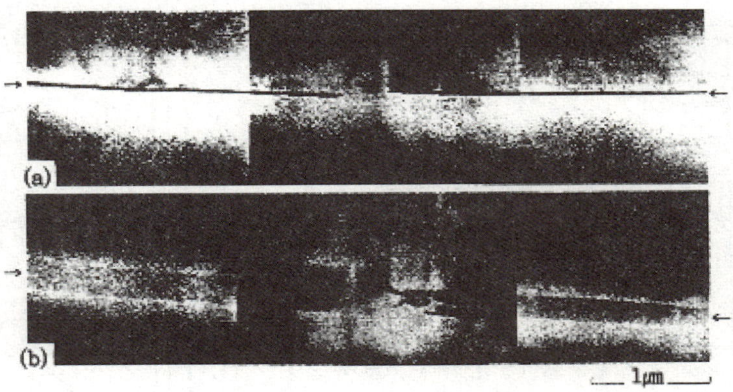

(a) 계면은 지면에 수직　　　(b)계면은 지면수직방향에서 30° 경사

그림 12.5 순알루미늄의 확산접합계면에 있어 산화피막(투과전자현미경, TEM) 관찰에 의함. 접합표면의 다듬질은 전해연마

이 산화피막은 융점 바로 아래의 접합온도에서도 소멸하지 않는다. 이 경우 산화피막이 파괴·분산되어 금속-금속의 접촉면이 증가됨에 따라 접합강도가 증가한다. 한편,

표면을 와이어브러시로 다듬질한 경우는 그림 12.6과 같이 폭이 수 ㎛계면층이 관찰되고 이중에는 무수한 수정질 산화물이 분포되어 있으며, 그림 12.5와는 다르다. 따라서 와이어브러시로 다듬질한 접합표면에 산화물을 대량으로 끌어들인 표면 가공층이 형성되고 이 층이 계면 층으로서 접합 후에도 잔류한다고 볼 수 있다.

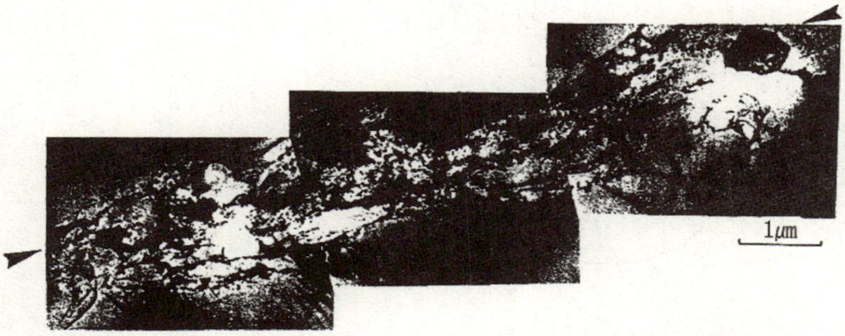

그림 12.6 표면을 와이어 브러시로 다듬질한 순알루미늄 확산 접합 계면의 산화물

(2) 접합면의 밀착화

접합면의 밀착화는 그림 12.4와 같이 요철의 오목부에 기인하는 본드의 소멸에 의해 이루어진다. 이 본드의 소멸에 있어서 그림 12.7에 나타내는 0~6의 메카니즘이 작용한다고 생각된다. 즉,

0 : 소성변형 메카니즘
1 : 본드 표면에서 네크부 표면확산
2 : 본드 표면에서 네크부 체적확산
3 : 증발 · 응축에 의한 본드 표면에서 네크부 쪽의 원자이동
4 : 계면중의 본재에서 네크부 쪽의 계면(입계확산)
5 : 계면중의 본재에서 네크부 쪽의 체적확산
6 : 크리프 메카니즘

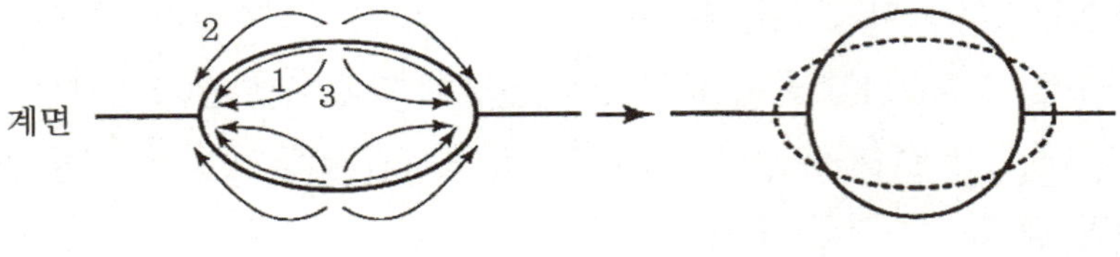

(a) 표면에너지에 의한 물질류

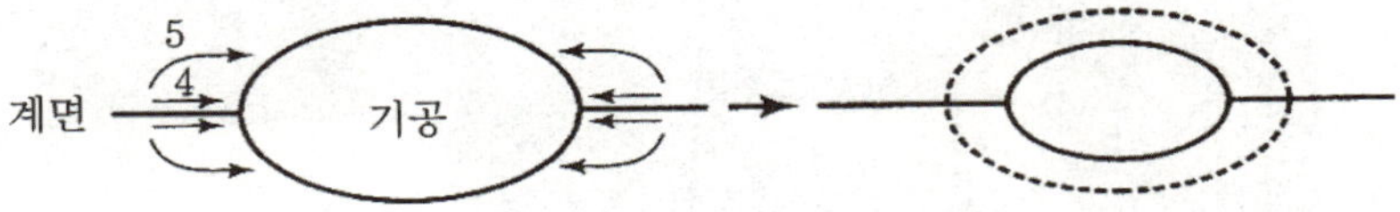

(b) 계면의 압력에 의한 물질류

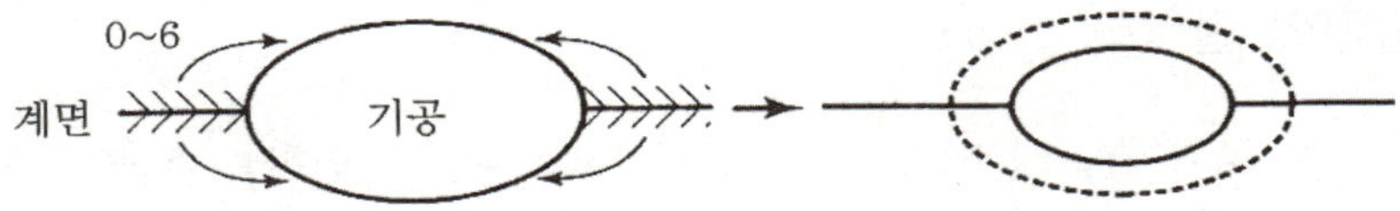

(c) 소성영역

그림 12.7 확산 접합에 있어서 계면의 밀착화 메카니즘

메카니즘 1~3은 경로는 다르나 모두 본드표면에서 네크부의 원자흐름이고, 그의 구동력은 본드표면상의 원자의 화학포텐셜 차에 의한 것이다.

메카니즘 4와 5는 이미 밀착하여 입계면을 구성한 부분의 원자공공의 소멸원에서 본드네크부의 원자흐름(원자공공은 반대방향으로 유동)으로 보통 체적확산에 의한 계면확산에 의한 쪽이 지배적이다.

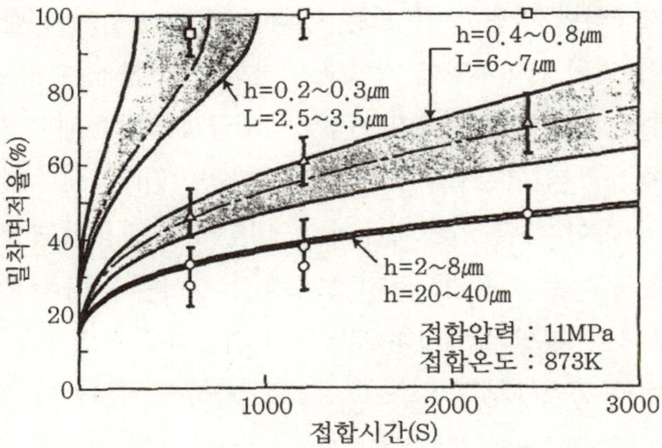

그림 12.8 확산접합계면에 있어 밀착화 면적의 수치계산결과.
표면요철의 평균높이 및 간격을 각각 h 및 (2 · L)로 한다.

메카니즘 0과 6은 모두 소성유동에 의한 것이다. 메카니즘 0은 시간에 의존하지 않는 일반적인 변형기구로서의 메카니즘은 시간과 더불어 변형이 진행하는 크리프 변형이다.

이와 같이 접합면의 밀착화에는 다수의 인자가 동시에 작용하므로 근사적으로 취급하는 것은 매우 곤란하고 계산기에 의한 수치해석이 시도되고 있다. 그림 12.8에 그의 일례를 나타낸다.

(3) 각종의 접합인자

확산접합의 주요 조건인자는 접합온도, 압력 및 시간으로 보통 이들의 증가와 접합부의 강도가 증가하고 모재부와 동등한 성능을 나타낸다. 이들의 조건은 상호 관련되며, 예로 온도, 압력이 높을수록 단시간으로 접합이 완료된다. 단, 접합온도가 높으면 결정립의 조대화 등이 조직적 문제가 생긴다. 또한 압력이 높으면 접합부에 과대한 변형을 초래하는 문제가 생기므로 요구하는 이음성능에 따라 적절하게 접합조건을 설정해야 한다.

확산접합에 있어 이음성능의 개선이나 접합과정의 촉진 등을 목적으로 하여 피접합부재와는 다른 종류의 금속을 접합면의 사이에 삽입하는 경우가 있으며, 이 금속을 인서트재라고 한다. 인서트재는 ①박(箔), ②분말, ③표면피복층(도금, 증착, 스패터링, 용사 이용) 등의 형태로 적용된다.

이들중 분말은 가공성이 나쁘고 판 또는 박의 형태로 만들기 곤란한 조성의 합금에 대해 적용되나 분말표면의 산화피막에 기인하는 산화물이 개재물로서 접합부에 잔류하거나 이음성능에 나쁜 영향을 미칠 수 있다. 근래 액체급랭법에 의해서 가공성이 나쁜 합금도 판 또는 박(泊)형태가 얻어지고, 이 방법으로 만들어진 Ni－B, Ni－Si 및 Cu－Ti계 합금 등의 인서트 금속이 분말 인서트 금속에 대신하여 적용되고 있다.

분말 인서트 금속의 특수 이용법으로서 보수용접 분야에 응용되고 있다. 즉, 모재와 거의 동일한 조성을 갖는 분말과 액상형 분말과의 혼합체를 구멍 또는 균열 등의 결함에 충진하고 TLP접합법과 동일하게 등온응고, 균일화 과정을 경과하여 결함을 보수하고 있으며, 인서트 금속의 효과는 다음과 같다.

① 크리프 속도나 원자의 확산속도가 모재보다 높은 인서트금속에 의한 밀착화의 촉진
② 표면산화 피막의 제거를 촉진
③ 이종재료 접합시의 상호확산 · 계면반응의 제어
④ 열응력의 완화(세라믹과 금속과의 접합에 있어 열팽창 차에 기인하는 응력)

적절한 인서트 금속의 사용은 이음성능의 개선과 적정한 접합조건의 확대로 매우 유력한 수단이고 사용목적과 피접합재료에 대응한 인서트 금속의 개발이 필요하다.

12.1.5 이종금속간의 접합

고상접합은 보통 용융용접 보다도 이종금속간의 접합에 적용된다고 알려져 실용적으로 그의 중요한 적용분야의 하나이며, 그의 이유는 다음과 같다.

① 이종금속간의 융점이나 열전도 등의 열적성질의 차이나 전기전도도 등의 전기적 성질의 차이에 따라 고상접합과정은 그다지 영향을 받지 않은 것
② 이종금속간의 반응이 제어하기 쉬운 것
상기 ②에 대해서는 이종금속이 액상상태에서 교반되는 용융용접에 비해 고상접합에는 반응이 고상내 확산에 의해 정해진 속도로 되어 반응속도가 지연되기 때문에

접합조건이 선정되거나 인서트금속의 사용에 따라 제어하기 쉽다.

이종금속간의 고상접합에 있어서도 동종금속간의 경우와 동일하게 접합표면의 밀착화나 산화피막 등의 오염층 제거가 계면의 접합강도를 결정하는 주요한 인자가 되고, 이것을 지배하는 확산, 크리프 변형 또는 산화피막의 안정성 등이 접합과정을 정해진 속도로 한다. 그러나 이종금속간의 접합의 경우에는 이들과 더불어 접합계면과 그의 근방에 있어서 반응과 확산에 기인하는 문제가 생긴다.

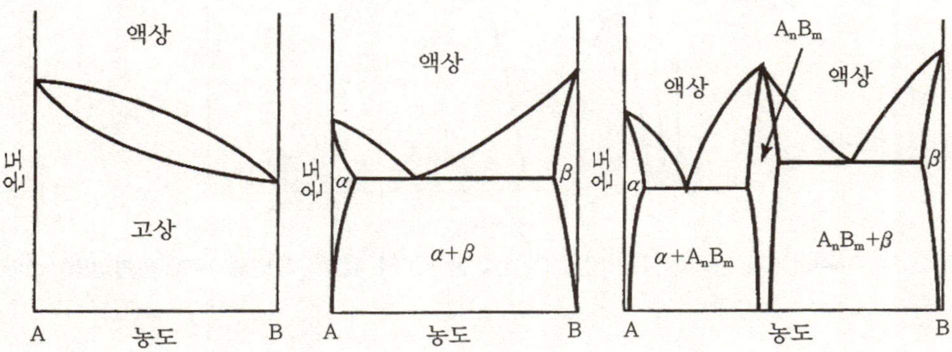

(a) 전율고용형 (b) 2상분리형 (c) 금속간 화합물 형성형

그림 12.9 이종금속간의 계면반응의 상태도에 의한 분류

이종금속간의 반응은 상태도에 따라서 그림 12.9와 같이 3종류로 나눌 수 있다. 즉, ①전율고용, ②2상분리, ③금속간 화합물 형성 등의 3종류이고, 이들 중 ①, ②의 경우는 동종금속간의 경우와 비교하여 특히 곤란한 문제가 되는 경우는 작다. 그러나 ③의 경우는 매우 단단하고 취약한 화합물 층이 접합부에 형성되어 이음강도 특성에 현저하게 나쁜 영향을 미치는 경우가 많다.

예를 들면 그림 12.10은 알루미늄과 동과의 확산접합 이음의 인장강도와 접합시간과의 관계로서 이음강도는 접합시간과 더불어 반드시 증가하지 않고 모재강도의 반정도의 일정값에 근접한다. 특히 접합온도 520℃(793K) 및 540℃(813K)의 경우는 단시간 측으로 한 번의 극대값을 취한 후, 시간의 증가와 더불어 이음강도는 저하된다.

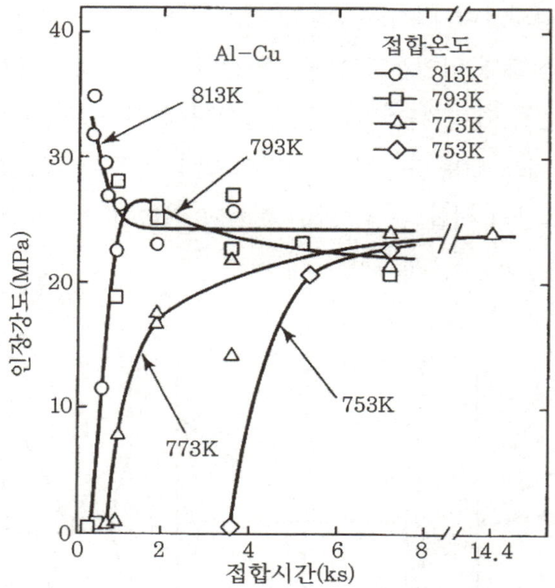

그림 12.10 알루미늄과 동과의 확산에 있어서 이음강도와 접합온도와의 관계(접합압력 =5MPa)

Al

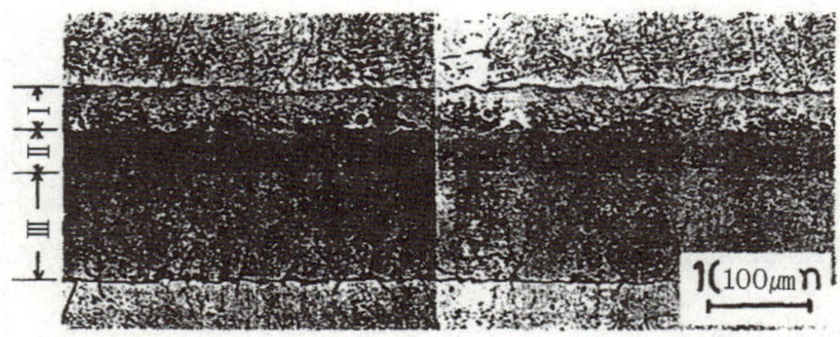

Cu

그림 12.11 알루미늄과 동과의 확산접합계면에 있어서 금속간 화합물층(I , II, III)

이와 같이 Al과 Cu와의 이음강도가 낮은 값을 취하는 것은 그림 12.11과 같이 금속간 화합물층의 성장에 의한 것으로 이음은 원래의 접합계면 또는 화합물을 통하여 판단한다.

폭발압접도 동일하게 융점부근 또는 일부 융점이상까지 가열되나 가열시간은 마찰압접보다도 더욱 짧다. 냉간압접에서는 상온이상으로 가열되지 않도록 하기위해 저융점 재료를 제외하고는 금속간 화합물의 형성은 생각할 수 없다. 인서트 금속의 사용도 계면에서 금속간 화합물 형성을 억제하여 얻는 방법이다. 인서트 금속의 선정에 있어 피접합부재 사이에 금속간화합물을 형성하지 않는 것, 즉, 전율고용 또는 2상분리형의 상태도를 갖는 것을 선정해야 하므로 단독으로 이러한 조건 만족을 시킬 수 없을 때는 복수의 인서트 금속이 이용된다.

예를 들면 스테인리스강 STS304와 티탄의 확산접합에 있어 강에 동박(銅箔), 티탄측에 바나듐 박(泊)을 놓고 2층 인서트재를 이용함으로써 금속간 화합물의 형성을 억제하고 고강도 접합부를 얻을 수 있다. 또한 합금원소의 첨가에 의해 금속간 화합물 형성을 억제하고 이음의 강도특성을 개선할 수 있다. 예를 들면 알루미늄과 철강의 접합에 있어서는 알루미늄 중에 미량의 Si가 함유되면 계면에 매우 얇은 Fe_3SiAl_2가 형성되고, 이 화합물의 성장속도는 매우 늦다. 또한 확산장벽으로 작용함으로 Fe－Al의 금속간화합물의 형성을 억제한다고 할 수 있다.

동일하게 철강과 티타늄과의 접합에 있어 철강중의 C에 의해 TiC가 계면에 형성되고 Fe－Ti계 화합물의 형성이 억제된다. 티탄과 알루미늄의 이음은 그림 12.12와 같이 알루미늄 중에 포함되는 Si(~10^{-2}mass%)에 의해 금속간 화합물 $TiAl_3$의 성장이 크게 억제된다.

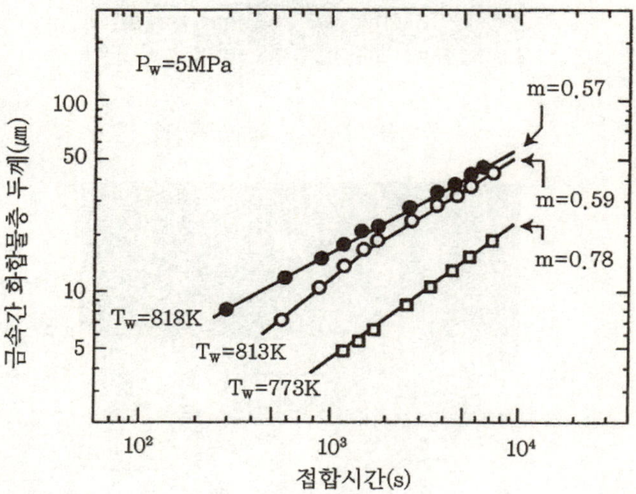

그림 12.12 알루미늄과 동과의 확산접합계면에 있어 금속간 화합물층의 두께와 접합 시간과의 관계(TW=접합온도, PW=접합압력)

이상과 같이 고상접합에는 접합계면에 있어서 취약한 화합물층의 형성 · 성장을 다양한 방법으로 억제할 수 있다. 확산이론의 관점에서 화합물이 빠른 성장속도를 갖는 조건으로서 다음 사항을 들 수 있다.

① 화합물층 중의 확산속도가 크다.
② 인접하는 층중의 확산속도가 작다.
③ 화합물층과 인접하는 층과의 조성이 가깝다.
④ 계면에 확산장애가 존재하지 않는다.
⑤ 화합물층을 구성하는 상의 형성에너지가 크다.
⑥ 화합물층과 인접하는 층과의 결정구조가 가깝다.

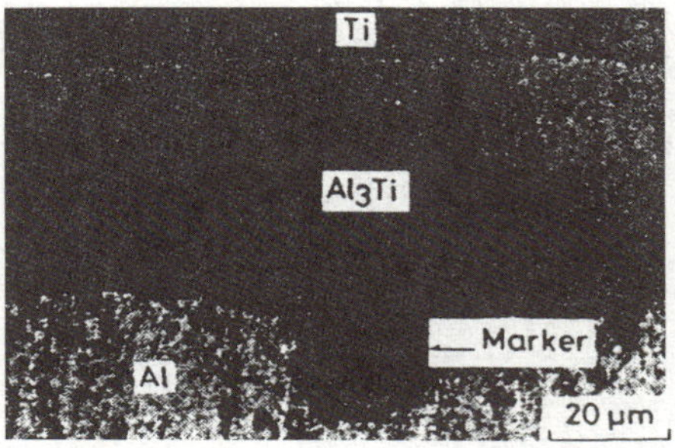

(a) 공업용 알루미늄(Si농도=0.06%)

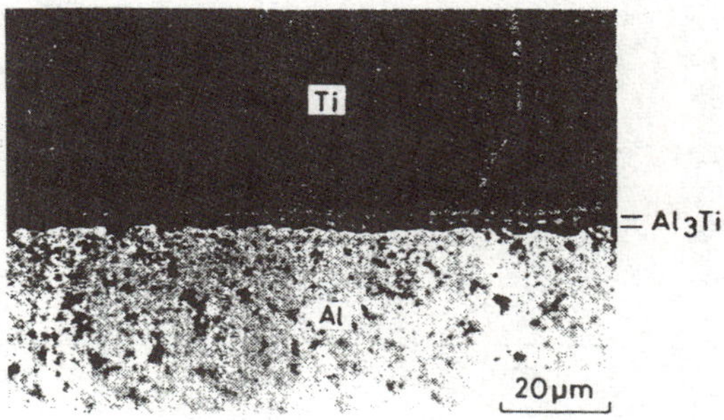

(b) 99.99%순알루미늄과 티탄의 확산 접합이음(Si농도=0.002%)

그림 12.13 Al/Ti계면 금속간화합물층의 성장에 대한 알루미늄중 불순물 Si농도의 영향

화합물 성장을 억제하기 위해 위의 반대측면을 생각하면 되고 화합물층 중의 확산속도를 내린다. 장애층의 형성, 인접 층과의 사이에 평균 농도 차의 확대 등이 유효하다. 이제까지 금속간화합물의 이음강도의 영향을 그의 두께의 함수만으로 생각하였다. 그러나 금속간 화합물층은 복수상으로 존재하는 것이 많고 그림 12.13에 나타낸 알루미늄과 동과의 이음은 인장 시험에 있어 주로 제Ⅱ층이 균열진전이 된다.

티타늄과 스테인리스강 STS304와의 이음의 경우는 화합물 층이 그림 12.14의 투과전자현미경조직과 같이 5층으로 되어 있고 균열은 주로 티타늄과 제Ⅰ층의 경계 및 제Ⅰ과 Ⅱ층과의 경계를 통하여 전파한다. 또한 티타늄과 철강과의 이음에는 철강 중의 탄소량의 증가에 따라 화합물 층의 구성상을 Fe－Ti계 화합물에서 TiC로 변할 수 있고, 이들에 따라 이음이 강도가 증가한다. 이들의 결과는 금속간화합물의 두께에 한정하지 않고, 그것을 구성하는 상의 특성 또는 내부구조도 이음강도의 강도특성에 중요한 영향을 미치는 인자로서 무시될 수 없음을 나타낸다.

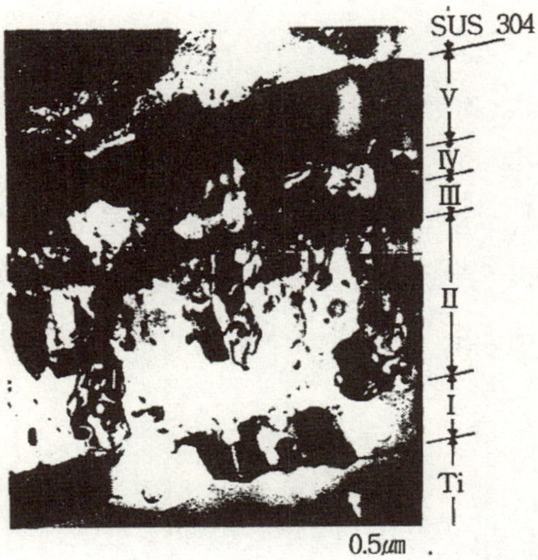

그림 12.14 티타늄과 스테인리스강 STS304와의 확산접합계면에 형성된 금속간 화합물층(TEM관찰)

제 13 장 저항발열을 이용한 용접 · 접합

13.1 개요

전류에 의한 주울열, 즉 저항발열을 이용하여 재료를 용융용접 또는 압접하는 방법을 들 수 있다. 주울열을 이용하는 용접 · 접합법은 저항용접법과 일렉트로용접법으로 크게 구별된다. 저항용접법에는 접합부재의 단면에 대전류를 공급하고 그것에 주울열을 이용하여 접합단면을 가열 또는 용융하여 가압하면서 접합한다. 반면에 일렉트로 슬랙 용접법에는 용융슬래그 중을 흐르는 전류의 주울열을 이용하여 모재를 용융용접한다.

13.2 저항용접 현상

13.2.1 각종 저항용접법의 특징

저항용접법을 접합부재의 형태로 분류하면 표 13-1과 같이 겹치기 저항용접법과 맞대기

저항용접법으로 크게 나눈다.

표 13-1 저항용접법의 분류

저항용접법	겹치기 저항용접법	스폿 용접법 프로젝션 용접법 시임 용접법
	맞대기 저항용접법	업셋 용접법 플래시 용접법 고주파 용접법

전자는 박판 겹치기 또는 그의 일부를 전극으로 가압하면서 보통 접합부를 형성하는 것으로 저항스폿 용접법, 프로젝션 용접법, 시임 용접법으로 분류된다. 후자는 접합단면을 맞대어 접합부를 주울 열로서 가열함과 동시에 압접하는 것으로 업셋 용접법, 플래시 용접법, 고주파 용접법 등이 있다.

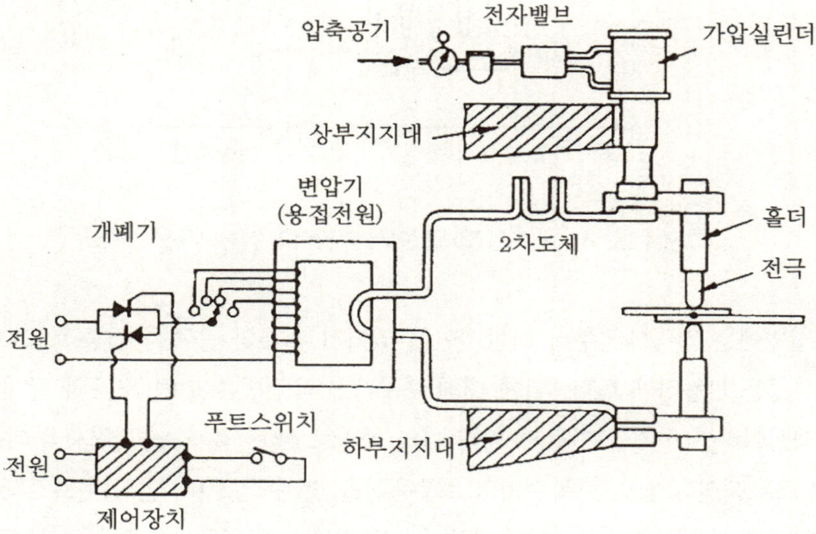

그림 13.1 저항 스폿 용접장치(단상교류)

(1) 겹치기 저항 용접법

그림 13.1은 대표적인 단상교류식의 저항 스폿용접장치의 구성을 나타냈다. 저항스폿용접에는 전극 간에 접합해야 할 두 장의 판을 끼우고 전극으로 양 부재를 가압하면서 단시간, 대전류를 공급하고 전극 바로 아래의 판과 판사이의 접촉부에 너겟 이라는 스폿상의 용융접합부를 형성한다.

전극으로서는 전기 및 열의 전도성과 고온에서 경도를 고려하여 동합금이 이용된다. 용접장치는 용접부(2차회로)에 전류를 공급하기 위하여 변압기, 전극에 가압력을 가압장치, 가압시간과 통전시간을 제어하는 제어장치 등으로 구성된다. 그림 13.2는 스폿용접을 연속적으로 반복할 경우의 제어시스템의 예이다. 접합해야 할 판의 재질이나 판 두께에 대응한 가압력, 전류값, 통전시간 등이 설정 · 제어된다.

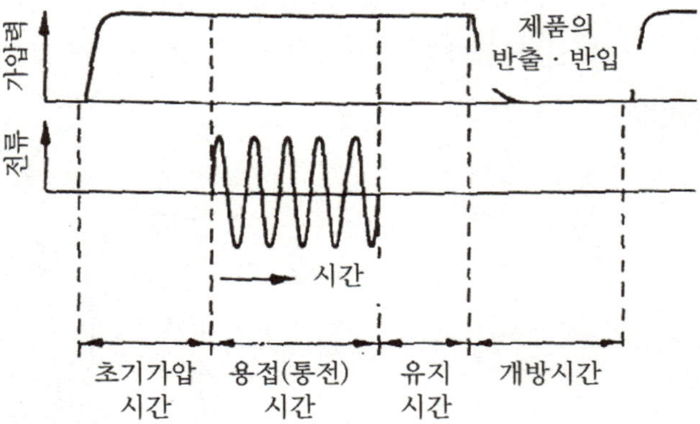

그림 13.2 저항스폿용접에 있어서 가압력과 전류(시퀀스 제어)

스폿 용접법에는 전극에서부터 접합계면에 있어서 전류와 응력을 집중적으로 측정하여 접합부의 형성을 가능하게 한다. 이에 대해 프로젝션 용접법은 그림 13.3과 같이 접합부에 미리 프로젝션이라는 돌기를 만들기 위해 이의 돌기로부터 전류와 응력집중을 계산해야 한다. 따라서 프로젝션 용접법은 복수개의 스폿용접을 할 수 있으며, 환상의 프로젝션을 이용하면 링상의 접합부가 얻어진다. 이 용접법에는 프로젝션이 전류와 가압력의 분포를 강제적으로 결정하므로 전극은 접합부에 균일한 전류와 가압력의 분포를 갖는 구조라야만 한다. 그림 13.3과 같이 용접장치는 가동전극과 고정전극으로 되어 있고 보통 그의 전극면은 평탄하다. 전극 구조와 가동특성을 제외하면 용접장치의 구성은 스폿용접 장치와 동일하다.

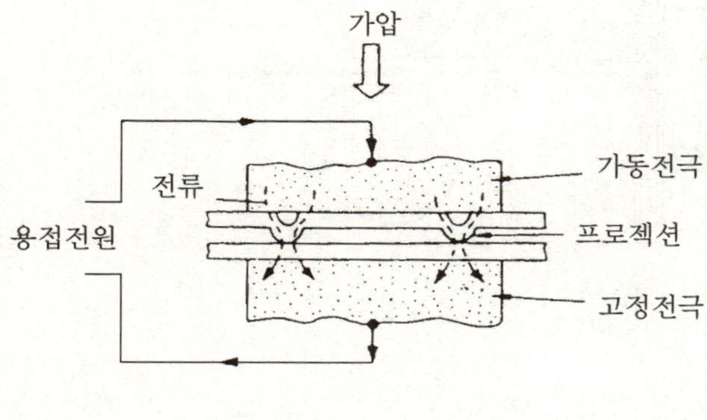

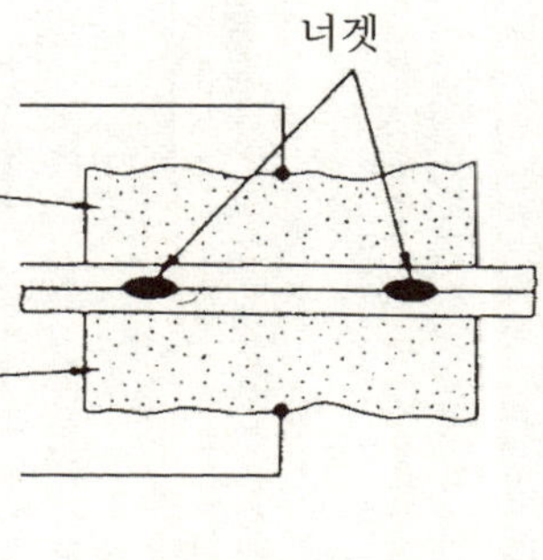

그림 13.3 프로젝션 용접법

그림 13.4는 겹치기 용접법의 원리로서 겹친 판을 원판상의 회전전극으로 가압하면서 이동시키며, 그림과 같이 단속적으로 전류를 흘려 접합부를 순차적으로 형성시키는 방식이다. 용접장치의 구성에 접합부의 형성현상은 저항스폿 접합와 기본적으로는 동일하나 기밀성이나 수밀성이 필요로 하는 접합부에 대해서는 그림과 같이 너겟을 겹치면서 접합시킨다. 이 경우에는 이미 형성된 너겟부에 흐르는 전류를 무시할 수 없으므로 스폿용접의 경우와 비교하면 동일 판 두께에 대해 전류와 가압력이 필요로 하다. 고속 용접에는 연속통전방식이 취해지나 매분 수 m이상의 고속용접 상태에는 균일한 용접부를 확보하기 위해서는 직류통전이 필요하다. 보통 겹치기 저항용접법은 전극배치나 이음부의 형식이 각종 용도에 응용될 수 있다. 그림 13.5에 시임용접법의 응용 예를 나타냈다.

그림 (a)는 매시시임(mesh seam)법으로서 판이 겹치는 부분을 판 두께와 동일한 정도까지 감소시켜 가압에 의한 변형을 이용함으로서 맞대기 용접부에 근접한 용접부를 형성시킨다. (b)그림은 포일시임(foil butt seam)법으로 전극과 접합부 사이에 호일을 끼워넣고 호일과 접합부에서 발생하는 주울열을 이용하는 맞대기 용접법이다. (c)그림은 연속용접법의 예이고 한 번에 두 개소의 용접을 가능하게 한다.

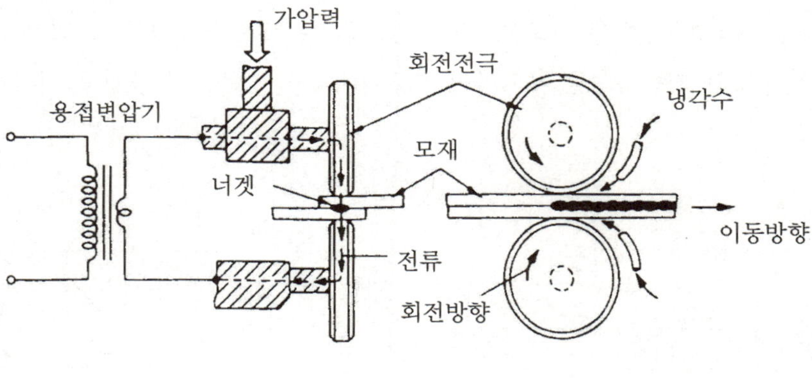

(a) 원리도

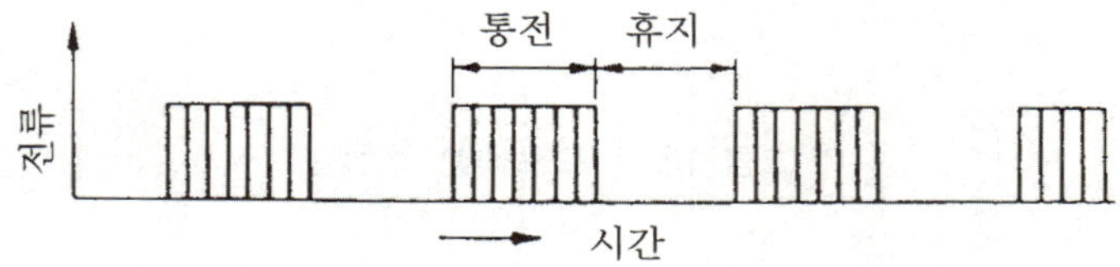

(b) 연속장치

그림 13.4 겹치기 시임 용접법

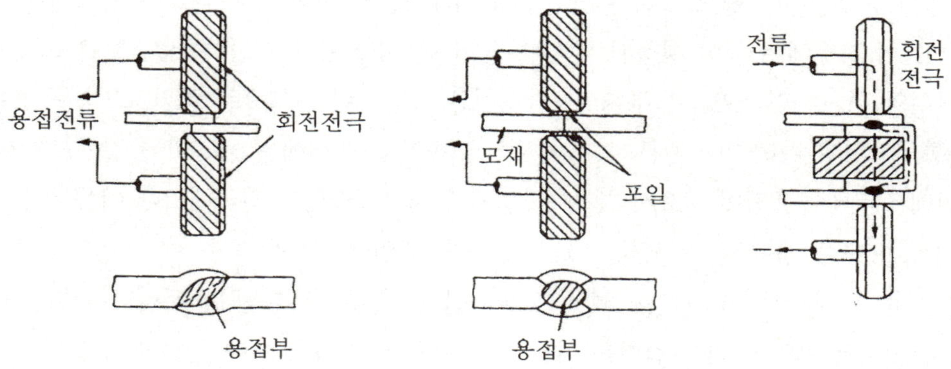

(a) 매시시임법 (b) 포일시임법 (c) 시리즈법

그림 13.5 겹치기 시임 용접법의 응용

(2) 맞대기 저항 용접법

맞대기 저항 용접법은 접합부재의 단면끼리를 맞대고 접합부를 주울 열로서 가열하면서 가압시켜 접합부를 형성하며, 업셋 용접법, 플레시 용접법, 고주파 용접법이 있다.

(가) 업셋 용접법과 플래시 용접법

업셋 용접법은 저항 용접법 중에는 초기에 개발되어 널리 이용되고 있다. 그림 13.6과 같이 접합단면끼리를 맞대어 가압하면서 전류를 흘리면 재료의 고유저항 및 단면에서의 접촉저항에서 접합부재의 온도가 상승한다. 접촉면 근방에서 적당한 온도로 된 시점에서 강한 압력을 가하여 접합한다.

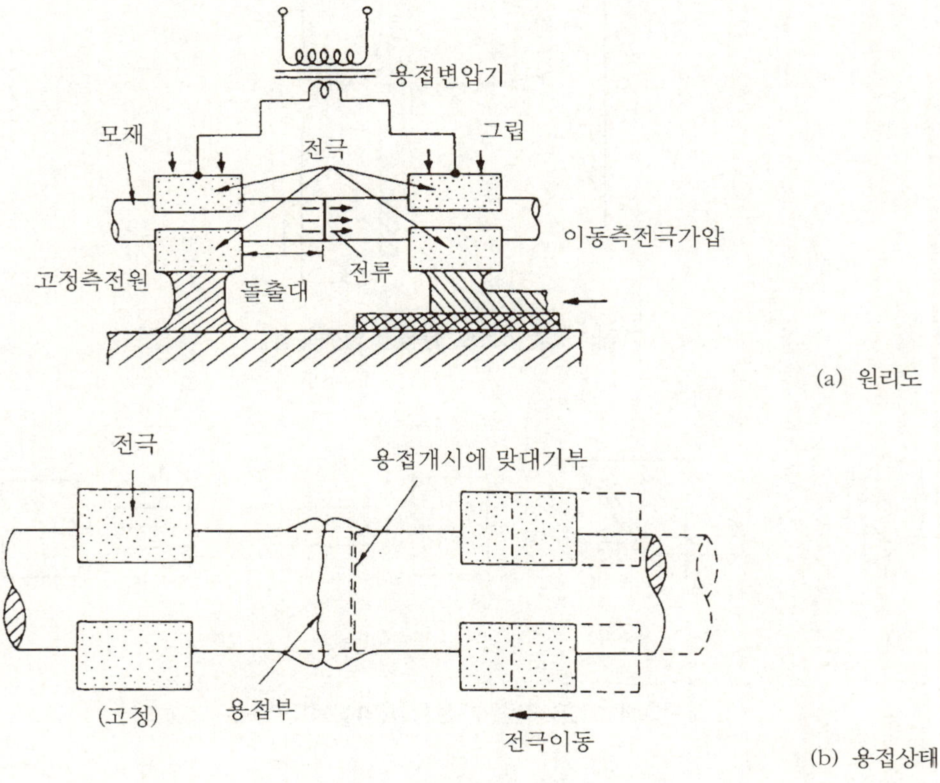

그림13.6 업셋 용접법

업셋 용접법에는 그림과 같은 장치가 단순한 반면, 접합단면적이 크게 되면 단면을 균일하게 가열하는 것은 곤란하게 된다. 따라서 접합부에 산화물이나 기포 등이 생기기 쉬운 난점이 있다. 이러한 난점을 피하기 위해 다양한 검토가 이루어지고 있다. 그림 13.7은 그의 예로 개선설정형 업셋 용접법이다. 접합단면을 개선가공하고 전류밀도를 조정하여 단면근방의 온도에서 간단히 안정적으로 상승시킬 수 있다. 이 용접법에는 개선을 적절히 설정하면 비교적 단면적이 큰 부재의 접합에 한정하지 않고 그림 13.8과 같이 단면형상이 다른 부재의 접합에도 이용될 수 있다.

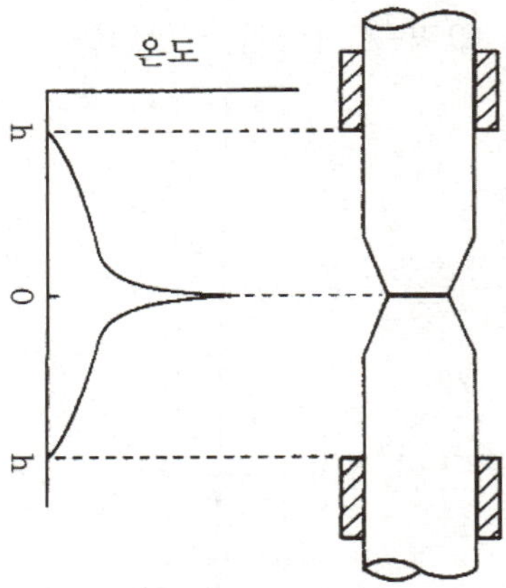

그림 13.7 글로브 설정형 업셋용접

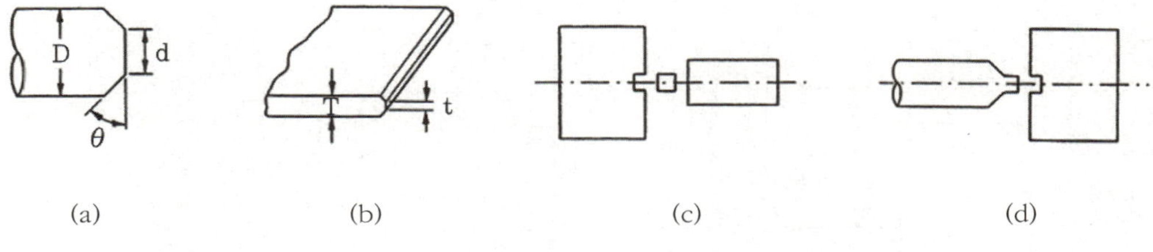

그림 13.8 각종 개선형상(업셋용접)

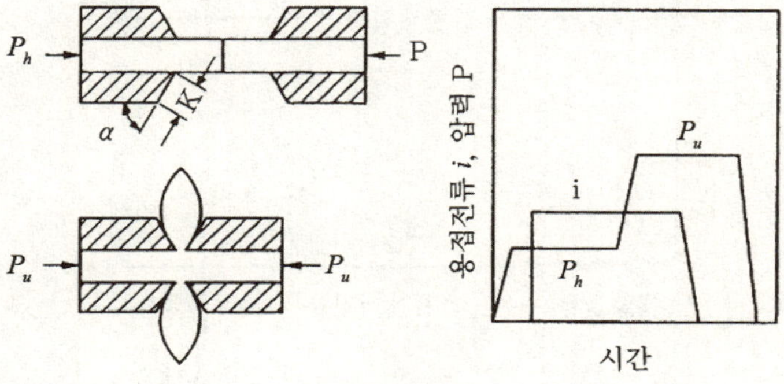

그림 13.9 소성유동형 업셋용접

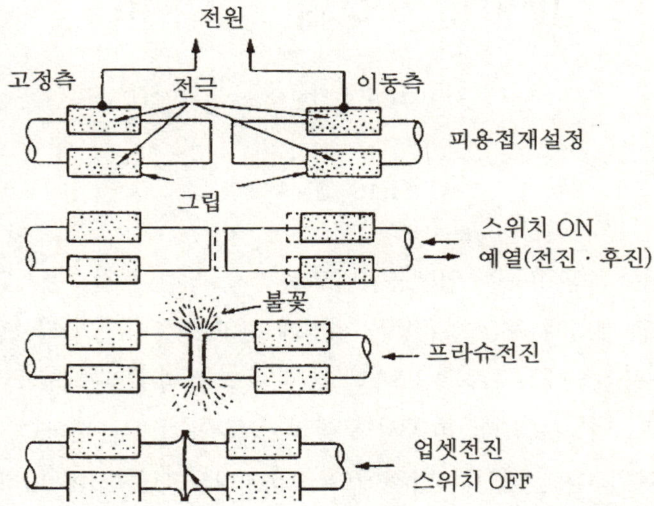

(a) 용접과정

그림 13.10 플래시 용접법(계속)

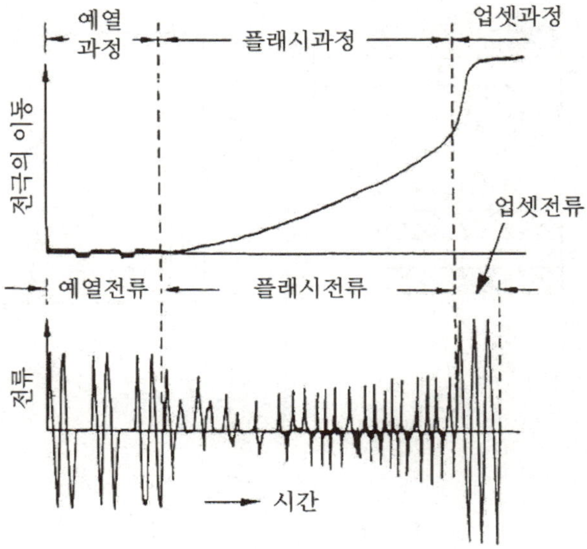

(b) 용접현상

그림 13.10 플래시 용접법

그림 13.9는 소성 유동형 업셋용접법으로 그림과 같이 접합공정의 후반부에서 가압력을 높이고 계면에 큰 소성유동을 생기게 하고 접합품질의 확보할 수 있다. 이에 대해 플래시 용접법에는 그림 13.10과 같이 아크의 발생열을 적극 활용하고 단면에 균일가열을 도모할 수 있다. 따라서 보통의 업셋 용접법에 비하면 큰 접합단면적을 가진 부재, 예를 들면 레일의 압접에도 적용된다. 그림 (b)에 나타내는 바와 같이 접합 프로세스는 예열과정, 플래시 과정, 업셋과정으로 나눈다. 예열과정에는 단면에 가벼운 접촉과 이탈을 반복하고 단면근방을 온도를 올려 적열시키며, 플래시과정에는 전극을 전진시킨다.

전극이 전진하여 단면이 접촉하면 접촉부에 단락전류가 집중되게 흘러 국부적인 가열과 용융이 일어나고 단락전류의 전자력으로부터 용융부가 불꽃반응을 일으켜 비산한다. 불꽃발생에서 그 부분의 접촉이 끊어져 아크가 발생하게 되지만 전극의 전진에 따라 단락아크가 상호 반복되는 결과 단면에 균일한 용융층이 형성된다.

업셋과정은 용융층에서 쌓여진 단면을 강하게 가압하고 용융금속을 계면에서 압출하여 압접한다.

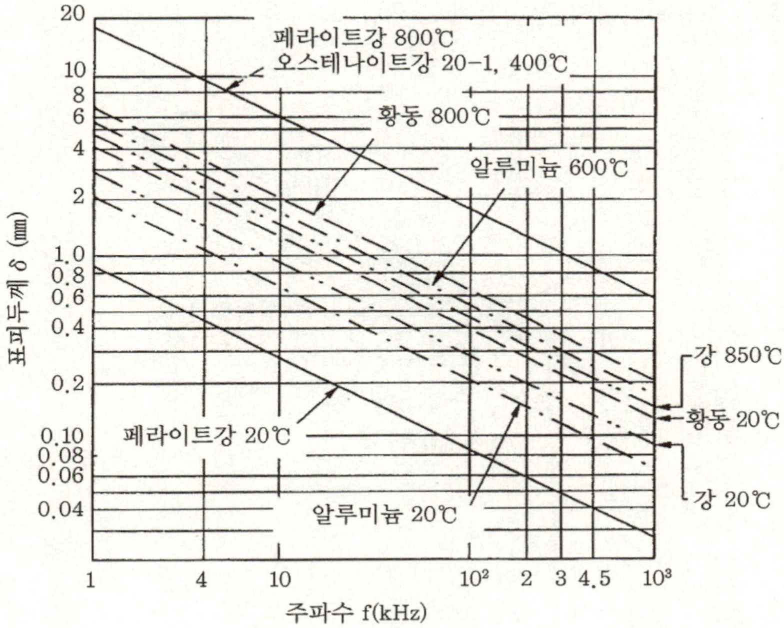

그림 13.11 각종 재료의 표피두께

(나) 고주파 용접법

고주파의 전자장은 금속도체의 내부에는 침입하지 못하므로 이 성질을 이용하여 접합단면을 집중적으로 가열할 수 있다. 즉, 고주파의 전류는 표피효과로부터 금속의 표면근방에 집중하여 흐른다. 대표적인 금속에 대한 표피두께의 수치예를 그림 13.11에 나타낸다. 고주파 용접법에는 10~500[kHz] 정도의 고주파 전류에 의한 표피효과를 적극 이용하고 있다.

그림 13.12는 용접중의 V자부의 상황을 나타낸 것이다. 이를 보면 맞대기 단면이 정점을 향하여 효과적으로 가열된다. 그림 (a)와 같이 급접점(접촉자)에서 공급된

고주파전류는 가압롤에 의해 형성된 V자형의 맞대기 면에 직각으로 흘러 표피효과와 근접효과로부터 맞대기 면을 효과적으로 가열한다. 그림 (b)와 같이 V자의 정점에 이르러 양 맞대기면은 가압 롤에서 아크 업셋되어 접합이 완료된다. 그림 13.13은 고주파 저항용접법의 접합부의 상황을 모식적으로 나타내는 것이다.

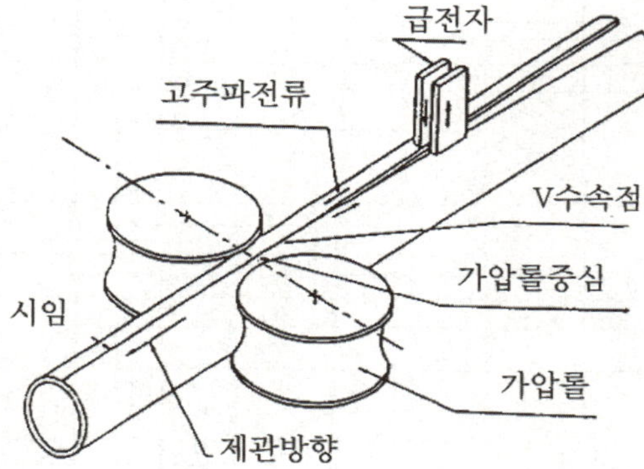

(a)

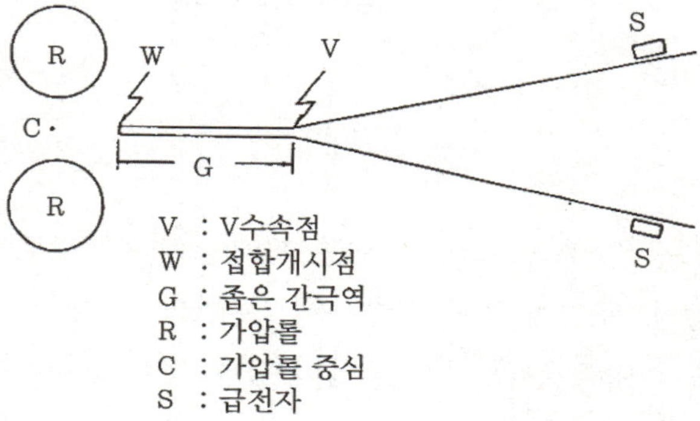

(b)

그림 13.12 고주파 저항용접기의 접합부

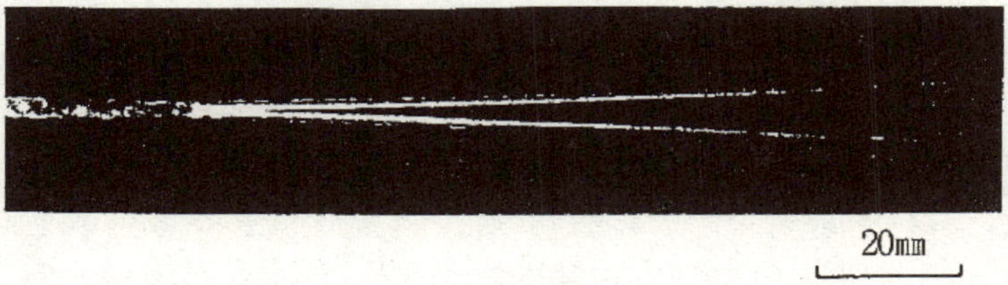

그림 13.13 고주파 시임 용접의 현상

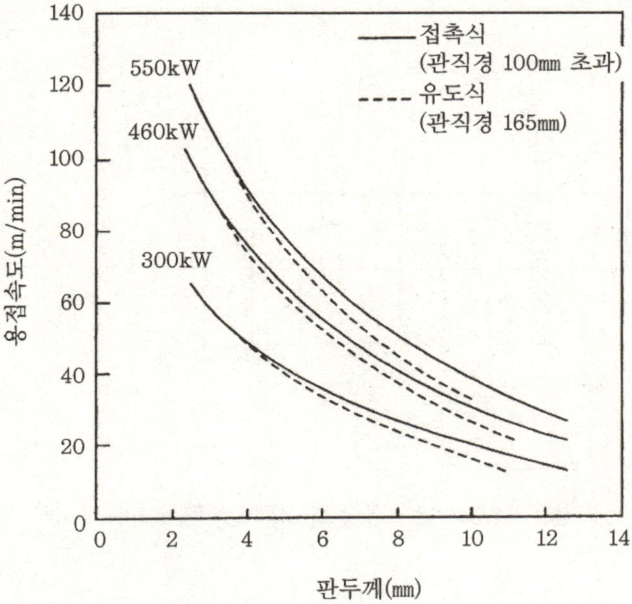

그림 13.14 고주파 시임 용접의 특성

이와 같은 고주파 용접법에는 표피효과에서 표면전류가 크게 되고, 예를 들면 5×10^5[A/m]정도까지 달하므로 매우 고능률인 저항용접법이다. 그림 13.13은 탄소강관의 고주파 시임 용접의 특성이다. 그림과 같이 판 두께가 얇은 경우에는 100[m/min]라는 매우 고속도의 용접이 가능하다. 고주파 용접법은 이와 같은 다른 용접 · 접합법에는 볼 수 없는 우수한 특성을 가지고 있어 관의 고속용접에 국한하지 않고 각종 형상의 맞대기 용접에 이용된다.

13.2.2 저항 스폿용접 현상

(1) 저항용접의 일차원 열전도도 모델

일차원 열전도율 모델을 이용하여 저항용접 공정을 해석한 결과를 보면, 저항스폿용접 현상은 그림 13.15와 같이 간단한 모델과, 대략적인 현상의 지배인자 파악이 가능하며, 간략화하기 위해 다음을 가정한다.

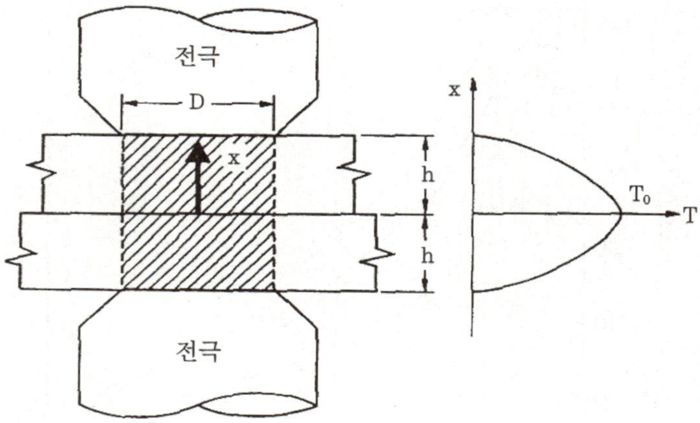

그림 13.15 저항 스폿용접기의 일차원 열전도 모델

① 전극과 판은 그림과 같이 평면접촉이고 이 접촉면적은 시간적으로 변화하지 않는다. 또한 전극은 수냉이며, 접촉면적의 온도는 일정값(0℃)을 유지되는 것으로 한다.

② 직류가열로서 전류는 점선 내를 균일하게 흐른다.

③ 열은 전극축(x축)의 방향만으로 흐르고 전극 축에 수직방향으로 열도도는 무시한다.

④ 재료의 열전도율, 비열, 밀도 및 저항율은 온도에 무관하며 일정하다.

⑤ 접촉저항은 무시된다.

(2) 용접현상과 용접조건

간단한 일차원 열전도율 모델을 저항용접 해석 결과로서 매우 단순화시켜 실제 용접현상과는 다른 부분도 많다. 저항용접에서 있어 발열현상은 자연적이며 재료의 고유저항이 가해져 전극과 모재, 모재와 모재의 계면에 있어서 접촉저항에 의해서도 영향을 받는다. 그림 13.16은 교류전원에 의한 스폿용접시의 전류와 전압의 변화에서 통전 중의 전극간 저항값의 변화를 조사한 것이다.

그림 (b)와 같이 통전초기에 있어서는 전극간의 저항값이 높고, 계면에 있어 접촉저항의 영향이 보여지는 것, (a) 그림에서 밝혀진 대로 상용주파수에 있어서 반사이클 정도의 통전 저항값은 저하하고 거의 일정값으로 된다. 즉, 발열 기구에 주목하면 저항 스폿용접에 있어서 전극축상의 온도분포는 그림 13.17과 같이 된다. 즉, 통전초기에는 온도는 접촉저항에 의한 발열을 강하게 반영하나 통전시간의 증가에 따라 재료의 고유저항에 의한 발열을 반영하고 일차원모델의 결과에 가깝다. 저항스폿용접에 있어 전극과 모재의 접촉부에 있어서 전류분포가 특이하고 전극의 외주부에 전류가 집중한다. 그림 13.18은 직류 15[kA]으로 용접한 경우의 전극 및 시험 중 흐르는 전류분포를 수치계산한 예이다.

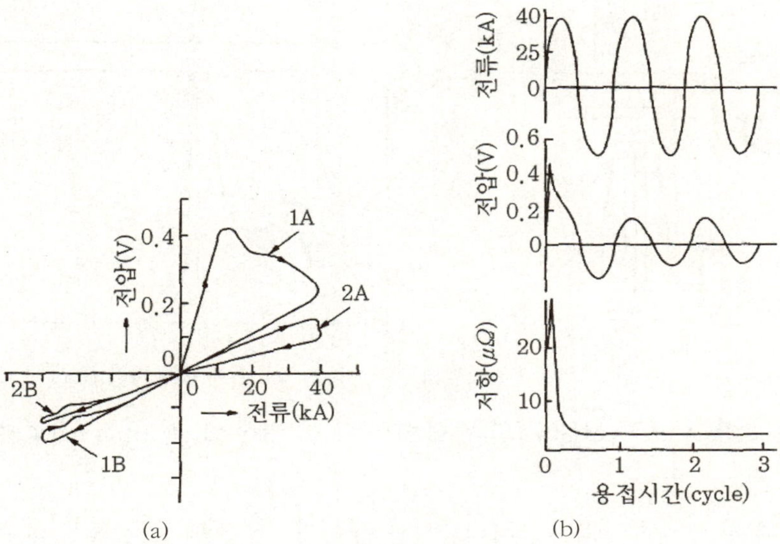

그림 13.16 저항스폿 용접에 있어서 저항값의 변화

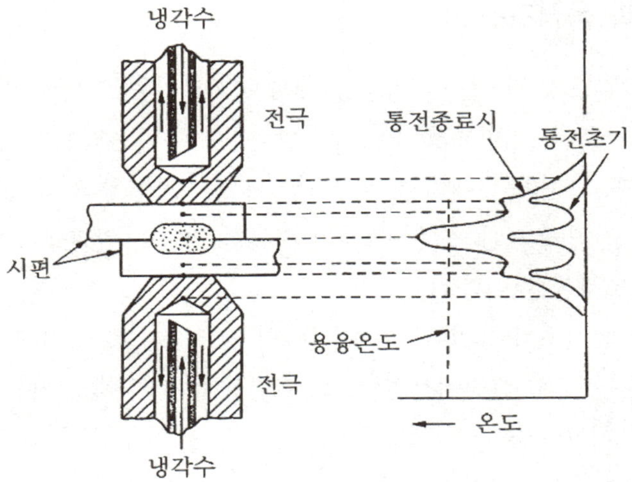

그림 13.17 저항 스폿용접에 있어서 온도분포

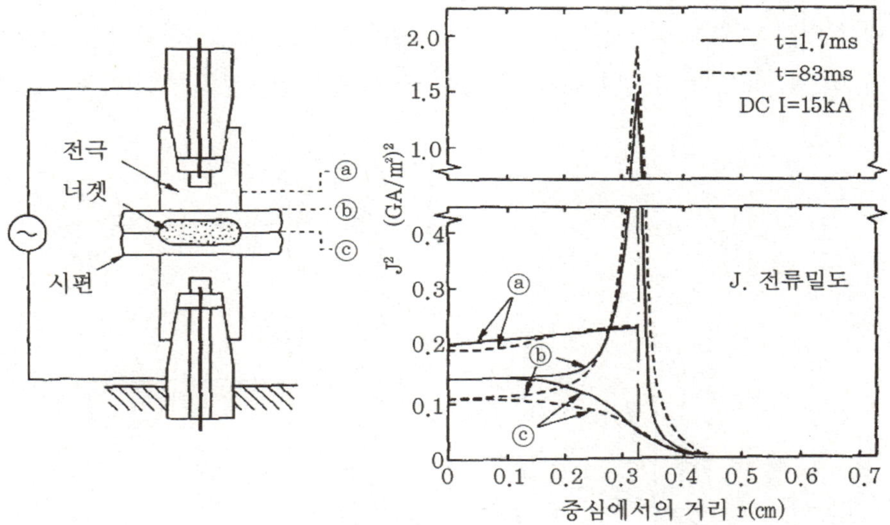

그림 13.18 저항스폿용접에 있어서 전류분포의 수치계산 예(강, 1mm t, DC15kA)

단, 그림의 종축으로 전류밀도의 2승으로 잡는다. 그림과 같은 곡선 ⓐ는 전극내부, ⓑ는 전극에 접하고 있는 시편표면상, ⓒ는 시편의 접합부에 있어서 전류분포로 실선은 통전초기, 파선은 통전개시 후 83[ms]인 경우이다. 계산결과는 전극 외주부에 전류, 즉, 발열이 집중하는 것을 나타낸다. 저항 스폿용접시의 온도장은 당연히 이러한 전류특성을 반영하고 그림 13.19는 GreenWood에 의한 수치계산 예로서 판 두께 6.4[mm]의 강재를 전류 23[kA]에서 스폿 용접한 경우이다.

그림 중의 곡선은 등온온도이고 곡선에 기입된 숫자는 온도(℃)를 나타낸다. 단, 계산에 있어 접촉저항과 물성값의 온도의존성은 무시된다. 그림에서 통전초기에는 특히 전류 집중부에 있어서 온도상승이 현저함을 알 수 있다. 또한 이 계산 예에는 판 두께가 크기 때문에 너겟 형성에 필요한 시간이 길게 되어 있다.

그림 13.19는 통전 후의 용접부 단면의 조성는 정성적인 실험의 현미경 관찰 결과에서 추정한 온도분포이다. 스폿용접에 있어서 전류분포에 따라 용접현상은 전극에 가해지는 가압력에 의해서도 다르다.

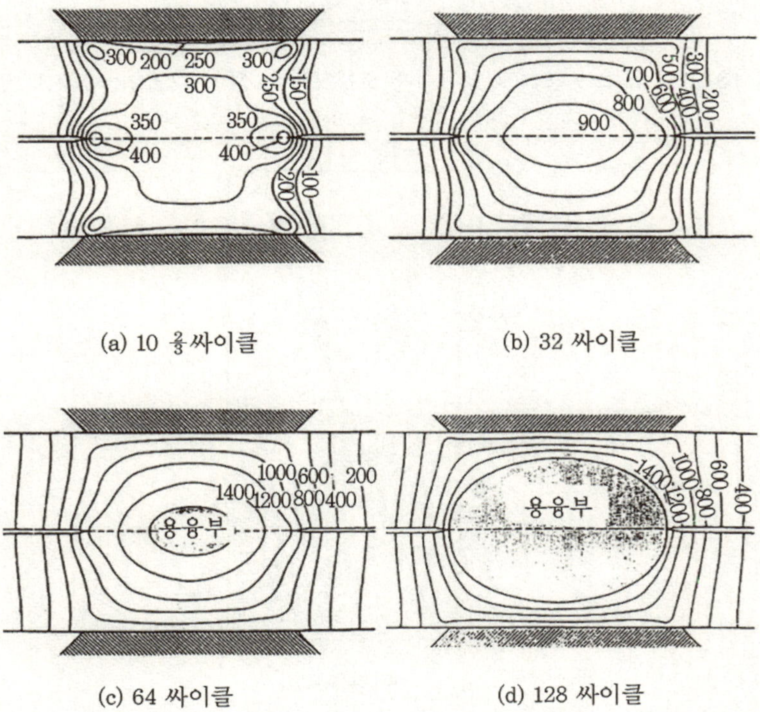

그림 13.19 저항스폿용접에 있어서 온도분포의 수치계산 예(강, 6.4mm t, 23kA)

만일 가압력이 높으면 전류가 분산하여 증발밀도가 저하하기 때문에 용착부족이 된다. 역으로 가압력이 낮게 설정되면 접촉 면적이 작고 전류밀도가 높아 효율적인 반면, 용융금속이 접합부나 전극주변 하단의 과열부에서 비산하는 "현상"이 발생한다. 따라서 실제 저항스폿용접에 있어 전류값, 통전시간 및 가압력과 그의 분포를 적정하게 설정하는 것이 중요하다. 즉, 가압력의 분포는 전극의 형상과 치수에도 크게 의존하므로 이들을 적절하게 선정해야 한다.

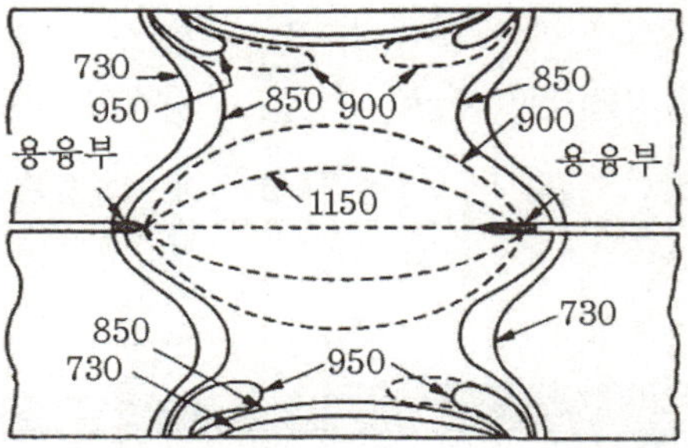

그림 13.20 저항스폿용접에 있어서 온도분포의 추정 예(22.9kA, 23사이클)

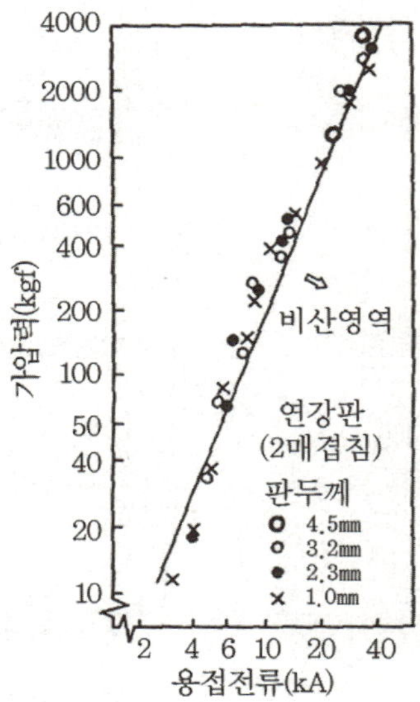

그림 13.21 비산발생 한계조건의 예

그림 13.21은 연강 판에 있어서 비산발생의 한계를 나타낸 것이다. 그림은 연강 판의 비산발생은 판 두께에 무관한 곡선이므로 가압력과 전류값의 설정에 있어 비산한계 곡선이 이용된다. 그림 13.22는 비교적 얇은 1mm 강판을 스폿 용접한 경우의 너겟 직경, 너겟 주변에 형성되는 압접부의 직경 및 접합부의 강도와 시간변화를 나타냈다. 통전시간을 횡축으로 하나 통전시간의 표시는 전원의 상용 주파수 사이클 수를 기준으로 한다.

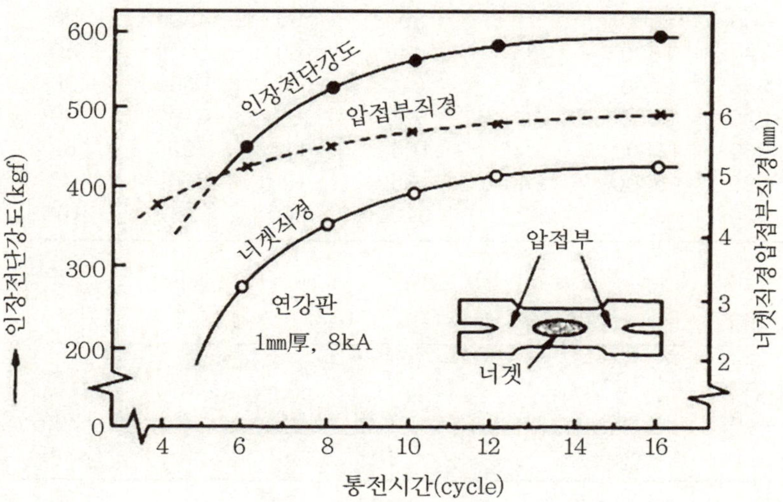

그림 13.22 저항스폿 용접에 있어서 접합부의 형성현상(연강)

그림에서 10사이클 정도의 통전으로 너겟 직경이 포화되는 것, 또는 용접강도는 너겟 직경과 밀접한 상관관계가 있다. 이러한 접합부의 강도는 너겟 직경과 상관을 가져 통상적으로 너겟 직경의 포화시간을 기준으로 통전시간을 선정한다.

표 13-2 저항 스폿용접 조건의 예

(a) 연강

판 두께 (mm)	A 급				C 급			
	가압력 (kg)	전류 (A)	통전시간 (60Hz) (사이클)	인장전단 강도 (kg)	가압력 (kg)	전류 (A)	통전시간 (60Hz) (사이클)	인장전단 강도 (kg)
0.4	115	5200	5	180	40	3500	20	125
0.6	150	6600	7	300	50	4300	26	225
0.8	190	7800	8	440	60	5000	30	335
1.0	225	8800	10	610	75	5600	36	530
1.2	270	9800	12	780	85	6100	40	650
1.6	360	11500	16	1060	115	7000	52	925
2.3	580	15000	24	1850	180	8600	77	1685
3.2	820	17400	32	3100	260	10000	105	2665

(b) 알루미늄 합금

판 두께 (mm)	C 급		
	가압력 (kg)	전류 (A)	통전시간(60Hz) (사이클)
0.4	90~180	14000	4
0.6	135~230	17000	6
1.3	230~320	22000	10
1.6	230~320	24000	10
2.6	360~450	32000	12
3.2	360~550	35000	15

13.3 일렉트로슬랙 용접현상

13.3.1 일렉트로슬랙 용접법과 특징

일렉트로슬랙 용접법에는 먼저 용접개시에 아크를 발생시켜 슬랙을 용융하고 슬랙중 즉, 슬랙풀을 개선 바닥부에 형성한다. 용융슬랙의 전기전도도는 온도와 더불어 높게 조정되어 있다. 따라서 슬랙풀의 성장에 따라 아크방전은 불안정하고 그림 13.23과 같은 슬랙 통전의 상태로 이행하고 정상적인 용접상태로 된다.

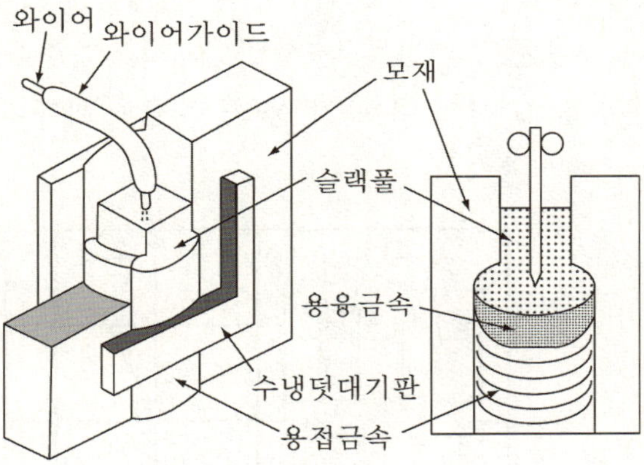

그림 13.23 일렉트로슬랙 용접에 있어서 슬랙풀

즉, 일렉트로슬랙 용접법은 와이어 및 슬랙 중을 흐르는 전류의 저항발열을 이용하고 고온의 슬랙풀을 형성하고 슬랙풀에서 열수송에 의해 모재를 용융 용접한다. 따라서 일렉트로슬랙 용접에 있어서 모재 용융현상은 슬랙의 전기전도성, 유동성 등의 물리적 특성에 크게 의존한다. 표 13-3에 일렉트로슬랙 용접에 이용되고 있는 화학조성이다. 플럭스는 용융한 상태에서 적절한 전기전도도 특성을 가져 안정적인 슬랙 통전을 가능하게 해야만 한다. 표에서 플럭스의 주성분은 SiO_2, MnO, Al_2O_3, CaO 등이 있다.

표 13-3 일렉트로 슬랙 용접용 플럭스의 화학성분(%)

상품명	SiO_2	Al_2O_3	MnO	CaO	MgO	Na_2O 또는 KO	FeO	CaF_2	TiO_2
G90	36.9	19.8	8.5	9.2	0.09	0.67	4.1	5	1.1
MF38	38.6	1.7	21.4	18.6	3.7	–	–	9.9	3.1
MF25	26	19	3	24	7.5	–	–	15	–
YF15	40	2	17	14	14				

그림 13.24는 용융슬랙의 전기전도 특성을 나타낸 것이다. 그림에서 두 개의 전극 A, D간의 전류 I를 흘려 전극사이에 삽입한 프로브 B, C 사이의 전압 V_2를 계측하고 $R=V_2/I$에서 슬랙의 저항특성을 추정한 것이다. 그림에서 알 수 있듯이 이 플럭스는 슬랙이 온도가 1400~1500℃이상이 되면 슬랙의 전기전도성이 급격히 상승한다. 이러한 특성으로 용접전류 슬랙풀의 고온부를 집중적으로 흘러 용접공정을 지배한다.

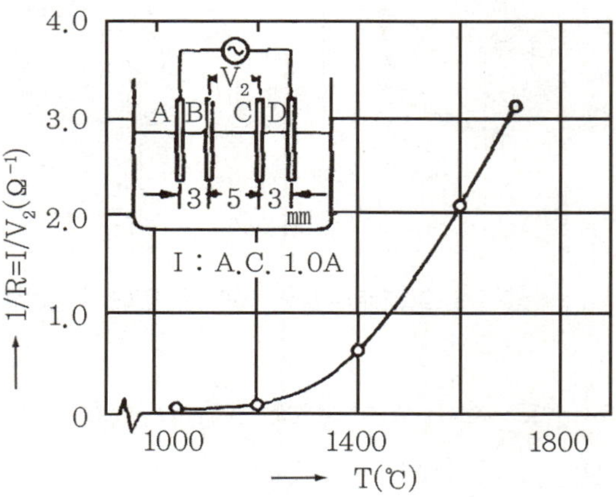

그림 13.24 용융슬랙의 전기전도성의 계측 예(플럭스 : G90)

실제 용접에 있어서는 용융 풀과 슬랙풀을 안정적으로 유지하는 것이 필요하다. 따라서 보통 그림 13.23과 같이 동재의 덧대기 판을 이용하여 용접진행에 따라 와이어의 송급계와 더불어 이동된다. 용접전원에는 많은 경우에는 아크용접에 있어서 자기제어 작용과 유사한 특성이 기대된다. 이에 대하여 수하특성의 전원을 이용하는 경우에는 용접 전압을 피드백 함으로서 와이어의 송급속도가 제어된다. 일렉트로슬랙 용접법에는 아크 용접법과 비교하여 다음과 같은 특징이 있다.

① 후판의 단층입상 용접법에서 후판이 증대하면 전극 수를 증대시키면 좋고 용접에 요하는 시간은 그 만큼 변화하지 않는다. 아크 용접법에는 후판이 크게 되면 다층, 다패스 용접이 되므로 효율적이지 않다.

② 용접중에 스패터가 없고 용착효율 및 열효율이 높다.

③ 판 두께에 관계없이 글로브 형상이 I형으로 되므로 글로브 준비가 간단하다.

④ I형 글로브로 인하여 용접에 의한 각변형이 작다.

⑤ 용접입열이 크기 때문에 용접부의 냉각속도가 완만하다.
따라서 용접부에 인성이 요구되는 경우에 있어서는 용접후의 열처리가 필요하게 된다.

13.3.2 용접현상과 용접조건

(1) 슬랙풀에 있어서 열수송 현상

그림 13.25는 열전대에서 계측된 슬랙풀 내의 온도분포이다. 직류의 전극플러스 극성으로하고 플럭스(G90)을 이용한 경우이다. 일렉트로슬랙 용접에 있어서 슬랙풀의 온도분포의 특징이 자주 사용되고 있다.

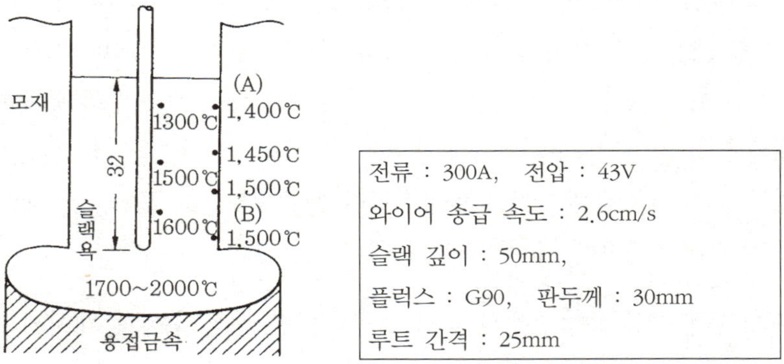

그림 13.25 슬랙풀내의 온도 분포(직류와이어 플러스)

그림과 같이 플럭스풀 상부의 온도는 낮고 1500℃이하인 것에 대하여 전극 바로 아래의 온도는 높고, 1700~2200℃에 도달한다. 이 예에서 전극 바로 아래에 전류 즉, 발열이 집중하고 있는 것을 알 수 있다.

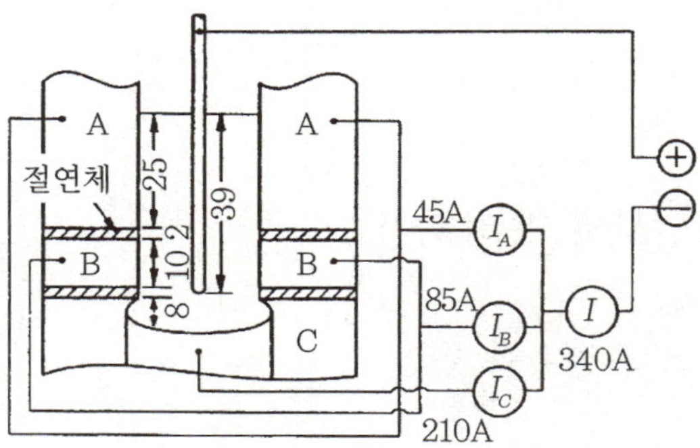

I: 340A, 슬랙 깊이 : 50mm, V: 38V, 글로브 폭: 25mm, v_f: 3.3cm/s

그림 13.26 일렉트로슬랙 용접에 있어서 전류분포(직류 와이어 플러스, G 90)

그림 13.26은 그림과 같은 전기적으로 절연된 모재를 이용하여 계측한 일렉트로슬랙 용접부의 전류분포이다. 이 예에서 전전류의 62%가 바닥부 C에 25%가 B에 13%가 A에 흐름을 알 수 있다. 따라서 전류의 집중하는 전극 아래에서는 전류밀도가 높으므로

그림 13.27과 같이 전자대류가 강하게 된다.

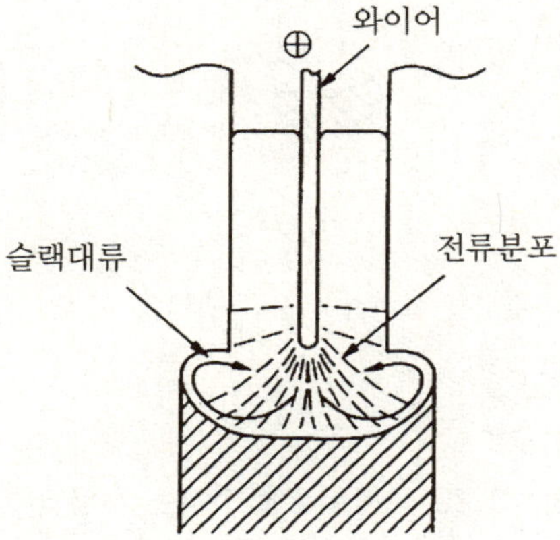

그림 13.27 슬랙풀에 있어서 전류대류와 용입형성

이 전자력에 의하여 구동되는 고온 슬랙의 대류로부터 바닥부의 모재가 우선적으로 용융되어 일렉트로슬랙 용접에 특유의 용입이 형성된다. 그림에서 전극 플러스의 극성에는 전극마이너스 극성의 경우와 비하면 와이어의 용융속도가 크게 된다. 이는 슬랙통전에 따른 양극 근방부에서의 전압강하가 음극부의 전극 강하부에 비하여 크고 양극근방부에서의 발열밀도는 높다.

(2) 모재의 용융과 용접조건

그림 13.28은 전류를 500A, 글루브 폭을 25mm로 고정하고 전압을 변화시킨 경우 모재의 용융상태이다. 전압이 낮으면 전극이 용융 금속 풀에 근접해 가는 결과 입열이 글루브 바닥부에 집중하고 모재의 용입이 크게 감소한다.

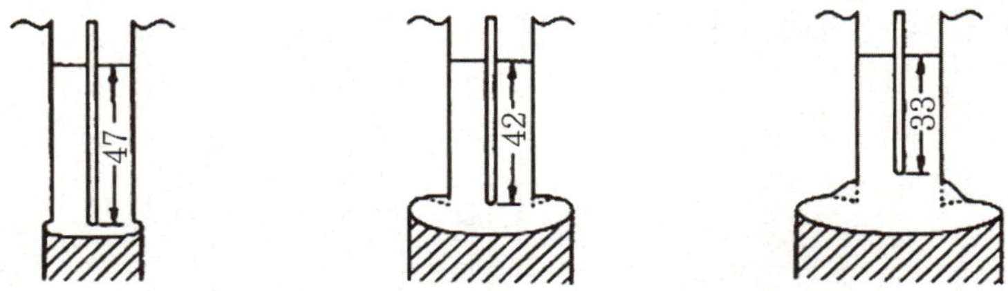

V : 30V　　V : 36V　　V : 43V

V_f: 6.4cm/s　　V_f:: 5.8cm/s　　V_f : 4.7cm/s

I : 500A, 플럭스 : G90, 슬랙 깊이 50mm

(a)　　(b)　　(c)

그림 13.28 용융특성에 미치는 전압의 영향

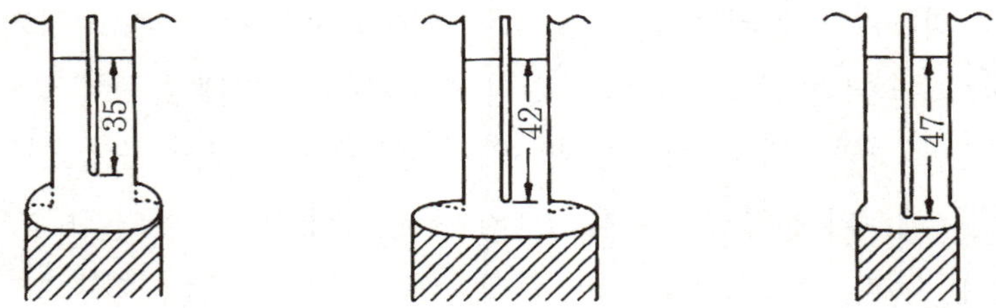

I : 280A　　I : 500A　　I : 800A

V_f: 2.6cm/s　　V_f:: 5.8cm/s　　V_f : 10.8cm/s

V : 36V, 플럭스 : G90, 슬랙 깊이 50mm, 글로브 폭 : 25mm, 직류와이어플러스

(a)　　(b)　　©

그림 13.29 용융특성에 미치는 전류의 영향

일렉트로슬랙 용접법은 종래보다 조선이나 중전기 분야에서 긴 길이의 맞대기 용접에 이용되었지만 최근에는 소모식 일렉트로슬랙 용접법이 보다 간편하므로 건축이나 철골분야에도 자주 적용된다. 일렉트로슬랙 용접법은 I형 개선의 입향 자세로 이용되는 경우가

많지만 T형의 이음이나 각이음 등에도 이용된다. 또한 전극으로서 와이어 대신에 얇은 폭의 넓은 띠 형상의 판을 이용한다면 육성용접에 이용될 수 있다.

표 13-4 일렉트로 슬랙용접의 표준 용접조건

판두께 (mm)	전극 (개)	노즐 직경 (mm)	글로브 간격 (mm)	플럭스 첨가량 (g)	용접전류 (A)	용접전압 (V)	슬랙욕 깊이 (mm)	용착속도 (g/min)	용접속도 (m/h)
12	1	8	15	40~50	380~430	30~35	30~40	90~110	3.7~4.7
22	1	12	20	80~90	400~550	38~40	40~50	90~180	1.3~2.7
32	1	12	20	120~140	450~650	38~42	40~60	110~260	1.1~2.6
50	1	12	20	200~220	450~700	40~44	40~60	110~300	0.8~2.1
100	2	12	25	500~600	450~700	40~45	40~60	110~300	0.7~2.1
200	3	12	25	1000~1100	450~700	40~45	40~60	110~300	0.5~1.6
300	3	12	30	120~140	450~700	40~48	40~60	110~300	0.3~0.9

제 14 장 용접 · 접합부의 결함

14.1 일반사항

(1) 개요

용접접합부의 형성은 열에 의해 모재 및 용가재가 액상으로 된 후 냉각과정을 거치며, 강의 용융온도는 1500℃ 전후 단시간에 진행되는 용융－응고와 더불어 급열, 급랭상태가 된다. 이 과정에서 야금적인 화학반응과 팽창, 수축의 물리적인 변화로 인하여 결함과 잔류응력, 뒤틀림, 수축이 발생된다. 또한 열영향부의 경화, 인성저하를 초래되어 구조물의 파손 또는 파괴의 원인이 된다.

① 치수상 결함 － 용접 · 접합부는 부분적으로 큰 온도구배를 가져 열의 팽창과 수축이 장소와 시간에 따라 달라져 변형과 잔류응력이 존재하므로 이를 최소로 하기 위해 용접 · 접합설계와 시공연구가 필요하다.

② 구조상 결함 － 용접 · 접합물의 안전성을 저해하는 인자로 결함발생 장소(용착강, 열영향부, 모재), 아크발생 온도(고온, 저온), 균열크기(매크로, 마이크로)가 있다.

③ 성질상 결함 － 기계적, 물리적, 화학적 성질을 만족시키지 못한 결함이다.

표 14-1 용접결함의 분류

용접 · 접합 결함	(1)치수상 결함	① 변형 ② 치수불량 ③ 형상불량
	(2)구조상 결함	① 기공 ② 슬랙혼입 ③ 융합불량 ④ 용입부족 ⑤ 언더컷, 오버랩 ⑥ 용접균열 ⑦ 표면결함 ⑧ 선상조직, 은점
	(3)성질상 결함	① 기계적 성질불량 ② 화학적 성질불량

(2) 용접부의 형상 불량

용접구조물의 형상불량은 오버랩, 언더컷, 크레이터, 비드의 형상불량이 있으며, 강도부족, 응력집중에 의한 파괴원인이 된다.

① 언더컷(under cut) – 용접모재의 측면에 용접에 의한 측면홈이 발생되거나 용착시에 용접 선단부에 두께가 감소된 선상 홈이 형성된다. 용접전류의 과다, 용접속도 및 아크길이의 부적절이 원인이 되므로 용접 풀에 대한 용적과 빠른 위빙을 금지한다.

② 오버랩(overlap) – 용융금속이 모재와 융합되지 못하고 표면에 덮어진 상태로서 발생원인은 용접전류의 부족, 용접속도의 저속 및 용접조건의 부적절로 발생된다. 언더컷 및 오버랩은 이음표면의 노치상태를 형성하여 응력집중으로 인한 균열발생이 쉬우므로 발견되면 보수해야 한다.

③ 크레이터(creator) – 비드 끝단부에서 용융풀이 응고 수축할 때 발생되는 오목한 부분으로 균열이 발생하기 쉽다. 용접 종료 시에 빨리 아크를 끊지 말고 운봉을 멈춘 채로 이 부분을 채워주며, 이음시작에 있어 크레이터부와 떨어진 부분에서 아크를 발생시키거나 크레이터 부를 채운 다음 진행시킨다.

④ 기타 형상불량 – 필렛용접에서 목두께의 부적당, 2단비드 및 비드형상 불량 등 외관결함이 있다. 필렛용접의 목두께의 부분을 제외하고 강도저하에 크게 영향을 주지 않는다. 용접부의 미관상 좋지 못하고 용접전류, 운봉속도, 용접봉건조, 용접봉의 선택, 용접조건의 부적절함이 원인이 된다.

(3) 용접부의 균열

용접균열은 용접부의 결함중 치명적으로 작용하므로 미세균열이라도 점차 성장하여 파괴를 초래한다. 용접균열의 원인에는 용접열 사이클로 인하여 생성되는 조직, 석출물로 생성되는 조직으로 발생되는 야금학적 요인과 잔류응력, 구속응력에 의해 발생되는 역학적 요인이 있다.

균열은 용접금속이 응고직후에 발생하는 고온균열과 약 300℃이하로 냉각된 후에 발생하는 저온균열이 있다. 고온균열은 강중의 황, 인, 규소같은 화학성분이 불순물로서 입계에 존재하여 입계가 고상화 전에 응력작용으로 발생되며, 특징은 균열 파단면의 산화와 결정입계에 따라 진행된다. 균열형태로 균열발생 위치에 따라 용착금속균열과 모재균열로 분류되며, 용착금속 균열은 방향성에 따라 횡균열, 종균열, 용융지 균열이 있고, 모재균열은 용접방향과 평행으로 발생되는 종균열 및 횡균열이 있다. 탄소강이나 저합금강은 냉각속도에 따라 균열여부가 판단된다.

① 라미네이션 크랙 – 모재의 재질결함으로서 강괴에서 기포가 압연되어 생기는 라미네이션은 층상으로 편재해 있어 노치를 형성한다. 다량의 불순물과 수소원소를 포함하여 대전류로 용접하면 열응력과 수소의 영향으로 그 가장자리에서 균열된다.

② 크레이터균열 – 용접비드 종점의 크레이터에서 나타나는 고온균열로서 고장력강이나 합금원소가 많은 강에서 발생된다. 균열형태는 합금원소의 양 및 용접방법에 따라 차이가 있으나 아크발생 점을 중심으로 금속의 수축력에 기인된다.

③ 설퍼크랙(sulfur crack) – 강에 황이 존재하여 설퍼밴드가 형성되며, 모재를 서브머지드 아크용접 할 경우 볼 수 있는 고온균열이며, 설퍼밴드부에서 용접금속 내부를 향하여 균열이 진행된다. 최근에는 소재 및 제강기술 발달로 문제되지 않으

며, 황이 적은 와이어와 플럭스 및 저수소계 용접봉을 사용한다.

④ 용착비드 균열 – 용접비드 단면에 생기는 고온균열로서 주상정에서 저융점 불순물이 편석되어 균열이 발생된다. 용입이 깊은 용접법에서 발생되며, 강판의 회전균열과 복합되어 발생된다.

⑤ 루트 균열(root crack) – 저온균열로서 맞대기 용접의 가접 또는 초층용접 루트 근방의 열영향부에서 발생한다. 세로방향의 균열로서 잘 나타나지 않고 열영향부에서 발생하여 비드 속으로 성장한다. 발생원인은 열영향부의 조직, 용접부에 함유된 수소량, 작용응력과 관련된다.

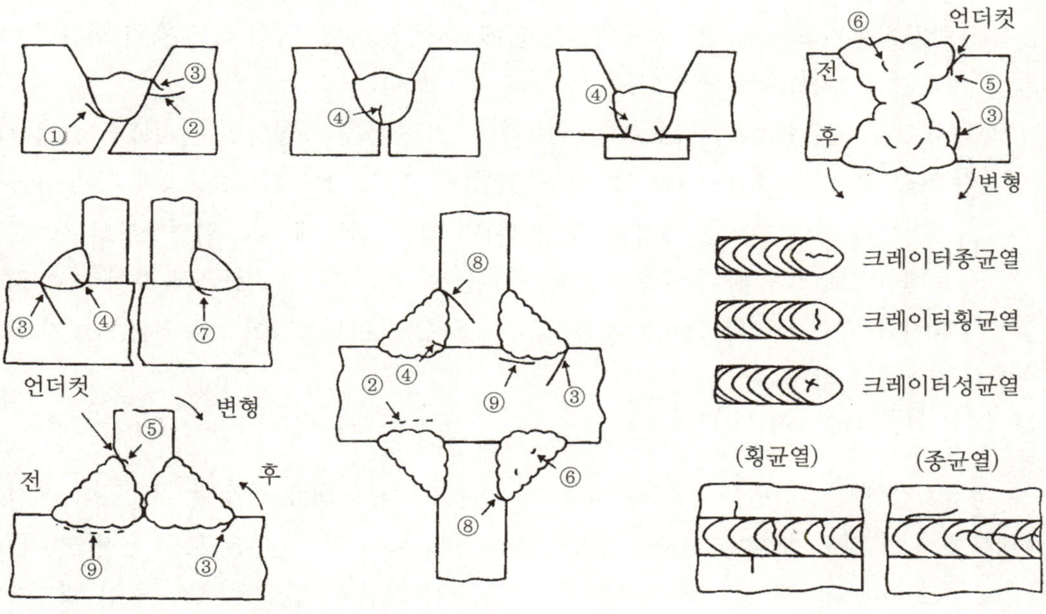

① HAZ루트균열　② 층상균열(라멜라테어)　③ 토우균열
④ 용접금속의 루트균열　⑤ 변형균열　⑥ 용접금속의 미세균열
⑦ 힐 크랙　⑧ HAZ의 미세균열　⑨ 비드하균열

그림 14.1 용접부위의 각종 균열 형태, 발생장치

⑥ 힐 크랙(heal crack) – 필렛용접의 루트부에 생기는 저온균열로서 모재의 열팽창수축에 의한 뒤틀림이 원인이다. 50kg/mm^{2}급 강의 필렛이음에서 볼 수 있으며, 방지대책은 수소량의 감소와 예열이 효과가 있다. 또한 용접금속의 강도를 낮추거나 용접입열을 적게 하여 균열발생을 줄인다.

⑦ 토우균열(toe crack) – 맞대기 이음, 필렛이음에서 비드표면과 모재와 경계부에 발생하며 부재의 회전변형을 무리하게 구속하거나 용접 후 변형을 주면 발생한다. 언더컷에 의한 응력집중이 큰 원인이므로 언더컷의 발생을 억제해야 한다.

⑧ 라메라테어(층상균열) – T이음, 모서리이음에서 강의 내부에 강판표면과 평행하게 층상으로 발생되는 균열로서 균열의 위치, 형상이 비드밑 균열과 차이가 있다. 방지대책은 모재에 비금속게재물을 없애고, 예열, 수소량 억제, 부재의 회전변형의 구속 및 패스 수를 줄인다.

⑨ 비드밑 균열(under bead crack) – 비드아래 용접선의 근처에서 용접선과 평행으로 모재 열영향부에 생기는 균열이다. 고탄소강이나 저합금강과 같은 담금질 경화성이 강한 재료를 용접할 때 나타나기 쉽다. 급랭에 의한 열영향부의 경화, 마르텐사이트 생성에 따른 변태응력, 용착금속 중의 수소, 용접응력 등이 관련된다. 방지책은 용접부 급랭방지, 예열 및 후열을 통한 마르텐사이트의 생성을 방지한다.

(4) 기공(porosity)

용접 · 접합시 화학반응에 의해 혹은 기체용해도 차에 의해 발생된 기체들이 용접부 내부에 갇혀 있는 형태이다. 보통 블로우홀(blowhole)과 피트(pit)는 모두 용접금속에 생기는 기포이며 내부에 존재하는 것을 블로우홀, 비드표면에 개구되어 있는 것을 피트라고 한다. 크기에 따라서 작은 기공을 핀홀(pin hole), 핀홀이 모여 생긴 블로우홀(blower hole), 블로우홀이 응집되어 벌레모양의 웜홀(worm hole)로 구분한다.

기포의 발생은 용강속의 수소, 산소에 기인하므로 방지하려면 용접금속의 수소, 산소를 줄인다. 직접적인 원인은 공기중의 산소, 용접봉 플럭스속의 유기물 및 습기, 홈 표면의 녹, 기름때와 냉각속도도 영향을 준다.

① 일반적인 기공(uniformly scattered porosity) – 용접부 전반에 걸쳐 균일하게 분포된 기공의 형태이다.
② 응집기공(cluster porosity) – 기공들이 한 부분에 집중된 형태로 용접조건변화의 초기 및 종료부분에서 흔히 볼 수 있다.
③ 선형분포기공(linear porosity) – 용접루트 부분에 용접선 방향으로 나열된 기공이다.

(5) 이물질 혼입

① 슬랙(slag) – 용접시 용접피복, 플럭스의 산화물이 용접금속에 내재된 것으로 용착금속보다 비중이 작아 용융시 위로 뜨면 제거가 가능하나 부적절한 용접조건 시에 슬랙들이 용착금속 중에 응고된다.
② 용접루트부의 슬랙 – 용접 조인트 설계 부적절, 루트간격 부적절, 용접아크의 불림으로 인하여 용착이 불균일함으로서 루트부에 생긴 슬랙이다.
③ 본드라인슬랙(bond line slag) – 용접 패스간 슬랙 제거의 불충분, 용착부 코너 틈새에 슬랙이 잔존하는 것으로 플럭스코드 아크용접에서 자주 나타난다.
④ 분산슬랙(scattered slag) – 용착 표면부의 슬랙을 완전히 제거하지 않고 그 위에 용접할 경우에는 유기물이 화합물로 이루어진 슬랙 부분에서는 아크형성이 잘 되지 않아 슬랙을 완전 용융시키지 못함으로서 용접내부에 슬랙이 파상적으로 존재한다.
⑤ 텅스텐 혼입 – TIG 용접시 텅스텐 봉이 녹아들어가 재질의 파손 또는 균열의 원인이 된다. 이 현상은 X선검사로 검사가 가능하며 토륨(thoriated) 용접봉을 사용하거나 또는 고주파 아크발생 메카니즘을 이용하여 최소화시켜야 한다.

표 14-2 용접 · 접합결함의 발생요인과 대책

결함부	발생요인	대책
용착강 균열	① 이음강성이 과대 ② 모재 홈 불규칙 ③ 작고 좁은 비드 형성 ④ 용접부 인장력 변화로 각변화 ⑤ 용착강 결함 ⑥ 용접봉 불완전 ⑦ 모재의 과잉탄소 및 합금원소 ⑧ 재료 중에 황(S) 함유량 과다	① 용접순서 변경, 비드단면적 증대 ② 좁힘, 홈 표면 살붙임 처리 ③ 비드 단면적 증대, 용접봉 교환 ④ 표면과 이면의 평행유지, Peening법 ⑤ 기공, 슬랙혼입 방지 ⑥ 습기제거, 용접봉교환, 심선불량 제거 ⑦ 저전류 사용, 저속의 용입속도 시공 ⑧ 저수소계 용접봉 사용
모재 균열	① 모재의 담금질성이 클 경우 ② 용접분위기 중의 수소 ③ 모재 이방성	① 예열, 용입열 증대, 후열 ② 예열, 저수소계용접, 불활성가스 용접 ③ 판 교환(필렛용접에서 편석)
기공	① 분위기 과잉수소, 산소, 질소 ② 모재중 다량의 황 함유량 ③ 용접부의 급속한 응고 ④ 용접부의 기름, 페인트, 녹 ⑤ 전류, 아크길이 부적당 ⑥ 이음면과 용접봉의 습기 다량	① 용접봉 교환, 용접염 조절 ② 저수소계 용접봉 사용 ③ 예열 및 용입열 증가 ④ 이음면 청결 ⑤ 규정전압에서 보다 긴 아크나 용접법 ⑥ 건조된 용접봉과 모재 사용
슬랙 혼입	① 산화성 용접분위기 ② 다층 용접시 Slag제거 불충분 ③ 이음설계 부적당	① 중성염 이용 ② 전층의 비드표면 청결 ③ 아크길이, 조작조절
용착강 연성 저하 · 노치 취성 악화	① 부적당한 용접봉 ② 급속한 냉각 속도 ③ 모재 탄소, 용입, 합금원소 과다	① 연성, Notch취성 우수한 용접봉 사용 ② 예열, 용접열 증대, 후열 ③ 전류, 운봉속도 낮추고 용입 저감
모재, HAZ 연성·노치 취성 악화	① 급속한 냉각속도 ② 모재의 경화 증대 ③ 모재의 스트레인 시효	① 예열, 용접열 증대, 후열처리 ② 예열, 용접열 증대, 후열처리 ③ 후열처리

14.2 저온균열

14.2.1 저온균열의 정의

저온균열은 약 200~300℃(475~573K) 이하의 온도에서의 용접 · 접합결함으로서 발생하는 균열이다. 저온균열은 주로 철강재료의 용접금속으로서는 용접열영향부의 경화부에 생기는 균열으로 저강도강에는 주로 용접 열영향부에서 발생하나 고강도강 일수록 용접금속에서 발생비율이 높게 된다. 저온균열에는 그의 발생개소나 형태에서 그림 14.1과 같이 토우균열(지단균열), 루트균열, 크레이터균열, 비드종균열, 비드횡균열, 비드하균열, 판 표면에 평행으로 전달하고 전파과정에서 단계상으로 전파경로를 변화하는 라멜라균열 등이 있다. 균열은 루트부나 지단부 등의 응력집중부에서 발생하는 경우가 많다.

균열발생 시기로 분류하면 용접냉각과정에서 마르텐사이트의 변태시기 또는 그 직후에 발생하면 용접의 냉각과정에서 마르텐사이트 쪽의 변태시 또는 그 직후 발생하는 것, 용접후 어느 시간경과 후에 발생한다. 후자의 균열은 수소가 관여하는 지연균열로서 철강재료의 저온균열에는 수소가 관여하는 균열이 매우 많다.

중 · 고탄소강이나 중 · 고탄소합금강에는 수소가 관여하지 않는 연소균열이라고 하는 저온균열이 있다. 이들의 강종에는 열영향부의 조립역은 마르텐사이트에 의하여 현저하게 경화된다. 연소균열은 용접냉각과정에서 마르텐사이트 쪽의 변태직 후에 경화한 열영향부의 조립역에서 발생하고 구 오스테나이트 입계를 따라 전파한다. 이 균열은 구 오스테나이트 입계 쪽의 인 등의 불순물원소의 편석에 기인하는 입계취화 및 입내 경화가 원인이 된다. 더욱 입계액화가 생기는 온도역에 가열된 열영향부에는 결정립계에 인 등의 불순물원소의 편석이 조장되고, 균열감수성이 증가한다.

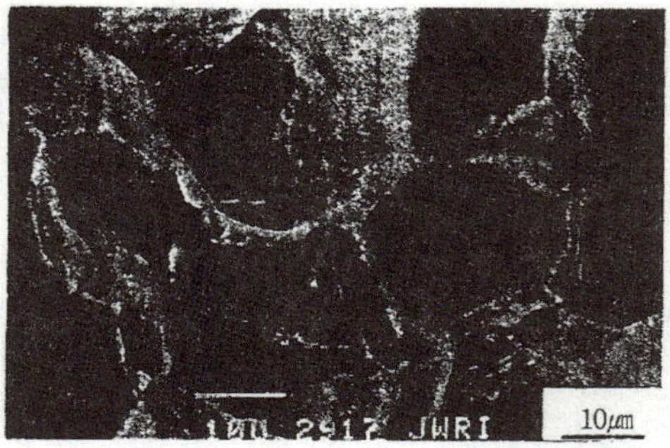

그림 14.2 탄소강의 RRC시험편의 균열파면

14.2.2 수소취화 균열의 지배요인

용접 균열은 보통 재료 및 응력인자가 어느 조건을 만족시킨 경우에 발생한다. 철강재료에서 수소가 관여하는 저온균열의 발생요인은 용접부의 수소 및 재료인자에서 열영향부의 경화조직 및 응력인자의 구속도를 들 수 있다.

(1) 용접부 수소

아크용접에서는 각종 요인에 의하여 용접금속 중에 수소가 용해한다. 혼입하는 수소의 공급원은 피복재 중의 수분, 모재표면의 유분이나 녹 등의 오염물, 보호가스 중의 주위에서 혼입하는 수분 등이 있다. 그림 14.3에 각종 피복재 용접봉에 따라 용접금속 중에 수소 혼입량의 실측결과의 예이다.

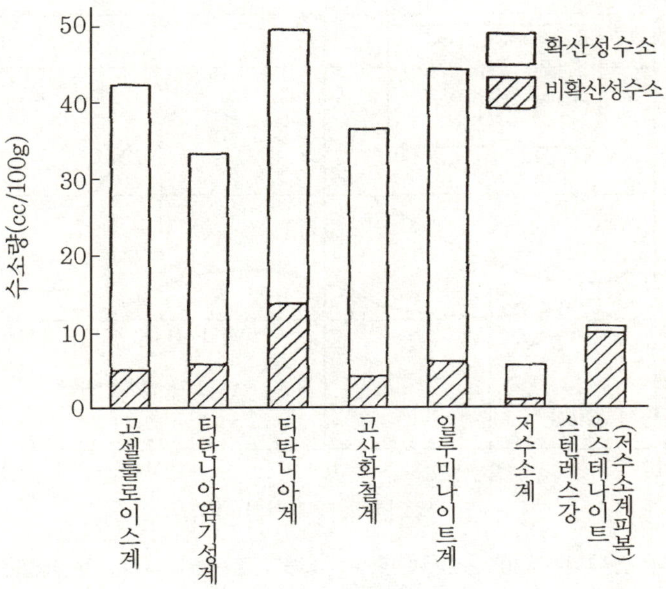

그림 14.3 각종 피복봉을 이용한 용융금속의 수소량

용접금속 중에 용해된 수소는 냉각과정에서 열영향부 쪽으로 확산한다. 수소의 확산은 화학포텐셜 구분에 의하여 생기지만 수소의 화학포텐셜은 금속내의 변형이나 응력장에 따라 영향을 받는다. 따라서 용접부의 수소는 그의 확산과정에서 용접금속의 루트부, 토우부 등의 응력집중 개소에 전위밀도가 높은 소성 변형장, 인장응력이 작용하는 3축응력장, 개재물과 모상계면 등에 일시적으로 들어간다. 이것은 소성변형장, 응력장 등에 따라 수소 활량의 변화에 기인한다. 예열을 하지 않은 경우, 용접 후, 약 7,000~8,000sec에서 수소가 가장 많이 집적된다. 일정시간 후에 용접열영향부의 응력집중 개소에 수소가 집적하는 현상이 수소에 의한 저온균열에 잠복시간에 따른 지연균열이 발생하는 원인이 된다.

예열을 한 경우, 그림 14.4와 같이 루트부에 있어서 수소의 집적량은 감소한다. 이것은 예열함으로서 용접 열싸이클의 냉각속도가 저하하고 냉각과정에서 수소가 대기중으로 방출되기 때문이다. 균열을 발생하는데 수소량의 상한은 재료의 종류, 조직 및 응력상태에 따라 변화하므로 명확하지 않으나 보통 2ml/100g이상에서 균열발생의 위험성이 급증한다.

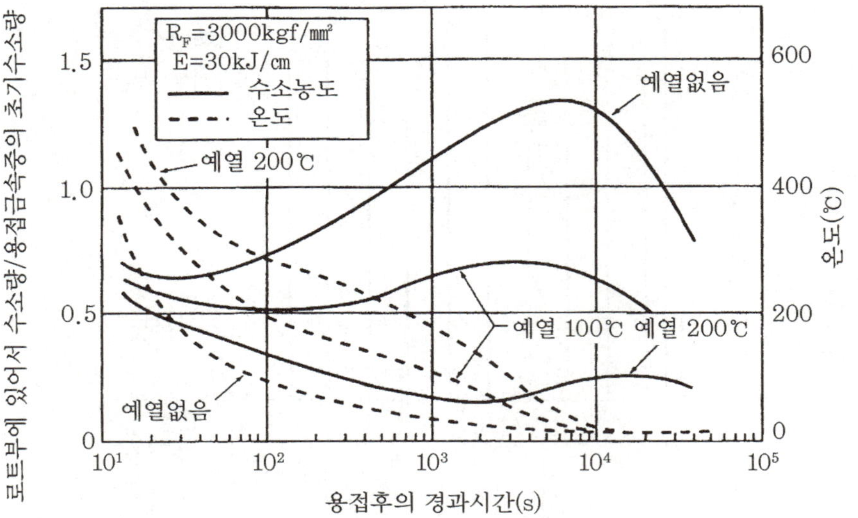

그림 14.4 차분해석에 의한 용접루트부의 수소농도 경년변화에 미치는 예열온도의 영향

용접부의 확산성 수소의 측정방법은 ①수은법 ②글리세린 치환법 ③가스그로마토그라프법 등이 있다. 수은법은 그리세린 치환법에 비하여 비교적 고정도로 측정이 가능하나 환경 위생상의 문제가 있고, 최근에는 가스그로마토그라프법이 많이 이용되고 있다. 가스그로마토그라프법은 포집효율이 좋고 측정결과도 거의 수은법과 동등한 결과가 얻어지나 가스성분의 분리나 장치의 검정관리에 주의해야 한다.

강의 수소에 의한 취화 메카니즘은 많은 연구가 진행되어 왔으며, 대체로 수소취화 메카니즘은 다음과 같다.

① 공동내 수소 내압설
② 흡착에 의한 표면에너지의 저감설
③ 격자 취화설
④ 전위이동도 저감설
⑤ 수소화물설

①의 설명은 "확산성수소가 개재물 주변에 미소기공으로 집적하고 분자상 수소로 되는

높은 내압을 가진 것으로 미소균열 및 기공을 형성한다"라고 주장한다.

②의 설명은 "수소가 균열선단의 신생면에 흡착함으로서 표면에너지가 저하하고 균열 전파에 필요한 에너지를 저감시키기 위하여 금속이 취약하게 된다"라고 주장한다.

③의 설명은 "수소원자의 존재로부터 철원자의 결합에 관여하는 전자에너지 상태가 변화하고 그 결과 원자의 결합에너지가 저하하기 때문에 취화한다"고 주장한다.

④의 설명은 "콧트렐 분위기와 같은 전위의 로킹 없이 수소가 전위이동함에는 증식을 용이하게 함으로서 파괴강도를 저하 시킨다"라고 주장한다.

⑤의 설명은 "취약한 수소화합물이 형성되고, 그의 내부 모상과 계면에 균열이 생겨 응력해방과 더불어 수소화물이 한층 고용된다. 그 후 다시 균열선단부의 응력 집중장에 수소화합물이 형성되고 균열이 진전하는 반복과정을 거쳐 균열이 전파한다"고 주장한다.

(2) 열영향부의 경화조직

수소균열이 발생하는 영역은 용접부의 경화영역이며, 보통 강재의 경화도가 클수록 수소균열 감수성이 높다. 강용접부의 경화는 주로 본드부 근방의 조립역에서 발생되나 그의 원인은 마르텐사이트의 담금질 조직의 생성에 따른다. 마르텐사이트 등의 담금질 조직의 생성은 재료를 경화시킴으로서 소성변형능의 저하와 더불어 조직내부에 고밀도의 전위도입으로 수소 집적을 조장한다는 두 가지 효과에서 수소균열 감수성을 높이는 원인이 된다.

재료의 경화만큼이 저온균열의 원인이 되지 않기 때문에 균열발생의 한계 열영향부의 최고경도는 명확하지 않지만 대략 정리하면 다음과 같을 경우 발생하지 않게 된다.

① HT 600강(마르텐사이트량 60%이하)에는 H_{max} 400Hv이하

② HT 800강(마르텐사이트량 90%이하)에는 H_{max} 415Hv이하

③ Si－Mn계 HT 500강, HT 550강에서 H_{max} 350Hv이하

균열감수성은 경도와 동시에 조직에 의해서도 변화된다. 마르텐사이트는 균열감수성을 가장 증가시키는 조직이고 뜨임마르텐사이트, 조립페라이트, 세립페라이트의 순으로 감수성이 저하한다. 균열이 민감한 마르텐사이트의 생성량과 경도 모두를 파라메터로하여 저온균열감수성을 평가하기도 한다.

저온균열 방지책의 하나인 예열이나 후열은 수소량의 저감에 유효할 뿐만 아니라 강종이나 예열 · 후열온도에 따라서 그의 정도는 변하지만 마르텐사이트의 생성량을 감소시키는 효과도 있다.

(3) 응력

균열발생 개소의 응력은 용접이음이 외부에서 구속된 상태로서 냉각함에 따라 열수축이 생기기 때문에 발생한다. 따라서 종래보다 저온균열의 응력인자로서 이음의 구속도가 지표로서 이용되며, 맞대기 이음이 인장구속도는 다음 식과 같다.

$$K = E \cdot h/\ell \qquad (14.2)$$

여기서 K는 구속도, E는 영율, h는 판 두께, ℓ 은 구속거리이다. 이 경우 비드의 종단면에 작용하는 평균구속응력 σ_w는 다음 식으로 나타낸다.

$$\sigma_w = P/h_w = mK \qquad (14.3)$$

여기서 h_w는 비드의 두께, m은 상수이다.

그림 14.5는 맞대기 구속도 K와 초층 용접의 구속응력 σ_w의 관계를 나타낸다. 구속도의 상승에 따라서 초층 용접의 구속응력 σ_w가 상승함을 알 수 있다.

$$P_{cm} = C + Si/30 + Mn/20 + Cu/20 + Ni/60 + Cr/20 + Mo/15 + V/10 + 5B \qquad (14.4)$$

여기서 [H] : 확산성 수소량(mℓ / 100g), $\Delta t_{800-500}$: 800~500℃가 냉각시간, Δt_{-100} : 융점~100℃의 냉각시간이다.

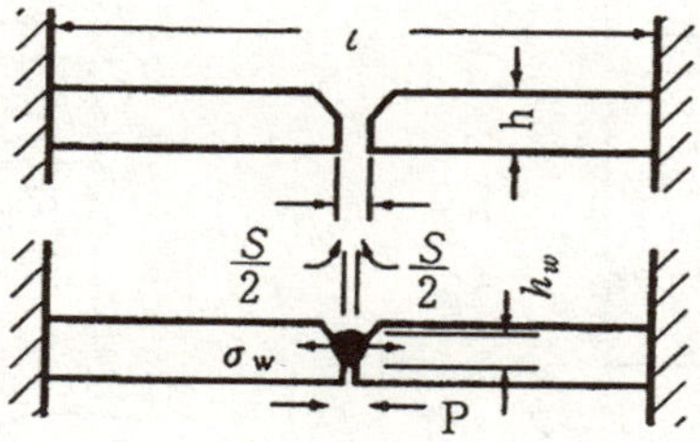

$$K = \frac{P}{S} = \frac{Eh}{l} \text{ (탄성역)}$$

$$\sigma_w = \frac{P}{h_w} \fallingdotseq 0.050K$$

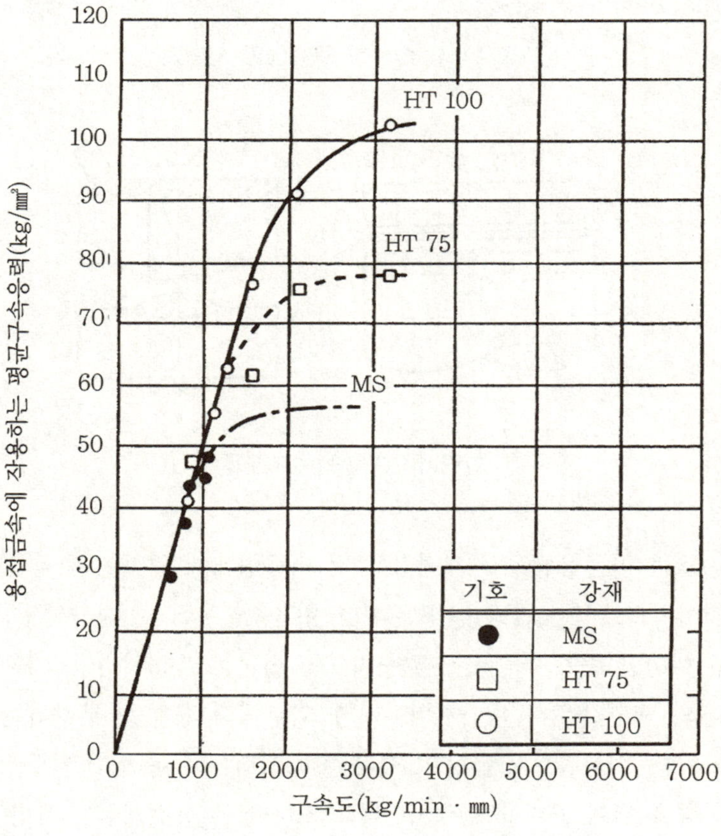

그림 14.5 수동용접에 의한 맞대기 이음초층 용접금속의 인장구속도와 구속응력

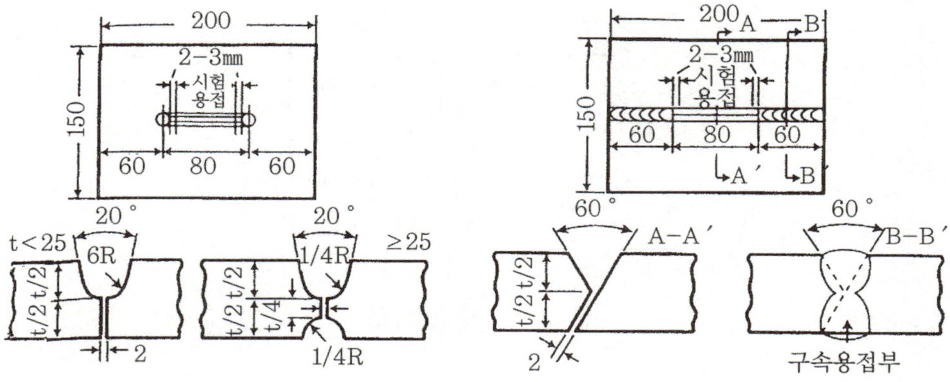

(a) (리하이식) U형홈 (b) 경사 y형홈 구속용접부

그림 14.6 슬릿형 구속균열 시험편

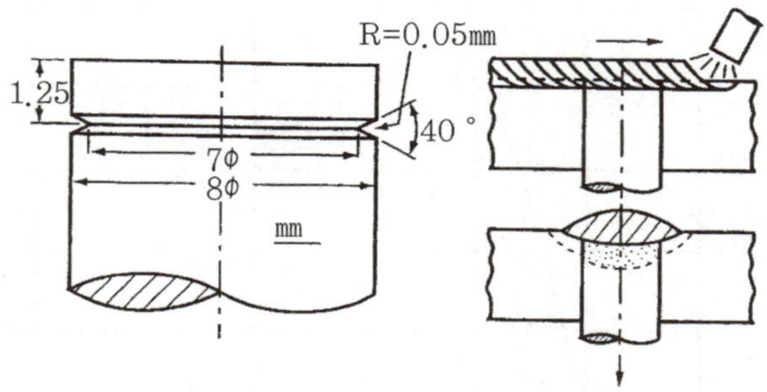

그림 14.7 임플런트 시험

이음의 구속도는 이음형상이나 개선형상 및 비드형태에 의하여 변화한다. 자구속형의 대표적인 균열시험으로서는 그림 14.6은 U형 용접균열시험 및 경사진 y형 용접균열시험이 있다. 모두 시험단 중앙의 슬릿에 일층비드를 설치하고 48시간경과 후에 비드에 수직방향의 단면내의 균열률로서 평가한다. 기타 외부에서 응력을 부가하는 시험으로서는 TRC시험, RRC시험, 임플란트시험 등이 있다. TRC시험에는 용접직 후에 용접선에 수직방향으로 일정하중을 걸어 균열을 발생시킨다. RRC시험은 용접시험편을 용접후 어느 표점간격으로 구속하고 그의 수축응력에 따라 균열이 발생된다.

임플란트시험은 그림 14.7과 같은 원주노치를 붙인 시험편을 용접시험편에 끼워넣고 정확히 노치부가 열영향부가 되도록 그의 위치에서 용접한 후, 시험편 아래에서 인장하중을 걸어 노치부에 균열을 발생시킨다.

14.3 고온균열

14.3.1 고온균열의 분류

용접부에 있어서 고온균열은 명칭대로 고온의 용접금속 및 열영향부에서 발생하는 균열로 그의 발생 메카니즘에서 표 14-3에 같이 액막이 관여하는 균열 및 고상상태에서 취화균열로 크게 나눈다. 액막이 관여하는 균열은 응고균열 및 액화균열로 분류한다. 이 중 응고균열은 용접금속에 있어 발생하고 다른 고온균열에는 용접금속 및 열영향부 모두 발생하는 균열이다. 그림 14.8에 고온균열의 발생개소 및 그의 형태를 나타낸다. 용접금속 중에는 비드의 평행방향의 종균열, 수직방향의 횡균열 및 주상정 한계에 수직한 호상균열이 있다. 이 밖에 주로 다층용접금속 중에는 매우 가는 마이크로피셔라는 균열이 발생하는 경우가 있다.

크레이터부에서의 균열은 그의 형태에서 종균열, 횡균열 및 성상균열(星狀龜裂)이 있다. 열영향부의 균열에는 용접금속의 입계에서 연속되는 결정입계에서 발생하는 균열 등이 있다. 그 밖에 저온균열과 동일한 응력집중되기 쉬운 루트부에서 발생하는 균열이나 비드중앙부의 응고수축공을 기점으로 하는 균열도 있다.

고온균열의 발생온도는 재료에 따라 달라 명확하지 않지만 그림 14.9와 같이 응고균열이나 액화균열은 융점에서 고상선온도 부근까지의 취성온도역이라고 하는 온도역에서 발생한다. 이에 대하여 취화균열은 응고선 온도부터 아래로 재결정온도 부근의 중간적인 즉, 연성저하 온도역에서 발생한다. 고온균열의 공통적인 특징은 파면이 산화되어 착색되거나 입계파면을 나타낸다.

표 14-3 고온균열의 균열

고온균열	편석균열, Ⅰ형 (입계편석막에 원인)	용접금속의 응고균열
		HAZ의 액화균열
		용접금속의 액화균열 (다층용접)
	연성저하균열, Ⅱ형 (막이 없는 신 결정입계의 연성저하에 원인)	용접금속의 연성저하균열
		HAZ의 연성저하균열
		재가열을 받은 용접금속의 연성저하균열(다층용접)

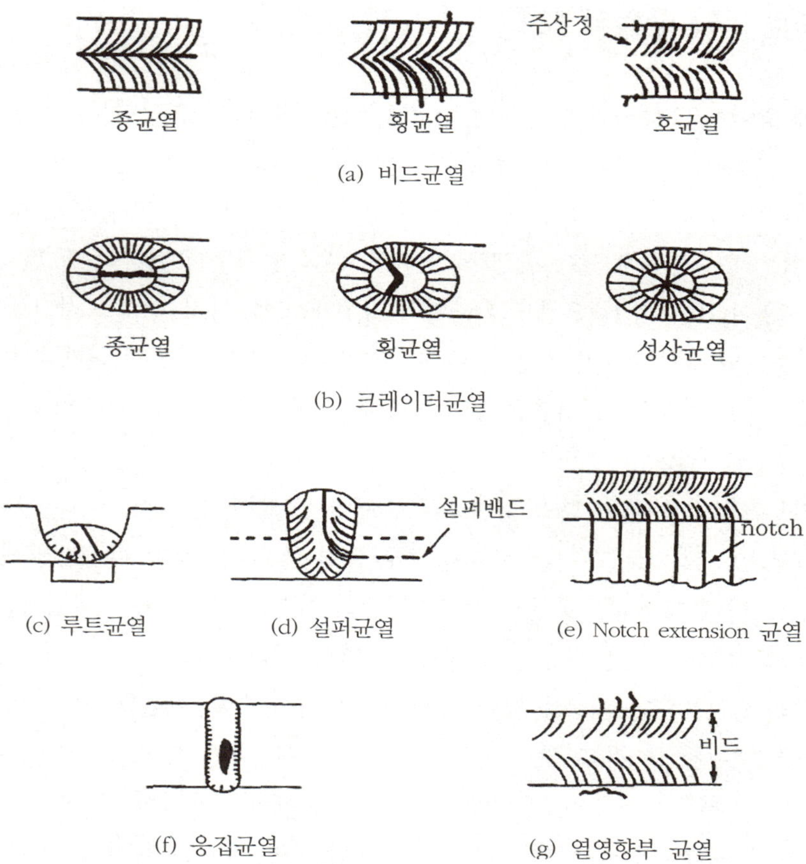

그림 14.8 용접부의 응고균열의 각종 형태

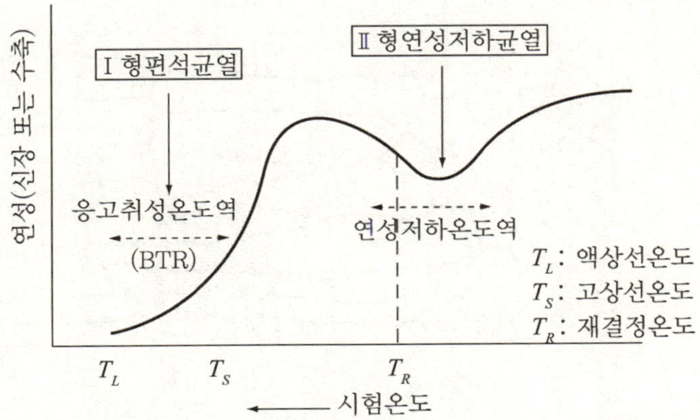

그림 14.9 고온에 있어서 금속연성곡선과 균열발생 온도역

14.3.2 균열 형태

응고균열은 용접금속의 응고입계에서 발생하며, 그의 파면은 보통 수지상(樹枝狀)이 된다. 더욱 상세하게 보면 표면은 미끄러져 있고 파면의 표면상에 파팅 모양의 미세한 평행의 무늬 모양으로 보여 진다. 이들의 비율이 개구한 시점에서 액막이 파면을 둘러싸고 있고 요동을 하면서 응고한 결과 생긴 것이라고 할 수 있다. 열영향부에 생기는 액화균열은 결정립계를 전파하기 때문에 그의 파면은 명확한 입계파면으로 된다. 액화균열이 다층용접 금속에서 다음 층의 용접금속의 열영향부나 주조합금의 열영향부에서 발생한 경우는 파면은 수지상으로 되므로 그의 판별이 어렵다.

14.3.3 균열발생 메카니즘

용접부에 생기는 용접금속의 응고균열 및 열영향부의 액화균열과 연성저하균열의 발생 개소를 그림 14.10에 모식적으로 나타냈다. 이들 균열은 모드 응고과정이나 냉각과정에서 생기는 응고수축변형이나 열 수축에 의한 변형이 최종적으로 결정입계에 집중하여 입계가 열리는 균열이 있으며, 각각의 발생 기구는 다음과 같다.

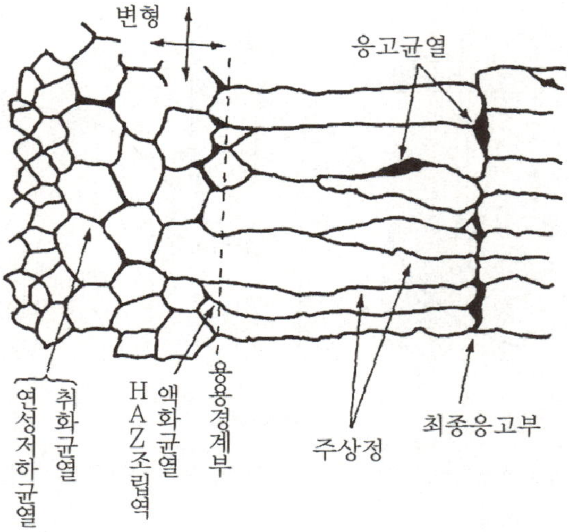

그림 14.10 고온균열 발생 메카니즘의 설명

(1) 응고균열

응고균열에 관해서는 일반이론이 수용되고 있으며 이는 응고과정을 그림 14.11에 나타낸 바와 같이 1~4단계로 분류되고 있다.

① 단계 1은 고상이 액상 중으로 분산되어 있고 상호 자유로 위치이동이 되는 단계이다. 이 단계에는 응고변형은 액상의 이동에 따라 포진되므로 균열은 생기지 않는다.

② 단계 2는 고상간에 연결되는 형태로 되나 본래 모양대로 액상은 고상간을 비교적 자유로 이동될 수 있다. 이 단계에서는 균열이 생겨도 그의 개구부에 액상이 충진되는 히링 현상이 생긴다.

③ 단계 3은 고상이 더욱이 성장하여 고상간의 간격이 감소함으로서 각각 분리한 상태로 된다. 이 단계에서 응고변형에서 액상이 존재하는 개소가 개구(開口)되면 그의 부분에는 액상은 충진되지 않고 응고균열 된다. 따라서 단계 3의 영역의 균열은 가장 위험한 영역으로 그의 온도－조성범위를 임계고용체범위(critical solidification range, CSR)라고 한다.

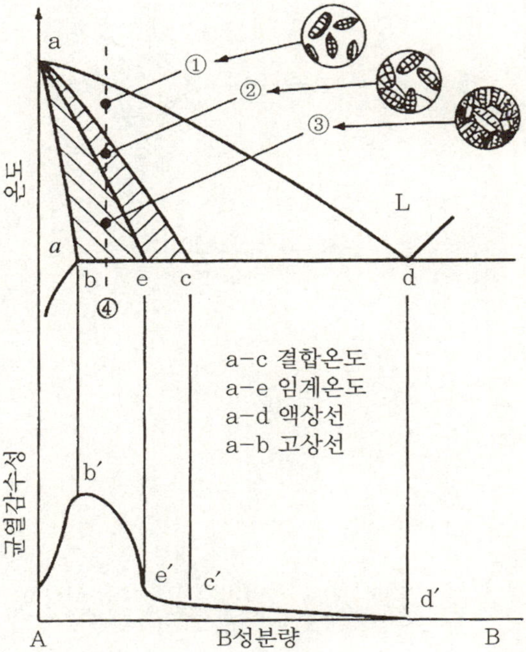

그림 14.11 평형상태도에 있어서 합금의 취성온도 범위

④ 단계 4는 액상이 완전하게 되고 고상간에 응착력이 발생하여 균열은 생기지 않는다. 용접금속에는 냉각속도가 크고 실제 응고온도 범위는 평형상태도 보다 크게 된다. 고－액계면 근방에서 확산이 응고속도보다 늦기 때문에 평행분배계수 k가 1보다 작은 원소는 최종응고역으로 편석한다. 따라서 최종응고역의 응고온도는 저하하고 그에 따라 CSR도 평형상태도에서 예상되는 것보다도 확대된다.

한편, 단계 3에서 고상간에 잔류한 액막의 형태도 균열감수성에 영향을 미치는 인자가 된다. 고상간에 잔류하는 액막의 형태는 그림 14.12에 나타낸 것처럼 고상－액상 및 고상－고상간의 계면에너지가 균형이 잡혀 결정된다. 즉, 고상－액상간의 접촉각을 θ 라 하면 계면에너지의 균형은 다음 식과 같다.

$$\gamma_{SL}/\gamma_{SS} = \frac{1}{2}\cos\left(\frac{\theta}{2}\right) \tag{14.9}$$

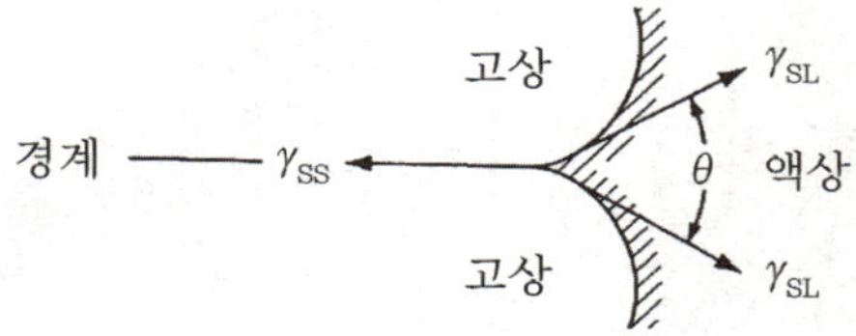

$$\tau = \frac{\gamma_{SL}}{\gamma_{SS}} = \frac{1}{2\cos\frac{\theta}{2}}$$

(a)

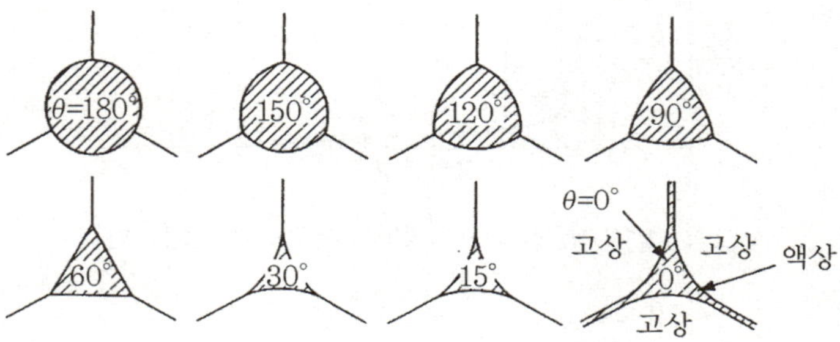

(b)

그림 14.12 액상의 액면 접촉각(θ)와 응고후기에 있어서 입계의 액상 형태

θ 의 값은 180°의 경우는 액상은 고상의 입계에 유출되지 않고 그의 삼중점에 구형으로 되어 닫혀져 있다. θ ≥60°까지는 액상은 거의 입계의 삼중점에 닫혀져 있지만, θ 의 값이 그의 이하의 경우는 액상은 입계에 누출되기 쉽게 되고, θ ≒0에는 입계를 거의 연속적으로 액상이 주변을 감싸게 된다. 이러한 경우 액상의 양이 동일해도 고상－고상 간의 접촉개소가 적어 낮은 응력으로 입계가 열린다. 따라서 θ 가 작으면 즉, 누출성이 좋은 액상이 입계에 잔류 할수록 균열되기 쉽다.

(2) 액화균열

액화균열은 열영향부의 본드부에 접하는 부분 또는 그의 근방에서 발생한다. 보통 결정립계에는 P, S, Si, Nb 등의 불순물이 편석하기 쉽고, 그것에 기인하여 결정립계의 융접은 입내에서 보다 저하한다. 그의 정도는 가공 후 용체화처리 등의 열처리를 실시한 재료에는 크지 않지만 주조합금에는 입계의 융점은 입내에 비교하여 큰 폭으로 저하하는 경우가 많다.

그 결과 이들의 재료를 용접한 경우 본드부에 근접한 열영향부의 결정립계가 액화한다. 액화한 입계의 융점이 낮기 때문에 용접금속 최종응고단계까지 액상으로 존재하고 그 영역의 고상의 입계를 막상으로 쌓은 결과 열 수축에 의한 변형이 가해질 때 입계가 개구하여 균열이 되는 액화균열이 있다.

용접금속도 주조합금과 동일하게 P, S, Si, Nb 등의 입계편석에서 주상정 입계의 융점이 낮게되고 다층용접 금속 중에서 다음 층의 패스의 열영향부에 상당하는 개소로 액화균열이 발생하는 경우가 있다. 본드부 금방의 열영향부에 있어서 탄화물이나 금속간 화합물이 결정립계 및 그의 근방에 석출하면 그들의 석출물 국부용융에 따른 입계액화가 액화균열의 하나의 원인이 된다.

(3) 취화균열

취화균열에는 용접열 사이클 과정인 온도역으로 고상상태에서 응력작용으로 입계가 개구하는 역할을 한다. 보통 저온에서 응력이 부가된 경우는 입계에 미끄럼이 생겨 응력이 완화된다. 고온에서는 동적 재결정에 의한 경우는 입내이지만 더욱이 융점직하에는 입내의 유동응력의 저하에서 응력의 해방이 일어나 입계에서 응력집중은 저하하고 입계파괴가 생기기 어렵다.

중간적인 온도에서는 입계에 생긴 응력은 입계 미끄럼에서 해방된 경향을 갖지만 입계강도가 어느 원인으로 저하하면 그림 14.13과 같이 입계 미끄럼이 집중하는 삼중점에서 입계가 개구하고 균열에 이른다.

이 경우 입계의 강도를 저하시키는 요인은 P, S, Si 등의 불순물원소의 입계편석이나 탄화물 및 금속간 화합물 등의 입계석출, 입계형상 등의 인자가 있다. 취화균열은 용접금속 및 열영향부의 모두 생긴다. 용접금속에 생기는 취화균열의 예에 오스테나이트 스테인리스강 다층용접금속중의 미크로피셔가 있다.

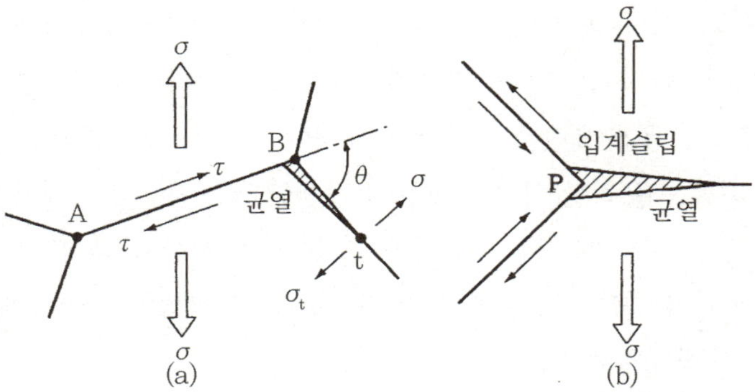

그림 14.13 입계균열 발생 메카니즘

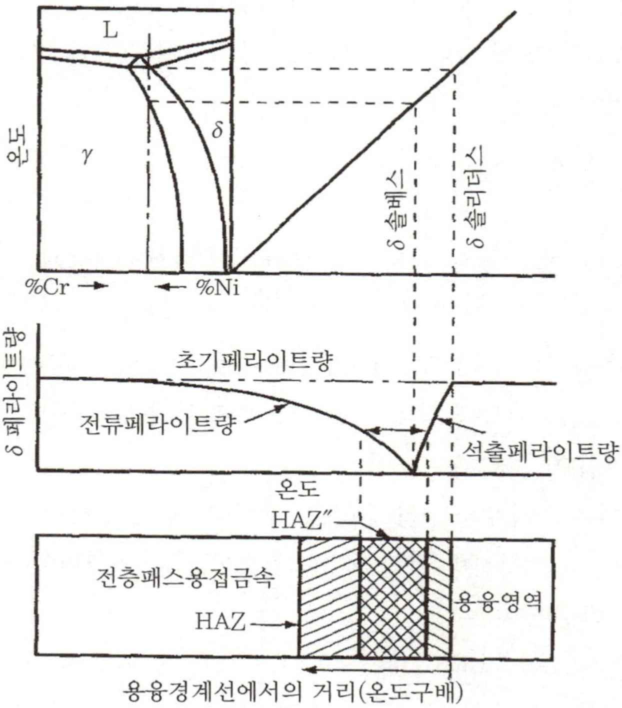

그림 14.14 스테인리스강 다층용접금속에 있어서 마이크로피셔의 발생메카니즘과 HAZ

이 합금의 본드부 근방의 열영향부에는 그림 14.14와 같이 선행비드의 열사이클에서 δ 페라이트가 오스테나이트로 변태하고 그의 량이 감소한다. 즉, HAZ라고 하는 영역이 존재한다. 이 영역에는 페라이트에서 오스테나이트 쪽에 변태에 이르는 오스테나이트 중에 배출된 P, S, Si 등의 불순물원소가 오스테나이트 입계에 편석 함으로서 입계가 취화하는 것이 미크로피셔의 발생 원인이 된다.

용접열영향부에서의 취화균열도 어떤 이유에서 입계가 취화하는 경우에 생긴다. Fe기의 내열합금을 고온에서 장시간 사용하면 결정입계에 탄화물이나 금속간 화합물이 연속적으로 석출한다. 이러한 합금을 보수를 위해 용접하면 그의 열영향부에서 취화균열이 생겨 집중응력에 의하여 석출물의 내부 또는 그의 입계가 개구하여 균열을 생기게 한다.

14.3.4 각종 금속재료의 고온균열에 미치는 합금원소의 영향

(1) 탄소강 및 저합금강

탄소강 및 저합금강에서 문제가 되는 고온균열은 주로 응고균열이다. 철에 불순물 원소를 첨가한 경우의 융점 강하에 의한 응고온도의 폭이 변화한다. S, P, B, C 등의 원소를 약간 첨가함에 따라 응고 온도범위가 크게 증가한다. 실제 탄소강의 응고균열 감수성이 크게 영향을 미치는 원소는 S, P, C 등의 원소이다.

S은 편석에 의한 융점의 저하뿐만 아니라 저융점의 Fe와 FeS의 공정을 생성함으로서 융점을 크게 저하시킬 뿐만 아니라 저융점 Fe와 FeS의 공정을 생성시킴으로서 융점을 크게 저하시켜 응고균열의 원인이 된다. S에 의한 균열감수성 증가의 개선을 위해 Mn의 첨가가 유효하다. 이것은 Mn이 S과 화합함으로서 융점이 610℃(1,883K)의 MnS을 형성하고 S에 의한 융점강하를 저감시킨다. P도 S와 동일하게 융점을 저하시키나 응고균열에 미치는 영향은 S에 비하여 작으나 이는 P가 S에 비하여 δ 및 γ 철에 응고도가 크기 때문이다.

표 14-4 철강재료의 고온균열 감수성 평가식

적용부	평가식	연구자
탄소강의 서브머지드 아크 용접부	UCS=230C*+190S+75P+45Nb-12.3Si-5.4Mn-1 C≤0.08일때의 C*=0.8	Bailey & Janes
저합금강의 응고균열	CSF=42C+847S+265P+-10Mo-3042O+19	Morgan-Warren
저 Ni합금강의 응고균열	$L_r = 91(C - \frac{Si}{8} + \frac{Mn}{15} + \frac{S}{2} + \frac{Ni}{26})$	Kihara-Hamada
저합금 액화균열 Cracking Index	C.I.=5.47C+27.27S+75.29P+2.79Si-2.77	Phillips & Jordan
오스테나이트계 스테인리스347용접금속	$균열(\%) = 133.6 + \frac{6.44}{C} + \frac{43.1}{Mn} + 1.8Si + 384S$ $+ 229.5P + 9.98Ni + 4.4Cr - 28.8(Nb + Ta) - 487N$	Hoerl & Moore
-	$HCS = \frac{C[S + P + (Si/25 + (Ni/100)] \times 10^3}{3Mn + Cr + Mo + V}$	Wilknson & Cottrell

(2) 스테인리스강

오스테나이트 스테인리스강은 응고균열 및 다층용접금속 중에서 마이크로피셔, 열영향부의 액화균열이 문제가 된다. 응고균열이나 액화균열에는 용접금속중의 S, P, Si 등의 불순물 원소가 중요한 영향을 미친다. 오스테나이트 스테인리스강 중에도 용접금속에 δ 페라이트를 포함하지 않는 완전오스테나이트 스테인리스강 용접금속은 응고균열 감수성이 높다. 완전오스테나이트 스테인리스강 용접금속의 응고균열 감수성에 미치는 S 및 P의 영향을 나타낸다. S 및 P의 증가에 따라 취성온도범위(BTR)가 넓고, 균열감수성이 증가하는 것을 알 수 있다. 한편, δ 페라이트를 함유 오스테나이트 스테인리스강 용접금속의 균열감수성은 δ 페라이트 양과 밀접한 관계가 있는 것을 알 수 있다.

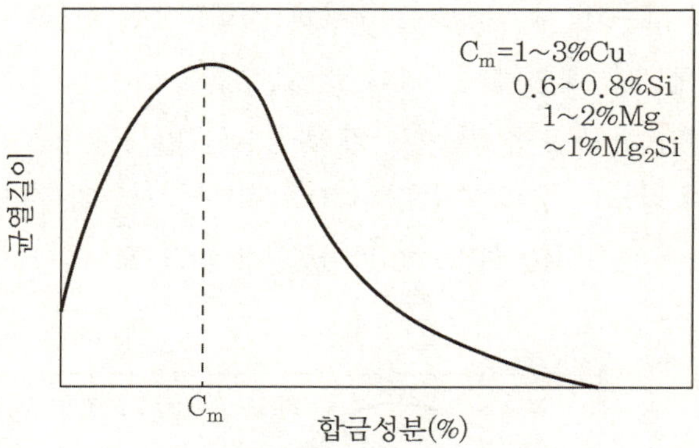

그림 14.15 알루미늄합금의 고온균열의 발생 경향

(3) 알루미늄 합금

알루미늄 합금에서는 응고균열, 다층용접금속 및 열영향부에서의 액화균열이 문제가 된다. 어느 균열도 입계에 존재하는 저융점 액막의 형성이 원인이 되므로 응고온도 폭이 크게 되는 경우에 균열감수성이 증가하는 경향이 있다. 그림 4.16에 각종 Al합금의 응고균열 감수성에 미치는 영향을 나타낸다.

균열감수성은 어느 원소의 첨가량 증가에 따라 높게 되나 어느 첨가량에서는 역으로 저하한다. 균열감수성이 최고로 되는 것은 첨가량에서 용접금속의 응고와 같은 급랭과정 공정이 정출되는 것을 시작하는 것으로 본다. 공정이 형성되는 경우는 그의 양이 많을 때는 히링으로 부터 개구부가 충진되어 균열이 생기기 어려우나 생성량이 감소하면 최종 응고역에 막상으로 잔류함으로서 균열감수성을 증가시킨다.

Al－Zn－Mg－Cu합금이나 Al－Mg－Cu합금 및 Al－Li계 합금에서는 균열감수성이 높고, 다음으로 Al－Cu－Mg합금도 비교적 높은 균열감수성을 나타낸다. Al－Mg계 합금에는 Mg의 증가량에 따라 균열감수성이 개선되므로 되도록 다량의 첨가가 바람직하나 과잉의 첨가는 가공성, 내식성이 열화하는 가능성이 있어 주의를 요한다.

Al－Mg－Si계 합금에는 공정계 용가재를 이용하면 균열이 쉬워 Al－Mg계 또는 Al－Si계 용가봉을 이용해야 한다. 또한 이 합금에는 열영향부에 액화균열이 생기기 쉽기 때문에 과대한 입열 용접조건을 피해야 한다. Al－Zn－Mg합금에 있어 공정계 용가재를 이용하면 균열되기 쉬워 Al－Mg계 용가봉을 이용해야 한다. 이 합금의 균열감수성은 Zr, Ti, B 등의 첨가에 의해서도 개선될 수 있다.

이들의 원소의 첨가는 모두 용접금속중의 결정립을 미세화하는 효과를 주고 단위입계면에 걸쳐 액막량의 감소나 응고 수축량의 감소로부터 균열감수성이 개선된다고 할 수 있다. 또한 잔류액상의 형상(접촉각)에 관여한 개선효과도 있다.

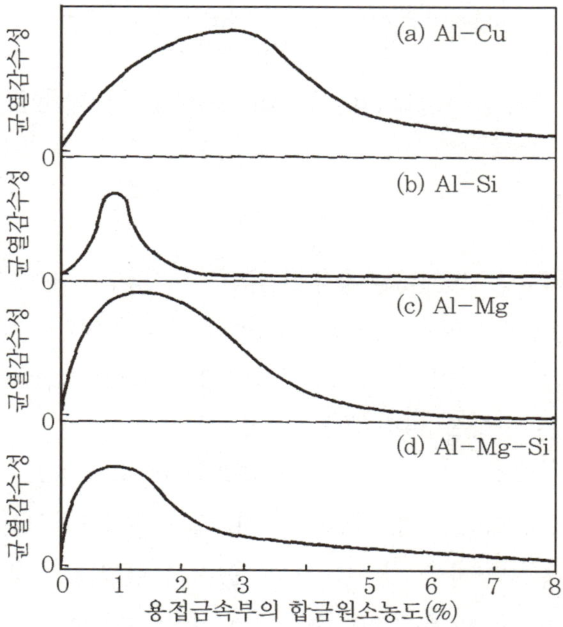

그림 14.16 각종 알루미늄합금의 고온균열 감수성에 미치는 합금 원소량의 영향

(4) 내열초합금

내열초합금중에서 널리 이용되고 있는 것은 Ni기, Co기 및 Fe기 내열초합금이나 이들 합금은 모두 고온균열 감수성이 높다. 문제가 되는 균열은 응고균열, 용접금속 및 열영향부의 액화균열 및 취화균열이다. Ni기 내열합금을 예로 들면 그의 고온균열 감수성은 γ'상이 석출촉진 원소인 Al 및 Ti 의 함유량으로 정리되고, (0.28Cr＋0.043Co)%가 일정

할 경우 (Al+0.84Ti)%의 증가에 따라 균열감수성이 증가한다. 즉, γ'상의 석출량이 많고 고온강도가 높은 합금일수록 균열되기 쉽다.

내열초합금의 응고균열은 응고최종 단계에서 입계에 S, P, Pb, Sn, Zn 등의 불순물 원소의 수축편석 또는 용질원소의 농화가 생겨, 저융점의 액막이 입계를 싸면 수축변형이 입계에 작용하여 형성된다. 내열합금의 취화균열에는 열영향부 및 다층 용접금속 내에서 발생한다. 취화균열의 원인은 입계 불순물 원소의 편석이나 탄화물 또는 금속간화합물의 석출이다. 탄화물 또는 금속간 화합물은 입계상에서 불연속으로 석출할 경우에는 문제되지 않지만 연속적으로 석출할 경우 취화균열에 대한 감수성이 증가한다.

14.4 용접 후 열처리(PWHT, Post-Weld Heat Treatment)균열

14.4.1 고장력강 및 저합금 내열강

고장력강이나 저합금 내열강의 용접구조물은 잔류응력을 제거할 목적으로 용접후 응력제거 뜨임처리할 필요로 하는 경우가 많다. 이 열처리과정에서 그림 4.17과 같이 열영향부의 조성역에서 균열이 발생하는 경우가 있다. 이 균열에는 응력제거 뜨임균열 또는 SR균열이라고 한다. 동일한 균열은 오스테나이트 스테인리스강의 안정화 열처리 과정이나 Ni기 내열합금의 용체화처리 과정에 있어서도 발생하므로 이들의 균열을 총칭하여 PWHT 균열 또는 재열균열이라고 한다. 고장력강이나 저합금 내열강에 있어서 PWHT 균열의 특징은 다음과 같다.

① 균열 열영향부의 조립역에서 발생하고 구 오스테나이트 입계를 전파한다.

② 후판 용접부의 남은 살붙이 지단부에서 발생하기 쉽다.

③ 용접후 500~650℃(773~923K)의 온도역에 재가열 된 경우에 발생하거나 특히, 600℃부근에서 발생하기 쉽다.

④ P, S, As, Pb 등의 불순물 원소량이 많은 강종일수록 감수성이 높다.

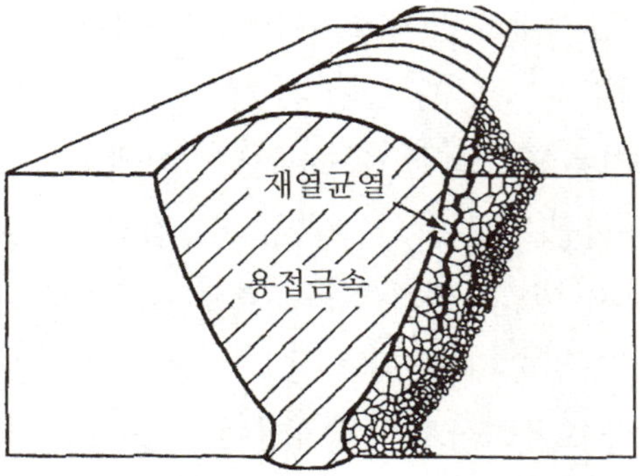

그림 14.17 재열균열 발생위치의 모식도

재열균열 메카니즘은 균열이 발생하는 온도역에서는 입계내 미끄럼이 우선하여 입계 미끄럼이 발생되고 입계의 삼중점에 응력집중이 생겨 이들의 응력이 입계를 박리시키는 한계응력을 넘을 경우, 입계가 열려 미소균열이 발생한다.

이 균열이 내부응력을 해방하면서 입계를 전파하여 거시적인 균열을 형성한다. PWHT 균열을 지배하는 입내강도, 입계의 응착력 및 잔류응력이 있다. PWHT균열은 열영향부 중에서도 경도의 상승이 현저하여 조립역에서 발생하는 것 및 고장력강이나 저합금강 내열강 중에도 석출경화가 생기는 강종으로 발생하기 쉬운 것, 특히 입내강도의 상승이 PWHT 균열발생을 조장한다.

한편, 강의 PWHT균열은 P, S, Sb, As, Sn 등의 불순물 원소량과도 밀접한 관계가 있고, 이들의 원소가 증가함에 따라 균열감수성이 증가함을 알 수 있다. 이것은 P, S, Sb, Sn 등의 불순물원소가 PWHT과정의 600℃ 부근의 온도에서 입계에 편석하고 입계의 고착력을 저하시키는 결과, 입계의 삼중점에 응력이 작용한 경우에 입계박리가 생기기 쉽기 때문이다.

강의 PWHT 균열감수성에 미치는 다른 원인은 잔류응력에 관련되는 구속도, 비드형상, 입내의 변태조직이나 결정입경에 관련하는 용접조건이 있다. 예를 들면 이들의 인자를 제어하여 PWHT균열을 개선하는 방법으로서 응력집중원이 되는 언더컷 없이 응력집중을 경감시킴과 더불어 용접입열의 제으로 균열하기 쉬운 개소의 조직을 뜨임(tempering)조직화 방법이 고려된다.

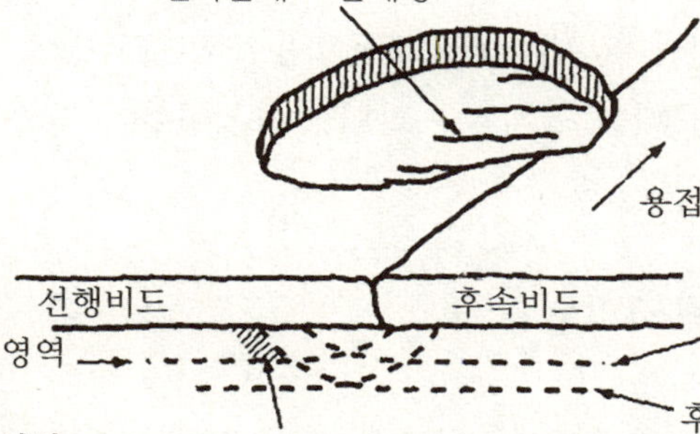

그림 14.18 언더비드클래드 균열 발생위치의 모식도

저합금 내열강에 오스테나이트 스테인리스강을 육성 용접한 PWHT과정에서 비드직하의 열영향부에 그림 14.18같이 언더비드균열이 발생하는 경우도 있다. 이 균열은 전층의 열영향부의 조립역에서 다음 층 비드의 열영향부에서 600~700℃(873~973K)의 최고온도로 가열된 영역에서 발생한다.

14.4.2 오스테나이트 스테인리스강

오스테나이트 스테인리스강 용접부에 관해서는 PWHT를 요구하는 KS규격은 없지만 조직의 안정화나 응력제거를 목적으로 PWHT를 실시하는 경우가 있다. 예를 들면 Nb이나 Ti를 함유하는 안정형 오스테나이트 스테인리스강에는 본드부 근방의 열영향부에서 고용한 NbC나 TiC를 재석출시켜 고용된 C를 고정시키기 위해 용접 후 850~930℃의 온도역에 가열하는 안정화열처리를 한다. Nb나 Ti를 함유하지 않은 보통의 오스테나이트 스테인리스강에 있어서도 용접과정에서 입계에 석출한 Cr탄화물에 기인하는 Cr결핍상을 소멸시켜 내식성을 회복시키기 때문에 900℃부근의 불감수성 처리나 1,050℃이상의 용체화 처리를 하는 경우가 있다.

PWHT균열은 주로 안정형 오스테나이트 스테인리스강 열영향부에서 발생하기 쉬운 것을 알 수 있다. PWHT균열의 발생하는 개소에는 본드부의 열영향부에서 NbC 나 TiC가 용접과정에서 일단 고용하며, 결정립이 조대화한 영역으로 균열형태는 결정립계 균열이다. 안정형 오스테나이트 스테인리스강에 있어서 PWHT균열은 PWHT과정에서 결정립계에 미세한 NbC이나 TiC가 재석출 함에 따라 입계가 경화되고 소성변형이 저하하는 것이 주요인이다.

14.4.3 Ni기 내열초합금

γ'상의 석출에서 강화한 Ni기 내열초합금은 보통 용접균열 방지의 관점에서 용체화상태에서 용접한 후 다시 용체화처리와 시효처리를 한다. PWHT균열은 주로 용체화처리 온도 쪽의 과열과정에서 발생한다. 균열의 발생개소는 본드부 근방의 조립화한 열영향부이고 균열은 결정립계를 전파하는 결정립계 균열이다. 또한 PWHT균열은 구속도가 크고 잔류응력이 클수록 또한 용체화처리 온도쪽의 가열속도가 늦을수록 발생하기 쉽다. PWHT 균열은 용체화 처리온도 쪽의 과열과정에서 주로 γ'상의 석출온도역에서 발생한다. 균열발생영역보다도 가열속도를 늦게할 경우, 즉 γ'상 석출이 많게 할수록 발생하기 쉽게 된다.

Ni기 내열합금의 PWHT균열도 S이나 P 등의 불순물원소가 가속요인으로서 관련된다. Mn이나 Mg를 첨가함에 따라 이들의 불순물이 고정되고 입계 쪽의 편석을 저감시키기 위해 균열감수성이 개선될 수 있다. 또한 후열처리 과정에서 O_2가 입계에 칩입하여 표면에너지에 영향을 주어 입계의 고착력을 저감시켜 균열감수성이 증가한다.

14.5 기공

14.5.1 기공의 종류와 발생기구

기공은 용접금속 중에 용해 또는 혼입한 기체의 일부가 응고시에 외부에 방출하지 않고 용접금속 내에 잔류함으로서 형성된다. 용융금속 중에 기포가 발생하는 조건은 다음 식과 같다.

$$P_g > P_a + P_h + P_s$$

여기서 p_g : 기포내의 압력, P_a : 대기압(1atm), P_h : 용융금속의 정압($h \cdot \rho/1{,}033$atm, h : 용융금속 표면에서 기포까지 깊이, ρ : 용융금속의 밀도), P_s : 용융금속의 응집력에 의하여 기포가 받는 압력($9.87 \times 10^{-7} \times (2\sigma/\gamma)$, 단, σ는 용융금속의 표면장력, γ'는 기포반경)이다. 위 식에서 알 수 있듯이 용융금속의 정압 P_h는 용융금속표면에서 기포까지의 깊이에 비례하므로 깊은 위치에서 기포의 발생은 한층 어렵다.

또한 용융금속의 응집력에 따라 기포가 받는 압력 P_s는 기포반경에 의존하고, 반경이 작을수록 기포는 큰 힘을 받아 발생하기 어렵게 된다. 따라서 기포의 발생은 기포내의 압력이 매우 큰 것이 조건이 된다. 그러나 일단 기포가 형성되면 그의 반경이 클수록 기포는 안정되므로 주위의 과포화적인 용융금속에서 가스가 핵으로 모아져 성장한다. 기포는 그 형태에서 그림 14.19와 같이 블로우 홀, 웜홀, 머리카락형 기공, 응고수축공에 가스가 모아진 4가지 형태의 기공으로 분류된다. 블로우 홀은 거의 구형을 한 기포가 닫혀진 기공이고 웜홀은 기포가 최종 응고계면 등에 가늘고 길게 신장한 형태로 닫혀진 기공이다. 응고수축에 의한 수축공이 형성된 경우이나 가스가 집중하여 형성한 기공이 (c)의 형태로 기공이 된다.

한편 용접금속 중에 발생하는 기공의 발생원인은 다음 세 가지의 요인으로 분류된다.

① 응고시에 있어서 액상－고상간의 용해도 차에 따라 방출된 가스가 닫혀 존재함
② 용접금속내의 화학반응에 의해 발생한 가스가 닫혀 존재함
③ 용접분위기중의 가스가 물리적으로 들어가 닫혀 있음

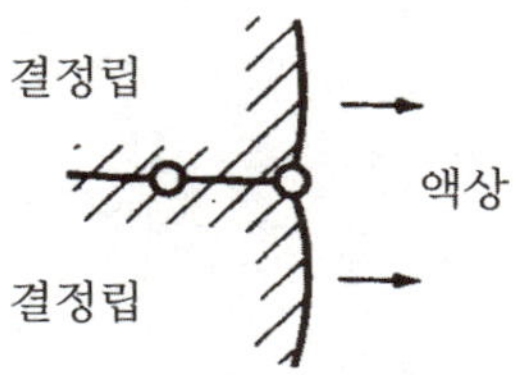

(a) 블로우 홀

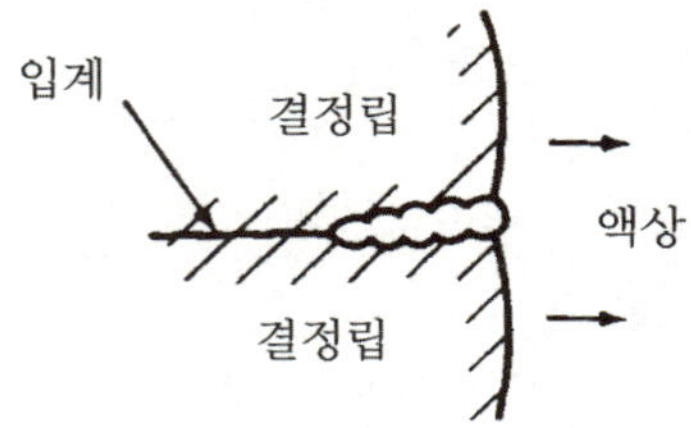

(b) 웜홀

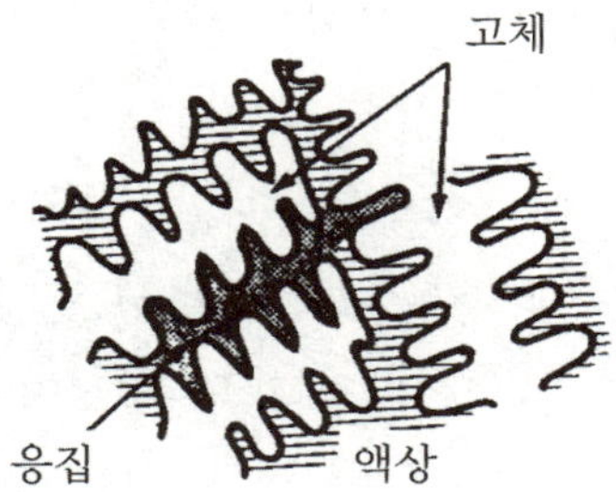

(c) 수지상정간 응집과 기공혼합

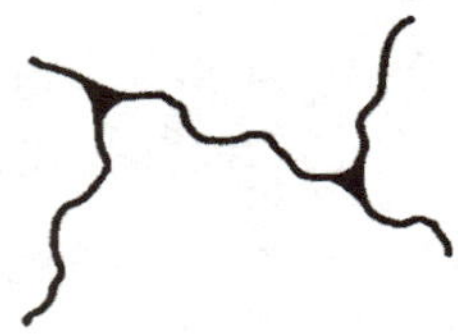

(d) 헤어크랙상 기공

그림 14.19 각종 기공의 형태

용접금속은 액체 상태에서는 산소, 질소 및 수소 등의 가스를 다량으로 흡수한다. 더욱이 아크용접에서는 플라즈마 중에서 기체가 해리(解離)하여 활성화되므로 평행상태에 있어 기체의 가스흡수에 의한 것 보다 많은 가스가 용접금속에 흡수된다.

보통 응고온도에 있어서 금속중 가스의 응고 고용도는 그림 14.20과 같이 액상에서 고상으로 변태할 때 큰 폭으로 감소한다. 예를 들면 Fe에 흡수된 N_2 및 H_2는 응고시에 각각 1/4 및 1/3.5로 격감한다. 그 결과 고－액계면 부근에서 과포화의 가스방출이 생기나 고상형상 및 액체금속의 점성에 따라 그 일부가 외부로 방출되지 않고 용접금속중에 닫혀 있는 것이 ①의 형태의 기공이다. 철강에는 O_2는 거의 고용되지 않고 용접금속에 흡수된 O_2는 대부분이 Fe과 반응하여 산화물이 된다. 또한 철강의 산화물과 C가 반응하여 CO가 형성된다. 이러한 메카니즘에서 형성된 것이 ②형태의 기공이다.

③의 형태의 기공은 GTAW 및 GMAW 등의 용접부의 실드가스를 이용하는 용접에서 발생하기 쉽다. 이때 기공원인이 되는 가스는 실드가스에 이용되는 불활성가스이다. 실제 용접부 기공은 요인이 두 가지 이상의 요인인 경우가 많다.

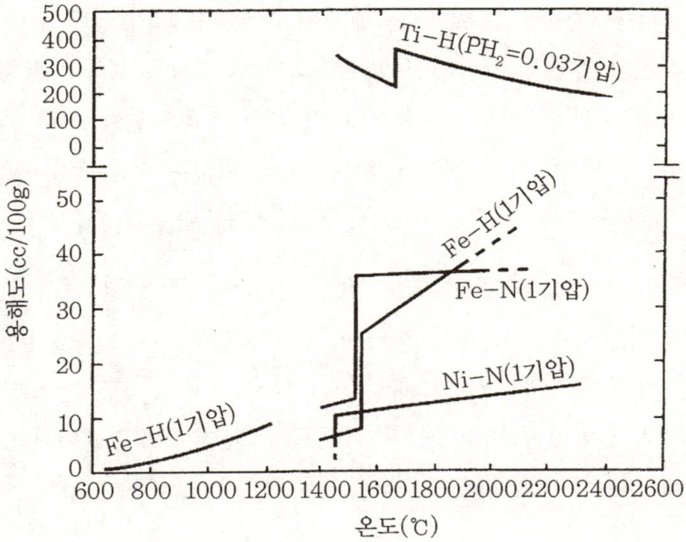

그림 14.20 금속중의 가스 용해도 곡선의 예

14.5.2 각종 재료의 기공

(1) 철강 재료

연강 및 고장력강 중의 기공의 원인은 SMAW에서는 N_2, H_2, CO, H_2O이고, GTAW 및 GMAW에는 이들에 차폐가스에 이용되어 불활성가스에 의해 가해진다. 그러나 보통 연강 및 고장력강 중에는 CO에 의한 기공이 많다. 연강 및 고장력강에 있어서 기공의 발생원의 하나인 H는 피복재중의 수분, 개선면의 유분이나 녹, 용접 분위기의 수분 등에서 공급된다. 용접금속 중에 흡수된 H는 응고에 따라 방출되나 그때의 기공성장은 응고속도와의 상대관계를 가지며, 다음과 같은 거동을 나타낸다.

① 응고속도 > 가스방출속도 일 때는 응고속도가 빠르기 때문에 작은 구상기공 또는 선단이 작은 기공이 생성한다.

② 응고속도 ≒ 가스방출속도 일때는 기공의 기－액계면은 응고면과 더불어 성장하고 관형기공이 생성한다.

③ 응고속도 < 가스방출속도 일 때는 형성된 기공의 가스방출이 심하여 기공은 민첩하게 성장하지만 계면부근의 기공내의 가스는 그의 내부에 남기지 않고 일부 가스를 남게 하며 대부분 외부로 방출한다. 기공의 성장거동에 따라 확산성 수소량의 증가와 더불어 처음에는 기공은 증가하나 어느 값보다 수소량이 증가하면 가스방출속도가 증가하여 기공이 감소하는 경향을 보여준다.

연강 및 고장력강의 GMAW 용접금속중 또한 기공의 가스성분을 분석한 결과에는 CO나 H외에 비교적 다량의 N가 분석되고 있다. V－Mo강의 GTAW 용접금속에 있어서 기공발생에 미치는 N의 영향에 대한 조사를 보면 용접조건, 보호가스 유량, 가스의 종류, 열처리 조건은 거의 기공발생에 영향을 주지 않고, 모재의 N량≥200ppm 또는 가스 중에 N_2량≥0.02atm의 경우에 기공발생에 영향을 준다.

표 14－5 오스테나이트 스테인리스강 용접금속의 기공중의 가스성분 결과

기포가스, 유량 ℓ/분	모재	와이어	시편 번호	X선 사진에 의한 기공유무	흡수법에 의한 화학조성, Vol.%							질량분석에 의한 화학조성 Vol.%		
					CO_2	H_2S	O_2	CH_4	CO	H_2	잔류가스	잔류가스 N_2	Ar	N_2:Ar
Ar20	18－8 스테인리스강	316 스테인리스강	1	유	－	－	－	－	15	15	70	52	18	3:1
			2	유	－	－	－	－	18	14	68	54	14	3:1
			3	유	－	－	－	－	17	13	70	56	14	3:1
			4	유	－	－	－	－	20	－*	80**			
Ar10+$N_2$10	18－8 스테인리스강	316 스테인리스강	5	유	－	－	－	－	12	15	73	73	0	
			6	유	－	－	－	－	15	14	71	71	0	
			7	유	－	－	－	－	15	13	71	60	11	6:1
			8	유	－	－	－	－	16	17	67			

*폭발법에 의한 수소분석 상태, **수소함유값

즉, 철강 재료에 있어서도 기공발생에 N도 관여하는 것은 명확하고 그의 원인 가능성이 되는 N의 공급원은 모재의 N량 또는 보호가스 중의 공기에 들어간다. 표 14-5는 오스테나이트 스테인리스강 용접금속의 기공내 가스성분의 분석결과이다. 기공 내에서는 N_2, H_2, CO, Ar 등의 가스성분은 N에서 어느 정도 존재함을 알 수 있다.

(2) 비철금속재료

알루미늄 및 알루미늄 합금의 GMAW 용접금속의 기공을 분석한 결과, 그의 주성분은 H_2이고, 기타 O_2, N_2, CO, Ar 등이 존재한다. H_2의 함유량은 80%이상이 있어 알루미늄 및 알루미늄 합금에 있어서 H_2가 기공형성에 크게 영향을 미친다.

Ni 및 Ni기 합금에는 N가 기공형성의 주원인이 되며, 모넬이나 순 Ni에서는 보호가스 중의 N_2가스가 0.1~0.2% 혼입되면 기공이 형성되고 0.5%이상에는 그의 발생률이 급격하게 증가한다. 그러나 Cr을 함유하는 인코넬 600계합금에는 N_2가스의 혼입량이 10%로 되어도 기공이 발생되지 않는다. 기타 질화물을 형성하기 쉬운 원소의 첨가는 기공발생을 개선할 수 있으며, 예로서 Ti, Al 등의 첨가가 유효하다. Cu 및 Cu합금에는 N, CO, H_2O이 기공의 발생 원인이 되며, 터프 피치동에는 H를 흡수하면 강중의 O와 반응하여 H_2O가 형성되기 때문에 OFC동에 비하여 다수의 기공이 발생한다. 또한 OFC동에는 H를 흡수하면 H에 기인한 기공이 발생된다.

14.6 슬랙혼입

슬랙혼입의 하나의 형태는 용접시에 이용되는 플럭스가 용접금속에서 응고시에 용접금속에 닫혀진 결과 생긴 것이다. 이런 종류의 슬랙혼입은 부적절한 용접조작, 또는 부적절한 용접조건 선정이 원인이 되어 생긴다. 또한 다층용접 할 때 전층의 용접금속 표면중의 슬랙 제거가 완전하지 않은 경우도 잔류 슬랙이 다음층의 용접금속 중에 슬랙혼입의 원인이 된다. 특히 이 종류의 슬랙은 비드언더컷, 오버랩 또는 융합불량 부분에 잔류하기 쉽다. 슬랙혼입의 또 다른 형태는 용가재에 첨가된 탈산원소가 용접금속의 용융과정에서 산화물을 형성하고 이것이 용접금속 중에 잔류한 경우이다. 이때 잔류 슬랙은 크기가 작고, X선 검사나 초음파검사에서 검출이 곤란하다.

전자의 원인으로 생긴 비교적 대형의 잔류 슬랙은 피로파괴나 취성파괴의 기점이 되기 쉽지만 유효 단면적이 감소함으로서 정적강도 저하의 원인이 되기 때문에 주의해야 한다. 후자의 원인으로 생긴 잔류 슬랙은 보통 그의 크기가 작고 분산하여 존재함으로서 전자에 비하여 기계적 성질에 영향이 작다. 따라서 이런 종류의 슬랙이 있어도 양이 많은 경우나 그의 형태가 평평하여 선단부에서 응력집중이 생기기 쉬운 형태의 경우는 인성이나 연성의 저하나 다층용접금속 중에는 균열의 원인이 되기 때문에 주의를 요한다. 또한 잔류한 슬랙의 주위는 확산성 수소의 집적개소가 되고 취화조직이 있는 은점이나 주상조직의 발생 원인이 되며, 용접금속의 수소취화를 조장할 수도 있다.

제 15 장 솔더링 및 브레이징 접합

15.1 솔더링 기술

15.1.1 솔더링 기초

모재를 용융시키지 않고 접합재의 틈새에 용가재를 침투·확산시켜 모재와 금속화학적인 접합에는 솔더링과 브레이징이 있다. 예전에 이들의 구분은 융점 450℃을 기준으로 450℃미만은 솔더링, 그 이상의 온도에서 접합은 브레이징으로 분류해 왔다. 근래 전자 및 반도체 기술이 발달하면서 솔더링(Soldering)은 칩(Chip)과 기판(Substrate) 사이에 접합부를 형성하는 전자회로기판, 전자패키징(Electronic Packaging), MEMS부품 접합에 많이 이용된다. 미세 접합부의 품질은 제품 성능에 직접 영향을 주어 접합부의 금속학 및 강도적 측면, 전기 화학적 측면의 신뢰성이 요구된다.

브레이징(Brazing)은 융점이 450℃이상으로서 모재의 고상선보다 낮은 용가재(Filler Metal)를 이용하여 적절한 온도에서 접합하는 기술이다. 브레이징의 시공은 일반 아크용접에서 난해하며, 주로 접합부에 강도가 요구되는 부재에 적용된다. 일례로 가스메탈아크브레이징(Gas Metal Arc Brazing)은 승용차 차체지붕의 루프 패널과 승용차 뒤 측면 쿼터

패널(Quarter Panel)과 같이 박판부재의 접합에 아크용접에서는 난이한 시공이다. 따라서 브레이징은 일정의 강도와 미려한 표면정도가 요구되는 부품에 적용된다. 솔더링과 브레이징 접합은 비철금속에 적용이 일반화되었으나 용가재 및 접합기술이 발달되면서 일반 강재는 물론 비철합금, 세라믹과 금속의 이종소재의 접합까지 적용되고 있다.

15.1.2 솔더링 공정과 영향 인자

솔더링의 모재는 금속간화합물을 잘 형성하는 특성을 가지며, 솔더에 대하여 젖음성이 우수해야 한다. 비철금속인 구리(Cu)와 니켈(Ni)합금은 이러한 특성이 매우 우수하여 많이 사용된다. 특히 부재 표면이 오염되어 있거나 산화되어 있으면 젖음성이 불량하게 된다. 금(Au)과 주석(Sn)은 솔더링성 향상을 위해 모재표면에 도금하여 사용하기도 한다.

우수한 솔더링 제품생산을 위해서는 솔더와 모재 금속간의 양호한 금속간 화합물이 형성되어 높은 접합강도를 나타내야 한다. 또한 모재는 공기와 접촉되면 표면에 산화막이 형성되며, 솔더링을 위하여 플럭스를 도포한 후 가열하면 산화막이 제거되고, 솔더가 모재로 젖어들면서 원자이동이 이루어진다. 이동된 원자간의 결합을 형성한 후에는 냉각 응고되면서 금속간 화합물이 형성되는 솔더링 공정이 수행된다. 솔더링된 제품의 대부분은 전자부품 조립에 있어 저온공정에서 시공되므로 이음부 강도는 $100N/mm^2$이하로 낮다.

솔더, 모재, 플럭스 및 가열조건은 솔더링성에 직접 관련되며, 솔더의 주성분인 주석(Sn)은 금속모재의 표면에 잘 젖고 금속과 친화력이 우수하다. 납 성분은 솔더의 융점을 저하시켜 낮은 온도에서 접합이 가능하게 한다. 플럭스는 산화막을 제거시켜 접합면을 청정하게 한다.

솔더링성에 영향을 주는 인자는 소재인자와 공정인자로 구분된다. 소재로서는 모재, 기판, 솔더 및 플럭스가 있으며, 솔더링성의 향상을 위해서 모재표면에 도금을 하거나 금속 박막 층을 형성시킨다. 한편 공정인자로서는 솔더링부의 설계, 전처리, 솔더 작업요소가 이에 해당된다. 솔더의 예열을 포함한 가열공정 및 가열시간이 솔더부의 품질을 결정한다.

(1) 솔더링 재료

우선 접합시키고자 하는 모재에 대한 것은 모재의 조성, 모재 조직, 모재의 전열성 등이 솔더링성에 영향을 준다. 더불어 전자 기판에서는 기판의 재료, 기판 도금층의 종류, 클래드가 관련된다. 플럭스에 해당되는 것은 플럭스의 조성, 플럭스 농도, 플럭스의 융점 및 활성도가 해당된다. 솔더와 관련되는 것은 솔더 조성, 솔더 조직, 솔더의 불순물 및 솔더의 융점이 있다. 솔더링이 용이한 금속은 산화막 형성이 적은 금(Au), 백금(Pt)과 같은 재료이다.

(2) 솔더링 공정

(가) 소재의 절단 및 전처리

솔더링에서 중요한 것은 소재의 절단, 가공방법이며, 또한 솔더링 부분의 전처리로서 도금 종류, 도금방법, 도금두께 및 도금층의 수에 따라서 전처리가 이루어져야 한다. 또한 탈지 및 전처리 후의 솔더링 시공까지의 시간, 가열 유무가 솔더링성의 품질을 결정하는 중요한 인자이다.

(나) 솔더링부의 설계 및 시공

솔더링 부분의 크기, 간격, 이음부 틈새, 열용량, 솔더 방향, 지그, 가압력 및 접착재가 품질에 관련된다. 또한 솔더링 품질에 직접적인 영향을 주는 것은 솔더링 온도와 시간, 예열조건, 솔더링 가열방법 및 가열부 위치가 이에 해당된다. 솔더시공에 있어서는 솔더가 모재표면에 잘 적시고 퍼짐성을 갖도록 충분하고 적절한 온도로 가열해야 한다.

15.1.3 젖음성과 모세관 현상

솔더링성은 젖음성과 접합성이 적절히 수행되어야 하므로 솔더링 작업의 척도가 된다. 우수한 솔더링성은 솔더의 젖음과 퍼짐속도가 빨라 솔더 후 모재표면과 솔더부의 접촉각이 작고 매끈해야 하며, 요구되는 제품성능을 유지해야 한다. 솔더재가 가열되어 용융되면 고체인 금속면 표면에 액상인 용융 솔더가 부착되어 고-액 상호간의 작용으로 액체가 퍼지는 젖음(Wetting) 현상이 일어난다. 양호한 젖음성을 확보하기 위해서는 청결한 모재상태가 되어야 한다. 또한 접합될 부분의 좁은 틈새로 빨려 들어가는 모세관 현상이 있다.

모세관 현상은 짧은 시간에 이루어지며, 용융 솔더와 모재금속이 혼합 확산되어 솔더링 된다. 틈새간격이 0.2mm 정도이면 용융 솔더는 1초에 15~20mm정도로 침투된다. 용융솔더가 고체금속의 패드를 적셔 퍼질 때, 액체금속의 원자와 고체금속의 원자는 서로 이동하면서 혼합 확산이 일어난다. 우수한 솔더링성의 확보를 위해서는 젖음성, 모세관 현상 및 확산이 원만히 이루어져야 한다.

그림 15.1 솔더링된 전자기기 기판

15.2 솔더와 플럭스

15.2.1 솔더 종류와 특성

(1) 솔더의 종류

솔더는 솔더링 후 접합부 강도, 전기전도도 등이 사용 목적에 맞아야 하고, 이를 위해서는 융점이 낮고 표면장력, 유동성 및 점성이 적절하여 모재에 잘 젖어야 한다. 솔더링에 영향을 주는 인자는 솔더, 플럭스, 전자부품, 모재, 기판 및 화학재료인 세척제, 접착제, 도금액 등이 관련되며 표 15-1과 같다.

표 15-1. 솔더링 관련 인자

항목	관련 인자
솔더	Sn계, Pb계, Sn-Pb계, Sn-Pb-X계, 무연계, 특수용도
플럭스	로진(Rosin), 활동도(Activity), IPA(Iso Porply Alcohol)
부품	IC, 트랜지스터, 캐퍼시터, 레지스터
화학물질	접착제, 세척제, 도금액
PCB	Paper Phenol, Paper Epoxy, Glass Epoxy
설계	이음부 형상

보통 솔더는 Sn이 주성분이며 62%Sn-38%Pb의 유연합금이 전기기기, 전자기기용으로 사용되었으나, 납 성분의 유해성으로 무연솔더가 사용된다. 기타 Pb, In, Au을 주성분으로 하는 합금도 이용된다.

표 15-2. 솔더 형상에 따른 구분

형상	특성
와이어형	인두용, 단자접합용, 전자부품용, 플럭스 함유, 수지중심에 플럭스를 충진, PCB 솔더링 수저용
페이스트형	인쇄 배선판용, 솔더분말 80~90wt%, 플럭스 10~20wt%, 리플로 솔더링, 솔더 분말을 용제/플럭스에 혼합 사용
볼형	0.7~0.3mm크기 BGA(Ball Grid Array)용
테입형	자동기기에 공급시켜 특수용도 솔더용
막대형	주조 및 압출로 제조, 납조용, 웨이브 솔더링용

표 15-3. 유연솔더 Sn-Pb 및 Pb-Sn합금계의 종류(KS D 6704)

(가) Sn-Pb합금계

종	등급	기호
Sn95Pb	A	S95A
	B	S95B
Sn65Pb	S	S65S
Sn63Pb	S	S63S
	A	S63A
	B	S63B
Sn60Pb	S	S60S
	A	S60A
	B	S60B
Sn55Pb	S	S55S
	A	S55A
	B	S55B
Sn50Pb	S	S50S
	A	S50A
	B	S50B

☆ 화학성분은 규격 참조

(나) Pb-Sn합금계

종류	등급	기호
Pb55Sn	S	S45S
	A	S45A
	B	S45B
Pb60Sn	S	S40S
	A	S40A
	B	S40B
Pb62Sn	A	S38A
Pb65Sn	A	S35A
	B	S35B
Pb70Sn	A	S30A
	B	S30B
Pb80Sn	A	S20A
	B	S20B
Pb90Sn	A	S10A
	B	S10B
Pb95Sn	A	S5A
	B	S5B
Pb98Sn	A	S2A

표 15-4. Sn-Pb-Ag계 솔더의 특성

번호	화학성분(wt%)			용융점(℃)		비중
	Sn	Pb	Ag	액상온도	고상온도	
1	1	97.5	1.5	309	304	11.3
2	1.5	96	2.5	304	-	11
3	8	87	5	397	294	-
4	50	48	2	216	178	8.9
5	60	39.5	0.5	190	178	8.5
6	60	37	3	179	178	8.5
7	62	36	2	178	178	8.3
8	63	36	1	192	178	8.4
9	96.5	-	3.5	221	221	7.4

표 15-5. Sn-Pb계 솔더의 특성

합금계	화학조성(mass%)						용융온도		인장강도 (MPa)	전단강도(MPa)	
	Sn	Pb	Ag	Sb	In	Bi	고상선	액상선		20℃	100℃
Sn-Pb	100	-	-	-	-	-	232	232	-	22.1	19.0
	63	37	-	-	-	-	183	183	53.1-51.5	37.9	-
	50	40	-	-	-	-	183	188	28.6-52.4	33.6-38.6	21.6
	50	50	-	-	-	-	-	216	32.2	18.4-30.0	24.0
	40	60	-	-	-	-	-	234	-	34.3	13.7
	10	90	-	-	-	-	275	302	-	28.9	14.7
Sn-Pb-Ag	62	36	2	-	-	-	179	197	-	43.1	18.6
	10	88	2	-	-	-	272	295	-	-	-
	5	93.5	1.5	-	-	-	296	301	-	23.8	15.7
	2	95.5	2.5	-	-	-	299	302	-	-	-

합금계	화학조성(mass%)						용융온도		인장강도 (MPa)	전단강도(MPa)	
	Sn	Pb	Ag	Sb	In	Bi	고상선	액상선		20℃	100℃
Sn-Pb-Bi	42	-	-	-	-	58	139	139	72.6	50.0	19.6
	15	33	-	-	-	52	96	96	-	-	-
	34	42	-	-	-	24	-	146	44.1	34.3	17.7
	43	43	-	-	-	14	143	163	-	-	-
	52	10	-	-	-	7.5	-	183	-	-	-
Sn-Pb-Sb	35.5	62.7	-	1.8	-	-	-	243	-	-	-
	30.5	67.9	-	1.6	-	-	-	250	-	-	-
	20.5	78.5	-	1.0	-	-	-	270	-	-	-
	5	92	-	3	-	-	-	285	-	-	-
	-	98	-	2	-	-	-	314	-	-	-
Sn-Pb-Ag	98.5	-	1.5	-	-	-	309	309	-	-	-
	96.5	-	3.5	-	-	-	221	221	-	37.8	22.6
	96	-	4	-	-	-	221	221	61.4	31.7	-
	96	-	5	-	-	-	-	250	55.1	-	-

Sn-Pb계 솔더는 솔더링 후 전자제품 사용중 발열에 의해 솔더링부의 온도가 높아져 연화되거나 강도가 저하될 수 있다.

(2) 금속간 화합물 형성

Sn계 솔더는 솔더링 시공중 기판, 리드와 반응하여 금속간 화합물을 형성한다. 금속간 화합물은 솔더링 시효온도 증가나 솔더링 유지시간이 길어짐으로서 두께가 증가한다. 두께가 증가할수록 금속간 화합물이 취성을 나타내 접합강도의 저하, 젖음성 불량, 전기 저항이 커져 전체적으로 부품기능이 저하되어 신뢰성이 떨어진다.

표 15-6. 금속간 화합물의 특성

구분	Cu_6Sn_5	Cu_3Sn	Cu_3Sn_4
열팽창계수($\times10^{-6}$)	16.3±0.3	19.0±0.3	13.7±0.3
열확산(cm^2/s)	0.145±0.015	0.24±0.024	0.083±0.008
열용량(J/gm/deg)	0.286±0.012	0.326±0.012	0.272±0.012
저항(μΩ-cm)	17.5±0.1	18.9±0.1	28.5±0.1
밀도(gm/cc)	8.28±0.02	8.9±0.02	8.65±0.02
열전도도(W/cm-deg)	0.341±0.051	0.704±0.098	0.196±0.019
비커스 경도(HV)	378±55	343±47	365±70
인성($MPa \cdot m^{-1/2}$)	1.4±0.3	1.7±0.3	1.2±0.1
세로탄성률(GPa)	85.56±16	108.3±4.4	133.3±5.6
전단탄성률(GPa)	50.21	42.41	45.0

표 15-7. 전자공업용 소재와 솔더 사이에 형성되는 금속간 화합물

금속	솔더의 성분							
	Sn	Pb	In	Ag	Cd	Bi	Sb	Zn
Al	–	–	–	Ag_3Al Ag_3Al	–	–	AlSb	–
Cd	–	–	–	–	AgCd Ag_5Cd_8 $AgCd_3$	–	Cd_3Sb_2 CdSb	–
Cu	Cu_3Sn Cu_6Sn_5	–	Cu_6In_4 Cu_6In_2 Cu_4In_3	–	Cu_2Cd Cu_5Cd_8 Cu_4Cd_3 $CuCd_3$	–	$Cu_{13}Sb_2$ Cu_2Sb	Cu_5Zn_6 CuZn
Au	Au_6Sn $AuSn_2$ AuSn $AuSn_4$	Au_3Pb $AuPb_2$	Au_4In AuIn Au_9In_4 $AuIn_2$	–	Au_3Cd $AuCd_3$ AuCd	Au_2Bi	$AuSb_2$	Au_3Zn AuZn $AuZn_3$

금속	솔더의 성분							
	Sn	Pb	In	Ag	Cd	Bi	Sb	Zn
In	InSn $InSn_4$	In_3Pb	–	Ag_2In AgIn	–	In_2Bi InBi	InSb	–
Fe	FeSn $FeSn_2$	–	–	–	–	–	Fe_3Sb $FeSb_2$	$FeZn_{13}$
Pb	–	–	In_3Pb	–	–	Pb_3Bi	–	–
Ni	Ni_3Sn Ni_3Sn_4 Ni_2Sn_2	–	Ni_3In Ni_2In NiIn Ni_3In_7	–	–	NiBi $NiBi_3$	Ni_5Sb NiSb Ni_3Sb $NiSb_2$ Ni_7Sb_2	NiZn $NiZn_3$ Ni_5Zn_{21} $NiZn_8$
Pt	Pt_3Sn $PtSn_2$ PtSn $PtSn_4$ Pt_2Sn_3	Pt_3Pb PtPb	–	Ag_3Pt $AgPt_3$ AgPt	–	–	Pt_4Sb	$PtZn_8$
Ag	Ag_6Sn Ag_3Sn	–	In_2Sn $InSn_4$	–	AgCd $AgCd_3$ Ag_5Cd_8	–	Ag_XSb_Y Ag_3Sb	AgZn Ag_5Zn_8 $\varepsilon-Ag_XZn$
Sn	Ag_6Sn Ag_3Sn	–	In_2Sn $InSn_4$	Ag_6Sn Ag_3Sn	–	–	SnPb	–
Zn	–	–	–	AgZn $AgZn_3$ Ag_2Zn_3	–	–	–	–

솔더중의 불순물 혼입은 솔더 정제과정 중 제거되지 않는 경우와 솔더링 중 다른 금속이 혼입될 경우가 있다. 정제과정 중 혼입되는 불순물은 솔더 성질이 변화되어 문제가 되어 산업규격(KS D 6704)에서 허용한도가 정해져 있다. 따라서 보통 솔더링 중에 혼입되는 경우가 문제가 되며, 불순물이 혼입되면 표면장력 및 젖음성이 저하되고, 브리지 및 솔더 산화물이 생겨 접합부에 나쁜 영향을 준다. 이들 원소는 Zn, Al, Cd, Sb, Bi 등이 있다. 드로스(Dross)는 용융 솔더의 표면에 생성되는 산화물, 황화물 같은 비금속 산화물

로서 웨이브 솔더링에 있어 솔더표면이 공기와 접촉시 산화되어 생기는 일종의 솔더 찌거기이다. 용융솔더의 산화속도가 빠르면 솔더 탱크내의 드로스 양이 증가한다. 또한 고온 및 시간이 지연될수록 용융 솔더의 표면이 클수록 드로스 양은 증가한다.

15-8. 불순물이 솔더에 미치는 영향

원소	영향
아연(Zn)	유동성 저하, 광택 없어짐, 프린트 기판에서 브리지 및 고드름 형성
알루미늄(Al)	유동성 저하, 표면광택 없어짐, 산화성 강화, 프린트 기판에서 브리지 및 고드름 형성
구리(Cu)	강도 및 점성 증가, 불용해성 화합물 형성, 프린트 기판에서 브리지 및 고드름 형성
안티몬(Sb)	인장강도 증가, 취성 발생, 전기저항 증가, 경도 증가
비스무스(Bi)	취성 발생, 융점저하, 표면광택 불량 *내한성 요구시 미량 첨가
인(P)	경화, 취성 발생, 유동성 증가
카드뮴(Cd)	취화, 표면광택 저하, 유동성 불량
비소(As)	표면이 검게 변색, 유동성 불량
철(Fe)	솔더중 용해 난이, 자성 유지
금(Au)	인성 및 충격값 저하, 외관 변색

(3) 무연 솔더

유사 이래 수세기 동안 솔더링 및 브레이징의 용가재로서 납재를 가장 많이 이용하였으며, 납은 저용융점을 갖는 인체에 흡수되어 장해를 유발하는 소재이다. 고대 로마시대 상하수도, 목욕탕의 배관, 식기로 사용한 귀족들은 납중독으로 유산, 불임을 초래하였다. 최근까지 전자기기, 반도체 부품과 프린트 기판에 납재를 사용하였으며, 폐기할 경우 하천 및 지하수를 오염시켜 음용수로 사용되어 섭취될 가능성이 많다. 플라스틱 패키지의 외장 솔더 도금 및 BGA(Ball Grid Array) 패키지의 솔더 볼(Solder Ball) 등과 같이 납을 함유하지 않는 무연솔더(Pb Free)의 개발로 납의 사용을 줄이기 위해 지속적으로 노력하고 있다.

표 15-9. 무연솔더의 종류 및 등급(KS)

무연솔더계	종류	등급	기호	참고		
				고상선온도℃	액고상선온도℃	비중
Bi-Sn계	Bi58Sn	A	S42Bi58A	약 139	약 139	약 8.7
Sn-Ag계	Sn96.5Ag	A	S96Ag3.5A	약 221	약 221	약 7.4
Sn-Sb계	Sn95Sb	A	S95Sb5A	약 235	약 240	약 7.3

무연솔더에 포함된 불순물도 기존의 납 성분을 포함하는 유연솔더에 포함된 불순물에서는 예상치 못한 악영향을 줄 수 있다. 예로써 Sn-3.5Ag-0.7Cu에 Cu와 Pd가 불순물로서 함유되면 브리지 발생을 증가시킨다. 또한 Pb 함유량이 증가되면 젖음성곡선의 영점시간을 감소시킨다. Pb함량의 증가는 Sn-Ag-Pb 또는 Sn-Bi-Pb 등의 저융점 원소를 형성하여 솔더링부의 고온강도 저하나 재용융에 의한 균열을 일으킨다. 따라서 무연솔더의 불순물 함량을 규정하고 있으며, 무연솔더의 종류에 따라 차이가 있으나 ISO나 JIS에서는 최대 약 0.05~0.1%로 규정한다.

표 15-10. ISO에서 규정한 무연솔더 중의 납(Pb) 허용값

종류	납(Pb)의 허용함량(%)
Sn95Sb5	0.10 Max
Bi57Sn43	0.05 Max
Sn99Cu1	0.10 Max
Sn97Cu3	0.10 Max
Sn50In50	0.05 Max
Sn96Ag4	0.10 Max
Sn97Ag3	0.10 Max

15.2.2 플럭스 열화와 부식

보통 금속은 공기와 접촉하면 표면에 산화물 층을 형성하여 솔더링성을 저해하므로 플럭스를 도포하여 산화물 층을 제거해야 한다. 도포된 플럭스는 솔더 온도에 도달하면 퍼지면서 제거된다. 플럭스는 솔더링 표면의 산화물을 제거하여 청정하게 하며, 시공시 재산화, 금속면의 장기보호 및 절연특성의 향상을 위하여 사용한다. 기본재로서 로진, 활성재로서 아민 및 아민염산염이 사용되고, 점도 조절용의 용제로서 알콜, 물이 사용된다. 플럭스의 분류는 로진계, 수용성, 무기계 및 유기계 로 구분되며, 그의 특성은 표 15-11과 같다.

표 15-11. 플럭스의 종류

구분	종류	특성
로진계	비활성로진	알콜, 석유용제로 액상 및 크림상 적용, 화학적 부식성이 약함
	활성로진	로진에 유산을 첨가하여 사용, 부식성
수용성	염, 산, 아민	부식성 강함, 고 도전성, 물세척 용이
무기계	염화아연계	부식성 강하여 시공후 온수 세척 필요
	염화아연-염화암모니아계	FeZn합금, 스테인리스강용, 부식성
유기계	글로타민산염산염 스테아린산염산염	열적 안정성 요구되는 부품접합에 적용, 구조용 및 전기기기용

로진계는 소나무의 송진을 정제하여 제조하며, 수지계는 전자기기에 많이 사용된다. 플럭스의 선정은 솔더와 모재의 종류, 솔더링 온도와 시간, 솔더링 후 플럭스 잔사의 부식성, 전기적 특성을 고려하여 선택해야 한다. 솔더링에는 수용성 및 비수용성 플럭중 환경 문제로 수용성이 권장되나 사용 후 부식성이 있어 수세, 중화 및 세정공정이 필요하다.

플럭스는 공기중의 산소를 흡수하면 성능이 저하되므로 주기적으로 교체해야 한다. 플럭스는 솔더링성을 향상시키나 사용 후 접촉불량, 부식 및 절연저항을 저하시키는 요인이 되므로 반드시 지정된 제품을 사용해야 한다.

VOC(Volatile Organic Compounds)는 탄소 화합물로서 공기중의 낮은 온도에서도 기화도기 쉽고 인체에 유해한 오존을 발생시킨다. 수용성 플럭스는 플럭스 작용을 향상시킨 강활성재이므로 솔더링성이 우수하여 결함이 적고 독성이 없어 많이 사용되나, 젖음성 및 건조성이 나쁜 특성을 갖는다.

15.2.3 솔더링성 향상을 위한 도금

금속 및 비금속 표면에 다른 금속을 사용하여 피막을 형성시키는 처리로서 실장부품을 솔더링 시공에 있어 전극에 도금을 한다. 도금에는 전기도금, 무전해도금이 많이 사용된다. 기타 진공증착도금, 음극 스퍼터링, 화학증착, 금속용사 등이 있다.

전기도금은 대량생산에 용이하고 도금층의 두께가 불균일하며 피도금물의 형상과 크기에 제한을 받는다. 한편, 무전해도금은 균일한 두께가 가능하고 형상 및 크기에 제한이 없고 도금공정이 간단하나 도금속도가 느리고 가격이 고가이다.

전기도금은 제품 모서부에서 전류밀도가 높게 작용하여 두껍게 도금되며 오목한 부분은 상대적으로 낮은 전류밀도로 도금두께가 얇아진다. 한편 무전해도금은 금속이온이 환원제에 의해 금속으로 석출되어 균일한 도금층을 얻을 수 있어 복잡한 형상 제품에 유리하다.

(a) 전기도금 (b) 무전해도금

그림 15.2 전기도금과 무전해 도금층의 비교

도금의 목적은 전극금속의 부식을 방지하고 젖음성 향상을 위하여 수행한다. 젖음성을 위해서는 Sn-Pb합금 솔더나 Sn도금, Pd도금, Au도금이 사용된다.

(1) 전기도금

전기도금은 전자부품, 장신구 등의 도금에 이용하며, 금속이온을 포함한 전해질 용액에 전류를 통과시켜 원하는 금속을 피도금체 상에 피복하는 것이다. 동을 전기도금 할 경우 양극(Anode)은 2개의 전자를 방출하면서 이온상태로 용액 중에 용해된다.

$$Cu \rightarrow Cu^{+2} + 2e^{-} \tag{15.1}$$

한편, 음극(Cathode)은 용액중의 Cu^{+2} 이온이 음극으로부터 2개의 전자를 받아 Cu로 석출한다.

$$Cu^{+2} + 2e^{-} \rightarrow Cu \tag{15.2}$$

도금층은 전류량을 조절하여 도금피막 두께를 조절하며, 솔더도금 표면이 평탄하며 두께가 70㎛ 정도이다.

(2) 무전해도금

무전해도금은 금속염과 가용성 환용제가 공존하는 용액에 피도금물을 접촉시켰을 때 얻어진다. 환원제의 산화에 의해 방출되는 전자가 금속이온에 전이하여 금속피막이 생긴다. 무전해도금은 외부전원을 사용하지 않고 환원제를 사용하여 촉매화 된 소재위에 스스로 금속 도금층을 형성하는 방법이다. 무전해도금은 금속 또는 비금속 표면에 다른 금속의 피막을 형성시켜 주는 공정으로서 전기 사용 없이 화학적 환원반응을 이용하므로 무전해도금이라 한다. Ni의 무전해도금은 Ni생성 반응이 일어나 부수적인 반응으로 H_2, P가 발생한다.

$$Ni^{+2} + H_2PO_2^{-} + H_2O \rightarrow Ni + H_2PO_3 + 2H^{+} \tag{15.3}$$

$$H_2O + H_2PO_2^- \rightarrow H_2 + H_2PO_3 \tag{15.4}$$

$$H_2PO_2^- + 2H^+ + e \rightarrow P + 2H_2O \tag{15.5}$$

무전해 도금액의 성분은 도금액 내에 함유된 금속이온으로 도금층을 형성하는 금속염이 있다. 또한 금속이온에 전자를 공급하여 촉매화 된 소재 표면을 금속화시키는 환원제, 도금 속도를 증가시키는 촉진제가 있다. 또한 전해액 속의 금속이온을 구속하여 도금속도를 지배하고, 수소이온에 의한 도금용액의 PH 변화를 막는 완충제가 있다. 그리고 도금의 자발적인 분해를 방지하는 안정제가 있다.

표 15-12. 각 도금층의 특성 및 용도

종류	특성	용도
Sn도금	전자부품 상층도금, 솔더 무연화로 이용 확대, 도금층 휘스커 문제 해결시 사용 확대	칩 부품 전극표면에 실용화, 전자기기는 3~8㎛ 두께
Ni도금	무전해 Ni도금층은 비정질 합금으로 균일한 도금 표면 얻음. 내마모성 및 내식성 우수	에지 커넥터 도금시 전기 Ni도금과 금도금하여 사용
Au도금	무연솔더와 젖음성 양호, 니켈합금, 무전해 니켈, 동합금에 대한 도금성도 우수	전자기판, 반도체 칩, 고밀도 실장기판의 전극표면 처리용
Pd도금	칩 부품의 전극도금에 솔더의 젖음성 향상 위해 Pd도금상에 극박막 Au도금하여 효율성 향상	금보다 가격 저가, 패키지 부품의 리드 프레임에 사용

(3) 무연도금

전자부품의 무연 솔더링 시공을 위해서는 무연도금이 반드시 필요하며, 무연솔더와 무연도금제는 접합성에 측면에서 큰 문제는 없다. 전자부품의 무연도금에는 Pd, Au, Ag, Sn, Sn-Bi, Sn-Cu 등이 있다. Sn 도금층의 단점은 표면에 발생하는 위스커로서 정도의 차이는 있으나 Sn 도금층에서 모두 발생한다.

(4) 도금 시공시 발생 결함

(가) 휘스커(Whisker)

전자부품 도금공정에서 발생하는 결함에는 휘스커(Whisker)와 리프트오프(Lift-off)가 있다. 휘스커는 Sn 또는 Sn합금의 도금면에서 성장하는 단결정과 유사한 수염형상의 결정질이다. 직경이 약 1～3㎛, 길이 0.1～5mm의 섬유상으로서 매월 약 1mm씩 성장하며, 회로에서 단락을 일으켜 고장을 유발시킨다. 방지 대책으로는 도금 후 열처리나 용융처리를 하여 최소화시켜야 한다.

(나) 리프트오프(Lift-off)

Bi가 수 % 함유된 Sn계 솔더를 사용하면 솔더링부에는 수 ㎛～수 십㎛ 정도로 Bi가 미세편석 된다. 편석된 Bi는 저융점 합금을 형성하여 솔더가 응고될 때 액상으로 잔류하여 솔더의 응고수축 또는 리드의 열 수축에 의해 솔더와 계면사이에 박리를 유발하는 결함으로 양면 기판을 사용할 경우 자주 발생된다. 방지 대책으로는 솔더링 시공에 있어 급랭시키고, 고액공존 영역이 작은 솔더를 선택하며, 편면 기판을 사용해야 한다.

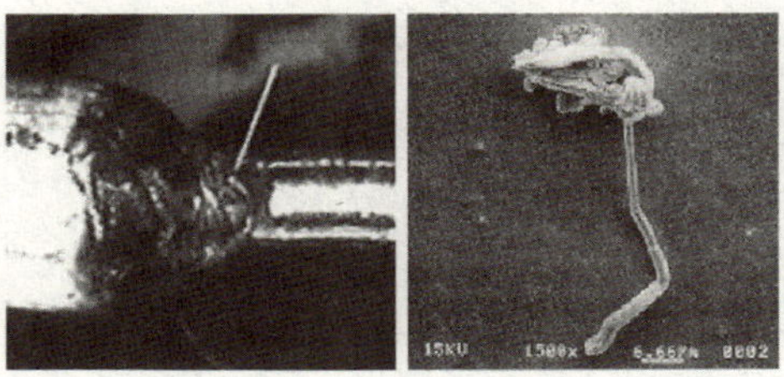

(a) Sn 도금면에 성장하는 휘스커

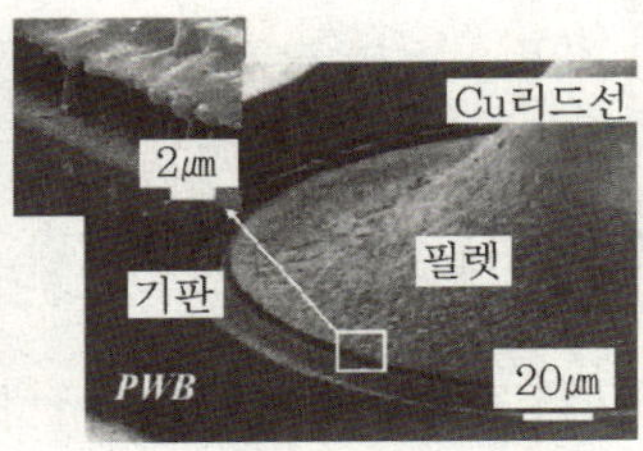

(b) 리프트오프

그림 15.3 도금 공정시 발생 결함

15.3 솔더 공정과 솔더부 평가

15.3.1 웨이브(Wave) 및 리플로(Reflow) 솔더링 장치

(1) 웨이브 솔더링 장치

웨이브 솔더링 장치는 분류식 솔더 액조(Solder Bath)를 갖는 자동 솔더링 장치로서 플럭서, 프리히터, 솔더조, 냉각팬 및 컨베이어로 구성되어 있다.

(가) 플럭서(Plexer)

플럭서는 프린트 배선판에 플럭스를 도포하는 장치로서 발포식과 스프레이식이 있다. 발포식은 플럭스 조에 발포관을 담가 공기를 불어넣어 작은 기포가 플럭스를 묻혀 올리는 방식으로 도포 두께의 조절이 어렵고 플럭스 사용양이 많아지는 단점을 갖는다. 한편 스프레이식은 자동분사 노즐에 플럭스를 분무상으로 기판에 뿜어내 도포막이 얇고 균일한 장점이 있다.

(나) 프리히터(Pre-heater)

프리히터는 솔리링 전에 기판과과 부품을 예비 가열하는 장치로서 솔더부에 휘발성 물질을 제거하며 플럭스의 활성화를 도와준다. 또한 기판이 납조에 삽입시킬 때 열충격에 의해 변형되거나 열 손상을 방지해 준다.

(다) 솔더 액조(Solder Bath)

솔더 액조는 분류식 조로서 스테인리스강재로 제작되며, 솔더링 제품기판에 따라 형상이 다르고 노즐과 웨이브 포머를 사용하여 조절한다. 웨이브는 기판의 이동방향 결정과 가스유입을 방지하는 진입부, 솔더 면에 솔더링되는 침지부, 기판이 솔더링 후 제품이 배출되는 탈출부로 구성된다.

(라) 냉각팬(Cooling Fan)

솔더링 후 강도의 향상과 탑재된 전자부품의 열충격을 방지하기 위하여 솔더를 빨리 응고시킬 필요가 있다. 또한 리프트오프(Lift-Off)의 발생 방지를 위해서도 냉각속도를 신속히 수행하기 위한 팬이며, 냉각은 공랭과 냉매를 사용하는 방식이 있다.

(마) 컨베이어(Conveyer)

컨베이어는 솔더링시 기판의 이송장치로서 폭 250～400mm, 이송속도 1～2m/min로서 솔더링 품질에 큰 영향을 준다.

(2) 리플로 솔더링(Reflow Soldering)

(가) 리플로 솔더링 가열

리플로 솔더링은 프린트 배선관 위에 솔더볼 또는 페이스트상 솔더를 두어 인쇄하고, 그 위에 표면실장 부품을 장착하여 페이스트 솔더를 가열한다. 가열은 열풍 가열, 적외선 가열이 있으며, 불활성 유기용제의 잠열을 이용하는 유기용제를 가열 비등시킨다. 포화증기 분위기에서 솔더링하는 포화증기가열법, YAG나 CO_2레이저 이용의 레이저 가열법이 있다.

(나) 리플로 솔더링 공정

리플로 솔더링 공정은 솔더 페이스트의 기판에 인쇄, 부품의 기판상에 탑재, 예비가열, 본가열, 냉각, 검사공정의 순서대로 시공된다. 온도조절에 있어서 승온은 상승속도 2～3℃/sec이며, 예열은 150～180℃에서 약 1～2분 정도이다. 한편, 본가열은 Sn37Pb 솔더는 220～240℃정도 이며, 무연솔더인 경우는 230～250℃에서 10～30초 정도이고, 냉각은 냉각속도 3℃/s 이상으로 수행해야 한다.

그림 15.4 웨이브 솔더링 장비

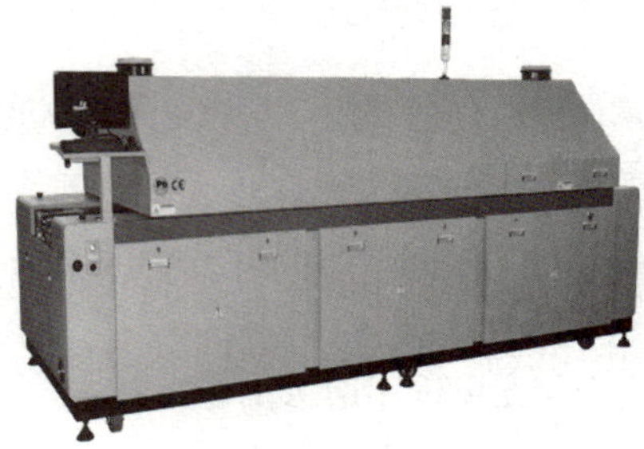

그림 15.5 리플로 솔더링 장비

15.3.2 솔더 소재의 시험검사

(1) 솔더링부의 신뢰성

전자제품의 고 집적화와 솔더의 무연화에 따라 솔더링부의 평가와 신뢰성에 관심을 받고 있다. 솔더링 제품의 신뢰성과 품질관리를 위해서는 시공시 공정관리와 제품을 평가할 수 있는 시험검사가 중요하다. 시험검사는 부품이나 제품의 설계, 구입과 관련한 성능 평가, 완제품까지 적용해야 한다. 솔더링의 신뢰성과 관련되는 인자는 이음부 형상 설계 등과 같은 설계인자, 솔더링 조건 등과 관련되는 공정인자 및 솔더 재료의 상태 등와 관련되는 관리인자가 있다.

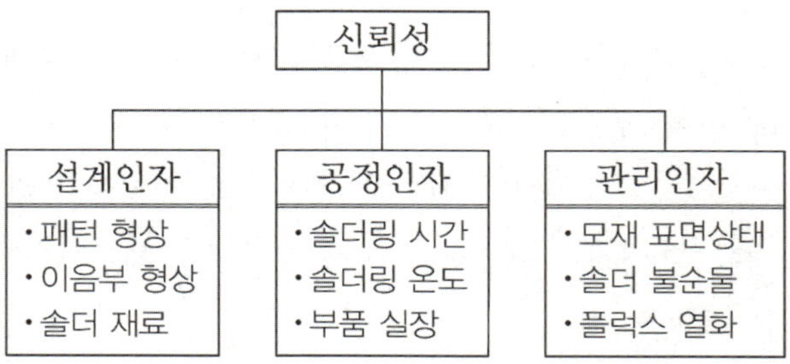

솔더링 관련의 소재는 솔더, 플럭스, 기판 및 기판 패턴으로서 이들의 종류와 형상, 상태가 시공에 큰 영향을 준다. 솔더는 용가재의 종류, 등급과 그에 따른 기호, 모양과 직경에 따라 다르다.

(2) 솔더의 퍼짐성 및 젖음성 시험

솔더를 20～50mm^{2}의 모재에 250±5℃에서 용융시켜 솔더가 젖어서 퍼진 면적, 퍼짐율, 접촉각을 평가한다. ASTM B 545는 식 15.6과 같이 정의한다.

$$S = \frac{(D-H)}{D} \times 100\% \tag{15.6}$$

여기서 S는 퍼짐율, H는 퍼진 솔더 높이(mm), D는 솔더를 구형으로 만들었을 때, 직경(mm)을 나타낸다. 한편 $D = 1.24\,V^{-1/3}$ 이며, V는 구의 부피를 나타낸다.

삽입실장 부품의 무연 솔더의 젖음성 시험은 솔더온도 245±3℃, 침지깊이 2mm에 대해 1.75～2mm/s의 침지속도로 시험한다.

(3) 솔더 페이스트 시험검사의 종류

솔더 페이스트는 솔더분말과 페이스트상 플럭스의 혼합물로서 솔더합금은 Sn-Pb, Pb-Sn, Sn-Pb-Bi, Bi-Sn, Sn-Pb-Ag, Sn-Ag, Sn-Sb, Pb-Ag, Pb-Ag-Sn가 있다. 주요시험은 솔더분말 형상, 표면 상태, 플럭스 중의 불화물 함유시험 등이 있다. 또한 절연저항 시험은 시험온도 40±2℃, 상대습도 90～95%에서 168시간 실시한다. 기타 플럭스 잔사에 의한 부식성 시험, 솔더 페이스트의 인쇄성 시험, 인쇄시 슬럼프 시험, 점착성 시험, 솔더볼 시험, 리플로 후 솔더 페이스트 잔사의 점착성 시험, 세정성 시험 등이 있다.

(4) 부식시험

플럭스 중의 수지계 플럭스의 부식시험으로 동판 부식시험, 동세선 부식시험, 등 도금판 부식시험이 있다. 동판 부식시험은 동판에 플럭스 잔류분의 내습성을 시험하는 것으로 상대습도 90～95%, 시험온도 40±2℃에서 96시간 실시한다. 동세선 부식시험은 직경 0.3mm 동선을 플럭스에 침지 또는 플럭스에 동선을 도포하여 부식성을 조사하는 것으로 상대습도 45～55%, 시험온도 23±2℃에서 24시간 실시한다.

플럭스에 대한 다른 시험은 건조도, 점도, 비중, 염소함량, 절연저항, 수용액저항, 전압인가 내습성시험 등이 있다.

15.3.3 솔더링 후의 검사

솔더링 후 접합부 검사는 비파괴검사, 파괴검사, 신뢰성 검사가 있다. 근래 전자제품의 고집적화와 솔더의 무연화 추세에 따라 솔더링부의 신뢰성은 PCB(Printed Circuit Board)에 전기적 및 기계적 접합에 전자 패키징에서 중요한 요소이다.

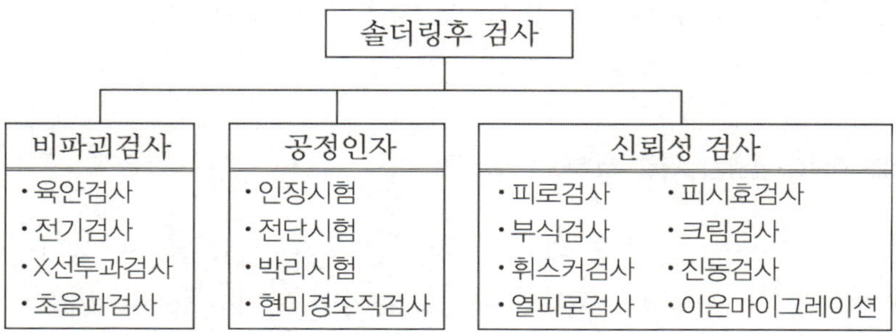

(1) 비파괴검사

(가) 육안검사

확대경이나 저배율 현미경을 이용하여 솔더의 젖음, 모재의 청정도, 가열온도와 관련된 솔더의 흐름 상태와 형상을 검사한다. 광택의 매끄러운 정도로서 솔더 중의 불순물, 솔더링 온도와 관계를 파악한다. 균열 및 핀홀 유무로서 잔류응력, 청정도, 온도상승 불균형의 관계를 파악한다. 솔더 두께와 리드선 형상으로 청정도, 가열온도, 가열시간과의 관계를 파악하며, 기타 부품의 이탈정도를 육안검사로 수행한다.

(나) X선 검사

방사선을 이용한 비파괴검사로서 균열을 탐상할 수 있으며, 균열은 솔더의 응고수축시 불순물이 결정입계에 발생한다. 기공, 기포는 X선 필름상에서 검게 나타나며, 솔더응고시 기체의 용해도 감소로 발생된다. X선 검사는 BGA(Ball Grid Array)나 PCB에 실장된 부품단자의 접합상태를 효과적으로 검사할 수 있다.

(다) 전기검사

전기검사는 정상적인 회로인지 또는 부품이 정상작동 여부를 시험하는 회로시험과 기능검사로 구분하여 검사한다. 전압과 전류의 위상차 관계를 이용하여 저항값, 정전용량, 인덕턴스 값을 측정한다. 회로시험에는 회로단락, 오픈, 미접합에 의한 통전불량으로 나타난다. 미소균열에서 리드선의 솔더 부착, 플럭스 부착 등을 파악할 수 있다. 또한 실장부품의 열적손상으로 인한 부품의 특성열화, 플럭스 분해가스에 의한 부품의 부식, 변질 등을 파악할 수 있다. 기능검사에서는 솔더링 후 PCB의 전자부품의 설계사양 대로의 기능 여부를 입출력 측정값을 평가하거나 실제 측정값을 기준값과 비교하여 검사한다.

(2) 파괴시험

(가) 인장시험

솔더링 접합부의 강도를 파악하기 위한 시험으로 솔더링 기판과 45° 방향으로 접합된 리드를 시편파괴 시까지 일정속도로 당겨 시험한다. 재료의 강도(σ)는 최대의 인장하중(W_{max})을 단면적(A)으로 나누어 구하며, 시험방법은 그림 15.6과 같다.

$$\sigma = \frac{W_{\max}}{A} \tag{15.7}$$

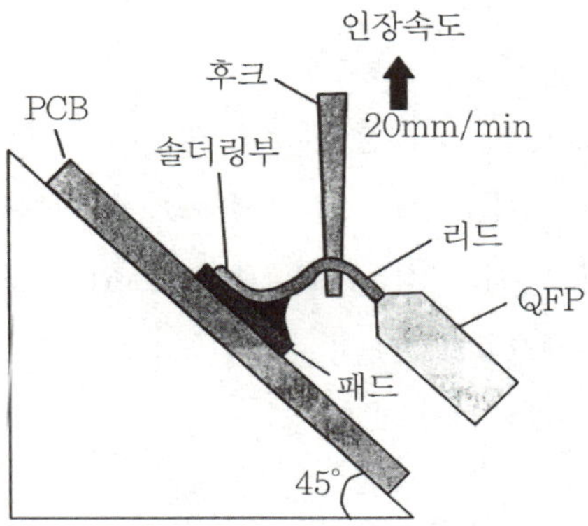

그림 15.6 인장시험

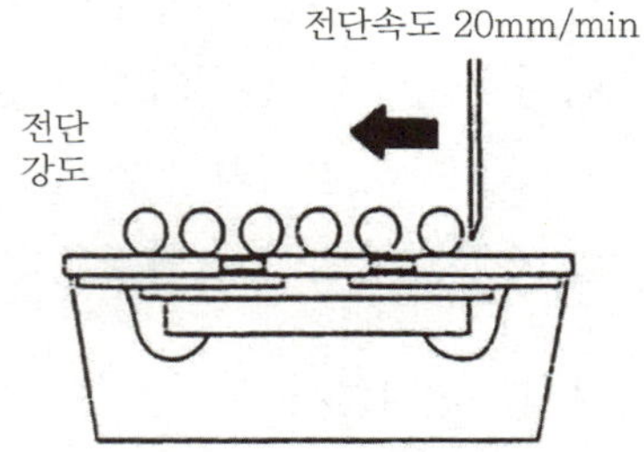

그림 15.7 전단시험

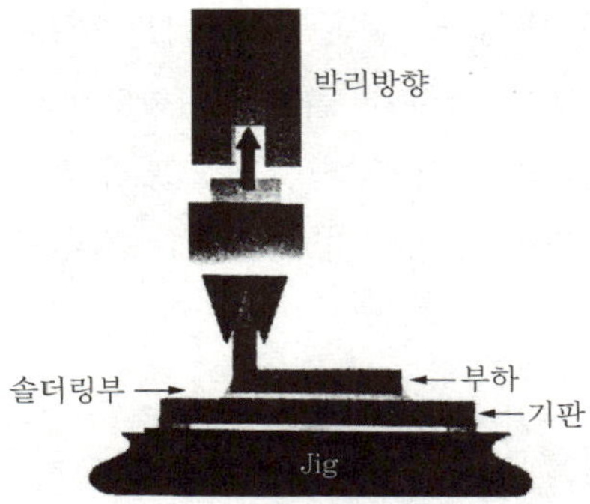

그림 15.8 박리시험

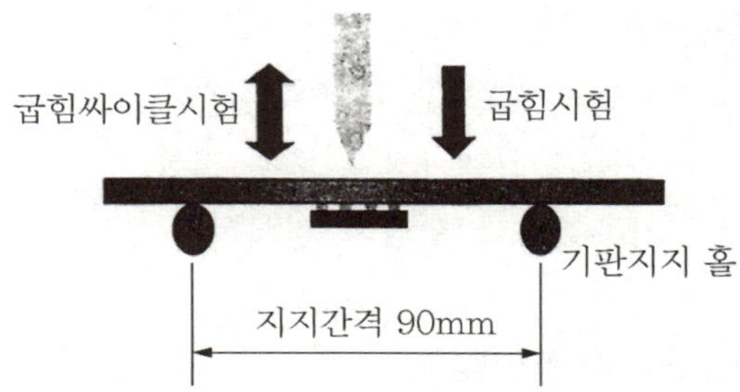

그림 15.9 실장부품의 굽힘시험

(나) 전단 시험

솔더불, 솔더링부 및 접합부의 파단이 계면을 따라 발생하므로 접합계면의 특성 파악에 도움이 되는 시험이다. 접합강도, 파단형상, 기공유무를 파악할 수 있다. 솔더볼 전단시험은 시험장치의 탐촉자와 기판의 거리를 0.05mm이상, 볼지름의 1/4이내, 볼 접합부 높이에서 볼 반지름을 뺀 값의 1/2만큼 간격을 유지하도록 한다.

(다) 굽힘시험

기판은 사용중 휘는 현상이 생기므로 굽힘상태에서 전자부품의 접합강도 측정에 사용된다. 굽힘시편의 간격은 45mm 또는 90mm에서 하중의 부하속도 5mm/min로 수행한다.

(라) 박리시험

솔더링 부품을 당겨서 박리시켜 전자부품 접합부의 접합강도를 정량적으로 평가하는 시험이다. 파단상태에서 충분한 강도인지 여부, 접합계면의 박리, 기판접합의 단자막의 강도, 레진의 유기피막의 박리강도 평가에 사용된다.

(3) 신뢰성 시험

(가) 크리프 시험

고온에서 부재에 하중이 가해지면 시간의 경과에 따라 소성변형이 증가하는 현상으로 솔더링 부품의 사용온도는 100℃ 이상이 되므로 실제 크리프현상이 발생한다. 크리프 수명을 확보하는 크리프 허용응력(τ)은 다음과 같다.

$$\tau = A - T(\ln t_R + B) \tag{15.8}$$

여기서 T는 사용온도(K), t_R은 파단 시까지의 시간을 나타낸다.

(나) 피로 시험

부재의 파괴응력보다 작은 응력이 반복 작용하여 파괴에 이르는 피로는 일정 진폭을 갖는 응력을 재료에 가하여 파괴시까지 반복횟수를 구한다. 피로수명은 재료에 가해지는 응력범위나 소성변형 범위의 지배를 받는다.

(다) 열피로 시험

솔더링부가 온도변화를 받을 때 접합부 재료의 열팽창계수 차이에 의해 열변위가 솔더링부에 걸리는 현상이다. 열피로 부위의 열변위(Δl)는 기판과 부품의 열팽창계수차($\Delta\alpha$)와 온도차(ΔT)와 부품 중심부에서 최외각 접합부까지의 거리 l에서 $\Delta l = \Delta\alpha\Delta Tl$의 관계를 갖는다.

(라) 마이그레이션(Migration)

가동 중인 전자기기 부품 단자의 양극금속이 이온으로 용출하여 수지상 모양으로 석출하여 회로단락이나 고장을 유발하는 현상을 검사한다.

(마) 휘스커 시험

휘스커는 Sn합금의 도금면에 성장하는 단결정의 수염형상의 결정질로서 회로단락 및 고장을 일으키는 요인이 된다. 휘스커는 도금의 밀도가 높고, 고온일 경우 발생이 용이하다. 삽입실장 및 표면실장 부품에서 위스커 실험은 최소유지온도 -35±5℃, 최고유지온도 105±5℃, 최소 7분 동안 시험 사이클 500±4의 회수로 시험한다.

(바) 현미경 조직검사

솔더링 접합부를 다이아몬드 휠 커터로 절단후 연마, 부식시켜 대략 50～1,000배에서 관찰한다. 솔더금속, 리드, 동 패드 등이 용융, 응고, 시효과정에서 기체와 반응, 결함, 확산을 통하여 금속간 화합물, 성장과정을 관찰할 수 있다. 미세조직은 전자주사현미경(SEM)을 이용하여 100,000배의 배율에서 석출물, 미세결함 등을 관찰한다.

15.4 브레이징 기술

15.4.1 브레이징 기초

브레이징은 솔더링과 동일하게 모재의 용융없이 모재와 용가재와의 반응으로 접합부 계면에서 합금층의 생성반응에 의해 접합된다. 특히 솔더링 보다 높은 강도의 제품, 수밀과 기밀이 요구되는 이종부재, 다른 형상의 부재에 대하여 시공된다.

금속재료 브레이징은 금속결합에 가깝지만 실제 금속표면의 산화막, 오염 정도에 따라 이음성이 달라지므로 용가제와 모재간의 젖음성, 계면확산에 의한 합금생성에도 관련된다. 따라서 금속재료 결합인 고용체합금, 공정합금 및 금속간 화합물합금과 같은 결합이 된다. 또한 두 금속간 상태론적 고온에서 액상이나 고상에서 전혀 용해, 접합되지 않는 경우와 달리 Ag-Fe, Bi-Fe 접합이 된다. 이것은 중간층이 없고 접촉면에서 전자분포가 변하여 계면에너지 감소 후 결합력이 생겨, 접합되는 부착형 접합이 적용된다. 많은 실용금속에서 액상금속에서 고상으로 응고시 고용, 공정, 포정, 편정반응처럼 금속간 화합물이 생성되는 복합형 접합도 일어난다.

표 15-13. 브레이징 방법과 플럭스 용융범위, 플럭스 번호(ALCOA)

구분	특성	플럭스 용융범위(℃)	플럭스 No
토치 브레이징	소형부품에 적용, 국부 가열이 용이, 온도제어 및 자동화가 난이, 플럭스를 사용하여 대기 중에서 시공	490~595	33
로 브레이징	중 · 소형부품에 적용, 온도제어 및 자동화가 용이, 플럭스를 사용, 브레이징 로(爐) 사용	510~585	53
		545~570	105
침지 브레이징	대형 열교환기에 적용, 용융 플럭스 사용	482~555	34
		350~503	501
진공 브레이징	중형 열교환기에 적용, 온도제어 용이, 자동화로 생산성 향상	-	플럭스 미사용
불활성가스 브레이징	중형 열교환기에 적용, 온도제어 용이, 자동화로 생산성 향상	-	플럭스 미사용

15.4.2 이음부 설계

(1) 기본 이음의 형상

브레이징의 이음부는 모재의 배치에 따라 중첩이음, 맞대기이음, 혼합이음이 있다. 모재의 강도보다 용가재 강도가 낮아 이음부 형상과 접합부 틈새간격은 이음강도에 큰 영향을 준다. 따라서 맞대기 이음보다는 중첩이음이 많이 사용되며, 중첩길이가 크면 접합강도가 증가하나 모재 및 용가재의 소모가 많게 된다. 중첩이음의 단차부에는 응력집중으로 인한 강도저하의 최소화를 위하여 용가재로 필렛부를 형성시킨다. 보통 이음부 간격이 0.05~0.2mm정도로 하여 모세관현상이 잘 일어나도록 하여 건전한 접합부를 형성해야 한다. 맞대기이음은 접합 면적이 작아 접합강도가 약하다. 만일 접합면이 45도 만나는 사선이음이라면 맞대기이음의 1.4배 이음면적을 가져 접합강도가 다소 크나 시공이 어려워 중첩이음이 많이 사용된다.

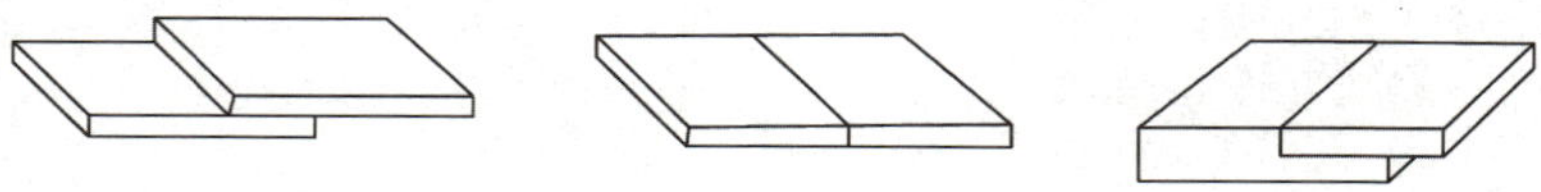

(a) 겹침이음 (b) 맞대기이음 (c) 혼합이음

그림 15.10 판재 브레이징 기본이음의 형태

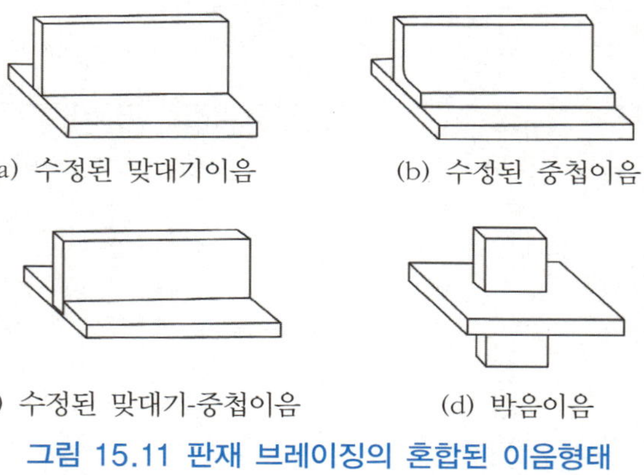

(a) 수정된 맞대기이음 (b) 수정된 중첩이음

(c) 수정된 맞대기-중첩이음 (d) 박음이음

그림 15.11 판재 브레이징의 혼합된 이음형태

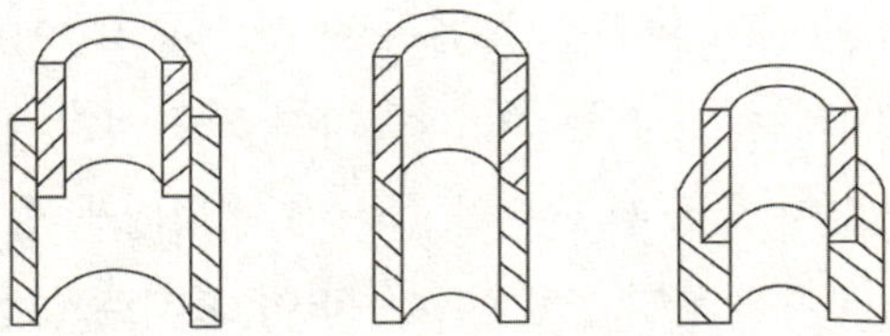

(a) 중첩이음 (b) 맞대기이음 (c) 혼합이음

그림 15.12 튜브 브레이징 기본이음의 형태

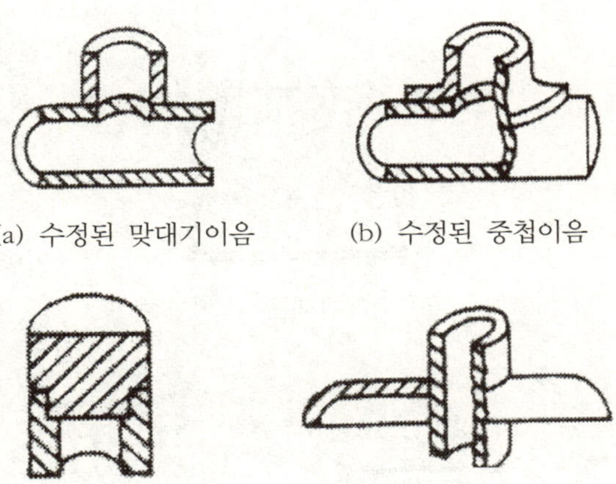

(a) 수정된 맞대기이음 (b) 수정된 중첩이음

(c) 수정된 맞대기-중첩이음 (d) 박음이음

그림 15.13 튜브 브레이징의 혼합된 이음형태

(2) 이음부 강도

브레이징 이음부의 강도는 모재강도, 용가재 두께, 브레이징 면적이 강도에 영향을 준다. 두 판재가 맞대어져 접합될 때 접합부 면적 A, 인장하중 W가 작용할 때 브레이징부의 이음강도 $\sigma = W/A$가 된다. 또한 중첩이음에서 두 판재가 전단면적 A, 작용하중이 W가 작용하면 전단응력 $\tau = W/A$가 된다. 만일 사선으로 만나는 두 판재의 이음에서 접합강도와 이음각도는 민감하게 작용되며, 10도이하인 경우 인장강도로 간주되고, 10도 이상은 전단강도로 되어 접합강도가 크게 저하된다. 또한 탄소강의 황동 브레이징과 같이 모재의 강도가 용가재의 강도보다 상대적으로 커도 용가재에서 발생된 균열이 모재쪽으로 전파된다. 따라서 접합부의 응력집중을 피하고 건전한 필렛부를 형성해야 한다.

그림 15.14(a)와 같이 판제에 환봉을 브레이징 할 경우 (b)에서 수직방향인 W방향으로 하중이 걸리면 F지점에서는 인장응력이 작용하여 파단되어 점차 이음부 전체로 균열이 진전된다. 그림 (c)와 같이 환봉과 판재가 동시에 변형되게 형상을 설계하는 방안으로 환봉에 테이퍼를 주어 브레이징 한다. 그 경우 응력이 모재로 분산되어 환봉 끝이 판재와 함께 변형되어 F지점에서 파단을 어렵게 한다. 또한 노치효과를 피하기 위해 형상을 변경하는 방안을 고려할 수 있다.

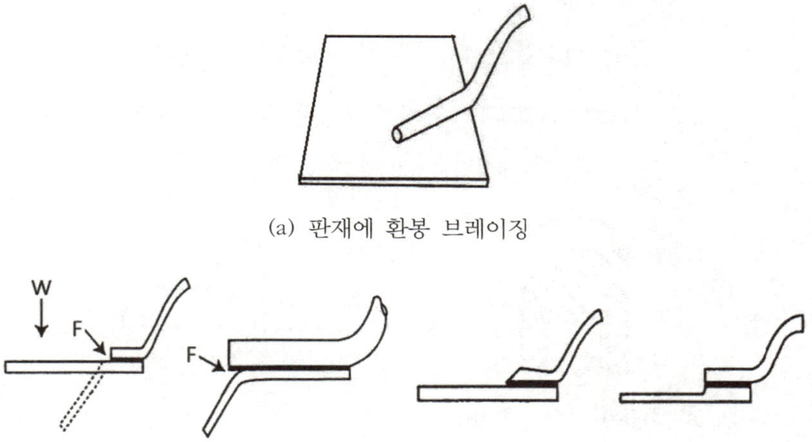

(a) 판재에 환봉 브레이징

(b) 응력집중을 받는 형태 (c) 응력집중 완화의 이음방안

그림 15.14 판재와 환봉 브레이징에 있어 응력집중의 완화 방안

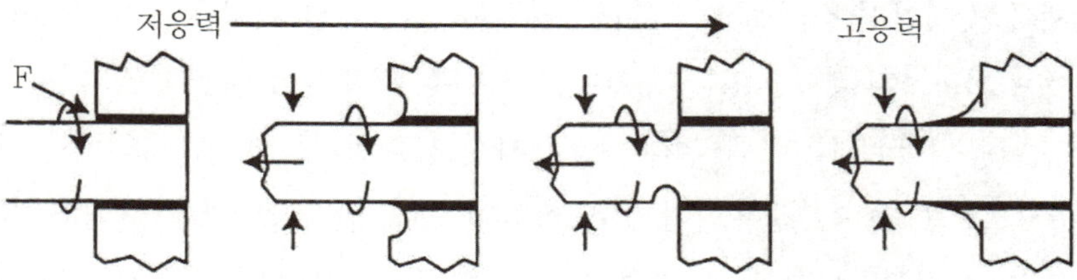

그림 15.15 브페이징 접합부의 응력완화 이음설계

그림 15.15와 같이 판재에 회전축을 삽입시켜 브레이징 할 때 응력집중을 회피하는 방안으로 글로브를 두면 응력분산으로 접합강도 증가하며, 그림의 좌측에서 우측으로 갈수록 접합강도가 높은 이음형상이 된다.

(3) 접합 간격

플럭스는 접합부 청정작용과 더불어 액상 삽입금속이 모세관 현상으로 흘러 대체작용을 하도록 모재간의 적절한 접합간격이 필요하다. 접합간격이 좁으면 플럭스가 억류되어 개재물이 되어 접합강도가 저하한다. 또한 너무 넓으면 액상 삽입금속이 유동성이 약화되어 플럭스가 잔류하게 된다. 그림 15.16에서 플럭스 종류와 접합간격에 따른 접합강도의 변화를 나타낸 것이다. 그림에서 가스플럭스가 좁은 간격에서 광물플럭스 보다 매우 우수한 접합강도를 보여준다.

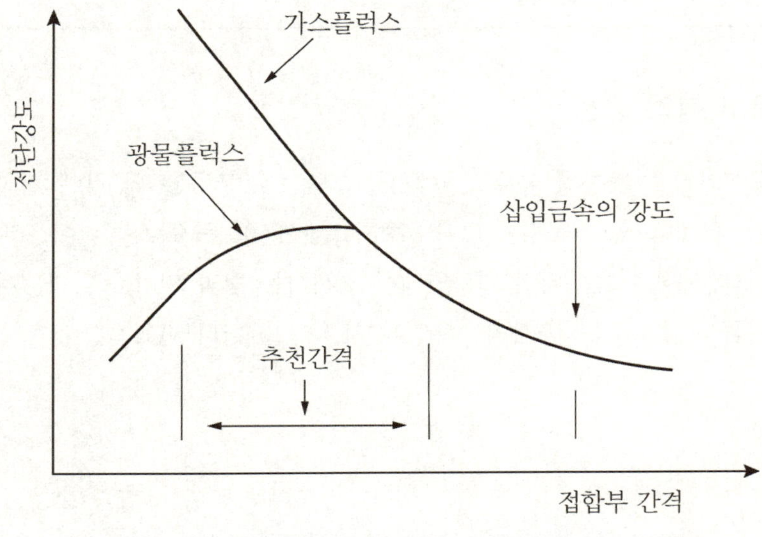

그림 15.16 접합부 간격과 플럭스와 접합강도와의 상관관계

표 15-14. 브레이징 온도에서 적절한 간격 예(튜브, 링, 플러그 부품)

삽입금속	접합간격	비고
BAu	0.05~0.13 0.00~0.05	광물플럭스 사용 분위기 브레이징
BAg	0.05~0.13 0.00~0.05	광물플럭스 사용 분위기 브레이징, 가스플럭스 사용
BCu	0.00~0.05	분위기 브레이징
BAlSi	0.05~0.20 0.20~0.25	6mm보다 짧은 겹침이음 6mm보다 긴 겹침이음
BCuP	0.03~0.13	플럭스와 무관계
BCuZn	0.05~0.13	광물플럭스 사용
BMg	0.10~0.25	광물플럭스 사용
BNi	0.05~0.13 0.00~0.05	일반적인 경우 분위기 브레이징

(4) 이음부 작업 공정

이음부 브레이징을 위하여 설계도면에서는 그림 15.17의 (a)와 같이 접합간격(Cl), 겹침부 길이(L), 필렛크기(S), 공정기호(TB: 토치브레이징) 등 요구되는 이음부를 나타냈다. 그림 (b)는 브레이징 이음부의 설계도면에서 표시하는 법과 위치를 나타냈다. (c)는 요구되는 중첩이음부 및 (d)는 중첩이음부의 설계도면을 나타냈다.

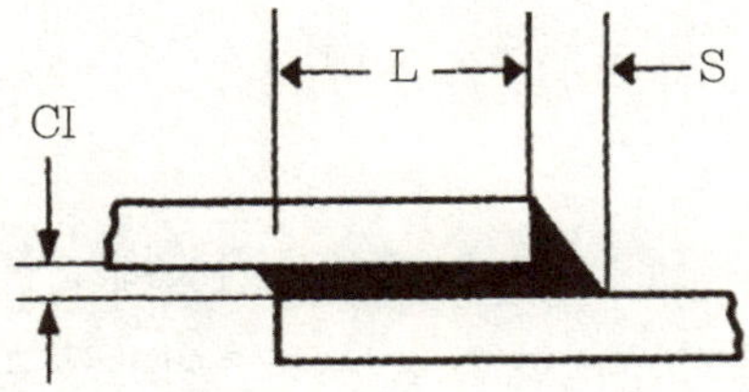

(a) 요구되는 브레이징 이음부

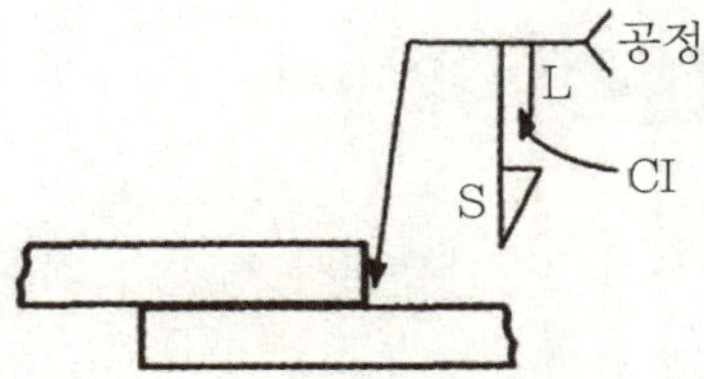

(b) 브레이징 이음부의 설계도면

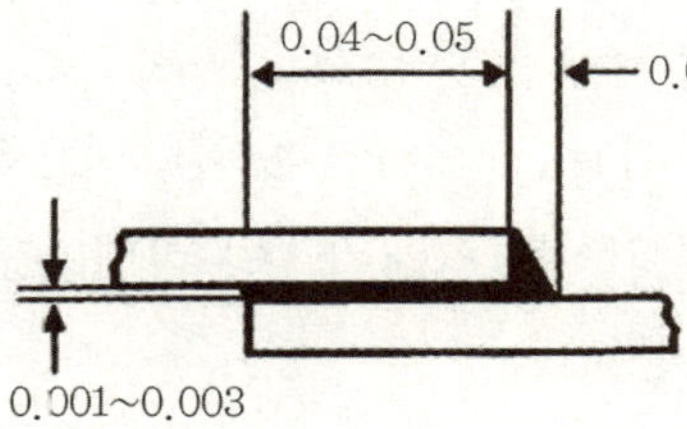

(c) 요구되는 중첩이음부

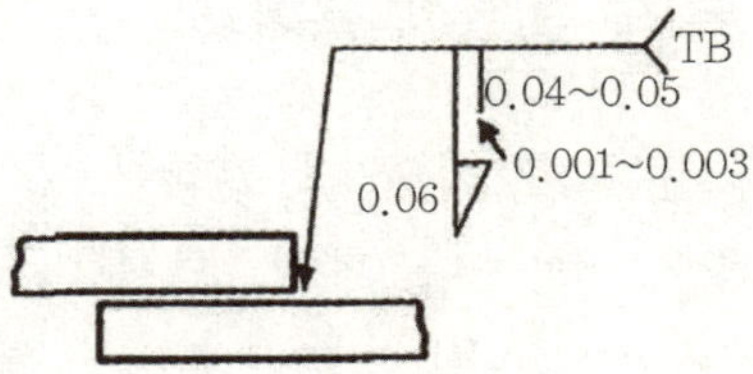

(d) 중첩이음부의 설계도면

그림 15.17 브레이징 제조의 설계도면 표시

표 15-15. 브레이징 공정의 기호

공정	기호
적외선 브레이징	IRB
토치 브레이징	TB
로 브레이징	FB
유도 브레이징	IB
전기저항 브레이징	RB
침지 브레이징	DB
적외선 브레이징	IRB
트윈-카본아크 브레이징	TCAB
블록 브레이징	BB
유동 브레이징	FLB

15.4.3 용가재

용가재는 접합부에서 적절한 기계적, 물리적 성질을 갖고, 브레이징 온도에서 유동성이 우수해야 한다. 모재에 젖음성이 우수하여 강하고 건전한 접합부를 얻어야 하며, 주요 용가재의 특성은 다음과 같다.

(1) 동 및 황동계 용가재

동계는 구리 86.5% 이상 함유된 용가재로서 탄소강, 합금강, 스테인리스강, 니켈합금의 브레이징에 이용된다. 페이스트 상의 동계 용가재는 작업성과 강도가 우수하며, 수소 및 암모니아 가스 등의 분위기에서 로 브레이징에서 사용한다.

(2) 황동계

동과 아연의 합금으로서 아연 60%까지 인장강도가 증가하며, 철합금, 동합금, 니켈합금의 브레이징에 이용된다. 동계 및 은계 용가제 보다 내부식성, 내진동성이 떨어진다. 250℃이상에서 인장강도가 약하며, 용융온도 820～930℃로 높다. 과열시 Zn이 증발하여 기공을 형성한다.

(3) 인동계

공정온도 714℃이며, 동(78～95%)-인(4.5～8%)-은 (15%이내)의 합금인 인동계 용가재는 은계 용가재 다음으로 널리 사용된다. 플럭스 없이 동 브레이징 할 수 있으며, 저합금 브레이징에 있어서는 플럭스는 필요로 한다. 인 함유량이 8.4%이면 액상선 온도가 낮아지고 유동성이 좋아지나 가공성은 나빠진다.

(4) 알루미늄계 용가재

알루미늄과 규소(Si)의 공정합금을 기본으로 Cu, Mg을 첨가하여 융점저하나 성능을 개선한 것이다. 알루미늄계 용가재는 용융점이 600℃로 모재 융점에 가까워 시공중 모재가 용융되기 쉬워 작업성이 나쁘며, 진공 브레이징에 적용된다.

(5) 금계 용가재

금계 용가재는 융점이 983～1020℃로서 융점이 높고 가격이 고가로서 금, 은, 구리를 주성분으로 하여 아연, 니켈 등을 첨가하기도 한다. 장식용, 치과용, 내열 및 내식성에 중점을 두는 산업용이 있다. 산업용 금계 용가재는 금-동-니켈-은 등의 합금으로 전자관용, 군수용, 항공기용으로 사용된다.

(6) 은계 용가재

은-동을 주성분으로 하여 동, 니켈, 철강 등의 여러 금속과 세라믹, 흑연 등 비금속 브레이징에 사용된다. 기본 조성은 Ag-Cu, Ag-Cu-Zn에 Ni, Sn, Cd, In, Mn 등이 첨가된다.

(7) 니켈계 용가재

Ni 및 Ni-Cu합금의 유동성, 융점 저하를 위해 Si, B, P을 첨가한 것으로 기본적으로 Ni-B-Si, Ni-P계이다. 고온강도가 우수하여 내산화성, 내식성이 요구되는 것에 사용되며, 스테인리스강, 니켈 및 코발계 합금 등 내열성이 요구되는 부품 접합에 이용된다.

15.4.3 플럭스와 브레이징 분위기

브레이징용 플럭스는 브레이징 공정중 모재와 용가재 표면의 산화물을 제거하는 역할을 한다. 플럭스 선정에 있어서 잔류 플럭스의 제거가 용이하고, 모재와 용가재에 대한 부식이 최소로 발생되어야 한다. 또한 저항 브레이징에 있어서는 전류의 통로가 되어야 하며, 주요 플럭스의 특성은 다음과 같다.

(1) 붕산(H_3BO_3)

붕사보다 산화물 용해 능력이 약하므로 붕사와 혼합하여 사용되며, 370℃에서 연화하여 700℃에서 완전 용융한다. 브레이징 후 유리질 플럭스 잔사를 제거하기 쉽도록 첨가된다.

(2) 붕사

결정수를 포함하는 붕사($Na_2B_4O_7 \cdot 10H_2O$)는 400℃에서 탈수되고 약 700℃에서 용융되어 금속산화물을 용해하며, Al, Cr, Mg 산화물에 대해서는 산화물 제거효과가 없다.

(3) 불화물

융점 860℃인 KF, 융점 939℃인 NaF가 사용되며, 금속산화물에 대해 청정작용이 강하여 많이 사용된다. 불화물은 붕사의 유동성을 증가시키기 위해 첨가되며 특히, Cr, Al의 강한 산화물에 대해 효과가 있다.

(4) 붕 불화물

융점 530℃의 붕불화칼륨이 많이 이용되며, 저온에서 용융되어 유동성과 산화물 용해력이 우수하다.

(5) 염화물

불화물에 비교하여 유효 온도범위가 좁고 금속산화물의 제거 능력이 떨어진다. 저온에서 용융되므로 플럭스의 융점을 낮추기 위해 사용된다.

15.5 브레이징 공정과 시스템

15.5.1 전처리 공정

전처리는 브레이징 전에 모재나 용가재의 표면 산화물, 유분, 먼지, 녹, 페인트 등의 이물질을 제거하는 공정이다. 모재나 용가재는 공기와 접촉하면 표면의 산화물이 생겨 용가재의 젖음성 저하, 브레이징 방해 및 기공발생의 요인이 된다. 용가재의 젖음성 개선을 위해 사용되는 도금, 메탈라이징 작업도 전처리 공정이다. 한편, 유분, 오염물 제거에 이용된 프레온, 트리클로로에틸렌의 휘발성 유기용제는 오존층 파괴로 사용이 제한된다. 따라서 계면활성제가 포함된 물, 진공탈지 등을 이용하며, 두꺼운 산화막은 황산, 염산, 질산과 같은 강산(强酸)을 사용하는 화학적 방법과 브러시, 바렐 연마, 샌드페이퍼를 사용하는 기계적 방법이 있다.

표 15-16. 각종 전처리 불순물의 종류와 세척 방법

분류	세부 내용	제거 방법
금속 산화물	강재 산화막 스테인리스강 크롬산화물	산세척, 클리너 세척
기계가공 화합물	인발혼합물 PbO, MnS_2, 흑연	기계적 제거, 산세척
윤활제 유분	구멍가공, 프레스작업 오일 보호 방청제, 수지, 왁스, 이물질	솔벤트, 클리너 세척
이물질 잔류물	먼지+유분혼합물, 페인트 고형물	초음파, 솔벤트, 클리너 세척

15.5.2 가열방법과 브레이징 특성

(1) 브레이징 가열

브레이징 가열은 모재의 크기 및 형상, 용가재의 종류에 따라 가열위치나 가열방법, 가열온도 및 가열시간이 결정된다. 모재의 형상과 열용량에 맞는 가열장치가 필요하며, 크기가 두껍거나 열전전도가 우수한 부재부터 가열해야 한다. 브레이징 초기의 승온 과정에서 용가재 중의 점결재가 먼저 휘발되고 등온가열부 바로 직전에는 플럭스가 용융된다. 등온부는 브레이징 대상물에 열이 침투하고 급열부는 고-액상선이 형성되어 접합물이 빠르게 가열된다. 브레이징 온도는 용가재 온도보다 30~50℃ 높게 약 0.2~2분 정도 유지한다.

(2) 브레이징 냉각

브레이징 후 냉각할 때 서냉하면 결정립 성장 및 모재의 연화가 생길 수 있다. 주철, 고탄소강, 초경, 세락믹 부재는 급냉 또는 공냉시 접합부 균열이 발생될 수 있어 로냉이 필요하다. 공냉은 대기 중에서 냉각하는 경우이고 가스나 기름, 물로서 급냉 할 경우 후열처리의 효과도 얻을 수 있다.

(3) 후처리 공정

브레이징 완료 후 접합부에 잔류 플럭스나 흐름 방지제 등은 완전히 제거해야 한다. 접합부에 플럭스 잔류시 제품의 부식, 도장이나 도금 작업 등 외관작업에도 나쁜 영향을 준다. 플럭스 잔유물이나 과잉 도포된 용가재 등의 제거와 방청처리, 도금 과정이 후처리 공정이 된다.

보통 가성소다, 규산이나 염산 2~5%, 황산 5~8%, 구리합금에는 인산 2~5%이나 인산소다를 사용하며, 주물용으로는 탄산소다를 사용한다. 플럭스 잔사제거가 어려우면 전용 세척제 사용, 또는 가열된 제품을 물에 급냉 시키는 열충격 법, 기계적인 방법, 60℃의 황산용액 등의 화학약품을 이용한 제거방법을 선택한다. 화학약품을 사용할 경우, 화학약품을 물 세척을 해야 한다.

15.6 브레이징 가열방법과 특성

가열방법에 따라 가스 토치 브레이징, 로 브레이징, 유도 브레이징, 침지 브레이징, 저항 브레이징, 초음파 브레이징으로 구분된다. 최근에는 레이저(Laser)나 플라즈마(Plasma)를 사용하는 고에너지 빔 브레이징 방법이 적용된다.

15.6.1 가스토치 브레이징

가스토치 브레이징은 저압식 가스용접기를 이용하여 시공하며, 다양한 가스를 열원으로 사용한다.

(1) 사용 가스

가스토치 브레이징에 사용되는 가스로는 아세틸렌, 에틸렌, 프로판, 부탄, 수소, 천연가스 등이 있다. 가스토치 브레이징에는 가스단독, 산소혼합 및 가스와 공기가 혼합된 상태로 사용되며, 각 가스와 그 특성은 표 15-17과 같다.

표 15-17. 가스 토치 브레이징에 사용되는 가스

구분	특성
아세틸렌가스	급속 가열용
에틸렌가스	급속 가열용
액화석유가스	LPG 사용, 열량 양호
천연가스	LNG 사용, 저가, LPG보다 열량 저하
수소가스	소형 접합

(2) 가스 화염의 특성

가스화염은 환원염, 중성염, 산화염으로 구분되며, 화염은 아세틸렌과 산소가 1:1의 비율은 중성염, 아세틸렌의 비율이 산소보다 많을 때 환원염, 산소보다 더 적을 때 산화염이 된다. 브레이징에는 환원염이 이용되며 아세틸렌과 산소 비율이 1:0.67, 산화염은 CO, H2, H로 된 유리산소(O, O2)는 포함되지 않는다. 중성염도 유리산소는 거의 없으나 산소의 비가 증가하면 유리산소의 함량이 증가되어 가열시 모재가 산화되어 접합성이 저하된다. 아세틸렌 화염의 백심의 온도는 약 3,100℃ 정도로 가스용접에는 사용하나 브레이징에는 고온으로 모재손상이 우려되어 사용하지 않는다.

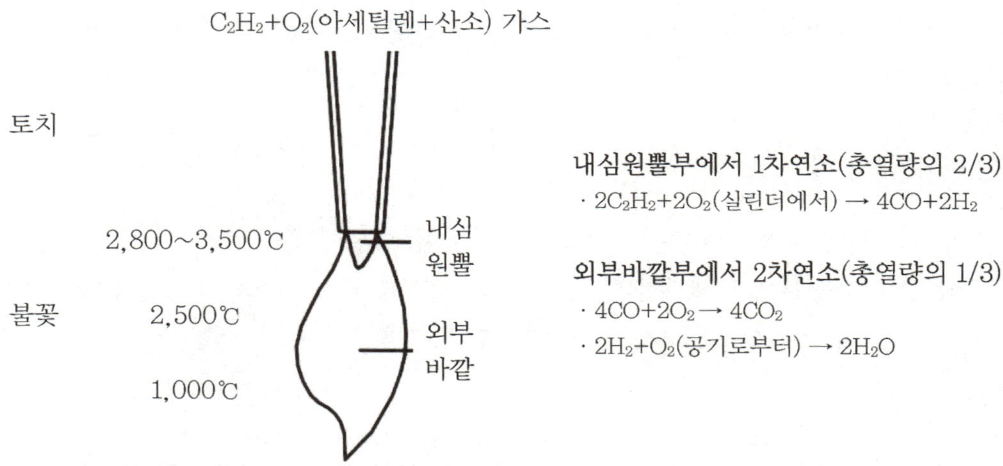

그림 15.18 산소-아세틸렌 화염의 온도분포와 화학반응

(3) 토치 브레이징의 종류

(가) 수동 가스토치 브레이징 방법

수동 가스토치 브레이징에 사용하는 토치는 단일토치팁, 이중토치팁, 그리고 비교적 크고 복잡하거나 특수형상 제품의 브레이징에 사용하는 멀티토치팁이 있다.

팁 구분	형상	적용
단일토치	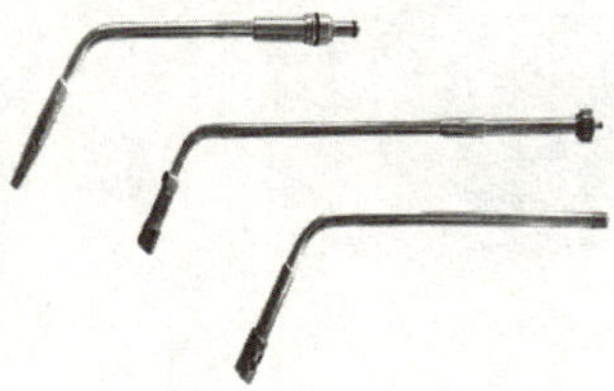	일반제품 브레이징
이중토치	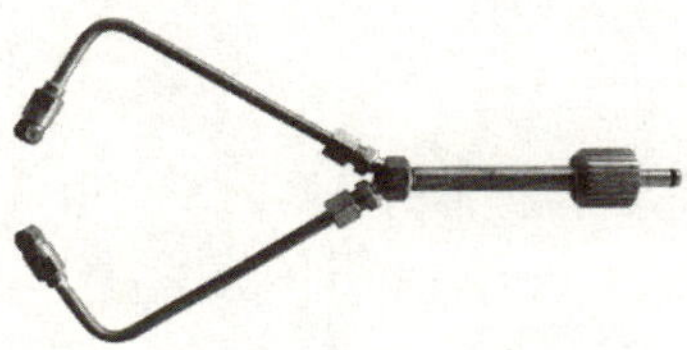	작은 튜브제품 브레이징
멀티토치	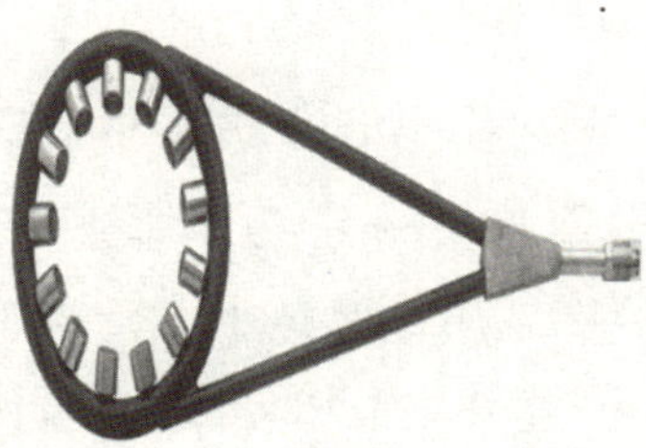	대형 및 복잡한 형상제품 브레이징

그림 15-19. 수동 가스토치 브레이징 팁의 종류 및 특성

(나) 가스 브레이징의 주요 기구

① 수동 가스토치 유닛

수동 토치는 브레이징, 솔더링, 용접, 절단용 등 다양한 용도로 사용되며, 수동토치장치는 산소, 연료가스통, 가스압력조정기, 토치로 구성된다. 압력조정기는 산소나 연료가스의 유량 조절을 위해 사용된다. 브레이징 작업은 균일한 가열, 온도 관리의 숙련도가 있으면 작업이 쉬우며, 자동화 장비를 갖추면 대량생산도 가능하다.

(a) 압력조정기 (b) 가스플럭서 (c) 도포기

그림 15.20 가스 브레이징의 각종 장치

② 디지털 토치 키트

수동 토치는 가스유량의 정확한 조절이 어렵고 재현성이 떨어진다. 디지털 토치키트는 수동 조절하는 가스의 압력을 디지털로 제어하므로 가스량의 자동조절이 가능하고 일정한 가열시간을 세팅할 수 있어 비숙련자도 쉽게 브레이징 할 수 있다.

③ 가스플럭서

가스플럭서는 가스와 플럭스가 혼합되어 나오는 장치로서 주로 황동이나 은계열 용가재를 사용하여 브레이징 할 때 사용된다. 가스플럭서는 연료가스통과 산소통 사이에 설치하여 사용한다. 주로 공조냉동분야의 동 배관 브레이징에 사용되며, 브레이징 후 접합부가 청결하여 표면산화 방지작용도 한다.

④ 플럭스 및 페이스트 도포기

플럭스 및 페이스트 도포기(Dispenser)는 플럭스나 페이스트를 원하는 부분에 정량을 도포하는 기구로서 대량생산하는 브레이징에 자동화 보조기구로 사용된다.

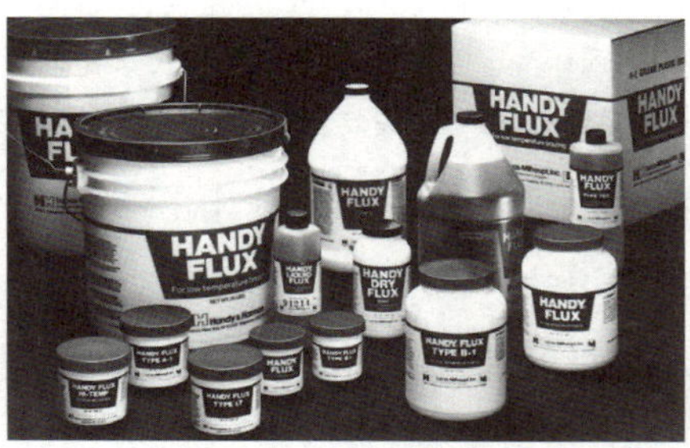

그림 15.21 브레이징용 플럭스

⑤ 와이어 송급기

와이어 송급기(Wire Feeder)는 브레이징 선재를 자동 공급하는 장치로 자동브레이징 기계에 장착되어 사용된다.

⑥ 가스 절감기

수동토치를 사용하여 브레이징 할 때 작업중 휴식, 가스화염을 줄여 주거나 꺼주는 장치로 가스절감기라고 한다. 토치를 헹거에 걸면 화염이 꺼지고 들어 올리면 파이롯트 화염을 이용하여 가스토치에 불이 붙는다.

⑦ 역화 방지기

가스화염이 토치 팁으로 역으로 빨려 들어가는 현상을 역화(逆火)라고 하며, 이를 방지하기 위한 기구가 역화방지기이다. 토치나 가스라인, 가스 실린더에 장착하며, 가스통으로 역화 되면 가스통이 폭발할 위험이 있다.

(다) 자동 가스토치 브레이징

가스 토치를 자동화에 적용하여 브레이징 하는 방법으로 편의상 단순착탈식, 회전이동식, 직선이동식, 로봇이동식, 무인자동화식이 있다.

표 15-18. 자동 브레이징 방법

분류	방법
단순착탈식	고정대 1~2개 이용, 작업자가 제품 장·탈착, 소량제품에 이용
회전이동식	연속회전식 - 회전원판 위에 고정장치 다수설치, 내·외부에서 가열, 제품 통과로 브레이징
	인덱스회전식 - 회전하는 인덱스 원판에 2, 4, 6, 8, 10, 12, 16 개의 고정대 설치, 인덱스 형태로 이동
직선이동식	연속콘베이어이동식 - 콘베이어 사용, 연속적으로 이동 브레이징
	프리플로어이동식 - 프리플로어 콘베이어 상에 고정대 다수설치, 선택적으로 이등 브레이징
	트랜스퍼이동식 - 트랜스퍼형 이동유닛 설치, 다수의 지그이용, 제품을 한 피치씩 이동시켜 브레이징

분류	방법
로봇이동식	로봇이 토치이동 및 제품이동
무인자동화식	무인자동화로 자동 장·탈착 브레이징

15.6.2 로 브레이징

(1) 로 브레이징의 공정

로 브레이징의 공정은 부품준비, 부품조립, 용재공급, 제품장입, 브레이징 및 제품검사로 진행된다. 먼저 부품을 준비하여 세척하며, 부품가공 중 사용된 오일, 윤활유는 물론, 표면의 산화스케일도 제거해야 한다.

부품조립은 로에서 지그사용이 안되므로 자체고정하며, 에어프레스나 고무망치를 이용하여 조립한다. 브라켓 등 자체고정(Self Fixturing)이 되지 않는 부품은 점용접으로 가접할 경우도 있으며, 그림 15.22에 자체고정 사례를 그림으로 나타냈다.

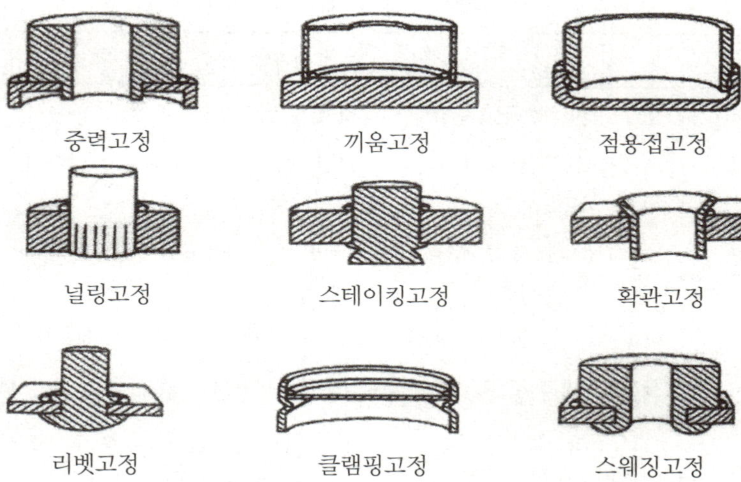

15.22 제품의 자체고정의 다양한 형태

제품을 고정 후 접합을 위한 용제 및 용가재를 공급하고 로에 장입한다. 부품이 로 속을 컨베이어로 통과하면서 브레이징이 완료되면 입구 반대편 출구로 배출되며, 제품검사는 우선 외관검사나 누설검사로 수행한다.

(2) 로내 분위기

로 브레이징은 브레이징 대상제품에 미리 용가재를 넣은 후 가열로에 넣거나 통과시키는 브레이징 방법이다. 브레이징 로는 보통 연소열이나 전기 저항열을 사용하며 제품표면의 산화물 환원 및 산화방지를 위하여 다양한 분위기에서 시공된다.

표 15-19는 브레이징에 있어 사용되는 진공 분위기로서 알루미늄, 티타늄 등 산화물에 안정된 모재일수록 높은 진공도가 요구된다. 탄소강 등 일반 철강재 브레이징은 연료가스나 분해 암모니아가스의 분위기를 사용한다. 분위기에 따라 탈탄 및 침탄이 생기며, CO는 침탄성, CO_2와 H_2O는 탈탄성을 갖는다. 질소가스는 환원능력이 없으며 환원성 가스의 희석용 및 치환용 가스로 사용되며, 고온에서 Mo, Cr, Ti 등과 질화물을 형성하므로 주의해야 한다.

표 15-19. 로내 분위기와 상태

로내 분위기	상태
대기	플럭스 필요
환원성	수소, 일산화탄소
중성가스	질소
변성가스	LPG, LNG
불활성가스	헬륨, 알곤
혼합	상기 가스 혼합
진공	진공 유지

표 15-20. 진공압과 용가재

AWS분위기	진공압	용가재	모재
10	2 torr이상	BCuP, BAg	동 및 동합금
10A	0.5~2 torr	BCu, BAg	저탄소강, 동합금
10B	0.001~0.5 torr	BCu, BAg	탄소 및 저합금강, 동합금
10C	1×10^{-3} torr이하	BNi, BAg, BAlSi, Ti합금	내부식강, 알루미늄, 티타늄, 지르코늄, 난용성 금속

(3) 증기압

로 브레이징에 있어 중요한 사항은 모재나 용가재내 원소의 기화온도이며, 모든 금속은 고온에서 기화되어 금속의 일부가 기체상태가 된다. 금속의 증기압은 온도에 따라 변화하고, 고온에서 이들 금속의 기체압력은 점차 증가한다. 표 15-21은 주요 원소의 기화온도이다.

표 15-21. 주요 원소의 용융점 및 기화온도

주요 원소	용융점(℃)	기화온도(℃)
카드뮴(Cd)	320	764
동(Cu)	1,082	2,759
망간(Mn)	1,244	2,149
니켈(Ni)	1,454	2,729
은(Ag)	960	2,210
주석(Sn)	226	2,268
아연(Zn)	419	906

카드뮴, 아연은 기화온도가 각각 764℃, 906℃로 낮아 로 브레이징에 있어 쉽게 기화하므로 이 원소가 함유된 용가재나 모재는 로 장입을 피해야 한다. 압력이 낮을 경우 기화온도가 급속히 감소하여 작업자에게 피해를 준다. 로 브레이징에서 금속의 기화현상은 브레이징을 방해하며 로벽에 응축되어 불순물을 만든다.

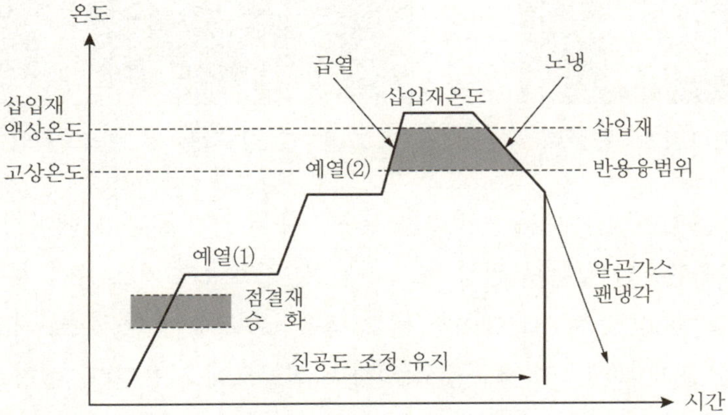

그림 15.23 진공로의 일반적인 브레이징 열 싸이클

(4) 로의 형태

로의 분위기에 따라 대기로내 브레이징, 분위기로내 브레이징, 진공브레이징으로 구분한다. 작업 형태에 따라 연속로, 벨형로, 도어형로가 있으며, 이들의 장치와 로 브레이징의 제품을 그림 15.27에 나타냈다.

그림 15.24 연속로

그림 15.25 도어형로

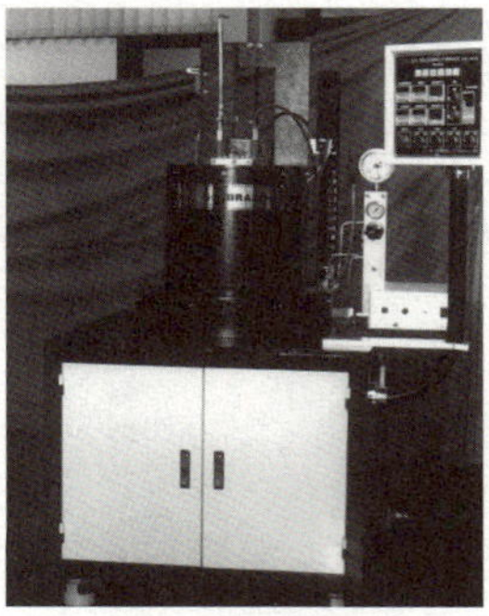

그림 15.26 벨형로

그림 15.27 각종 로 브레이징의 제품

대기 로내의 브레이징은 보통 플럭스를 사용하나 분위기 로내 브레이징은 보호가스로서 수소나 일산화탄소와 같은 환원성 가스나 알곤, 질소, LPG가스 등을 사용한다. 연속로는 컨베이어 시스템을 갖추고 브레이징 될 제품을 로 속에 연속적으로 장입된다. 도어형로는 로에 문을 달아 개폐하여 제품을 장입하며 진공로에 사용된다. 벨형로는 로 내부가 종 모양으로 제품이 고정상태에서 상부로 이동하며 정밀한 고정도 치수, 조립 후 제품이동이 용이하지 않을 때 사용한다.

(5) 로 브레이징의 특성

로 내에서 제품전체가 가열되며 정밀한 온도제어가 용이하여 균일한 품질을 얻을 수 있고 대량생산에 적합하다. 진공로 브레이징은 플럭스가 불필요하므로 세정공정이 생략되고, 플럭스 잔사에 의한 부식현상도 일어나지 않는다. 고강도의 양호한 접합부를 얻을 수 있으며, 복잡한 제품의 브레이징도 가능하다. 동시에 균일하게 가열되어 열변형이 적고, 일반 브레이징에 난이한 Ti, Zr, Ta, Mo, 세라믹 재료에도 적용된다. 고온에서 브레이징이 수행되므로 Cd, Zn와 같이 증기압이 높은 모재, 용가재는 증발손실이 커서 강도가 약해진다.

15.6.3 유도가열 브레이징

가열코일에 고주파의 전류를 흘려 접합제품에 유도전류를 발생시키며, 이 유도전류는 금속의 표면층에 집중되고 발열량은 유도전류의 제곱과 물체의 전기저항에 비례한다. 비철금속 및 철계금속에 모두 적용하며 가열 깊이는 교류전류의 주파수에 의존한다. 또한 유도가열 브레이징에 사용되는 주파수는 1kHz～10MHz이며, 주파수가 높을수록 가열되는 부분은 얇고, 가열 깊이는 주파수의 제곱근에 반비례한다. 고주파수는 비철금속, 스테인리스강, 탄소강 등 이종재료에 적용한다. 단시간에 국부가열이 가능하여 모재의 변형이나 연화, 조대화와 같은 재질변화를 최소화한다. 비교적 산화가 적고 모재에 열 영향이 적어 자동화가 용이하나 알루미늄, 동의 이종금속 브레이징에는 효율이 떨어진다.

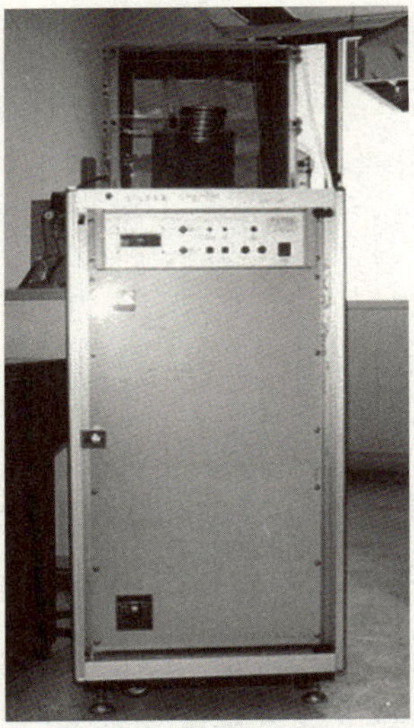

그림 15.28 유도가열 브레이징 장비

15.6.4 침지 브레이징

침지 브레이징은 딥 브레이징(Dip Brazing)이라고도 하며, 브레이징 작업온도로 가열된 용융된 용가재 또는 용융된 플럭스에 모재를 침지하여 브레이징 한다. 용융된 플럭스가 접합재에 열이 직접 가해져 균일하게 가열되며 플럭스 유동성이 좋아진다. 접합재가 침지됨으로서 외기와 차단되어 플럭스에서 발생되는 부식가스의 영향이 없다. 그러나 플럭스 소모가 많고 후처리, 장비의 유지관리와 폐액처리에 시간, 경비가 소요되므로 특수한 항공기 부품 등에 제한적으로 사용된다.

15.6.5 저항 브레이징

저항브레이징은 접합부를 전극으로 가압하면서 저전압, 대전류를 흘려 저항발열을 이용하여 용가재를 녹이고 피접합재 표면을 젖게하여 브레이징한다. 전극은 탄소전극이나 동합금을 사용하며, 브레이징 면에 플럭스를 바르고 용가재를 끼워 넣은 후 가압통전한다. 플럭스는 피접합재와 밀착되지 않게 공급하면 아크발생으로 모재에 구멍이 뚫리며 용융금속이 비산하는 경우가 있다. 이때 분말 용가재와 플럭스를 혼합시킨 페이스트 용가재를 사용해야 한다.

은계 용가재는 용융범위가 좁은 BAg-1, BAg-1a가 유동성이나 용융상태에서 분리가 적다. 스테인리스강의 브레이징 등 내식성이 요구될 경우 BAg-3, BAg-18이 좋다. 인동계 용가재는 BCuP-5은 흐름성과 가공성이 나쁘다. 연성 및 내식성이 요구될 경우 은계 용가재를 사용하며, 철강 재료도 은합금 용가재를 사용하는 저항브레이징이 가능하다. 사용되는 모재는 동 및 동합금, Ag-C, Ag-Mo, Ag-W, Cu-W의 전기접점, 소형제품, 이종금속, 접합면이 좁은 제품의 브레이징에 적합하다.

그림 15.29 침지 브레이징 장비

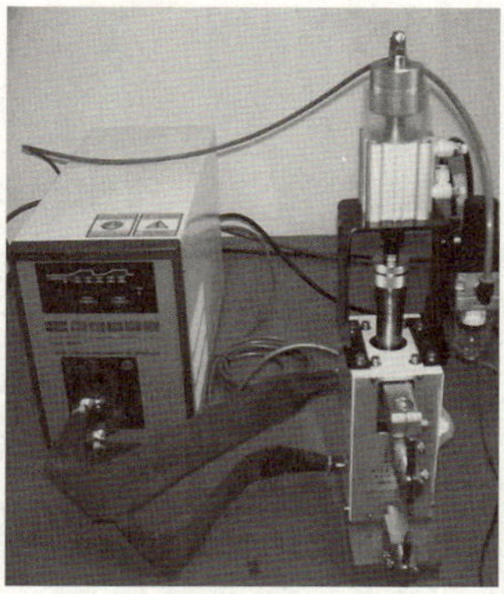

그림 15.30 저항 브레이징 장비

15.6.6 기타 브레이징법

산업현장에서는 레이저를 이용한 레이저 브레이징, 플라즈마 아크를 이용한 플라즈마 아크 브레이징, 확산을 이용한 확산접합이 사용된다. 레이저 브레이징은 자동차 및 전자 산업을 중심으로 사용되며, 철과 철을 레이저 브레이징 할 경우로 철판의 변형이 없고 후처리가 필요 없다.

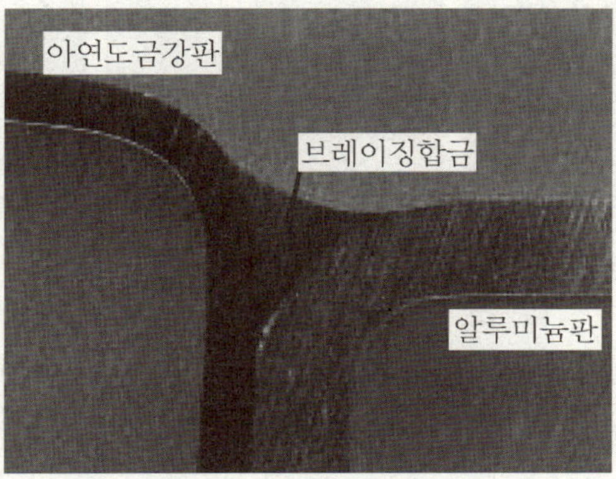

그림 15.31 레이저를 이용한 강판과 알루미늄판의 브레이징

확산접합은 고상확산접합법과 액상확산접합법으로 구분한다. 액상확산접합은 접합온도에서 용가재를 용융시킨 후, 그 온도를 유지하면 용가재 중의 융점저하의 원소가 모재로 확산되면서 접합온도에서 응고된다. 이 접합법은 내열합금, 고온재료나 높은 신뢰성이 요구되는 부품접합에 사용되며, 그림 15-33은 접합시간에 따른 접합 계면층의 미세조직을 나타낸다.

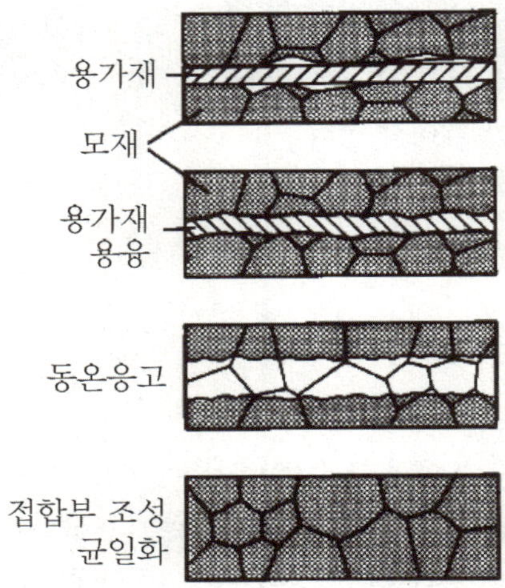

그림 15.32 액상확산접합 과정

100min 30min 60min

(필러금속 BNi-2, 접합온도 1050℃, STS 304)

그림 15.33 접합시간에 따른 접합 계면층의 미세조직

제 16 장 재료 및 용접 · 접합부 시험

16.1 검사 개론

16.1.1 개요

(1) 일반사항

각종 용접 · 접합과 관련된 기계부품, 구조물, 플랜트 및 설비들은 재질과 형상이 다양하며, 용접 · 접합의 시공방법 및 제작공정도 다르다. 이러한 설비들은 안전검사의 신뢰도에 따라 사용의 적정성 평가와 안전가동의 기준이 된다. 검사방법과 사용여부의 평가기준은 사고방지의 수단인 동시에 불필요한 개보수를 없앰으로서 경제적인 손실을 줄일 수 있다. 용접 · 접합이음은 볼트 및 같은 기계요소이음과 달리 피용접물에 열을 가해 접합되고, 피용접재에 국부가열, 용융금속 첨가 및 압력을 가하는 과정에서 불완전한 결함이 발생된다. 즉, 모재와 용가재가 고온상태에서 용융되고 응고과정에서 재질변형 및 잔류응력의 발생으로 변형 및 결함발생의 메카니즘이 매우 복잡하다.

(2) 용접 · 접합결함 검사

검사에는 양호한 용접 · 접합 결과를 얻기 위해 접합전 또는 접합 중에 검사하는 작업검사와 용접전 요구사항의 만족여부를 검사하는 접합 후에 실시하는 완성검사가 있다. 작업검사에는 용접 · 접합재료, 용접기능, 용접 · 접합시공 상황, 접합 후 열처리까지 포함하며, 완성검사에는 주로 비파괴검사로 수행된다. 시험은 검사부를 절단, 굽힘, 인장, 소성 상태에서 시험하는 파괴시험과 파괴하지 않고 검사하는 비파괴시험법이 있다.

16.1.2 용접 · 접합성

용접 · 접합성은 용접 · 접합의 난이(難易)를 나타내는 용어로서 용접 · 접합방법 및 시공방법에 따라 차이가 있으며, 실용적 의미에서 복잡한 용접과 특수시공을 필요로 하는 재료는 용접 · 접합성이 저하된다고 할 수 있으며, 용접 · 접합성이 우수하다는 것은 용접 · 접합부에 결함이 없고 기계적 성질이 우수하며, 내식성 및 기밀성을 갖는 용접 · 접합을 말한다.

(1) 결함 없는 이음성

용접 · 접합품이 강도, 인성, 내식성, 기밀성 등의 용접 · 접합품의 사용성능에 대한 용접 · 접합성을 유지해야 한다. 알루미늄은 대기중의 산소와 결합하여 두께 1.25×10^{-5}mm의 산화피막을 형성하여 내식성을 갖는다. 순수 알루미늄은 용융점이 660℃이나 산화피막은 약 2600℃에 해당된다. 알루미늄합금은 용점은 낮고 열전달율이 크며, 용접시 외부환경의 영향을 많이 받아 특수한 시공법이 필요하므로 접합성 저하된다고 할 수 있다.

(2) 공작상의 용접성

용접 · 접합의 난이와 용접 · 접합부 결함유무에 따라 판정, 영향을 주는 인자로서 모재 및 용접 · 접합금속의 열적성질과 용접 · 접합결함의 발생에 관련된다.

① 모재 및 용접금속의 열적성질 – 재료의 용점, 열전도도, 온도확산율이 낮으면 급열되기 쉽고 접합하기도 용이하다. 강, 티탄은 열전도도가 나빠 국부적으로 용점까지 가열이 용이하나 은, 동, 알루미늄은 열의 일산(逸散)이 빨라 용점까지 가열이 어려워 예열이 필요하여 용접성이 저하된다. 용점이 낮고 열팽창계수가 적을 수록 용접중의 팽창과 수축에 의한 변형이 작다.

② 모재 및 용접부의 결함 – 균열, 기공, 슬랙혼입, 용입불량 등의 용접결함 발생이 적을수록 이음성이 좋다. 결함은 모재의 성질, 두께, 이음설계, 시공조건 등도 영향을 주며, 많은 금속재료는 시공법 및 설계에 주의하면 건전한 접합부를 얻을 수 있다. 접합시공에서 주의를 적게 해도 양호한 접합부가 얻어지는 재료일수록 이음성이 우수하다. 연강은 용이하나 중탄소강, 저합금강의 용접은 예열 등 특별한 처리가 요구되므로 용접성이 저하된다고 할 수 있다.

(3) 사용성능에 대한 용접 · 접합성

① 모재 및 용접부의 기계적 성질 – 용접 · 접합 구조물이 충분한 사용성능을 유지하기 위해서는 모재 및 용접 · 접합부가 충분한 강도, 연성, 노치인성이 요구된다.

② 모재 및 용접부의 물리적, 화학적 성질 – 용접 · 접합 구조물이 고온부식 환경하에서 장시간 사용될 때 산화부식에 대한 저항이 요구된다. 모재와 용착금속이 다를 경우 전기화학적으로 부식이 촉진된다.

16.1.3 탄소강의 용접성 판정

용접 구조물의 재료, 용접 · 접합 시공방법, 판정에 있어 다음과 같은 시험과 검토가 필요하다.

(1) 기초적 검토

모재의 화학성분, 기계적성질, 층간분리(delamination), 황화물(sulphur band)유무 등

(2) 주요 용접성

① 모재의 Notch인성 – V–Notch 샤르피 충격시험(Charpy impact test)
② 용접 · 접합부 연성 – 코머렐 시험(Komerell test)
③ 용접 · 접합부 경도 – 용접 · 접합부 연성, 균열감수성 시험
④ 모재 및 용접봉 균열감수성 – 균열시험, 열영향부 균열시험

(3) 이음에 대한 시험

① 이음부의 안정성 – X선투과, 초음파검사, 육안, 자분탐상시험 등의 비파괴검사
② 이음부의 기계적성질 – 인장시험, 압축시험, 충격시험, 굽힘시험, 피로시험 등

(4) 특수시험

구조물의 사용목적에 따라 내식성시험, 고온강도시험, 저온강도시험 등이 있다.

16.1.4 용접 · 접합부의 시험 · 검사

소재와 용접 · 접합부에 대한 건전성 판단은 시험(testing)과 검사(inspecting)가 명확한 구별 없이 혼용되고 있으나, 여기서는 어느 기준에 도달했는지 합부판정을 목적으로 할 경우는 검사, 단순히 어느 정도인지 결과를 보기위한 경우를 시험으로 정의한다.

(1) 개요

부적절한 접합시공으로 인하여 접합부를 보수하고자 할 경우, 소재의 변형과 경제적 부담을 초래하므로 기본계획을 잘 수립하고 시공해야 한다. 용접 · 접합부 검사는 용접 ·

접합제품의 품질측정을 위해 소재, 생산과정 및 시공상태를 검사대상으로 한다.

① 용접 · 접합품의 도면 및 규정치수 확인

② 불완전 용융, 침투 부족, 절삭 손실, 균열, 표면 불규칙, 다공성, 슬랙 · 텅스텐 혼입

③ 제품 및 소재의 성질 – 인장강도, 연성, 탄성, 경도, 피로강도와 같은 기계적 성질과 부식, 산화와 같은 화학적 성질 및 열전도율, 열팽창, 용융점과 같은 물리적 성질이 있다.

(2) 시험 · 검사의 절차

(가) 시험방법의 선택

적용규격이나 법률에서 제시한 대로 실시하며, 검출부 형상 및 결함의 위치 및 종류와 검사작업의 환경도 고려해야 한다.

(나) 복수시험의 적용

① 표면결함의 검출

자분탐상시험은 선상결함 검출에 우수하고 침투탐상시험은 비자성체 검출이 가능하므로 자분 및 침투탐상 및 육안검사 등의 복수시험으로 명확한 결함검출을 해야 한다.

② 내부결함의 검출

방사선투과시험은 파이프, 블로우홀, 슬러그 개재와 같은 체적결함의 검출이 양호하고 균열, 용입부족, 융합불량과 같은 면상결함은 조사방향과 결함방향이 평행인 경우에 검출이 불가능하다. 한편 초음파투과시험은 초음파의 진행방향에 수직인 면상결함 검출에 우수하고 기공과 같은 체적결함은 방사선투과시험에 비해 검출 능력이 저하되므로 두 가지 이상의 시험이 필요하다.

(다) 시험전 준비

시험에 필요한 소요자재를 준비하여 검사시간의 단축, 경제적 손실을 감소시킨다. 시험결과가 다를 경우를 대비하여 처리방법을 발주자와 검사자의 당사자간에 결정해야 한다. 규격결정은 시험대상물을 상정하여 최소한의 규정만을 결정하는 방법도 있다.

(3) 파괴 및 비파괴검사의 사양서(발주자)

① 검사 대상물
② 적용, 적용법, 기준
③ 검사방법 규격, 적용법, 기준
④ 검사실시 범위
⑤ 적용 규격
⑥ 합부판정 기준
⑦ 검사 공정
⑧ 기타 특기사항

(4) 검사절차서의 제시(검사자)

① 사양서의 적정성 여부
② 발생 예측 결함
③ 검사 방법
④ 장치 및 재료
⑤ 현장의 작업상황
⑥ 공정내의 검사완료 가능성

(5) 검사원의 사전지식 파악

① 육안검사, 치수검사, 비파괴검사 및 파괴검사의 관리규정, 코드의 합부 판정기준
② 관련규정 및 코드의 절차서
③ 방사선 검사방법 및 안전규정
④ 용접 · 접합재료, 소재두께, 이음형상 및 용접공정, 치수규정
⑤ 장치의 사용조건(압력용기, 온도, 압력, 환경 등)
⑥ 용접 · 접합시공은 허가시 적용되는 파괴 및 비파괴규정 및 판정기준

파괴시험인 경우, 시험기, 시험편 및 시험방법에 대한 지식과 규격을 알아야 하고, 비파괴검사는 방사선탐상인 경우 방사선원의 위치, 필름의 등급 및 형식, 노출시간 및 에너지, 필름현상 방법, 코드 적용범위, 농도계, 결함크기, 장치 사용법 등을 알아야 한다.

표 16-1 용접부의 시험검사

<table>
<tr><td rowspan="2">용접부의
시험 · 검사</td><td>(1)파괴시험</td><td>① 기계적 시험 - 인장시험, 굽힘시험, 경도시험(정적시험)
- 피로시험, 충격시험(동적시험)
- 기타 고온시험, 저온시험
② 용접·접합성 시험 - 노치취성, 경화성, 연성, 균열감수성
③ 화학적 시험 - 화학분석시험, 분석시험, 수소시험
④ 물리적 시험 - 열전도도, 비중, 아크불림, 뒤틀림구속
⑤ 조직학 시험 - 매크로시험, 에칭시험, 현미경조직, 설퍼밴드
⑥ 야금학 시험 - 육안조직, 현미경조직시험
⑦ 기타 시험법 - 비중시험, 낙중시험, 균열시험 등</td></tr>
<tr><td>(2)비파괴시험</td><td>① 방사선투과시험(RT) - X선, γ선검사
② 초음파탐상시험(UT)
③ 자분탐상시험(MT)
④ 침투탐상시험(PT)
⑤ 누설탐상시험(LT)
⑥ 음향방출시험(AET)
⑦ 와전류탐상시험(ECT)
⑧ 육안검사(VT) 등</td></tr>
</table>

(6) 검사결과 해석

접합부의 합부판정은 용접 전 · 후에 육안검사, 치수검사, 방사선 필름검사, 파괴검사를 통해 수행하며, 각 시험검사 후 정해진 규격에 따라 결함점수를 계산하여 등급분류를 결정한다. 경도시험은 소재에 압자를 가압하여 생기는 흠의 직경크기로 측정되는 것으로 재료의 강도, 인성값, 환경부식 균열적응도 등을 평가하는 데 적용한다.

16.2 파괴시험

16.2.1 인장시험(引張試驗, Tensile Test)

(1) 일반사항

재료의 강도나 기계적인 특성파악으로 비례한도, 항복강도, 극한강도, 파단강도, 연신율, 포아슨비, 단면수축율), 영율 등이 있다. 시험편은 소재나 용착강에서 규격치수대로 채취하여 시험기에 장착한 후 하중을 걸어 변형상태에서 특성을 파악한다. 인장시험편은 표 16-2와 같이 판, 관, 보의 형태로서 인장강도는 최대하중을 원단면적으로 나눈값이며, 항복현상이 없는 재료는 항복현상에 상당하는 내력을 구해 평가한다.

(2) 기준강도

부재의 설계 및 해석에 사용되는 허용하중의 결정은 안전계수를 사용하며, 안전계수(Factor of Safety)는 부재가 파괴할 때까지 유지되는 재료의 기준강도(基準强度)를 허용하중(許容荷重)으로 나눈 값이다. 기준강도는 연성재료는 항복점, 취성재료는 극한강도, 반복하중을 받는 부재에 있어서는 피로한도, 고온상태에서 사용되는 재료는 크리이프 한도(creep limit)의 강도, 좌굴하중을 받는 재료는 기초강도를 재료의 기준강도로 한다.

(3) 인장시험 방법

인장시험은 인장시험기에 대한 규격(KS B 0805), 시험편에 대한 규격(KS B 0801의 금속재료 인장시험편), 인장시험방법에 대한 규격(KS B 0802)에 따라 시험한다.

(가) 인장시험기(引張試驗機)

인장시험기는 보통 인장, 압축, 굽힘시험 겸용의 만능재료시험기(UTM)가 사용된다. 전동기를 구동하여 크로스헤드를 동작시키며, 크로스헤드의 일정속도를 유지할 수 있는 기계식 시험기와 유압펌프를 이용하여 실린더에 작동유를 공급하여 램을 작동시켜 크로스헤드를 동작시키는 유압식 시험기가 있다. 시험기는 시험편 파단시 축적된 탄성에너지가 순간적으로 방출될 때 에너지가 충격파로서 충분한 강성과 강도를 가져야 한다.

표 16-2 각종 인장시험편(KS B 0801)

시험편 구분	시험 대상 재료
1호 시험편	강판, 평강, 형강(표점거리 L=200mm, 평행부거리 P=220mm, 어깨반지름 R=25mm)
2호 시험편	호칭지름 25mm이하의 봉강, 표점거리 L은 D의 8배
3호 시험편	호칭지름 25mm를 초과하는 봉강
4호 시험편	주강품, 단강품, 압연강재, 가단주철, 구상주철, 주철품
5호 시험편	파이프류 강관, 비철금속의 판
6호 시험편	판재, 형재, 두께 6mm 이하의 인장시험편
7호 시험편	인장강도가 튼 평강, 강판, 각강의 인장시험
8호 시험편	주철품의 인장시험
9호 시험편	강선 및 비철금속선의 인장시험
10호 시험편	용착금속, 단강품, 주강품, 압연강재의 인장시험
11호 시험편	파이프의 인장시험(원형 대로)
12호 시험편	파이프류 인장시험
13호 시험편	판재의 인장시험
14호 시험편	14A, 14B, 14C 시험편

(나) 시험편(試驗片)

재료를 현미경 관찰하면 미소 결정립이 유리 및 복합재료와 불규칙 배열을 하여 방향에 따라 성질이 다른 이방성재료(anisotropic materials)와 연강, 구리, 알루미늄과 같이 방향에 따라 동일한 성질을 갖는 등방성재료(isotropic materials)가 있다.

(a) 소재분석(素材分析)

고정도 시험을 위해 시험 전에 시험재료에 대한 지식이 필요하며, 제조사에서 제공하는 성분표에 의한 화학조성과 가공사양에서 결정되는 열적 및 기계적 이력을 참고하고 조직검사를 통하여 미세조직을 파악한다.

(b) 시험편 채취(試驗片 採取)

시험편 채취는 물성에 큰 영향을 주며 방향성은 제조공정상 중요한 특징을 나타내므로 채취방향 및 위치는 중요하다. 주단조품은 표면부근이 강하며, 압연품은 황화물이 포함되면 층상균열을 갖는다. 보통 원소재의 표면과 중심부 사이에서 채취한다.

(c) 시험편의 크기 및 형상(形狀)

KS B 0801의 금속재료 인장시험편은 1호에서 14호 시험편까지 규정하며, 규격에서 정해진 시험편과 실제 가공된 시험편이 차이가 날 경우 시험값에 변화가 생긴다. 시험편은 원형, 사각형, 곡면으로 하며, 원형단면의 인장시험편은 시험편 직경이 5mm 이상은 0.025mm까지 측정하여 치수오차가 없게 해야 한다.

(d) 표면가공(表面加工)

일반 범용 공작기계로 시험편을 제작할 경우, 시험편 표면은 거칠게 되어 응력집중이 생기며, 거칠수록 연성이 작게 나타나고 시험편에 따라 인장강도가 차이가 있어 표면연마가 필요하다.

(다) 시험편 장착(試驗片 裝着)

시험편의 고정은 그립(grip)을 이용하며 장착할 때 과도한 초기하중이 작용하지 않게 하고, 하중축에 일직선으로 하여 굽힘하중이 작용하지 않게 한다. 상하그립의 중심차이가 크면 시험기에는 힘이 작용된다. 크로스헤드의 옆 움직임은 전 영역에 0.02~0.04mm이내로 하고, 고경도 재료는 굽힘이 없도록 진직도에 유의해야 한다.

(라) 시험실시(試驗實施)

로드셀(load cell)은 스트레인게이지를 이용한 하중측정법으로 하중이 전기적 신호로 출력되어 기록계로 연결되며, 정밀도는 0.5%이상 유지된다. 엑스텐서미터(extensometer)는 변형률 측정장치로서 감도는 2×10−3%이며, 보통 하중만 교정하나 정확한 결과를 얻을 수 없어 교정이 필요하다. 변형률 측정 장치는 스트레인, LVDT(Linear Variable Differential Transformer), 다이얼게이지, 캐퍼시터(capacitor), 레이저가 이용된다.

(4) 응력 - 변형률선도(應力 - 變形率線圖, stress - strain diagram)

시험편(試驗片)에 하중을 가할 때 순간순간의 변형량을 측정하며, 세로축에 하중(응력)을 가로축에 변형(변형률)을 잡아 그린 선도를 하중 - 변형선도(load - deformation diagram) 또는 응력 - 변형률선도(stress - strain diagram)라고 한다. 응력 - 변형률 선도는 재료에 따라 다른 특성을 가지며, 보통 연성재료는 뚜렷한 항복점과 항복 후에 변형이 있으나, 취성재료는 항복점과 변형이 거의 없이 판단된다.

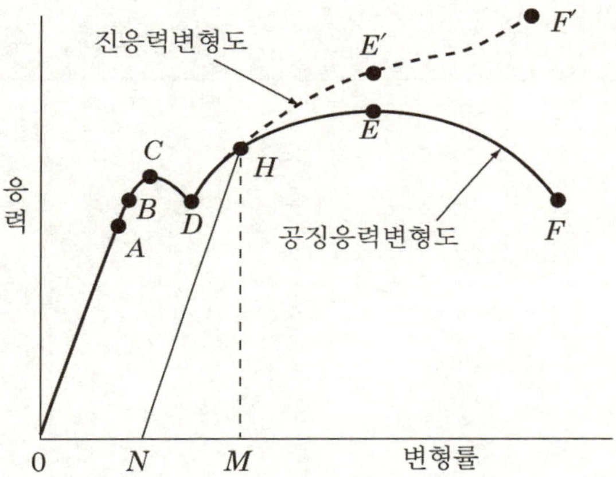

그림 16.1 응력 - 변형율 선도

(5) 용착금속의 인장시험

용착금속에 대한 강도시험은 인장강도 및 용접이음의 인장강도시험이 있다. 주로 용접봉 선택에 실시하며 인장강도와 연신율을 파악에 유용하다. 용착금속에서 시험편을 채취하거나 실제가공에서 사용되는 유사한 방법으로 용접 · 접합물을 가공하여 제작한다. 그림 16.2, 표 16 - 3과 같이 모재의 V형 개선 홈부의 용착금속에서 채취한다. 아크용접 A1호, 가스용접 A2호 시험편을 이용하며, 채취가 곤란할 때는 A2, A3호 시험편을 사용한다.

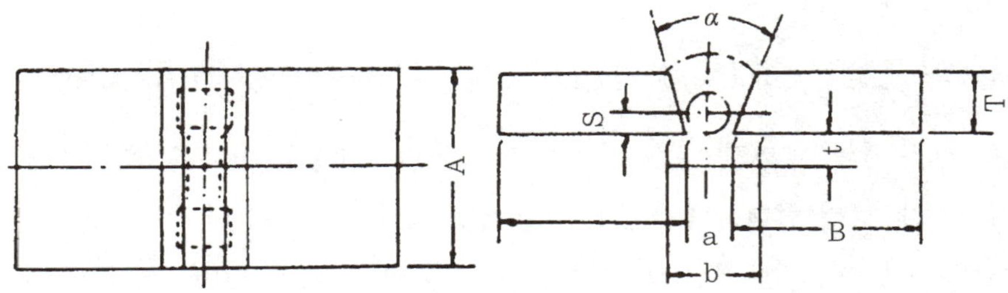

그림 16.2 용착금속 인장시험편의 채취 부위

표 16-3 시험편의 치수

용접방법 / 시험편	아 크 용 접				
두 께(T)	32	25	19	12	6
길 이(A)	약 150	약 150	약 150	약 120	약 75
폭 (B)	125	125	125	125	125
(T)	12	12	6	3	3
(b)	25	25	25	25	25
(a)	12	12	12	6	4
개선홈각도(α)	45°	45°	45°	45°	45°
시험편 채취위치 (S)	약 25	약 19	약 12	약 9	약 4
채취 시험편	A1호			A2호	A3호

표 16-4 시험편의 치수 (단위 : mm)

시험편의 종류	A1호	A2호	A3호
직경(D)	12.5	6	3
표점 거리(L)	50	24	12
평행부길이(P)	60	32	18
어깨반지름(R)	15이상	6이상	3이상

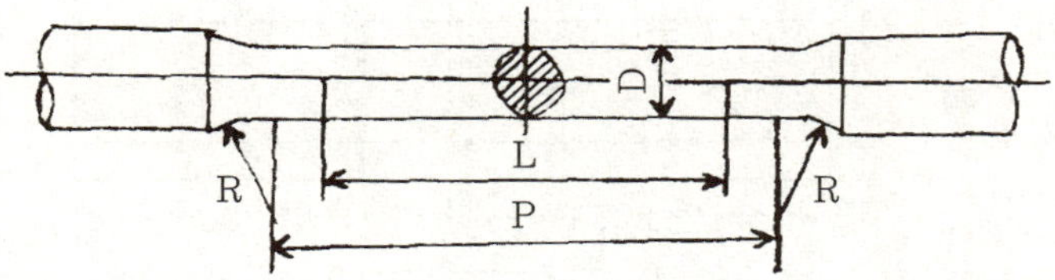

그림 16.3 용착금속의 인장시험편의 형상

그림 16.3, 표 16-4는 용접 · 접합부의 인장강도 시험편의 형상 및 치수를 나타낸다.

① 맞대기용접의 인장시험 - 용접부의 인장강도 시험은 실제 재료를 용접하였을 경우 모재를 포함하여 용접부 강도의 정도를 알기위한 시험으로 맞대기 용접과 필렛용접이 있다. 그림 16.4는 맞대기 용접시험편이며, 가공경화, 담금질, 뜨임재료시험에는 표점거리가 길게하여 시험하며, 이음효율은 다음과 같다.

$$\text{이음효율}(\%) = \frac{\text{시험편의 인장강도}}{\text{모재의 인장강도}} \times 100(\%) \tag{15.1}$$

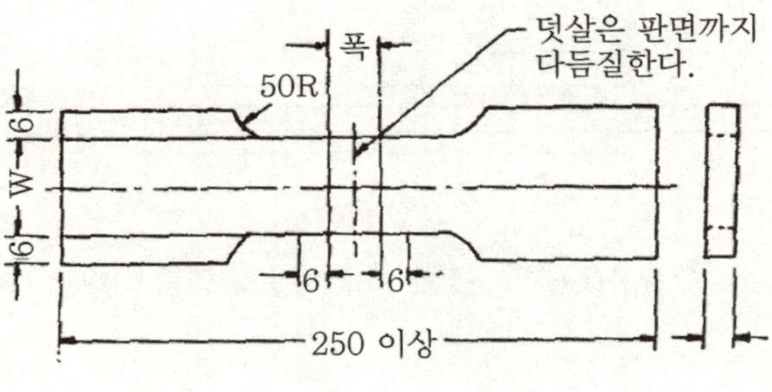

그림 16.4 맞대기 용접이음의 시험편(W=40 또는 20)

② 연강의 용접봉은 용접금속의 기계적 성질이 모재의 강도보다 높게되며, 용입이 불완전한 용입에서 이음효율은 보강재 유무에 관계없이 100%가 된다.

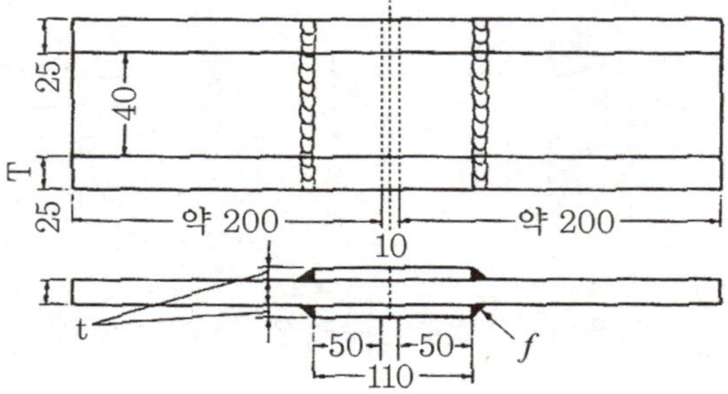

그림 16.5 전면필렛용접 이음의 인장시험편

③ 필렛용접이음의 인장시험 – 필렛용접이음의 시험은 인장강도 및 전단강도에 대한 시험이 별도로 규정되어 있다. 그림 16.5와 그림 16.6은 전면필렛용접과 측면필렛용접 시험편의 형상과 치수이다.

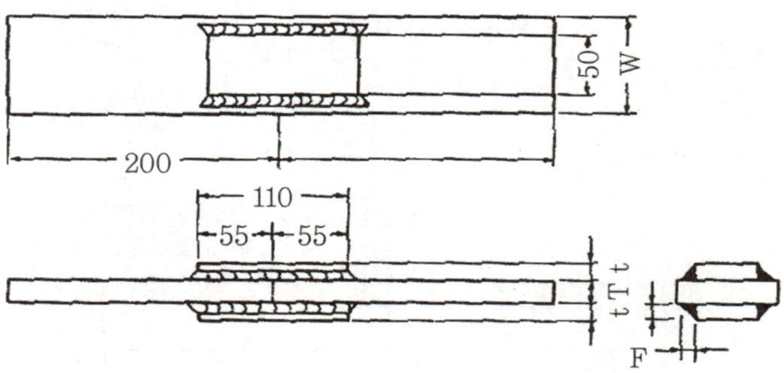

그림 16.6 측면필렛 용접이음의 인장시험편

표 16－5 시험편의 치수(단위 : mm)

각 장(f)	6	9	12
판 두께(t)	9이상	12이상	16이상
판 두께(T)	12이상	19이상	25이상

표 16-6 시험편의 치수(단위 : mm)

각 장(F)	3	6	9	12
판 두께(t)	9	12	20	25
판 두께(T)	9	20	25	30
폭 (W)	75	75	75	90

④ 필렛용접이음의 전단강도 시험 – 필렛용접이음의 전단강도(S)의 계산에 있어서는 다음 식을 사용한다.

$$S = 0.35 \times \frac{W}{f_m \times l} \tag{15.2}$$

여기서 S : 단면의 필렛용접 이음의 전단하중강도(kg/mm^2), W : 최대전단하중(kg) f_m : 필렛 각장(fillet leg length)의 평균길이, l : 용접길이이다. 한편, 용접 · 접합의 전단강도시험은 만능재료시험기를 이용하며, 그림 16.7과 같이 용접 · 접합면의 길이에 따라 횡적용접과 종적용접면의 두 방향에서 측정한다.

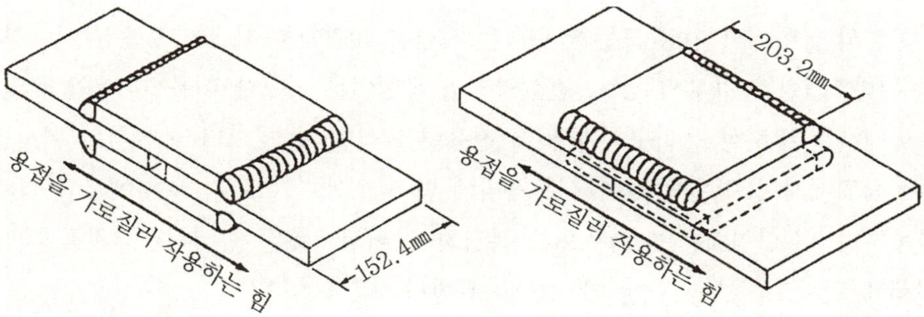

(a) 횡전단강도 (b) 종전단강도

그림 16.7 횡적 및 종적 전단강도 측정을 위한 용접시험편 모양

16.2.2 굽힘시험(Bending Test)

(1) 소재의 굽힘시험

(가) 일반사항

굽힘시험은 재료에 굽힘모우멘트가 작용할 때 변형저항 및 파단강도를 측정한다. 재료의 소성가공성 및 접합부의 변형능 측정을 위한 굽힘시험(bend test)과 주철, 초경합금과 같은 취성재료의 굽힘파단 강도를 측정하는 항절시험(flexure test)로 구분된다.

(a) 탄성영역의 굽힘시험 – 재료의 탄성계수, 형상복잡한 단면 및 구조물의 이론계산

(b) 소성영역의 굽힘시험 – 재료의 변형능, 재료의 연성 검토

(c) 굽힘파괴 시험 – 항절시험, 취성재의 강도측정, 선재 및 판재의 반복굽힘 시험

(나) 굽힘시험의 정의

환봉의 굽힘에서 인장 또는 압축력은 시험편 표면에서 최대이고 중심부는 영(zero)이 된다. 접합부 양부의 검토, 소성영역의 굽힘이론 연구에 이용된다. 인장 및 압축 시험에서는 뚜렷한 응력구배가 없어 진응력을 구할 수 있으나 굽힘시험은 시험편이 탄성범위에서 응력은 중심축에서 거리에 따라 비례하므로 각 위치에서 응력계산이 가능하다. 소성영역은 응력분포가 복잡하여 취성재료는 항절시험결과를 이용하나 연성재료는 노치부를 갖는 재료를 이용한다.

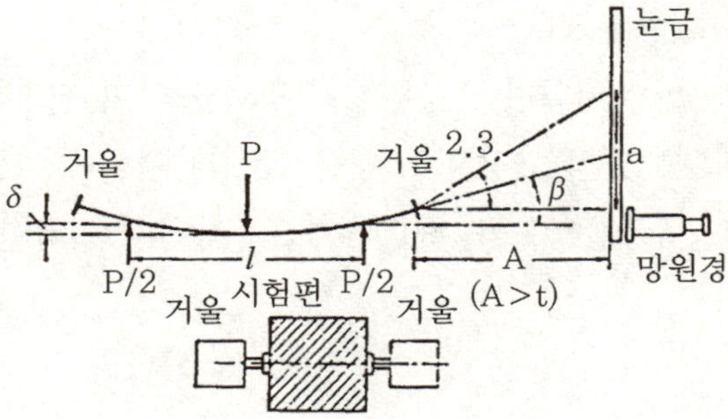

그림 16.8 삼점 굽힘시험에 의한 굽힘량 측정장치

표 16-7 각종 굽힘시험편(KS B 0803)

시험편 구분	시험 대상 재료
가호 시험편	강판, 평강 및 형강, 두께 t: 원래두께, 나비 W: 35mm이상, 길이 L: 250mm이상
나호 시험편	봉강, 지름, 맞변길이 D: 원래치수, 길이 L: 250mm이상
다호 시험편	박강판, 두께 t: 원래두께, 나비 W: 20mm이상, 길이 L: 150mm이상
라호 시험편	스프링용 인청동판, 양은판, 두께 t: 원래두께, 나비 W: 10mm이상, 길이 L: 150mm
마호 시험편	단강품 및 주강품
바호 시험편	가단주강품

(다) 굽힘시험의 방법

(a) 눌러 굽히는 방법

반경 r이 10mm이상인 원통받침으로 받쳐 L=2L+3L로서 굽힘각도가 대략 170°가 될 때까지 굽힌 후 표면균열이나 결함유무를 검사한다. 굽힘각도를 180°로 할 경우 170°로 굽힌 후 그림 16.9(b)와 같이 2r의 두께를 갖는 지그로서 시험편 양단면을 누르거나 그림 (a)에서 받침거리가 L=2r+2t인 받침대 사이를 빠져나갈 때까지 누른다. 밀착할 때는 170°까지 굽힌 후 그림 16.9(c)의 방법에 의한다.

(b) 감아 굽히는 방법

그림 16.10과 같이 시험편 중앙부가 규정의 모양이 되도록 시험편을 환봉 또는 다이에 맞게 한쪽을 눌러 고정하고, 다른 쪽에서 서서히 하중을 가해 규정의 각도까지 감아 굽힌다. 굽힘각도가 180°이며 r이 작거나 밀착할 경우 그림 (b), (c)의 방법에 따른다.

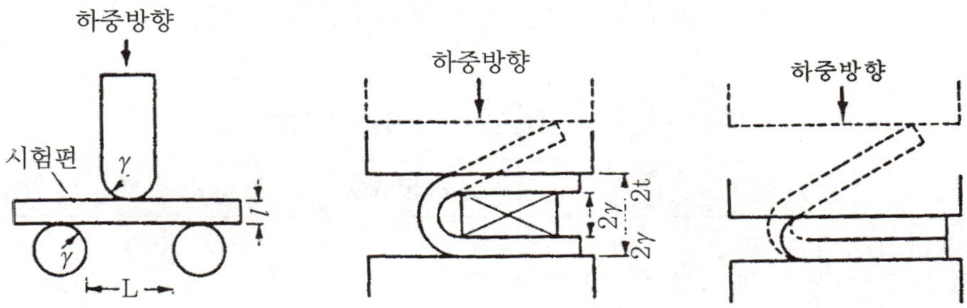

(a) (b) (c)

그림 16.9 눌러 굽힘시험

(a) (b)

그림 16.10 감아 굽힘시험

(c) V블록법

그림 16.11과 같이 시험편을 V블록 위에 놓고 중앙을 누름쇠로 하중을 가해 규정된 모양으로 굽히는 방법으로 누름쇠의 모양, 치수 및 시험요령은 규정에 따른다.

(라) 항절시험(flexure test)

2점 자유지지에서 중앙에 하중을 걸어 시험편이 파괴시 까지 최대하중과 굽힘을 측정한다. 주조 시험편의 실측직경 d가 호칭치수의 직경 d_0의 허용차내에서 그보다 작을 때는 실측의 최대하중 P를 다음 식으로 보정한다.

$$\text{보정한 최대하중 } W_o = W\left(\frac{d_0}{d}\right)^3 \tag{15.3}$$

재료규격에는 시험편 직경에 대응한 최대하중과 최대 굽힘의 허용치가 규정되어 있다.

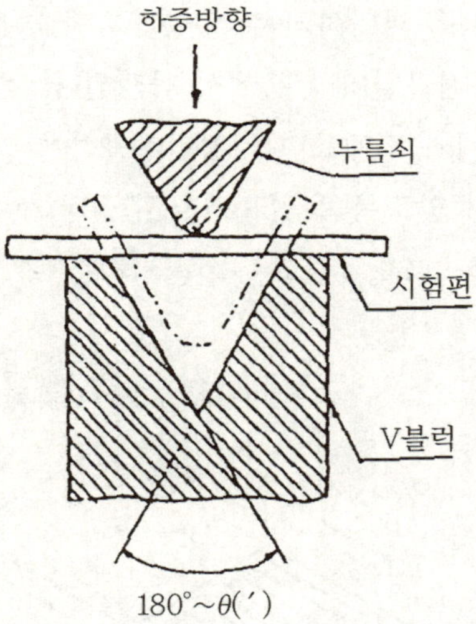

그림 16.11 V블록 굽힘시험

표 16-8 금속재료 항절시험편(KS B 0808)

시험편의 종류	지름(D)	지름의 허용차	지점간의 거리(G)	길이(l)
가	13	±1.0	200	약300
나	20	±1.0	300	약350
다	30	±1.5	450	약500
라	45	±2.0	600	약650

(2) 용접품의 굽힘시험(bend test od welding specimen)

(가) 굽힘시험편

용접의 연성 및 안전성을 파악하기 위해 용접홈의 결함측정에 이용되며, 굽힘작업 시 용접 · 접합결함은 용접균열이나 홈에서 파괴된다. 용접받침을 제거하고 표면 및 이면 덧대기 판을 연마시켜 모재표면을 평면가공하여 굽힘시험을 준비한다. 연삭표시는 용접부가 취약하지 않도록 용접표면을 횡절단하며, 용접 후 가장자리에서 약 3.2mm 용접표면에 선을 그으며, 그은 선간거리는 측정값이 된다.

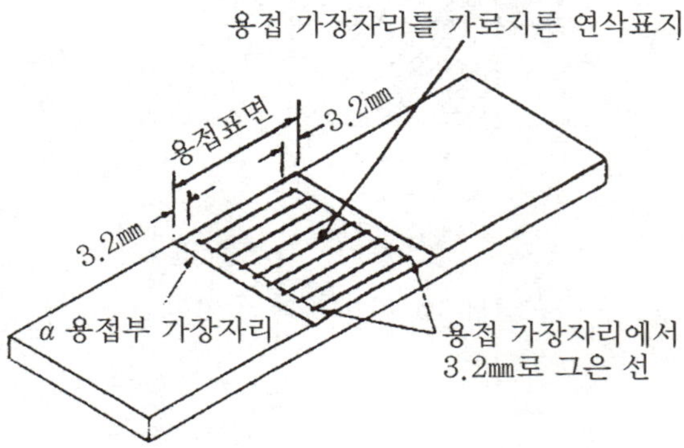

그림 16.12 굽힘시험용 용접시험편 가공모양

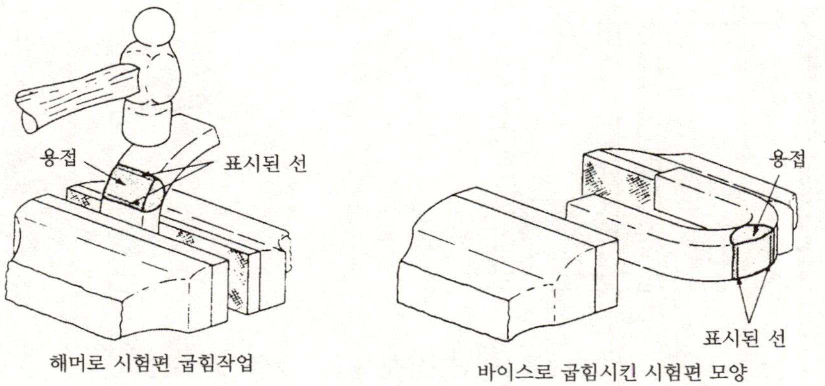

그림 16.13 자유굽힘시험 작업 예

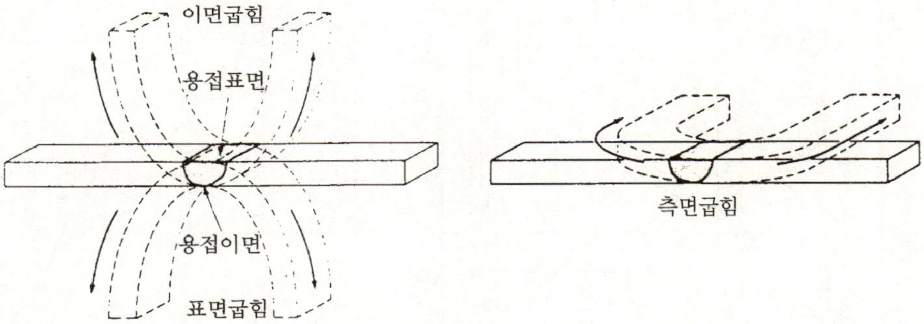

16.14 표면, 이면, 측면 굽힘시험 모양

자유굽힘시험은 금속재료의 판, 관을 아크용접과 가스용접에 의해 맞대기 용접을 하여 안전성 및 연성검사에 이용된다. 롤러 굽힘시험은 시험용 지그가 필요 없이 3－19mm의 시험편을 굽힐 수 있어야 한다. 자유굽힘시험은 그림 16.13과 같이 바이스로 굽히며, 시험편을 해머로 굽힌 다음 바이스작업으로 마무리 하고 선 사이의 간격을 굴곡자로 측정한다.

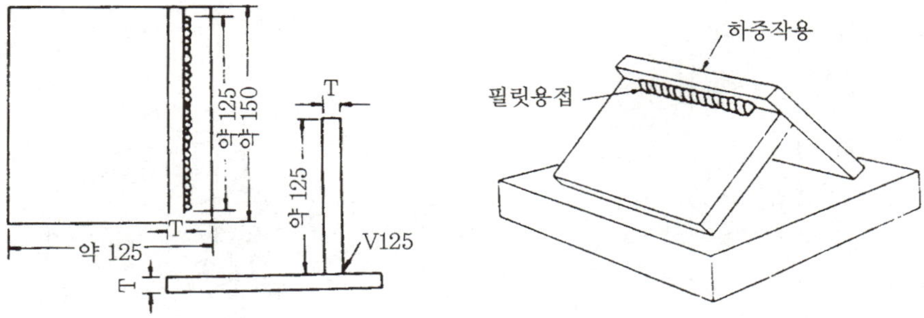

그림 16.15 필렛용접 시험편 치수 및 시험

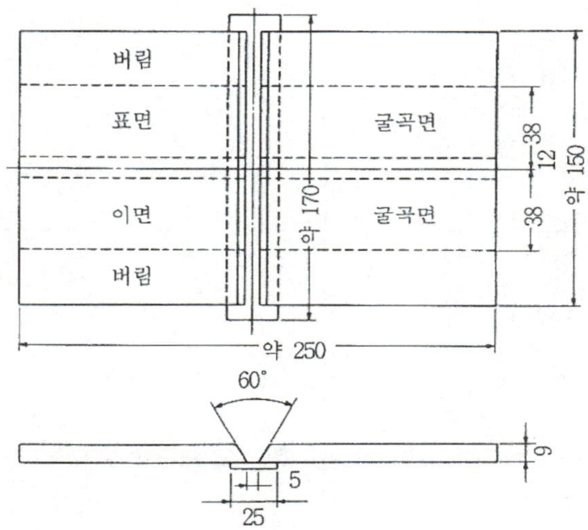

그림 16.16 형틀굽힘 시험편의 치수

(나) 용접품의 형틀굽힘시험

용접부의 연성, 다공성 같은 용접 홈 결함, 슬랙혼입, 용융부족, 용입불량, 기타 시험편에 파괴 및 균열여부의 정도를 파악하는 시험으로 용접사 자격시험에 이용된다. 형틀굽힘시험은 특수지그, 프레스를 이용하여 180°까지 굽히며 이면, 측면 및 표면을 대상으로 한다.

(다) 용접품의 필렛용접 시험

필렛용접 파괴시험으로서 현장시험이 가능하고 필렛용 접부에 바이스나 시험기를 이용하여 하중을 가한다. 용접 · 접합부에 파괴가 발생하면 그 파괴결함에 대해 측정하며, 파괴가 일어나지 않으면 건전부로 판단해도 좋다.

16.2.3 충격시험(Impact Test)

(1) 재료의 충격시험

(가) 목적

소재는 인장시험과 같이 정적하중을 받는 경우와 부하 후 10^{-2}~10^{-3}sec 이내에 파단되는 충격하중을 받을 경우 다른 성질을 나타내며, 충격력에 대한 재료의 저항력을 파악한다. 시험을 통해 기계의 안전설계를 위한 자료를 얻고, 고속의 소성가공에서 가공성의 판단과 변형 메카니즘 해석에 사용된다.

충격 흡수에너지는 햄머의 1회 충격으로 시험편의 파단에 필요한 에너지 값으로 재료의 연성, 저온취성, 노치취성, 템퍼취성, 인성평가, 연성－취성 천이온도를 결정한다.

파괴인성의 평가는 균열전파에 대한 재료의 저항력을 파악하는 시험으로 천이온도에 의한 평가와 파괴역학적 평가로 나누며, 충격시험을 통해 흡수에너지, 파면양상 및 천이온도에 따라 결정한다. 천이온도(transition temperature)의 천이영역은 벽개파괴강도와 항복점과의 상대관계에 의해 결정되며, 파괴하중, 단면수축률 및 연성파괴의 파면율이 급격히 변화하는 점의 온도이다.

재료의 파괴인성평가는 천이온도의 높고 낮음, 또는 어느 특정온도에서 흡수에너지의 크기로 결정한다. 최대 흡수에너지의 1/2되는 온도나 취성파면율이 50%되는 온도가 낮을수록 또는 흡수에너지 값이 높을수록 파괴인성은 우수하다. 용접부의 파괴인성은 재료 조성, 용접 · 접합법, 접합조건 등에 따라 다르며, 중 · 고강도의 강은 모재의 파괴인성에 비해 떨어지고, 저강도의 강에서도 용접입열이 커지면 파괴인성은 떨어진다.

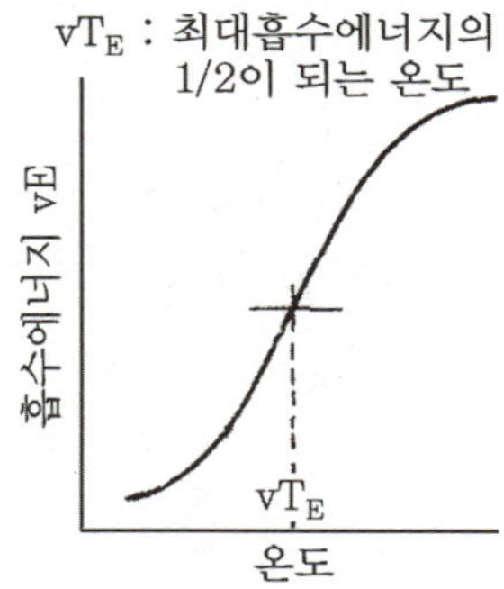

(가) 최대흡수에너지의 1/2온도

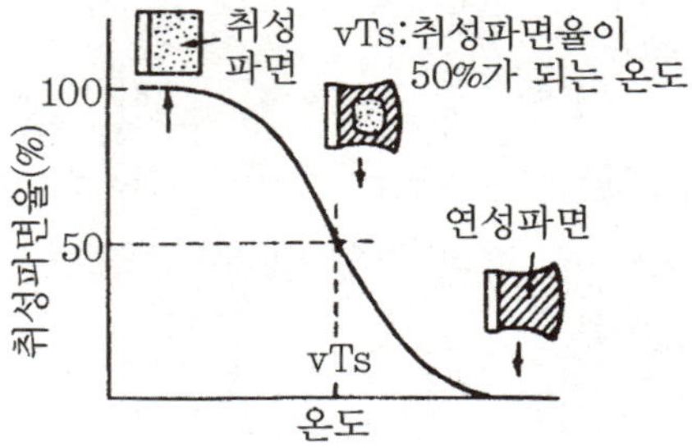

(나) 취성파면률 50%의 온도

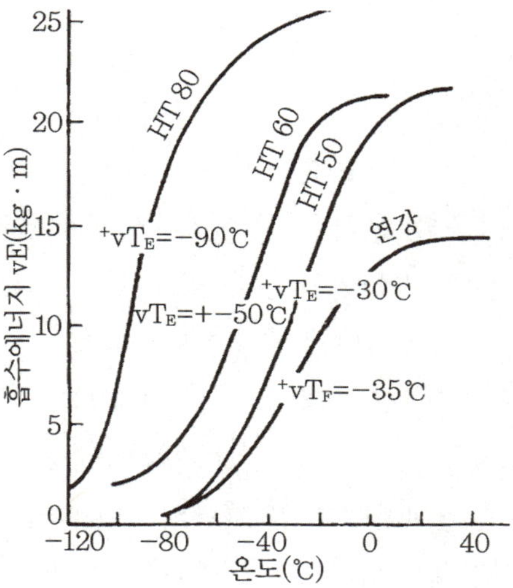

(다) 강재열 흡수에너지와 온도

그림 16.17 파괴인성의 평가

(나) 충격시험의 종류

충격시험에는 노치 시험편을 앤빌(anvil)에 단순지지 상태로 놓고 노치부 이면을 해머로 타격하는 샤르피 충격시험(charpy impact test)과 노치시험편은 외팔보 상태로 지지하고 노치부 쪽을 해머로 타격하는 아이조드 충격시험(izod impact test)이 있다.

(a) 샤르피 충격시험(Charpy impact test)

그림 16.18(a)은 강에서 30kgm−m, 강인강은 50kgm−m로써 충격속도 5.28m/sec 내외로 시험에 사용되는 샤르피 충격시험기의 구조이다. 충격시험편은 그림 16.18(b)와 같고 노치는 2mm V노치 홈이 많이 사용된다. 타격 후 파단 시까지 흡수에너지가 크면 타격 후 해머의 높이가 적게 올라가며, 재료의 인성이 크다. 흡수에너지 E는 타격 전 해머의 들어 올린각 α과 시험편 파단후 해머의 상승각 β의 관계는 다음과 같다.

$$E = W L (\cos\beta - \cos\alpha)\ (kg-m) \qquad (15.4)$$

W : 해머중량, R : 해머중심에서 회전축 중심까지 거리,

α : 해머 들어 올린 각, β : 시험편 파단 후 해머 상승각

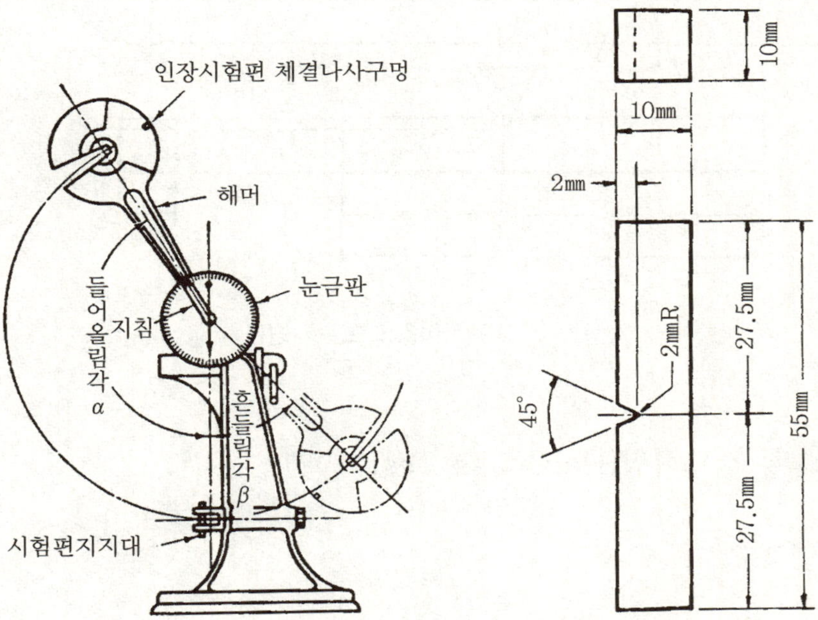

(a) 시험기 (b)시험편

그림 16.18 샤르피 충격시험기와 시험편

(b) 아이조드 충격시험(Izod impact test)

햄머이동 방향에 수직으로 외팔보 상태로 고정된 시험편에 충격하중을 주어 소요되는 에너지로서 재료의 노치인성을 알아내는 방법으로 미국, 영국에서 주로 사용된다. 재료의 인성이 너무 크며 샤르피 충격시험과는 달리 굽힐 경우도 있어, 흡수에너지를 단면적으로 나누지 않고 그대로 적용하는 것이 다르다. 시험기 용량은 120ft－lbs(86.796kg－m)가 주로 사용되고 약 11.4ft/sec(4m/sec)가 표준이다. 한편, 시험편은 V형 노치로서 깊이 2mm, 노치반경 0.25mm이다.

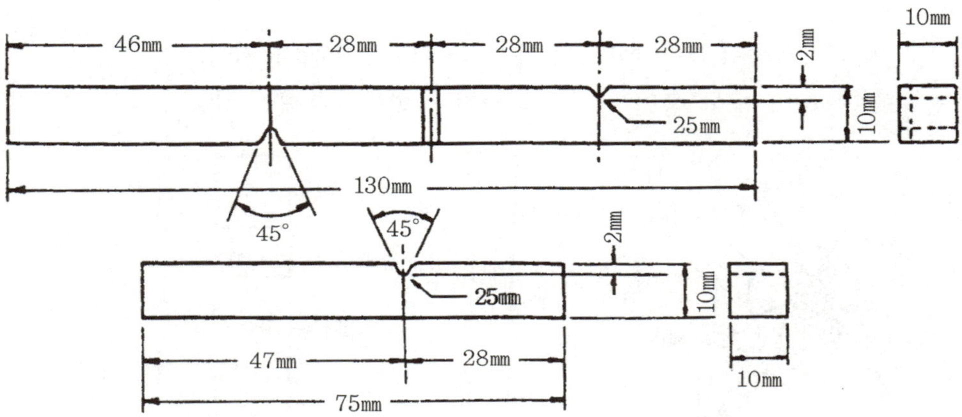

그림 16.19 아이조드 표준시험편

16.2.4 경도시험(Hardness Test)

(1) 압입경도

담금질강이나 다이아몬드의 구, 원추, 각추를 이용하여 일정하중으로 시험편을 눌러 변형에 대한 저항의 대소를 판정하는 기준이 된다. 압흔의 깊이나 면적이 적으면 경도가 높으며, 브리넬 경도, 록크웰 경도, 비커어스 경도가 이에 해당된다.

압입경도는 압흔 주변에 응력발생의 문제, 박판제품의 시험적용의 문제, 소성변형으로 인한 경화정도가 경도값에 영향을 준다. 또한 시험체가 곡면이거나 거칠기가 거친 시험체나 압자의 변형도 고려해야 한다. 고온경도는 비커스나 록크웰 경도계를 이용하여 부하시간과 더불어 압흔 깊이가 깊어지는데 이는 creep현상으로 볼 수 있다.

표 16-9 각종 경도계의 비교

<table>
<tr><th>종 류</th><th>형 식</th><th>압자 또는 해머의
재질 형상</th><th>하중</th><th colspan="3">비 고(표시 예)</th></tr>
<tr><td rowspan="4">브리넬</td><td rowspan="4">압입식</td><td rowspan="4">담금질한 강구
직경 10mm, 5mm</td><td rowspan="4">3,000kg
1,000kg
750kg
500kg</td><td colspan="3">강구직경과 하중은 경도에 따라 조합</td></tr>
<tr><td>강구 직경
(mm)</td><td>하 중
(kg)</td><td>기 호</td></tr>
<tr><td>5
10
10
10</td><td>750
500
1,000
3,000</td><td>HB(5/750)
HB(10/500)
HB(10/1,000)
HB(10/3,000)</td></tr>
<tr><td colspan="3">경도표시예: HB(10/500)92
HB(10/500/30)92</td></tr>
<tr><td rowspan="2">로크웰</td><td rowspan="2">압입식</td><td>“B” 스테일 담금질한 강구
직경 1/16"</td><td>100kg</td><td rowspan="2" colspan="3">HR B30(또는 R_B 30)
HR C59(또는 R_C 59)</td></tr>
<tr><td>“C” 스케일 다이아몬드코운
정각 120°</td><td>150kg</td></tr>
<tr><td>비커어즈</td><td>압입식</td><td>다이아몬드 4각추,
정각136°</td><td>1~120kg</td><td colspan="3">HV(30)250</td></tr>
<tr><td>쇼 어</td><td>반발식</td><td>끝이 둥근 다이아몬드를 붙인 해머, 해머중량 2.6g</td><td>낙하높이
25cm</td><td colspan="3">HS51
HS25.5</td></tr>
</table>

(가) 브리넬(Brinell) 경도시험

강구나 초경합금재의 압자를 사용하여 시료면에 압흔을 만들어 하중을 압흔의 직경으로부터 구한 표면적으로 나눈값으로 산출 식은 다음과 같다.

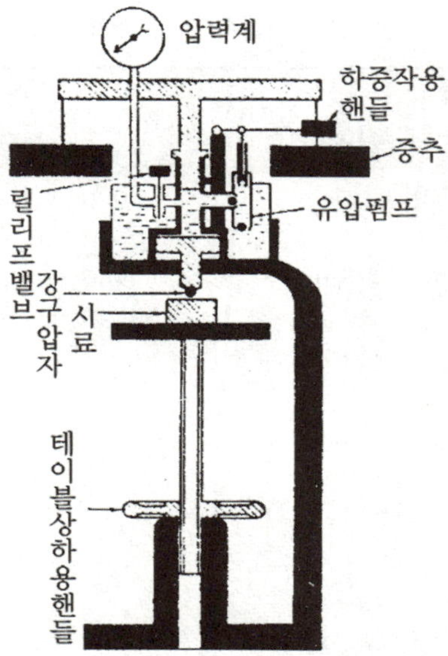

그림 16.20 브리넬 경도시험기의 원리

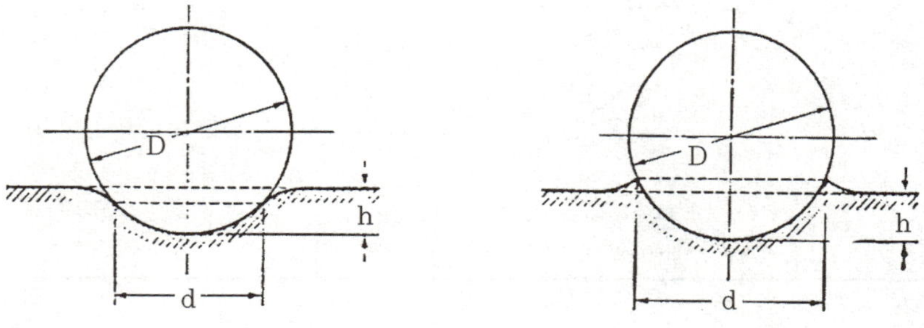

그림 16.21 압흔의 단면도

$$HB = 2P \ / \ \pi D(D - \sqrt{D^2 - d^2}) \qquad (15.5)$$

HB : 브리넬경도(kg/mm^2), P : 하중(kg), D : 강구직경(mm), d : 압흔직경(mm) 또는 압흔깊이 h를 측정하여 HB =P/πDh로 산출하는 경우도 있다.

(나) 록크웰(Rockwell) 경도시험

재질에 따라 압자를 선택하여 기준하중으로 가압한 후 시험하중을 적용하며, 다시 기준하중으로 복귀시킬 때 전후 2회의 기준하중에 대한 압흔깊이 차로부터 구한 값이다.

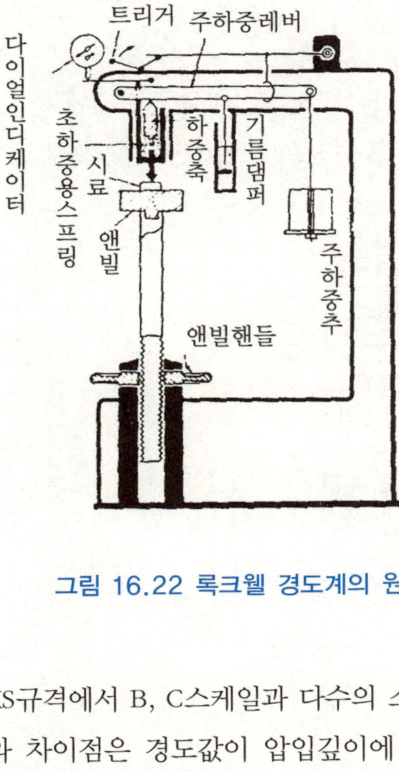

그림 16.22 록크웰 경도계의 원리도

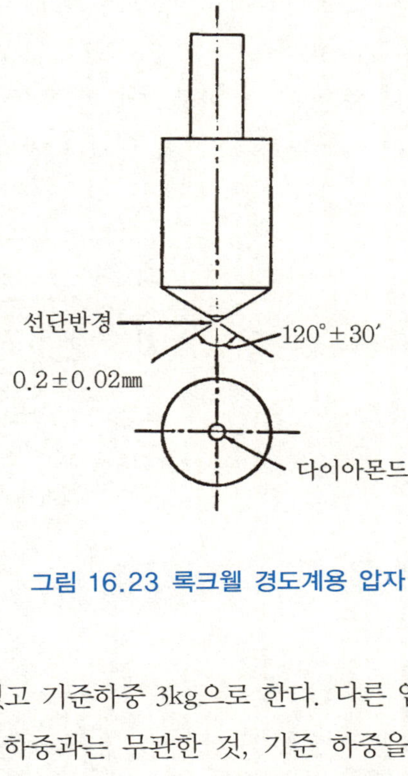

그림 16.23 록크웰 경도계용 압자

KS규격에서 B, C스케일과 다수의 스케일이 있고 기준하중 3kg으로 한다. 다른 압입경도와 차이점은 경도값이 압입깊이에 관계되며 하중과는 무관한 것, 기준 하중을 가한 상태를 압흔 깊이계측의 영점으로 함에 따라 영점유지가 정확하고 시험편의 거칠기의 영향을 피할 수 있다.

B 스케일 : $t=(130-HRB)\cdot/50$ (mm)

C 스케일 : $t=(100-HRB)\cdot/50$ (mm) (15.6)

(다) 비커스(Vickers) 경도시험

고경도 시험체를 대상으로 하며 대면각 136° 정사각형 다이몬드 압자로서 피라미드형 압흔을 만든다. 대면각이 일정하여 하중크기에 관계없이 압흔형상이 상사형이므로 균질한 재료에서는 일정한 경도값을 얻을 수 있다. 압흔 윤곽이 명확하여 측정정도가 양호하고 압흔이 작아 제품에 흠집을 적게 한다.

시험면의 연마는 대각선 길이를 측정치의 0.5% 또는 0.0002%중 큰 값 측정이 용이할 정도로 마무리하며, 시험편의 두께 1.5배 이상으로 한다. 시험하중은 0.3~50kg까지 가능하나 큰 하중을 사용하여 측정값의 산포를 줄인다. 경도측정은 먼저 생긴 압흔중심에서 4d이상, 시험편 가장자리에서 2.5d이상의 지점에서 시험해야 한다. 경도값은 하중을 압흔의 대각선 길이에서 구한 표면적으로 나눈 하중값으로 한다.

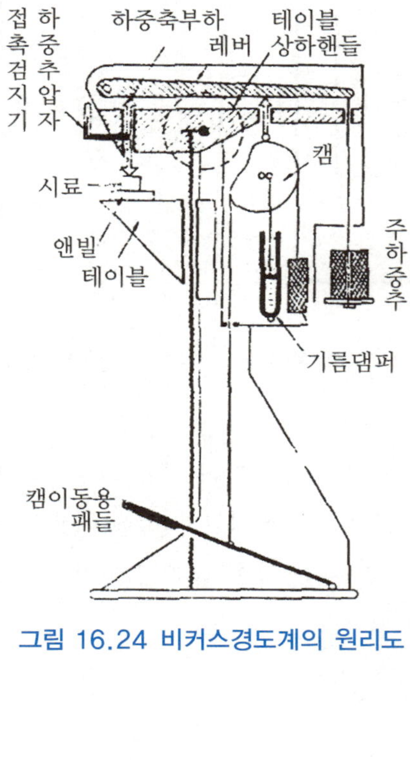

그림 16.24 비커스경도계의 원리도

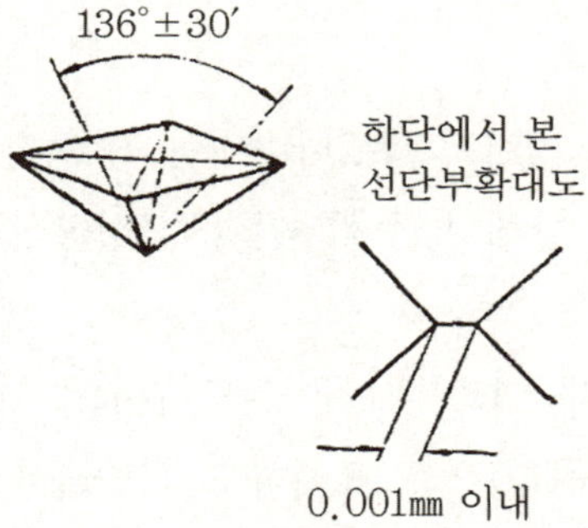

그림 16.25 비커스경도계 압자 선단부

$$HV = (2P \sin\alpha/2)/d^2 \qquad (15.7)$$

HV : 비커스 경도(kg/mm_2), P : 하중(kg), d : 압흔 대각선의 평균길이(mm), α : 대각면을 나타낸다. α는 136° 인 경우는 다음과 같이 나타낸다.

$$HV = 1.854P/d^2 \qquad (15.8)$$

(2) 반발경도

반발경도의 대표적인 것은 쇼어(Shore)경도로서 일정하중과 형상을 갖는 선단반경 1mm, 2.5g무게의 다이아몬드 햄머를 일정높이 h_0에서 시료면에 낙하시켜 그 반발높이 h라면 다음의 경도값을 구한다.

$$HS = 10,000/65 \times h/h_0 \qquad (15.9)$$

이 수치의 결정은 담금질된 고탄소강을 시료로 할때 평균반발 높이가 h_0=10in에 대해 h=6.5in가 되는 것으로부터 시료높이를 HS 100으로 h를 100등분하여 정한 것이며, 1단위는 0.065in=651mm로서 적용범위는 보통 HS 100이하이다.

(3) 긁기경도

① Mohr 경도 – 경도를 정량적으로 나타내던 최초 경도시험으로서 표준물질을 사용하며, 이는 활석, 석고, 방해석, 형석, 인회석, 정장석, 석영, 황옥석, 강옥석, 금강석이 이용된다.

② Martens 경도 – 꼭지각 120° 다이아몬드 원추로 시료를 긁으며, 경도값은 0.01mm 폭의 흠을 만들 때 하중(g)으로 표시하고 하중을 바꾸어 다수 반복한 후 흠폭의 관계를 구해 내삽법으로 경도를 구한다.

16.2.5 피로시험(Fatigue Test)

재료는 다소의 내부결함, 불균질성, 원자배열의 이상이 있어 작은 응력에서도 완전탄성 거동을 볼 수 없으며, 항복응력이하의 반복응력을 부하해도 작은 변형이 축적되어 재질변화가 일어나 피로가 발생된다. 피로시험은 재료의 반복하중에 대한 강도, 강도의 크기, 가공법, 하중부하의 방법의 영향을 구하는 수단으로 수행된다. 반복하중에 의한 재료의 피로한도, 내구한도시험을 하는 것으로 종축에 응력진폭(σ_a) 또는 최대응력(S)를 횡축에 피로파괴까지의 응력반복수(N)을 취해 실험치를 정리한 것을 S－N곡선이라 한다.

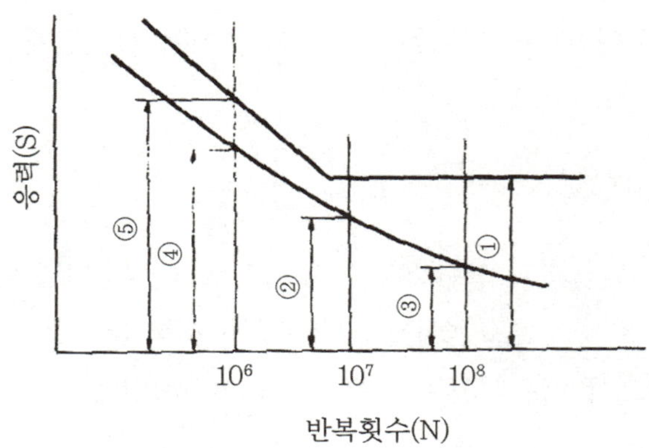

그림 16.26 피로시험의 S－N곡선

반복하중을 가하는 피로시험은 반복응력의 종류를 조합방법에 따라 구분되며 반복응력 부과 방식에 따라 시험속도, 응력제어의 정확도의 기능면에서 차이가 생긴다. 하중반복장치를 기구적으로 분류하면 크랭크 구동방식, 관성력 · 원심력에 의한 방식, 전자석에 의한 방식, 중추 · 스프링에 의한 방식이 있다. 기타 재료의 물성을 파악하기 위한 시험으로 크리이프시험, 마모시험, 비틀림시험 등이 있다.

16.3 용접성 시험

16.3.1 일반사항

(1) 개요

용접성 시험은 재료의 접합성능과 용접구조물의 사용성능에 대해 시험할 수 있다.

① 기초시험 – 모재의 화학조성, 모재의 기계적 성질, 모재의 결합

② 용접성시험 – 노치취성시험, 용접부 연성, 모재와 용접부 균열시험

③ 이음부시험 – 용접부 안전성시험, 이음의 기계적 성질

④ 특수시험 – 내식성, 열적, 전자기적, 고온, 가공성등

(2) 용접시험의 분류

(가) 필렛 용접 시험

① 필렛 인장시험

② 필렛 전단시험

③ 필렛 파면시험

④ T형필렛 굽힘시험

(나) 모재의 노치취성

① 노치충격시험
② 노치인장시험
③ 칸인장균열시험
④ 벤델빈시험

(다) 비드취성시험

① 킨젤시험
② 리하이시험

(라) 취성파괴 전파시험

① 모재의 취성파괴 전파시험
② 로벗손시험
③ 엣소시험
④ 이중인장시험

(마) 용접균열시험

① 용접균열시험
② 하이 구속균열시험
③ 슬릿형 균열시험
④ 휘스코 균열시험
⑤ CTS 균열시험
⑥ 전개식 필릿 균열시험

16.3.2 각종 용접균열시험

(1) 피스코균열시험(Fisco type cracking test)

C형 지그에 맞대기 시험편을 볼트로 강하게 조여서 비드(bead)를 만들고 냉각 후에 파단하여 고온균열의 유무를 알아보는 균열시험이다. 시험편 두께 1~40mm, 길이 200mm, 나비 120mm의 판을 사용하며, 용접부를 길게 절단하여 제거하여 나머지 부분을 재시험한다.

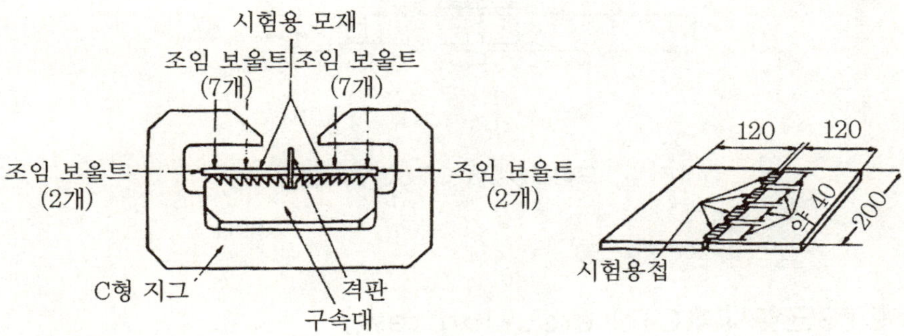

그림 16.27 피스코 균열시험

(2) 베틀형 비드밑균열시험(Battle type under bead cracking)

저합금강의 비드하균열시험에 사용되는 방법이며 미국의 바텔(Battle) 연구소에서 개발한 균열시험방법으로 소형시험편 표면에 용접조건(E6010형, 직경 3.2mm 용접봉으로 100A, 24－26V, 250mm/min)으로 비드를 만들고 24시간 방치 후 절단하여 균열검사를 한다. 비드길이에 대한 균열길이의 비를 %로 나타내며 보통 5개의 평균값 취한다.

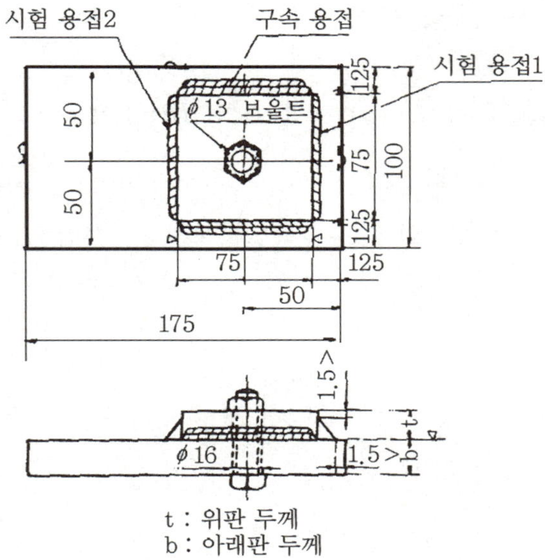

그림 16.28 CTS균열시험편

(3) CTS균열시험(CTS cracking test)

시험편의 냉각속도가 다른 2개소에 시험비드를 만들고 냉각 속도가 다를때 균열발생의 경향을 알아내는 시험이다. 균열시험(controlled thermal severity)의 시험방법은 판재의 절단단면과 판재 표면을 시험한다. 맞대기용접과 필렛용접에서 균열의 발생도를 동시에 파악할 수 있다.

(4) 창틀구속균열시험(Window Type Restrained Weld Cracking)

후판을 사용하여 실재 구조물의 용접부와 같은 구속이 큰 홈을 이용하여 다층용접을 해서 용접금속과 열영향부 균열 검출하는 시험방법이다. 고장력강 시험시 사용하며 시험방법은 표면을 용접한 후에 루트부를 떼어내고 뒷면 용접 다음에 칼라체크, X선투과, 현미경 등으로 균열을 검출한다.

(5) 코머렐 시험(Kommerell Bend Test)

시험편 표면에 반원형 모양으로 홈 가공하고 그 위에 일정조건으로 용접비드를 만들어 정해진 지그(Jig)를 사용해서 구부려 용접부의 연성을 시험하는 비드균열시험으로 용접부의 균열발생을 검사한다. 파단시까지 굽힘 각이 일정 규정값 이상을 요구한다.

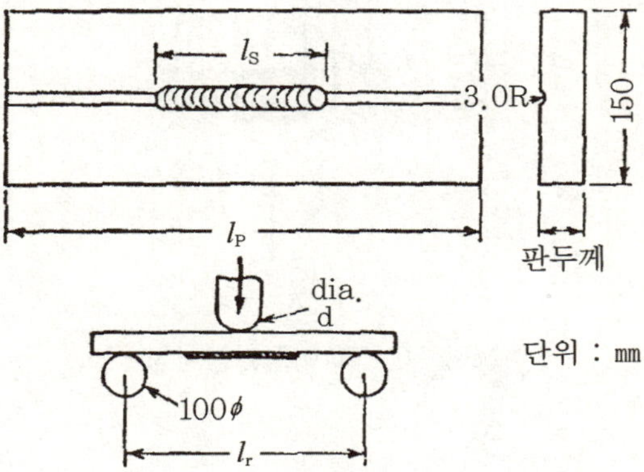

그림 16.29 코머렐 시험

(6) 이중인장시험(Double Tension Test)

발생된 취성파괴가 재차 전파 또는 정지여부 검출(Notch인성시험)이며, 보조하중으로 취성파괴를 정적방법으로 발생시켜 주하중에 의해 응력부위의 내부에 전파 여부를 파악한다. 취성파괴의 발생이 용이토록 보조하중 주위를 냉각, 주하중부는 일정온도를 유지하며, 보조하중부는 주하중부로 부터 응력적으로 절연, 파괴가 정적으로 발생시키며, 전파현상이 혼란되지 않는 장점을 갖는다.

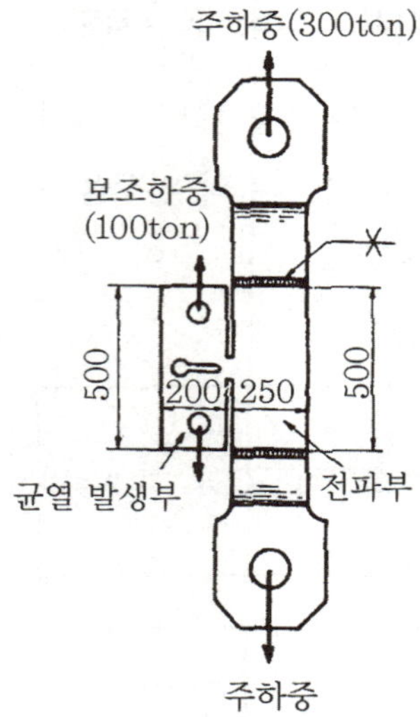

그림 16.30 이중인장시험

(7) 엣소(ESSO)시험

재료의 노치취성법, 노치를 파놓은 대형시험판을 다양한 시험온도 및 하중으로 인장한 상태로 한쪽에서 쐐기를 총탄으로 박아서 취성균열을 일으켜 그것이 시험편에 전파하는 온도를 구하는 시험(SOD시험)이다. 시험판의 온도분포를 주는 방법에 따라 등온도형, 평탄온도형, 온도구배형이 있다.

(8) 로벗손시험(Robertson Test)

노치(notch)취성법, 좌측 노치를 액체질소로 냉각시키고 우측 가장자리를 가스불꽃으로 가열하여 거의 직선적인 온도구배를 일정 하중을 부과한 채로 좌측 노치부를 볼트총(bolt gun)으로 충격을 주어 취성균열을 일으키게 한 후, 전파되는 균열의 정지온도를 구하여 취성파괴의 진행이 멈추는 성능을 검사하는 시험방법이다.

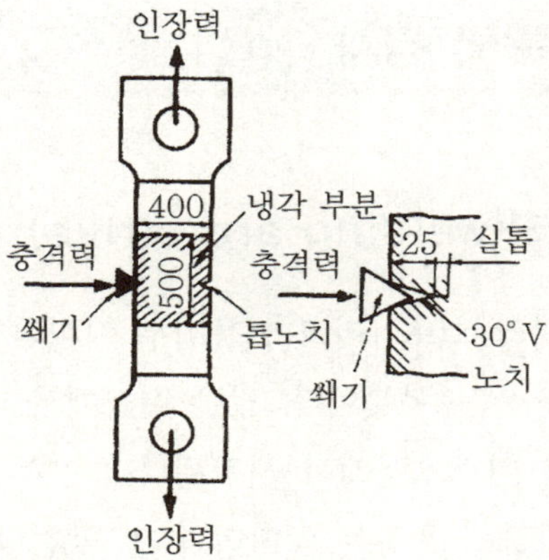

그림 16.31 ESSO 시험

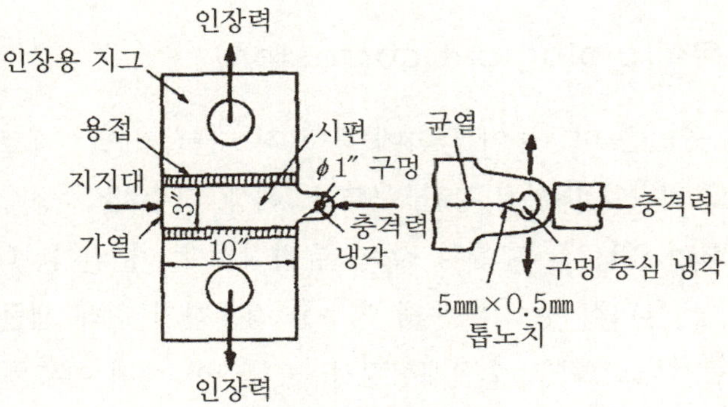

그림 16.32 로벗손 시험

(9) NRL 낙중시험

시험편 표면에 굳고 부서지기 쉬운 비드를 제작하여 좌측을 파고 반대쪽에서 무거운 추를 떨어뜨려 취성균열의 발생과 전파하는 형상에 따라 강재의 취성발생의 한계의 온도를 구한다. 이를 NDT(Nil Ductility Transition)온도라 한다.

16.4 재료열화 기구와 검사

(1) 용접아크 스트라이크(welding arc strike)

① 현상 – 원인은 아크 스트라이크가 용접부 이외의 부분을 용접봉을 순간 접촉시켜 아크를 발생시키는 부분이다. 많은 현장에서 파손원인이 아크 스트라이크에 의하여 발생된 미소크랙에서 시작된다.

② 검사법 – 육안검사로 용접부를 따라 가면 발견할 수 있으며, 보통 주위보다 많은 산화피막으로 덮어져 있다. 아크 스트라이크 부분을 그라인딩하여 제거하며 매크로(macro)부식을 이용하여 제거여부를 검사할 수 있다.

(2) 생물학적 부식(biological corrosion)

① 현상 – 원인은 미생물이 금속에 붙어 직 · 간접적으로 재료의 열화를 초래하는 것으로 지하에 매설된 강관, 구조물, 해상, 담수저장, 냉각열 교환기, 펌프에서 발생하며, 열교환 효율의 감소, 유량감소 등이 일어난다.

② 검사법 – 물리적 부식의 존재 여부를 검지하기 위해 샘플 채취하여 미생물 여부를 검지하고 토양, 수질채취검사, 박테리아 존재 여부를 검지한다. 열교환기의 오염부나 부식물 검사에서 수행하며, 토양의 산성 또는 알카리화를 개선하거나 저장탱크, 냉각시스템, 부식방지제 사용, 코팅, 라이닝 처리, 음극방식, 주기적인 청소가 필요하다.

(3) 청열취화(blue brittleness)

① 현상 – 다수의 강재가 청열온도(260~270℃) 부근에서 강도가 증가하고 연성이 감소하는 취화현상이 나타나며, 변형률이 높을 때는 고온에서 취화현상이 나타낸다.

② 검사법 – 인장강도 시험이 가장 적절하고 경우에 따라서 경도시험으로 판정

이 가능하나 인장강도시험보다 확실성이 부정확하다. 대응책으로는 재료를 640℃이상으로 가열 후 서냉시켜 사용해야 한다.

(4) 취성파괴(brittle fracture)

① 현상 – 소성변형이 거의 없이 파단면이 물결모양 형태로 파괴되는 현상으로 저온에서 피로균열로서 용접 결함부를 발생기점으로 생기며 파괴속도가 200~2000m/s이다. 충격, 높은 변형율, 큰 구속에서 발생하기 쉽고, 수소취성 재질에서도 발생된다.

② 검사법 – 파단면의 물결모양의 상태, 경도시험으로 파악되며, 대응책으로는 연성 재료의 사용과 샤르피 충격시험으로 연성도 측정를 측정한다.

(5) 이산화탄소 부식(CO_2 腐蝕)

① 현상 – CO_2 수용액은 산성화(PH 4~7) 경향에 따라 탄소강이 부식되며, 주로 온도, 유속, 산도 등의 함수이며, 응력부식 크랙도 유발시킨다. CO_2수용액이 빠른 유속으로 탄소강에 충돌할 때 일어나며, 긁힘 현상과 같은 CO_2부식이 발생된다.

② 검사법 – 스테인리스강이나 알루미늄 합금강을 일반 탄소강 대신에 사용하며, 표면강화나 금속재질이 고 온도에서 변화하지 않는 재질을 사용하기도 한다.

(6) 침탄(carburization)

① 현상 – 침탄은 금속주변에 원자반경이 작은 탄소원소가 확산에 의해 금속내부로 들어가 원래 금속의 탄소함량이 원재보다 높아지는 현상이다. 탄화물이 형성되어 경도가 상승되고 취화되는 특성을 갖는다.

② 검사법 – 경도나 금속 조직검사로 인한 탄화물 여부 또는 오스테나이트 계통의 재질은 자성(磁性)을 띠는지 판단으로 침탄여부를 측정한다. 대응책으로는 가열로 온도 조절하거나 고크롬강을 사용한다.

(7) 집중부식(concentration cell corrosion)

① 현상 – 부식환경에서 피팅 형태로서 국부적인 부식현상이 틈새(crevice)에서 발생한다. 이 현상은 침전물, 겹침부나 플랜지면, 가스켓 접촉면, 열교환기의 튜브시트의 면 볼트, 리벳의 접촉면 등에서 발생한다.

② 검사법 – 육안검사로서 부식정도를 관찰하며, 틈새부분의 부식 침전물이 누적되어 있으면 이 현상의 초기상태임을 파악하고 세부검사를 해야한다. 합금재료를 사용하여 내부식성을 갖게 하며, 부식환경을 파악하여 적절한 합금소재를 선정한다.

(8) 액화부식

① 현상 – 액화부식은 응축된 액체가 산성 또는 이온화에 의해서 재료부식을 초래하는 현상으로 이슬점 부식이라고도 한다. 공정에 포함된 이물질의 정도에 따라 변하여 이슬점 강하현상이 일어나기도 한다.

② 검사법 – 액화현상의 주위에 긁힘현상 및 부식현상은 육안검사나 다른 비파괴검사법으로 파악한다. 제거법으로는 산성물을 스팀을 사용하여 제거하거나 장비를 방열재를 사용하거나 중화제를 사용하며 연료가스에는 탈황된 연료를 사용한다.

(9) 크리프(creep) 파손

① 현상 – 소재가 고온상태에서 일정응력을 갖고 시간경과와 더불어 변형이 발생되어 파괴되는 현상으로 진전속도는 온도, 응력 및 재료의 강도에 따라 다르다. 석유화학 공업에서 고온부재의 설계는 100,000시간에서 1% 크리프 변형을 일으켜 파손되는 응력을 기준으로 한다.

② 검사법 – 금속적으로 크리프 파손주위에는 공동현상과 많은 입자간 균열현상을 볼 수 있으며, 검사법으로는 육안검사와 치수검사가 매우 유용하다.

(10) 침식(erosion)

① 현상 – 고체입자나 액체방울의 충돌에 의해 재료표면에 일어나는 마모현상으로 고응력 상태에서 발생되며, 저속마모 마찰에 의한 현상과는 다르다. 침식은 유동 제한부, 유체흐름의 방향 전환부 혹은 국부적 유속증가로 난류가 발생되는 부분에서 발생한다.

② 검사법 – 육안검사가 매우 유용하며, 손상부분이 부드럽고 윤기가 나며, 제거법으로는 설계수정, 소재 변경, 부재 라이닝 등으로 방지한다.

(11) 마찰부식(fretting corrosion)

① 현상 – 두 부재가 서로 맞닿는 표면에서 서로 부딪치거나 상대적으로 미끄럼이 있는 곳에서 발생되는 부식현상으로 마모응력에 의한 손상과 전기화학적 부식이 복합적으로 일어난다. 접촉부의 거친 표면과 벗겨진 산화피막의 파편에서 관찰할 수 있다.

② 검사법 – 접촉부의 산화물 파편으로 찰과부식으로 판단하며, 산화물이 철인 경우 일반적인 산화물 보다 선명한 색깔이 띄게 된다. 알루미늄은 산화물인 회색이 아닌 검은 색깔을 띄며, 거친표면과 피팅(pitting) 혹은 피로균열을 동반한다. 방지법은 설계조건 변경, 재윤활, 산화물 제거, 표면경화, 비금속 표면처리 등이 있다.

(12) 전해부식(galvanic corrosion)

① 현상 – 두 개의 전기적 성질이 다른 재료가 부식성 액체와 접촉할 때 이온화 경향차이에 따라 일어나는 부식이다. 전기적인 포텐셜의 차이는 부식성 액체의 구성, 온도, 유속 등의 함수로서 접촉점 부근에서 크며, 접촉점에서 멀어질수록 부식은 저하된다.

② 검사법 – 제거법으로는 전해도가 유사한 비슷한 재료를 사용하며 부적절한 영향을 주는 형태, 즉 작은 양극 점과 넓은 음극의 이종금속 결합을 피한다.

또한 가능한 이종금속의 접합부는 절연·내열재를 사용하거나 코팅재를 사용한다.

(13) 구상화(graphitization)

① 현상 – 탄소강에서 탄소 화합물이나 탄소와 철분자로 분해되어 탄소가 강(鋼)의 내부에 존재하는 현상으로 구상화는 온도와 시간의 함수로서 450~620℃ 사이에서 발생한다. 구상흑연들은 HAZ부에서 형성되어 균열을 일으키며, 구상흑연이 균일하게 분포되어 있으면 균열은 쉽게 발생되지 않으나 강도가 낮아진다.
② 검사법 – 금속조직의 검사를 이용하며, 제거법으로는 Cr(1%)첨가된 강이나 알루미늄을 내산화제로 사용하지 않는 강을 사용한다.

(14) 열간균열(hot shortness)

① 현상 – 금속의 입자상에 액상이 존재할 때 냉각시 입자간격의 변화에 의해 균열이 일어나는 현상으로 주로 용접, 주물 등의 고온에서 노출된 후 냉각시에 격자상에 있는 액상이 고체화되지 않은 상태에서 수축됨으로 인해 격자간 균열이 발생되는 현상이다.
② 검사법 – 형광침투나 초음파 검사로 판단할 수 있으며 용접성 검사법으로 시험을 할 수 있다. 제거법으로는 재료의 성분 조절, 유황의 함량 조절로 가능하다.

(15) 수소 침입(hydrogen attack)

① 현상 – 고온·고압상태에서 분해된 수소원자가 금속내부에 침투하여 재질속의 탄소와 작용하여 메탄을 만들거나 수소분자로 재결합되어 금속안에 갇혀있게 된다. 내부균열이나 미세균열로 인해 강도나 연성이 감소하며, 저온에서 액상의 부식에 의한 부산물인 수소가 재료내부로 침투하는 수분응집, 미세균열이 있다.

② 검사법 – 수소응집은 육안검사 혹은 형광자분탐상검사로 검사하며, 경도 및 화학 부식법으로 검사할 수 있다. 수소검출기(hydrogen probe)를 이용한 금속 내부 부식속도, 수소 방출여부를 검지한다. 방지법은 고온수소의 침입환경을 없애고, 합금재료를 사용하며 불순물이 적은 강을 사용해야 한다.

(16) 열 피로(thermal fatigue)

① 현상 – 급격한 온도변화로 금속표면에 균열이 형성되면서 반복되는 온도변화에 이 균열들이 진전된다. 피로파괴의 형태로서 일반 피로파괴의 형태와 달리 응력집중부 보다는 온도가 급변하는 부분에 자주 발생되며, 평행 및 망상의 미세균열을 갖는다.

② 검사법 – 육안검사나 형광침투 검사로 판별하며, 방지법으로는 온도가 급상승되거나 급강하되는 것을 피하며 균일한 온도분포가 되는 기계설계가 필요하다.

16.5 비파괴검사

16.5.1 개요

과학기술의 발전으로 초고층 빌딩, 대형 선박, 대형 플랜트, 고압 파이프라인, 고속철도 등의 사용이 많고, 구조물은 대형화, 고속화, 고압화 되어가고 있다. 또한 압력용기, LNG선, 파이프 라인 등의 내용물도 초저온, 부식성, 방사성, 인화성, 휘발성 등 위험성이 높은 것이 취급되고 있다. 구조물이 질과 양적으로 크게 변화하여 안전성 확보를 위한 수단으로써 비파괴시험이 수행된다.

(1) 일반사항

비파괴검사(Non－Destructive Testing)는 재료나 제품의 원형과 기능을 변화시키지 않고도 성질, 상태, 내부구조 등을 알아내는 모든 검사를 말한다. 각종 구조물과 설비들은 재질과 형상과 다양하며 제작공정도 다르다. 이들은 비파괴검사를 통하여 사용의 적정성 평가와 안전가동의 기준이 되며, 불필요한 개보수를 없애 경제적 손실을 줄인다.

(2) 비파괴검사의 목적

① 제조기술 향상 － 제조조건 · 공정 수정 및 보완으로 제조기술 향상
② 안전성 확보 － 제조중, 사용중 결함발생과 성장이 수명에 영향
③ 원가절감 － 소재검사－불량품 조기발견 및 조치, 공정수와 절약, 수명예측
④ 품질관리 및 품질보증 － 완제품 검사로 제조상 결함 탐사
⑤ 신뢰성의 향상－ 구조물의 대형화, 고압화, 고속화에 따른 안전성 확보

(3) 비파괴시험 원리

재료 또는 제품에 대하여 물리현상을 이용한 특수한 방법으로 원형 및 기능에 전혀 손상 및 변화를 주지 않고 내부구조 및 이상 유무를 파악하는 시험이다. 자주 이용되는 물리현상은 방사선 및 광의 투과, 전자기의 유도, 열, 음파 및 초음파의 방사, 침투액 및 미립자의 적용 등이 있다. 한편 내압시험 및 누설시험은 압력용기, 저장탱크, 배관 등에 사용되며, 좁은 의미에서 보면 비파괴시험으로 포함되지 않는다.

(4) 비파괴검사의 과정

① 에너지 적용 － 에너지 선택과 적용 방법
② 에너지 반응 － 결함, 조직변화와 상호작용
③ 에너지 변환 － 센서나 변환자로 에너지 변환 검출
④ 변환신호 추출 － 해석 및 평가에 유용하게 표시
⑤ 해석 및 판정 － 추출정보에서 해석 및 판정

(5) 비파괴검사의 성질

① 소재 및 제품의 결함검사 – 검사대상의 표면 및 내부결함
② 검사체의 구조 – 내부조직, 입도, 조성 및 접착상태 등
③ 크기 및 형상 – 시험체의 내부구조, 두께, 밀도, 형상, 결함의 크기, 방향 및 위치 등
④ 소재 및 제품의 성질 – 기계적성질(인장강도, 경도), 물리적성질(열, 전 · 자기성질)
⑤ 화학분석 및 조성 – 시험체의 원소, 불순물, 물리 · 화학적 상태
⑥ 응력(외력)에 따른 반응 – 강도, 응력, 피로, 기계적 및 화학적 손상으로 인한 결함 발생 및 전파, 소성변형, 크리프, 진동
⑦ 기타 성질 – 동위원소, 전자기장의 분포상태

16.5.2 방사선투과검사(RT, Radiographic Testing)

(1) 일반사항

방사선은 산업설비의 비파괴검사 및 의료분야에 널리 이용되고 있으며, 방사선의 흡수 산란을 이용한 제어계측, 조사를 통한 염색성, 식 · 의약품의 살균, 방사선 추적을 이용한 극미량의 물질 검출, 정량 분석 등에 이용한다. 방사선 투과시험은 X선, γ 선, 중성자선으로서 방사선의 흡수가 재질 및 두께에 따라 차이가 남을 이용한다. 조사방향과 평행한 결함검출에 유리하고, 결함의 종류 및 형상의 판별이 용이하다. 그러나 작업 종사자에게 장해를 주므로 안전규칙의 준수와 필림벳지, 포켇선량계, TLD선량계 등에 개인방호장비를 갖추고, 외부피폭선량을 감소를 위한 1)시간(Time) 2)거리(Distance) 3)차폐(Shielding)의 3대요소를 준수해야 한다.

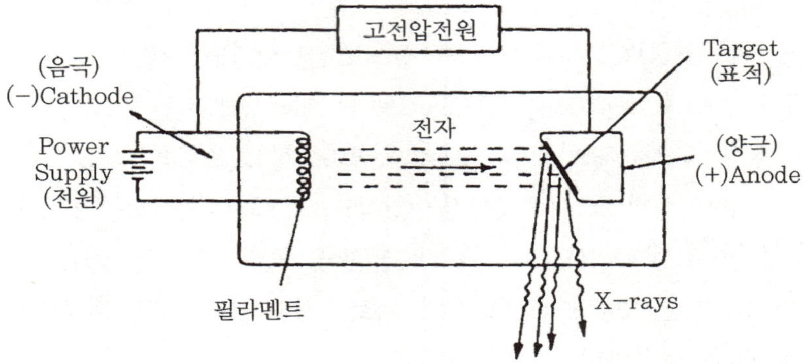

(a) X선 발생장치

(b) γ 선 조사장치

그림 16.33 방사선 발생장치

(2) 방사선의 특성

방사선은 전자기 방사선으로서 무게나 질량이 없는 에너지파형으로서 감각으로 탐지할 수 없다. 감마선은 동위원소마다 특정 에너지만을 방출하며, 선원의 크기를 2배로 하면 방출 방사능은 2배로 되나 에너지는 동일하다. 방사선은 매우 단파장과 고주파수를 가지며, 에너지는 Kev, Mev로 측정되며 침투능력을 결정한다.

① 투과력이 강하다(파장이 1.0×10^{-8}~1.0×10^{-12}m)

파장이 짧은 방사선은 밀도가 높은 물질도 투과하는 능력을 가지며 투과 대상물의 두께, 밀도와 방사선의 에너지 밀도에 따라 투과, 흡수되는 양이 달라지고 이 양은 시험물의 두께, 밀도, 원자 번호가 클수록 흡수되는 양이 많아지며, 방사선의 에너지가 많을수록 투과되는 양이 많아진다.

② 전기장, 자기장에서 휘지 않는다(직진성).

방사선은 가시광선에 비하여 파장이 짧으므로 전기 자기장에서도 직진성이 뛰어나고 거리가 멀어질수록 그 강도는 거리의 제곱에 반비례하여 약해진다.

③ 전리작용, 화학작용, 형광작용, 생리작용이 있다.

방사선은 원자를 이온화 하며 형광물질에 대하여 반응하고 세포를 파괴하고 유전자를 변화시키는 성질이 있으므로 피폭량의 관리는 매우 중요하다.

④ 사진효과, 광전효과가 있고 결정체에 조사시 간섭, 회절로 특유무늬가 나타난다.

감광지에 바른 미세한 브롬화은(AgBr)입자를 이온화시켜 필름을 감광하게하며 이를 이용하여 조사 결과를 기록을 할 수 있다. 또한 결정체의 원자 구조에 따라 투과하며 결정내의 결함에 의해 투과하거나 회절한다.

(3) 방사선의 종류

방사선 투과 시험에 사용하는 방사선원으로는 X선 발생장치와 방사성 동위원소가 있다.

① X선 발생 – 고전압 전자관의 음극 필라멘트가 가열되면 전자가 발생되고 점차 필라멘트 온도증가로 전자 방출량이 많아져 양극 쪽으로 이동한다. 양극의 전압을 증가시키면 전자의 이동속도가 빨라져 고속으로 된 전자가 양극의 표적에 충돌하여 X선이 발생된다. 음극의 전자흐름을 관전류(mA)라 하고, 관전류가 증가하면 전자 방출량이 많아져 방사선의 양이 많게 된다. 방사선의 강도는 양극의 전압(kV)을 증가시키면 전자의 이동속도가 빨라져 투과력을 나타내는 방사선의 질이 결정된다.

이때 필라멘트에서 방출된 전자를 양극에 충돌시키기 위하여 양극에 양전하를 인가하여 전자가 이끌리도록 하는 역할을 하는 가속장치가 있고, 음극과 양극 사이에 전자를 가속시키기 위한 고전압 장치를 설치하는데 이것으로 방사에너지를 조절하게 된다.

② 감마선 – 감마선 방사성물질의 핵분열 또는 붕괴 시에 발생하며, 비파괴시험용은 주로 감마선으로 Ir^{192}(반감기 74.5일, 76mm강판 투과), Co^{60}(반감기 5.3년, 230mm 강판투과)가 있다. 동일 출력(Kv)일 경우 X선장비보다 저렴하고 외부전원이 필요 없으며, 작은 직경에서도 360도 방향으로 투사가 가능하다. 초점－필림 거리가 짧을때 용이하며, X선보다 투과능력이 크나 조도가 떨어진다.

방사성 동위원소는 핵분열을 통제하지 않으므로 이를 보관하기 위해서는 저장에 특수한 저장장치가 필요하다.

표 16-10 주로 사용하는 방사성 동위원소

종 류	반 감 기	발생 에너지(MeV)	투과력(강재기준)
I_r^{192} Co^{60}	74일 5.3년	0.21~0.61 1.17, 1.33	75mm 230mm

(4) 방사선의 사진 촬영

방사선 사진품질에는 상의 휨(distortion), 선명도(definition), 명암도(contrast), 농도(density)가 관련된다. 양호한 방사선 사진은 상의 휨 량이 작고 시험물 내부결함이 그대로 나타나야 한다. 선원과 필름은 수직으로 위치하고 물체와 필름의 평행을 유지하며 선원이 작을수록 기하학적 불선명도가 감소한다. 그림 16.34에서 그림자가 흐릿한 부분이 기하학적 불선명도(U_g)로서 선원과 시험체의 거리(D), 시험체와 필름거리(T), 선원의 크기(F)와의 관계는 다음과 같다.

$$U_g = F \cdot T/D \quad (15.10)$$

선명하고 실물과 가까운 상을 얻기 위해 선원크기는 작고, 선원과 필름거리는 멀고 필름은 시험체와 밀착되어야 한다. 또한 선원은 필름과 수직방향으로 위치하고 시험체와 필름은 평행을 유지해야 한다. 사진의 선명도에 영향을 주는 요인은 고유불선명도, 산란

방사선, 기하학적 불선명도, 필름입도가 관련된다.

(가) 명암도

① 시험물 명암도 – 시험물의 두께 차, 시험물의 밀도, 방사선에너지, 산란방사선

② 필림 명암도 – 필름의 종류 및 농도, 현상액 강도, 현상시간 · 온도, 증감지 종류

(나) 선명도

① 선원 크기, 선원 – 필림거리, 시험체 – 필름거리, 시험물 배치, 시험물 두께 차

② 필름 입도 – 필름 종류, 증감지 종류, 스크린 종류, 방사선 선질, 현상작업 조건

(다) 산란방사선 – 내부산란, 측면산란, 후방산란

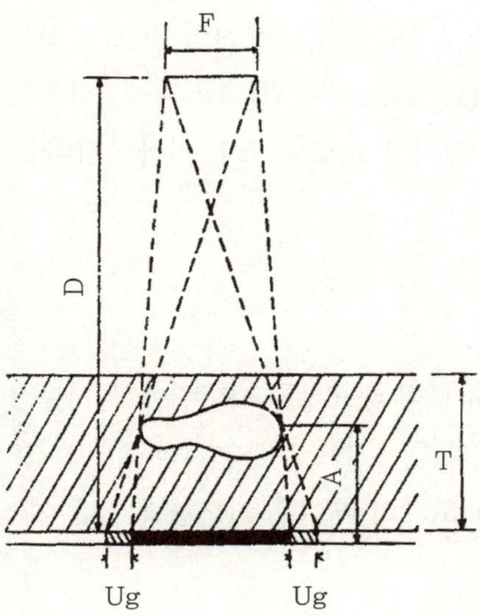

그림 16.34 기하학적 불선명도

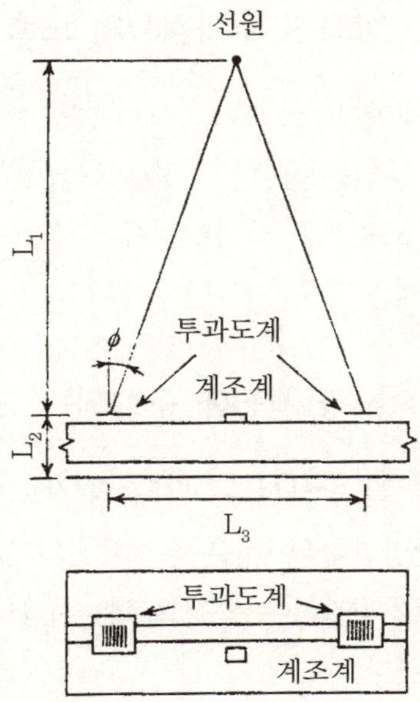

그림 16.35 방사선원과 시험체 배치

(5) 방사선 사진촬영의 배치

방사선 투과사진의 상질의 요구조건에 만족하는지 확인을 위해 선 및 구멍형태의 투과도계, 계단상 두께 차가 있는 계조계가 사용된다. 필름에 대한 감광작용이 가시광선에 비해 매우 작아 X선의 필름감도를 높이기 위해 증감지를 사용한다.

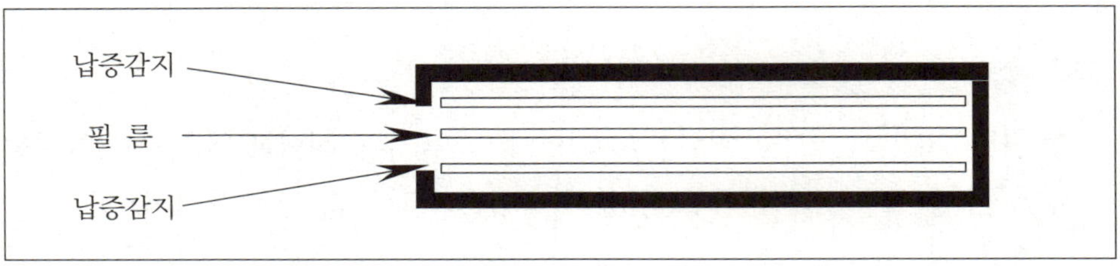

그림 16.36 카세트 내부 구조

(6) 방사선 투과검사의 노출선도 인자

노출인자(Exposure Factor)는 전류(X선장치－ 조정기로 조정), 선원의 강도(γ 선은 방사성 동위원소마다 일정), 노출시간, 거리(선원－필림거리), 관전압(제조시 X선장치를 교정후 노출표를 작성), 전류－시간(상호법칙 적용), 선원의 강도－거리, 시간－거리, 시간－거리－전류가 관련된다.

(7) 투과 사진에 구성되는 요소

촬영된 방사선 투과사진의 감도를 알아보기 위하여 투과도계를 시편위에 올려놓고 함께 촬영한다. 이것은 투과사진의 감도를 알아보기 위한 목적으로 불연속의 합부판정이나 크기를 평가하는 목적으로는 사용하지 않는다. 투과도계의 재질은 시험편과 같은 재질을 사용한다.

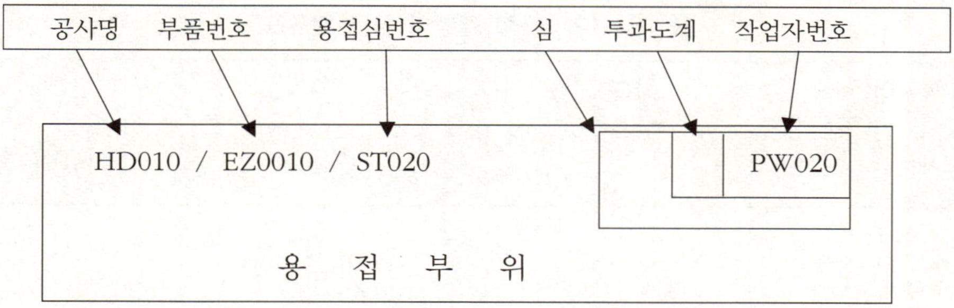

그림 16.37 용접부 투과사진에 나타내는 표식

(8) 방사선 투과사진의 판정

강용접부 방사선 투과시험 방법 및 투과사진의 등급분류 방법은 KS B 0845에 따르며, 알루미늄은 KS D 0242에 따른다. 시험부 전 면적중 결함점수가 가장 크게되는 부분을 시험시야의 대상으로 하며, 투과사진의 등급분류전 투과도계 식별도, 사진농도, 계조계의 농도치 등 투과사진의 구비조건의 만족 여부를 확인한다.

제1종 결함은 기공 및 이와 유사한 결함이며, 제2종결함은 가늘고 긴 슬랙혼입 및 이와 유사한 결함이고, 제3종 결함은 균열 및 이와 유사한 결함이다. 제3종 결함유무를 확인하며, 3종결함이 존재하면 크기에 관계없이 모두 4등급이 된다.

표 16-11 제1종 결함의 결함점수

결함의 긴지름	1.0이하	1.0초과 2.0이하	2.0초과 3.0이하	3.0초과 4.0이하	4.0초과 6.0이하	6.0초과 8.0이하	8.0초과
점 수	1	2	3	4	5	6	7

표 16-12 제1종 결함의 등급 분류표

시험시야(mm)	10 x 10		10 x 20		10 x 30
모재두께(mm)	10이하	10초과 25이하	25초과 50이하	50초과 100이하	100을 초과
1 급	1	2	4	5	6
2 급	3	6	12	15	18
3 급	6	12	24	30	36
4 급	결함점수가 3급보다 많은것				

표 16-13 제2종 결함의 등급 분류표

모재두께 / 등 급	12 이하	12초과 48미만	48이상
1 급	3 이하	모재두께의 1/4이하	12 이하
2 급	4 이하	모재두께의 1/3이하	16 이하
3 급	6 이하	모재두께의 1/2이하	24 이하
4 급	결함길이가 3급 보다 긴것		

(8) 방사선 취급시 주의 사항

방사선을 취급, 사용 시에는 방사선에 의한 피폭을 낮추기 위하여는 외부로 부터의 피폭에 대한 "3대 방어원칙"을 적절히 고려하여 피폭량을 가능한 낮추도록 한다. 그 원칙은 다음과 같다.

- 시간 : 선원이나 조사장치 부근에 머무르는 시간을 최소화 할 것
- 거리 : 선원으로부터의 거리는 최대한 멀리 확보할 것
- 차폐 : 선원과 취급자 사이에는 차폐물을 둘 것

(9) 방사선 측정

방사선 투과 검사시 반드시 수행하여야 할 사항은 방사선의 노출이 끝난뒤 방사선량을 측정해야 한다. 방사선은 사람이 직접 감지할 수 없으므로 방사선측정기를 사용하여 잔류 방사선의 정도를 측정한다. 방사선 측정기는 필름 뱃지(film badge), 포켓 도시미터(pocket dosimeter), 서베이미터(survey meter), 알람모니터(alarm moniter) 등이 있다.

(10) 방사선 조사 사진 판독 대상 주요 결함

① 블로우 홀(blow hole)
② 슬래그 혼입(slag inclusion)
③ 파이프(pipe)
④ 융합부족(lack fusion)
⑤ 텅스텐 혼입(tungsten inclusion)
⑥ 용입 부족(incomplete penetration)
⑦ 균열(crack)
⑧ 언더컷(under cut)
⑨ 용락(burn out)
⑩ 오버랩(over lap) 등.

16.5.3 초음파투과검사(UT, Ultrasonic Testing)

(1) 개요

초음파는 청취 가능한 가청주파수보다 높은 음파(20KHz ~ 1GHz)로서 파장이 짧고, 파의 직진성과 높은 분해능을 갖는다. 인체에 장해가 없고, 액체와 고체의 경계에서 반사, 굴절, 회절현상을 가져 결함부에서 잘 반사된다. 투과법, 펄스반사법, 공진법 있고 용접부에는 펄스반사법이 많이 이용된다. 초음파는 공기 중에서는 340m/sec, 물속에서는

1,500m/sec, 강재 중에서는 5,900m/sec 이므로 공기와 강의 경계면에서 초음파는 대부분 반사된다.

초음파는 자기수축 진동자, 전기－자기유도법, 압전체 결정을 여기(勵起)시켜 음파를 발생시키며, 파는 종파, 횡파, 표면파, 판파를 이용한다. 불연속에서 반사된 에너지량에 의해 결함검출이 되므로 반사면이 크면 반사신호가 커진다. 초음파 빔이 결함 면에 수직한 면상결함 검출에 탁월하나 결함종류를 식별하기 곤란한 점이 있다. 금속조직 결정립 크기에 영향을 받기 쉽고 탐상면의 거칠기에도 크게 영향을 받는다.

(2) 파형의 진행특성

(가) 굴절과 임계각

파장의 진행 속도가 다른 두 매질 사이의 경계면에 음파가 경사 각도로 입사하면 음파의 일부는 반사하고 나머지는 투과한다. 투과파장은 매질의 경계면에서 굴절하며 진행한다.

또한 입사각을 적절히 조절하여 굴절 종파가 90도로 굴절하여 시험체의 경계면으로 소멸하고 시험체에는 횡파만이 존재하며 이때의 입사각을 임계각이라고 한다.

(나) 반사와 통과

매체에 초음파를 송신하면 그 에너지의 일부는 매질을 통과하고 에너지의 대부분은 매질이 다른 경계면에서 반사한다.

일반적으로 음파가 물체에 부딪쳐 반사하는 것과 같이 초음파도 공기 또는 물과 같은 매질의 경계면에서 반사한다. 음파가 계면에 직각으로 입사할 때 음파는 반사하는 성분과 투과하는 성분의 크기가 두 매질의 성질에 따라 결정된다.

(다) 회절 및 감쇠

초음파의 중요한 성질 중의 하나는 파장의 회절로서 이를 이용하여 매질내의 작은 기공이나 개재물 등을 파악하게 한다.

(3) 탐상방법

(가) 펄스반사법

결함에 의해 반사되는 음파만을 수신하고 결함검출 감도가 양호하여 정밀검사에 적용한다. 송신펄스 및 표면에코와 분리가 필요하므로 적용두께의 하한이 있고, 내면부식 된 재질에도 두께측정이 가능하다.

(나) 투과법

결함부에서 초음파 산란감쇠에 의해 결함을 파악하는 방법으로 결함의 검출능력은 펄스반사법 보다 낮으며, 결함깊이의 위치파악이 어렵고 정보가 적다.

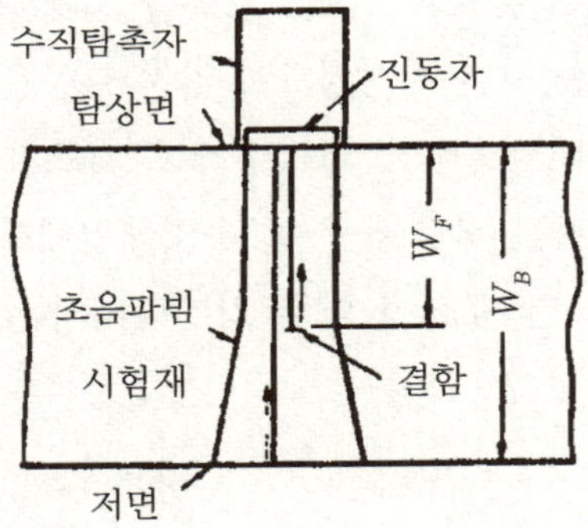

그림 16.38 초음파 수직 탐상

(다) 공진법

판 두께의 정밀측정이 가능하며, 판 두께 100mm 이상은 적용할 수 없다. 결함검출능력은 투과법보다 약간 좋으나 너무 부식된 제품의 두께는 측정할 수 없다.

표 16-14 진동방식에 의한 분류

탐상법	이용파	용 도
수직탐상	종 파	주조품, 단조품, 압연품, 두께측정
사각탐상	횡 파	용접부, 판재의 내부결함 검사
표면파 탐상	표면파	제품의 표면결함 검사
판 파	판 파	박판류의 결함탐상

(4) 초음파탐상의 특징

침투력이 높아 두꺼운 단면의 깊은 곳에 있는 결함검출과 고감도로서 미세한 결함검출이 가능하다. 내부 불연속의 위치, 크기, 방향, 모양을 정확하게 측정할 수 있다. 거친표면이나 모양이 불규칙한 제품, 반사면이 평행하지 않는 부품은 탐상이 곤란하다. 표면직하의 얕은 결함검출이 어렵고 내부조직의 입도가 크고 기포가 많은 부품은 탐상이 곤란하다. 초음파탐상은 초음파가 가진 지향성 우수, 동일재질에서 속도가 일정하며, 온도변화에 따라 속도변화가 없다. 또한 재질이 다른 경계면에서는 반사하며, 진행거리에 따라 빔의 감쇠가 발생한다.

(5) 초음파탐상 적용

(a) 불연속부의 검출 – 소재내부의 기공, 슬랙 혼입과 라미네이션(lamination), 균열 등의 면상결함의 검출능력이 우수하다.

(b) 시험체의 구조 – 재질의 조직, 입도, 조성 및 접착상태 등의 측정

(c) 시험체의 크기 및 두께 – 시험체 및 내부의 결함 크기, 위치 등의 측정

(d) 소재의 성질 – 시험체의 탄성률, 음속 측정

(e) 화학적 분석 및 조성 – 시험체의 원소, 불순물 분포 등의 측정

(f) 제품 제조공정중 변수에 따른 영향평가 – 유속 측정 등

(h) 시험체의 부식측정

16.5.4 침투탐상검사(PT, Liquid Penetrant Testing)

(1) 개요

표면에 개구를 갖는 균열, 슬랙 혼입 등의 검사법으로 모든 재료에 적용할 수 있다. 표면장력이 적고 침투성이 좋은 침투액을 시험체 표면에 도포하여 침투제가 표면에 열려 있는 균열, 흠집 등 재료의 불연속 부위에 침투하도록 한다. 그후 표면에 남아있는 잉여의 침투제를 제거한 후 현상액을 뿌려 흠 속에 남아있는 침투액을 흡입하여 결함이 잘 관찰되게 한다. 침투제는 점성, 표면장력, 적심성, 밀도, 휘발성, 인화점, 화학적 불활성, 세척시 용해성, 침투제 자체의 용해성, 유화성, 무독성, 가격 등을 고려하여 선정해야 한다.

(가) 침투 탐상검사의 원리

육안으로는 보이지 않는 미세한 결함을 육안으로 보이는 상태로 유도하여 그 결함을 찾아내는 방법으로 모세관 현상을 이용한 것이다.

액체표면에 가는 관을 침적하면 액체는 관을 따라 일정 높이로 상승하며, 이 액주는 액면과의 차이를 보이게 된다. 이러한 침투 현상은 틈이 작으면 작을수록, 액체의 점성이 낮을수록 쉽게 일어난다.

(나) 침투탐상의 종류

침투액의 종류에 따라 자연광 또는 조명아래에서 관찰할 수있는 붉은색을 띤 침투액을 사용하는 '염색 침투탐상법'과 자외선을 조사하여 결함 부위에 황록색 또는 청색으로 형광되는 침투액을 이용하는 '형광 침투탐상법'이 있다. (KS B 0816 참조)

(다) 탐상제

① 침투액 – 성분은 염색제, 용제, 계면활성제 등으로 구성되어 결함 부위에 침투가 용이하도록 조성된다.

② 세척액 – 석유화학계의 유기용제로서 벤젠이나 무연가솔린이 사용되고 염소계 유기용제도 사용된다.

③ 현상제 – 침투한 침투액을 염색하여 가시적으로 판별할 수 있도록 하는 염색제이다.

(2) 탐상 과정

(가) 침투처리

시험품 표면에 침투액을 적용시킨 후 존재하는 결함 안으로 침투액이 침투하는 과정으로 침적법, 분무법, 붓칠법이 있다. 침투시간(Dwell Time)은 침투제 적용후 모세관현상에 의해 침투액이 충분히 침투되는데 허용되는 시간으로 침투제, 시험품 재질, 예상 결함의 종류, 크기, 시험품, 침투액 온도를 고려하여 선정한다.

(나) 배액 처리

침투처리 후 유화처리 또는 세척처리를 용이하게 하기위해 시험품 표면에 필요 이상 도포된 침투액을 제거하는 처리과정으로 배액정도는 침투처리 방법, 시험품의 형상, 크기, 거칠기에 따라 차이가 있다.

(다) 유화처리

후유화성 침투탐상 시험에 사용되는 침투액, 수세성 침투액과 같이 수세성을 갖도록 하기위해 미리 유화제를 포함한 침투액과는 다른 유화제를 포함하지 않는 침투액을 시험면에 침투처리하고 소정의 침투시간이 경과한 후 수세성을 주기위해 유화재를 도포처리하는 과정이다.

(라) 세정처리

물 또는 용제를 사용해서 결함의 내부에 침투되어 있는 시험면의 과잉 침투액을 제거하는 처리로 수세성, 후유화성 침투액을 사용하는 것은 수세정으로 하고 용제제거성 침투액을 사용한 것은 용제세정을 한다.

(마) 현상처리

세척후 시험편 표면에 백색 미분말의 현상제를 도포하여 현상제 입자간 모세간

현상에 의해서 결함내부의 침투액을 시험표면으로 흡출시켜 지시모양을 형성하는 처리이다.

(바) 건조처리

세정처리를 한후 현상처리전 또는 후에 시험면에 남아 있는 세척액 또는 습식 현상제의 수분을 효과적으로 건조하여 처리하는 것이지만 건조처리 여부, 적용 시기는 사정처리 방법과 적용하는 현상법에 따라 다르다.

(사) 관찰

결함지시 모양을 확인하는 것으로 결함지시 모양을 검출하고 등급분류하며 결함평가 후 최종합부를 판정하는 과정이다.

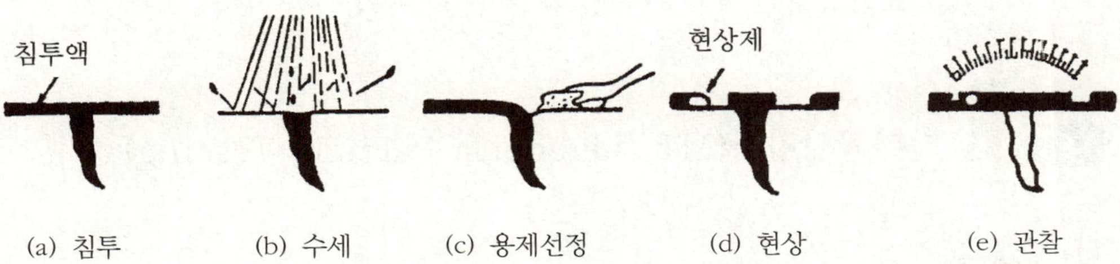

그림 16.39 침투탐상과정

(3) 의사지시 모양의 발생 원인

① 전처리가 불충분하여 녹, 스케일 등의 고형부착물이 남아 있는 경우
② 제품 표면이 거친 경우
③ 세척 후에도 시험품 표면에 침투액이 남아 있는 경우
④ 모서리 끼워맞춤부 등에 나타나는 것(key부, 나사부, 용접비드 경계 등의 세척이 곤란한 장소)
⑤ 용제제거성 침투액 세척처리는 용제세척으로 세척방식이 에어졸 제품이므로

세척시 침투성이 높아 다량 사용시 결함 내에도 침투하여 침투액을 씻어 낼 염려가 있다.

(4) 침투 탐상검사의 장단점

장점 : ① 일반적으로 많이 활용되며 시험방법이 간단하다.
② 미세 균열의 탐상이 가능하다.
③ 국부적인 위치의 시험이 용이하다.
④ 판독에 전문 지식이 필요하지 않다.
⑤ 시험비용이 저렴하다.
⑥ 철, 비철, 프라스틱 등 모든 재료에 적용할 수 있다.

단점 : ① 시험 부위가 표면에만 국한된다.
② 표면이 거칠거나 다공성 재료에는 부적합하다.

16.5.5 자분탐상검사(MT, Magnetic Particle Testing)

(1) 개요

자분탐상은 강자성의 표면 또는 표면근처의 결함이 있는 시험체를 자화하여 자분을 적용시켜 검출하는 방법이다. 시험체에 적절한 자장을 가해 결함부에 생기는 누설자장에 의해 자분을 자화하여 결함부에 생기는 자극에 자분이 집적되어 자분모양이 형성된다.

강자성체는 작은 자석의 집합체이며 자화는 임의의 방향을 하고 있지만 자장 중에서는 동일방향으로 정렬되어 새로운 자석이 된다. 즉 자극에 의해 자속이 발생하고 단위면적에 대한 자속을 자속밀도(B)라고 한다. 시험체중 자속흐름을 방해하는 불연속부가 있으면 우회하거나 공기중으로 누설하여 흐르며 이 자속을 누설자속, 이 결과 생긴 자장을 누설자장이라고 한다.

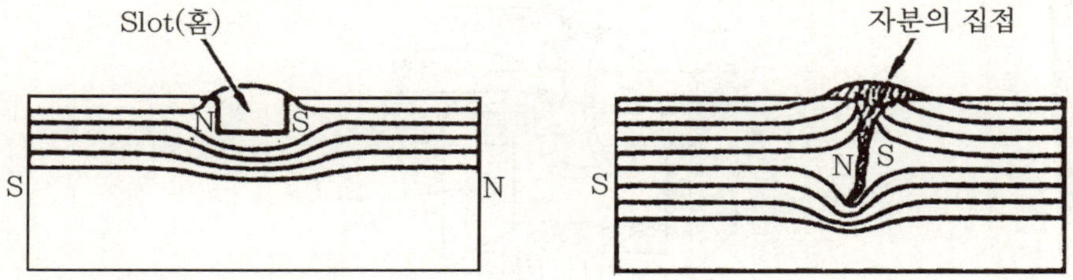

그림 16.40 누설 자장에 의한 자속의 변화 현상

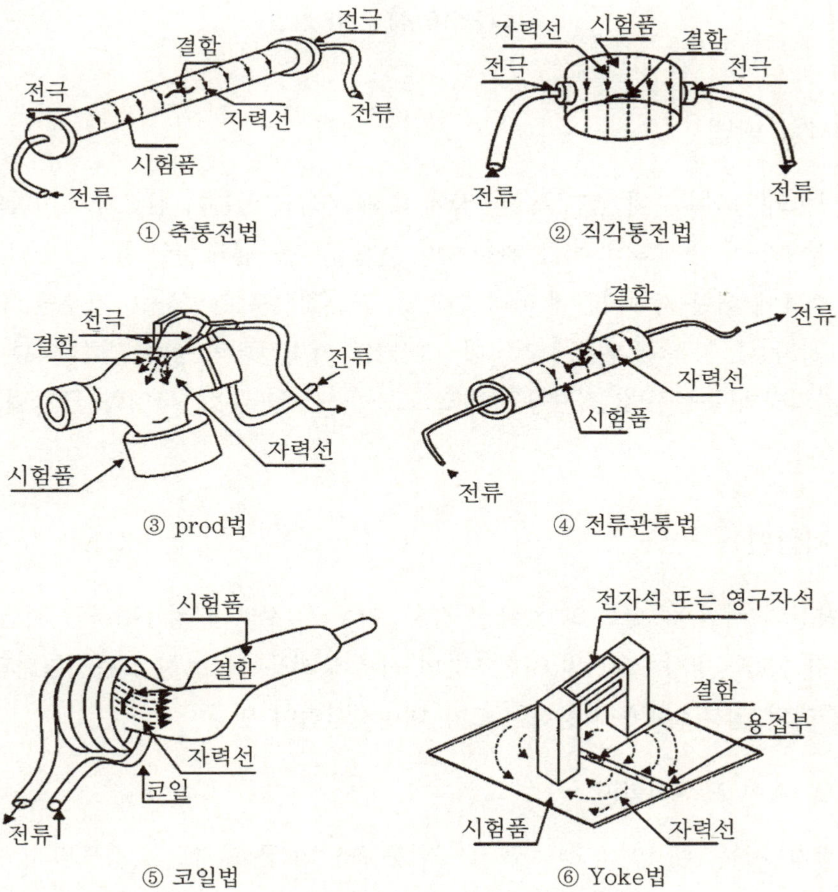

그림 16.41 자화 방법(계속)

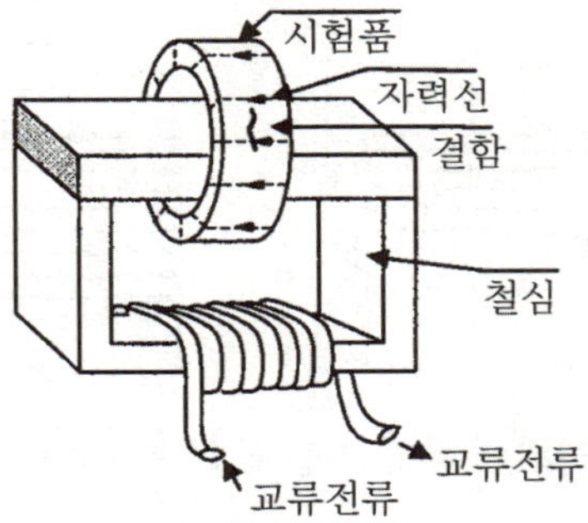

⑦ 자속관통법

그림 16.41 자화 방법

(2) 시험 방법

강자성체의 불연속부에 생긴 누설자장에 의해 자화된 자분이 집적되어 결함의 폭 보다 넓은 자분모양이 형성되며 이를 관찰하면 결함유무를 쉽게 판정할 수 있다.

자분 적용에 대한 자화시기에 따라 연속법, 잔류법으로 분류하고, 자분의 종류(형광자분, 비형광자분), 자분의 분산매(건식법, 습식법), 자화전류의 종류(직류, 맥류, 충격전류, 교류), 자화방법(축통전법, 직각통전법, 프로드법, 전류관통법, 코일법, 극간법, 자속관통법)이 있다.

(3) 시험편

자분탐상의 시험편(KS D 0213)에는 장치, 자분, 검사액의 성능조사와 시험품 표면의 유효 자장강도와 방향 조사 및 시험조작의 적부에 사용하는 A형 표준시험편과 장치, 자분, 검사액의 성분조사에 사용하는 B형 대비시험편이 있다.

(가) A형 표준시험편

장치, 자분, 검사액의 성능조사, 시험품 표면의 유효 자장의 강도와 방향 조사, 시험 조작의 적부를 판단하기 위해 비치한다.

(나) B형 대비시험편

장치, 자분, 검사액의 성능 조사에 사용한다.

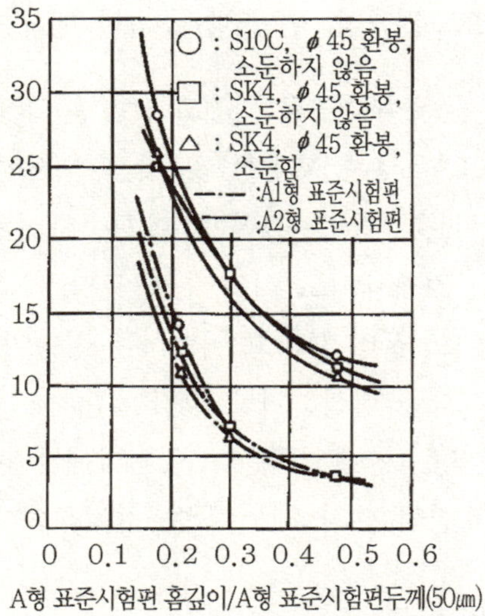

그림 16.42 A형 표준 시험편 종류별 자장강도

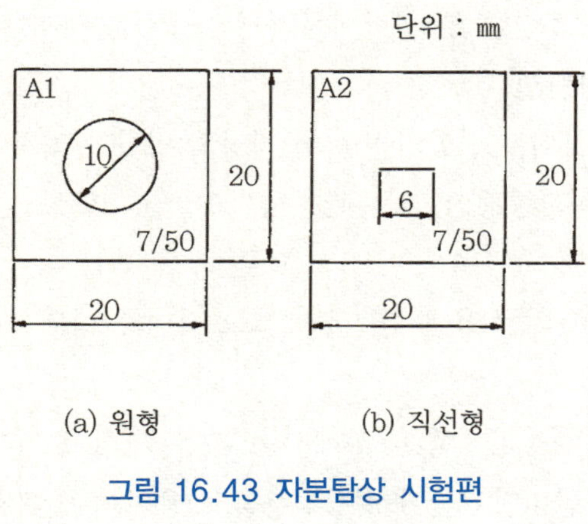

그림 16.43 자분탐상 시험편

(4) 자분의 특성

자분은 낮은 보자성의 강자성체로서 미세분말로 되어있고 자장특성, 크기, 모양, 밀유동성, 가시도등 재질특성이 자분형성의 요인이 된다. 자분은 시험편 재질, 표면상태, 결함, 성질에 따라 자성입도, 분산성, 현탁액, 유색인 제품을 사용해야 한다.

① 자기 특성 – 자분은 높은 투자율을 가지고 낮은 누설자장에도 불연속부를 잘 지시할 수 있어야 하며, 또한 낮은 항자성 및 낮은 보자성이 요구된다.

② 입자 크기 – 크고 무거운 자분은 불연속부에서 작은 누설자장에 의해 끌리기 어렵지만 미세자분은 약한 자장에서도 지시가 잘 된다. 또한 거친 건식자분은 미세한 불연속부의 누설자장에도 끌리지 않고 이탈하는 경향이 있다. 미세자분은 손 자국, 거친 표면에서 의사지시를 형성하기도 한다.

③ 입자 모양 – 길고 가는 자분입자는 구형입자에 비해 분극성이 탁월하다.

④ 가시성 – 시험품 표면의 색과 대조 색을 선정하여 증대시킬 수 있다.

(5) 자분탐상 검사방법

① 전처리 – 시험품이 조립된 상태이면 원칙적으로 분해하여 단일 부품으로 분해하고 자분의 제거가 곤란한 부위는 시험전에 마스킹을 하거나 전용 마개 등으로 막아 자분의 유입을 차단한다.

② 자화 조작 – 예상되는 결함의 방향이 자장의 방향과 직각이 되도록 하며 자화방법에는 축통전법, 직각통전법, 전류관통법, 코일법, 프로드법, 요크법과 자속관통법 등이 있다.

③ 자분 적용 – 자분의 적용은 균일하게 도포하며 자화의 시기에 따라 연속법, 잔류법으로 구분한다.

④ 자분 모양 관찰 – 가시광선 하에서는 자분 지시 모양의 식별성이 낮아지므로 주의하고 이를 보완하기위하여 형광자분을 이용하여 밀폐된 암막 내에서 관찰하는 방법을 사용한다.

⑤ 탈자 – 시험품에는 대전류가 흐른 시험 후에 잔류자기가 잔존하는데 이는 시험의

품질 또는 제품의 성능에 영향을 미치므로 잔류자기를 제거하는 탈자가 필요하다.

⑥ 후처리 – 자분탐상시험 후에는 시험품의 외관, 기능 등을 시험전의 상태로 유지해야 하므로 자분의 제거, 습기의 제거 등 제반의 조치를 한다.

(6) 의사지시모양

설계상, 구조상 취급 부주의로 나타나는 자분모양으로 발생 원인을 파악하여 결함지시모양과 구별하여야 한다. 자기펜흔적, 강전류에 의해 응집된 자분모양, 각부와 큰 단면의 급변부에 생기는 자분모양, 시험편이 거칠어 생기는 경우, 투자율이 다른 재질 또는 금속조직의 경계에 생기는 자분모양이다. 즉, 용착부와 모재의 경계, 대상(帶狀)이 존재하는 금속조직, 냉간가공품 표면의 가공도 차이, 단조품 압연품에서의 단류선에서는 결함이 있는 것처럼 지시한다.

16.5.6 와전류탐상시험(ECT, Eddy Current Testing)

(1) 개요

도체에 와전류를 발생시켜 결함검출 등의 탐상검사, 금속의 합금성분, 열처리 상태, 재질검사, 도막두께, 도체와의 거리변화측정 등의 검사에 이용된다. 또한 형상검사 등의 다양한 특성을 검사하는 방법으로 철강, 비철금속 및 흑연 등의 전도체에 적용할 수 있다.

와전류 탐상검사의 특징으로써는 결함크기, 변화, 재질 등을 동시에 검사하는 것이 가능하여 관, 환봉, 선 등을 고속자동화 및 온라인 전수검사가 가능하다. 표면결함에 대한 검출도가 우수하며 고온에서 가늘고 얇은 시험체 구멍내부 등을 비파괴 및 비접촉 검사하며 지시가 전기적으로 얻어진다. 그러나 표피효과 때문에 표면하 깊은 곳은 검출이 곤란하며 검사해서 얻은 지시가 직접 결함의 종류, 형상 등을 판별하기 어려우며 검사대상이외의 재료적 인자의 영향으로 잡음이 검사의 방해가 되는 경우가 있다.

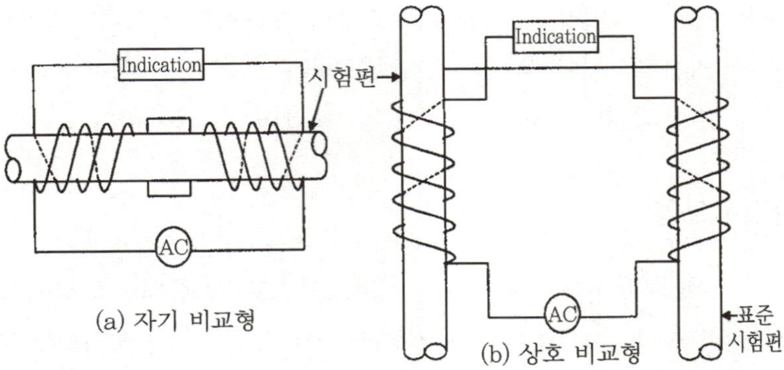

그림 16.44 와전류 탐상 검사의 원리

(2) 와전류 검사의 특성

전도도에 영향을 주는 인자는 화학성분, 합금성분, 불순물 영향, 냉간가공, 온도, 재질 강도와 경도, 잔류응력이 있다. 표피효과는 시험코일에 적용 되는 교류주파수와 원주안의 와전류 분배에 나타나는 관계로서 주파수가 증가 할수록 표면부근의 와전류가 집중 분배 되고 내부로 들어 갈수록 감소된다.

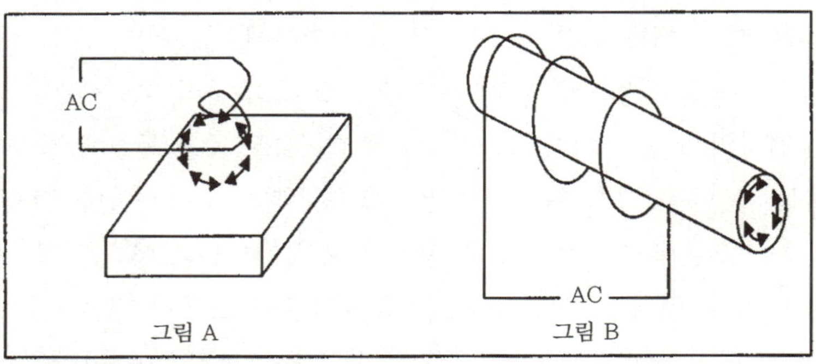

그림 16.45 도체에 흐르는 자장과 시험편에 유기되는 와전류 발생

(3) 임피던스변화에 의한 검출방법

① 임피던스시험(impedance testing) – 와전류 코일로 시편 탐촉시 재료변화(전도성, 투자율, 치수변화)가 임피던스 원인이 되어 지침이 움직인다.

② 변조분석시험(modulation analysis testing) – 시험코일에서 수신된 신호는 기록침에 전달되어 기록계에 전달된다. 불연속부 신호와 잡음신호 구별이 어렵고 필터를 전자회로 내에 설치하여 원하는 신호만 추출하는 것이다.

③ 위상분석시험(phase analysis testing) – 위상분석 방법은 CRT 스크린상에 나타나는 지시모양으로 시험정보를 얻을 수 있다.

16.5.7 음향방출시험(AET, Acoustic Emission Testing)

(1) 개요

음향방출(acoustic emission) 또는 응력파 방출(stress wave emission)은 물체가 파괴되거나 변형할 때에는 음향이 발생되고 불연속 펄스를 방출 즉, 물체내부에 파괴현상이 생겨 축적된 에너지의 일부가 해방되는 과정에 의해 발생하는 탄성파동 현상이다.

재료내에서 방출되는 음향방출은 횡파, 종파, 표면파의 형태로 재료내를 진행한다. 이 음향펄스는 재료표면에 부착된 검출기에서 전기신호로 변환하여 신호를 증폭, 정형, 계수하면 소성변형, 결함유무 추정이 가능하다.

음향방출탐상 시험은 응력이 작용하고 있는 재료의 불연속적 상태로부터 발생한 미세한 음향방출 신호를 검출하여 분석하는 것이다. 이 신호들을 적절하게 분석하여 불연속의 위치와 구조적 의미를 알아볼 수 있다.

음향방출 신호는 재료 내부의 음향방출 사상에 대응하여 개개의 방출사상의 에너지, 지속시간, 시간적 빈도, 공간적 위치에 관한 정보를 얻을 수 있다. AE파형의 매개변수로는 사상, 발생수, 에너지, 진폭, 지속시간, 상승시간, 쇠퇴시간이 관련된다. 파괴원 탐사에 있어서는 AE변환자에 최초로 도달하는 것은 종파(p파), 횡파(S파), 표면파의 순서대로 전달되며, 얇은 판재는 표면파의 Rayleigh파나 판파로 알려진 Lamb가 우수하다.

음향 방출 탐상시험의 응용 분야는 다음과 같다.

① 용융 및 저항 용접부의 용접 및 냉각 중 변화 이해
② 구조물에서 초기 피로파괴 검출
③ 응력 부식균열과 수소취성에 영향을 받는 구조물 거동파악
④ 파괴기구 및 재료거동 조사, 연구

AE의 특징으로는 구조물의 넓은 면적과 다른 NDT법으로 할 수 없는 분야에 까지 시험 가능하다. 또한 시험자의 경험과 판단이 크게 좌우되지 않으며 균열발생 원인규명과 가동 중인 상태에서도 검사가 가능한 특징이 있다. 용접 · 접합시공이 많은 원자력 발전소의 고압용기의 파괴예지, 운전 중 감시, 피로균열, 용접균열, 응력부식균열 등의 발생과 진행 탐지에 이용하고 있다.

(2) AE 계측기의 구성

(가) 검출기

검출기는 대상으로 하는 신호 주파수가 높고 신호 레벨이 매우 작은 경우의 소자로써 PZT의 공진주파수를 이용한 것이 사용된다. 기타 정전용량형, 차동형, 레이저 간섭형변환자 등이 있다. AE검출을 위해서는 감도가 양호하면 좋고, 공진형 변환자는 공진주파수 부근이 감도가 가장 좋다.

(나) 증폭기

고에너지 현상에서 포화되지 않도록 증폭이 진폭역은 크고, 잡음이 적으며 미소 AE에도 감도를 양호하게 검출할 수 있도록 S/N비도 커야만 된다. 음향방출신호의 검출기 출력은 10수μV~10수mV정도로서 신호처리는 50~100dB정도의 증폭이 필요하다. 검출기의 출력 임피던스는 수 10~수 100pF로서 긴 케이블 접속시 케이블에서 감쇠가 크므로 피측정물 근처에 주는 전치증폭기와 이를 통과한 신호를 증폭하는 주 증폭기가 있다.

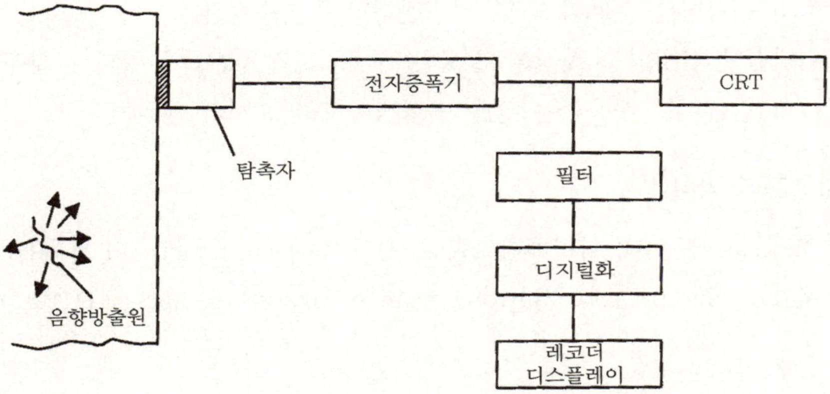

그림 16.46 음향 방출 장비의 구성

(다) 필터(filter)

증폭기의 주파수 응답과 필터의 대역이 AE를 특징이라고 할 수 있으므로 고주파수 역까지 넓은 대역을 수용할 필요가 있으며 필터의 사용목적은 잡음제거이다. 변별기는 문턱값의 설정과 횡단시 펄스 출력, 포락선 검파, 첨두값의 검출 등이 가능하도록 전기회로를 갖추어 주 증폭기와 필터에서 이루어진다.

(라) 기록장치

순간 변환장치(transient recorder)나 파형기록(wave memory)장치 등의 고속디지털 파형 기억장치가 필요하다.

(3) 음향방출 계측

(가) AE신호처리

어떤 에너지를 가지고 어느 시간 지속하는 하나의 음향방출사상이 재료 중에 발생하면 재료표면에 부착된 AE검출기는 그 음향방출 사상과 재료 내에서 진행특성에 대응하는 신호파형이 관측된다. 음향방출 신호에서 얻을 수 있는 정보는 다음과 같다.

① 각각의 음향방출 신호파형 및 최대진폭과 주파수성분
② 단위시간당 음향방출 사상의 발생빈도 및 그 진폭분포와 주파수 분포
③ 다수의 검출기를 사용하는 경우 음향방출 도착순서와 시간차

(나) 분석 파라메터

NDIS 2409에는 AE 파라메터로써 AE사상 수(event count), AE계수(count), AE파 첨두값(amplitude), AE실효값(root mean square value, RMS전압)으로 하고 있다.

(a) 발생빈도

AE는 미소한 파괴에 대응하여 발생하는 것이므로 파괴과정을 연구하기 위해 발생빈도의 특성조사가 필요하다. AE계수라고 하고 누계를 총 계수, 어느 시간 간격에 있어서 카운트 수를 계수율(count rate)이라고 한다.

(b) 계수법

ⓐ Ring Down계수 – 소성변형 시험 등의 재료평가에 사용되며, 문턱값을 넘는 진폭의 회수를 모두 계수한다.
ⓑ Event 계수 – 파괴나 위치표정에 사용되며 하나의 AE신호를 한 개로 계수한다.
ⓒ AE파의 첨두값(최대 진폭값) – AE파형은 오직 계속시간이 수 ms이하의 과도적인, 파동현상으로 직접 구할 수 없고 포락선 절대값의 최대값으로써 결정된다.
ⓓ 상대에너지 – 횡축에 AE파의 전파거리, 종축에 최대진폭 전압값 대수값를 취한 거리–감쇠곡선을 대상으로 재료마다 구하여 그 곡선을 이용하여 얻어진 AE파 진폭을 발생원에서 값으로 환산한다. 계산된 AE파 첨두값의 2승값을 상대에너지 값으로 한다.
ⓔ 진폭분포 – 진폭규모별 빈도분포라고 하고 있는 AE파 첨두값과 발생빈도를 합한 파라메터이다.

16.5.8 누설검사(LT, Leak Testing)

시험체 내외부의 압력차로 유체의 유출부를 감지하며, 고압가스밸브, 자동차 엔진블록, 압력용기, 배관제품에 대해 실시한다.

16.5.9 육안검사(VT, Visual Inspectin Testing)

용접이음의 신뢰도와 외관은 반드시 일치되지 않고 외관에 따라서는 어느정도 추정되나 간편하여 널리 사용된다. 주로 표면균열, 용접루트 산화, 미용해 용접봉 부착, 아크 스트라이크(arc strike), 표면 라미네이션, 제조공정중의 결함, 피트(fits), 표면부식, 언더컷, 비드의 파형, 균일성, 오버랩, 균열, 기공, 칫수불량, 스패터, 비드이음, 용접의 시종점의 상태, 용접이면의 상태 등을 검사할 수 있다.

16.5.10 복합재료의 비파괴검사

복합재료의 성형 후 제품보증을 위한 검사는 공정검사와 제품검사가 있으며, 기술면에서는 제품검사 중의 비파괴검사가 중요하다. 비파괴검사법은 다양한 방법이 개발되어 있지만 결함의 종류, 크기나 위치에서 적합한 방법을 선택해야 하며 만능인 검사방법은 존재하지 않는다. 현재 양산부품에 대해 초음파법과 연X선법의 적용이 많으며, 초음파법에는 투과법과 반사법이 이용된다. 결함의 종류나 형상, 위치에서 투과법이 많이 이용되고 있고, 기공이나 라미네이션, 균열검출에 유효하다. 또한 연X선에 비교하면 검출정도가 좋고 디지털이나 칼러방식에 의한 결함레벨을 자동표시 기록, 성능 및 조작성이 향상되어 있다. 연X선법은 이물질이나 미소균열, 섬유방향 코아크러시에 유효하다.

16.6 화학 및 야금학적 시험법

16.6.1 화학적 시험법

(1) 화학분석

① 목적 – i) 용접봉의 심선, 모재, 용착금속의 화학조성 분석
ii) 분순물의 함유량 조사

② 방법 – 화학분석

(2) 부식시험

① 목적 – 용접구조물의 내식성 조사

② 방법 – 부식성 분위기를 만들어서 시험함

(3) 수소시험

① 목적 – 수소량 측정

② 방법 – 확산성 수소량 측정, 진공추출법

16.6.2 야금학적 시험법

(1) 파면시험

① 목적 – 용접금속과 모재의 파면검사

② 방법 – 육안 또는 저배율의 확대경을 사용

(2) 육안 조직시험

① 목적 – 용접부의 용입 상태, 열영향부의 범위, 결함의 분포상황으로 조사
② 방법 – 조직시험 시험편을 만들어 육안으로 검사

(3) 현미경 조직시험

① 목적 – 용입 상태, 열영향부의 조직, 결함분포의 조사
② 방법 – 시험편을 만들어 약 50~2,000배 현미경으로 검사

(4) 설퍼프린트 시험

① 목적 – 유화물의 함유량과 분포상태를 검출
② 방법 – 묽은 황산에 담근 사진용 인화지를 시험편 단면에 밀착시킨 후 정착액으로 정착시킨다.

찾아보기

ㅊ

ㅋ

ㅌ

ㅍ